Band 9 der Reihe:
»industrial design – graphic design«
Herausgegeben von Hans Wichmann

Hans Wichmann

Die Realisation eines neuen Museumstyps:

Die Neue Sammlung Bilanz 1980/90

Mit Beiträgen von:
Florian Hufnagl
Corinna Rösner

Birkhäuser Verlag
Basel · Boston · Berlin

CIP-Titelaufnahme der Deutschen Bibliothek

Wichmann, Hans:
Die Realisation eines neuen Museumstyps : Die Neue Sammlung ; Bilanz 1980/90 / Hans Wichmann. Mit Beitr. von: Florian Hufnagl ; Corinna Rösner. – Basel ; Boston ; Berlin : Birkhäuser, 1990
(Industrial design – graphic design ; Bd. 9)
ISBN 3-7643-2538-0
NE: GT

Birkhäuser Verlag Basel · Boston · Berlin
ISBN 3-7643-2538-0
Printed in Germany
Die meisten Aufnahmen stammen von Sophie-Renate Gnamm, München. Veronika Rickl, Großhesselohe, photographierte die Objekte der S. 73; Herbert Bungartz, München, die auf den S. 81, 83, 97, 125; Eberhard Lantz S. 89, 240, 241, 264, 275, 282, 294, 302, 306, 319–335; Willy Herold, München, S. 207; Joachim Gaitzsch, München, S. 268; Ossi Baumeister, München, S. 271, 310, 311, 312, 313. Von Firmen wurden darüberhinaus – soweit eruierbar – die folgenden Aufnahmen zur Verfügung gestellt: S. 103, 111, 115, 123, 146, 147, 149, 153, 163, 165, 211, 214, 225, 229, 234, 235, 237, 238, 239, 243, 245, 246, 249, 250, 287, 291, 293.
Bild- und Satzspiegel, Einband und Umschlag: Mendell & Oberer, Graphic Design, München
Layout: Hans Wichmann
Satz und Druck: Wagner GmbH, Nördlingen
Reproduktionen: repro-center, München
Bindearbeiten: Ludwig Auer, Donauwörth

Inhalt

Vorwort

Dieses Buch gibt Auskunft über ein Jahrzehnt Museumsarbeit, die mit dem Ziel unternommen wurde, aus einem kleinen Ausstellungsinstitut mit »Sammlungsappendix« einen neuen Museumstyp des 20. Jahrhunderts zu entwickeln.
Schon vor mehr als zwanzig Jahren hatte mich die Frage beschäftigt, weshalb Malerei, Graphik und Bildhauerkunst der Jetztzeit in Museen bewahrt werden, weshalb man aber im Bereich des Kunstgewerbemuseums weitgehend bei tradiertem Handeln verharrt und nicht auch die legitimen Nachfolger des Kunstgewerbes dokumentiert, ästhetische Objekte also, die mit dem Begriff industrial design bezeichnet werden.
In der von mir 1973 initiierten Tagung des Zentralinstitutes für Kunstgeschichte mit dem Titel »Museum und industrial design« wurde der erste größere Versuch unternommen, diese Inkonsequenz verstärkt bewußt zu machen. Ich glaubte damals, die Tagung sei erfolglos verlaufen, spätere Bezugnahmen zeigten aber, daß die Überlegungen hier und da Konsequenzen gezeitigt hatten.
Um so mehr reizte mich die Aufgabe, mit Hilfe der Neuen Sammlung in München zu beweisen, daß der Aufbau einer breit gelagerten Design-Sammlung den heutigen Kunsthistoriker nicht überfordern muß.
Dies bedeutete, in dieses Institut eine neue Schwerpunktsetzung einzubringen, die weg von verschleißender Ausstellungstätigkeit hin zu konzentrierender Museumsarbeit führte. Dazu war der Aufbau einer für dieses Institut bisher nicht gekannten wissenschaftlichen Struktur erforderlich. Erst dadurch erhielt die hohe Akquisitionsdichte ihren Sinn. Sie belief sich in diesem Jahrzehnt auf mehr als 15 000 Neuerwerbungen, von denen zwei Drittel aus Donationen bestanden. Damit wurde der vorgefundene Bestand um 75% vermehrt. Natürlich war es auch erforderlich, die heute mehr als 35 000 Objekte bzw. Objektgruppen adäquat, das heißt konservatorisch vertretbar unterzubringen und den internationalen Gepflogenheiten gemäß zu erfassen und wissenschaftlich aufzuschlüsseln. Selbstverständlich wurden daneben Ausstellungen durchgeführt, die ja das Fenster dieser Neuen Sammlung waren und sind – 27 an der Zahl –, auch ein Zweigmuseum konnte eingerichtet werden, beide Unternehmungen begleiteten entsprechende Buchveröffentlichungen und Kataloge, von denen 33 ediert werden konnten. Sie sind – unter ihnen auch drei umfangreiche Sammlungskataloge – um die Welt gewandert und zählen in den Bibliotheken in West und Ost zu Standardpublikationen.

Im Rückblick ist – wie ich glaube – festzustellen, daß es in diesem Dezennium gelungen ist, den erhofften, beispielgebenden Museumstyp zu konstituieren, und zwar auf der Basis und mit dem Instrumentarium kunsthistorischer Museumsarbeit. Das heißt, daß die immer gleichbleibende Frage nach der Qualität, nach Wert und Rang der gesammelten Objekte, also die Grundfrage kunstwissenschaftlicher Tätigkeit überhaupt, auch die entscheidende für die Ausformung eines Design-Museums war und bleiben wird.
Die hinter diesen Bemühungen stehende Arbeit, die Kämpfe, auch Freu-

den, werden aus dem Text zwischen den Zeilen erspürbar und sind für den Erfahrenen nachvollziehbar.
Mein Dank gilt an erster Stelle den Freunden des In- und Auslandes, welche die Publikation materiell ermöglichten, in gleicher Weise meinen Konservatoren Dr. Corinna Rösner und Dr. Florian Hufnagl, die Beiträge für diesen Band verfaßten, und generell meinen Mitarbeitern. Sie haben in dem vergangenen Jahrzehnt mit ungewöhnlicher Arbeitsfreude den Reorganisationsprozeß mitgetragen und sichtbar werden lassen. Verbunden bin ich daneben Frau Sophie-Renate Gnamm, welche nicht nur diese, sondern die meisten Aufnahmen für Die Neue Sammlung durchführte, in gleicher Weise Pierre Mendell und Klaus Oberer. Ihnen ist nicht nur die Gestaltung auch dieses Buches zu danken, sondern sie haben durch ihre graphische Arbeit der Neuen Sammlung ein unverwechselbares »Gesicht« verliehen, dessen Fehlen im Münchner Kulturleben zweifellos einen Verlust darstellen würde.
Bayern und München besitzen heute in der Neuen Sammlung ein modernes, beispielhaftes Museum, um das sie von vielen Ländern beneidet werden. Es bewahrt weltweit die bedeutendsten Design-Sammlungen, die möglichst bald in einem Neubau im Herzen Münchens den Bürgern Bayerns, Deutschlands und der Weltöffentlichkeit erschlossen werden sollten. Das in den vergangenen zehn Jahren häufig zitierte Wort behält bis dahin seine Gültigkeit.
Ceterum censeo, hoc museum esse amplificandum.

Hans Wichmann

Starnberg, im Juli 1990

Die Neue Sammlung 1980/90
Bemerkungen über die Konstituierung eines neuen Museums

1980: Die Lage

Die Neue Sammlung wurde 1925 in Abkehr von der historisch-artifiziellen Ausrichtung tradierter Kunstgewerbemuseen in München gegründet.[1] Sie wollte die zeitgenössischen, gestalthaften Leistungen nicht der Kunst, sondern der Alltagskultur dokumentieren, wollte ein kulturpolitisches Propagandainstrument zur Verbreitung der formal neuen Entwicklungen im Sinne des Werkbundes sein.
Ideologisch ausgerichtete Wirkung nach außen, vor allem mit dem Mittel der Ausstellung, stand im Zentrum der Tätigkeit der Neuen Sammlung. Museumsaufgaben und -erfordernisse waren bis zum Ende der siebziger Jahre daneben lediglich von sekundärer Bedeutung.[2]
Organisatorisch-juristisch basierte die Staatssammlung bis März 1981 auf einer Entschließung des Bayerischen Staatsministeriums für Unterricht und Kultus von 1925[3], die diese Sammlung als einen nicht recht ernst zu nehmenden Anhang des Bayerischen Nationalmuseums erscheinen ließ und in der u. a. dem Leiter die Willkür eingeräumt war, mit dem Sammlungsbestand nach Lust und Laune zu verfahren. Darin dürfte zum Teil der Grund zu sehen sein, weshalb auch nach dem Krieg noch zahlreiche Objekte verloren gingen.
Aus diesen Faktoren ergaben sich unterschiedliche Folgen, zwangsläufig auch für die Sammelpolitik. Immerhin waren bis 1980 knapp 20000 Objekte erworben worden. Etwa die Hälfte dieses Bestandes setzte sich aus Zeugnissen angewandter Graphik (Plakate, Buchkunst, Druckschriften usw.) und Photographien zusammen. Der andere Teil bestand aus handwerklich bzw. industriell gefertigten, dreidimensionalen Objekten der Materialien Keramik, Glas, Metall, Holz, Flechtwerk, daneben etwa 500 Textilien.
Als ich bei der Übernahme der Neuen Sammlung im Jahre 1980 die Sammlungsbestände erstmals als Ganzes betrachtete, beschäftigte mich in starkem Maße die Frage: was hat dieses Museum an industrial design, also an technisch bestimmten Dingen, vorzuweisen? Nie werde ich das Gefühl der Niedergeschlagenheit vergessen, als ich vor die dürftigen Stellagen geführt wurde. Massen vermutend, fand ich nur wenig, in manchen Bereichen fast nichts vor.[4] Seit der ersten Erwerbung eines Objektes dieser Sparte im Jahr 1927 – der Uhr Tessenows – waren in den folgenden mehr als fünfzig Jahren nur 167 Objekte[5] der Bereiche »Technische Geräte des Haushalts«, »Radio – Phonogeräte«, »Büro- und Informationsgeräte«, »Instrumente und Werkzeuge« den Sammlungen zugeführt worden.
Die stark vom Ideengut des Werkbundes und des Bauhauses bestimmte Erwerbungstendenz bedingte zudem eine eigenwillige formale Schwerpunktbildung. Geld- und Personalmangel, aber auch die Neigung der jeweiligen Leiter ließen daneben im Sammlungsfeld Lücken entstehen, die nurmehr schwer schließbar waren oder sind.[6]
Die Ausrichtung auf die Erwerbung von Objekten des Alltags erwirkte eine Verdrängung artifizieller, stilistisch geprägter Gegenstände. Das

wäre kein gravierender Schaden, wenn diese Dinge in einer anderen bayerischen Staatssammlung, etwa dem Bayerischen Nationalmuseum, systematisch gesammelt worden wären. Aber dieses Museum hatte unter der Ägide Theodor Müllers seine Sammeltätigkeit auf die Zeit bis etwa 1850 begrenzt. Auf dem Feld des stilistisch geprägten Kunstgewerbes klaffte deshalb in den bayerischen Staatssammlungen eine Lücke etwa zwischen 1850 und 1980.[7] Der Bayerische Staat besaß aufgrund dieser verfehlten, unabgestimmten Sammlungspolitik als einziges Land der Bundesrepublik, ja, wohl als einziges Land Europas keine im internationalen Vergleich nennenswerten Bestände der Stilphasen Historismus, Jugendstil oder Art Déco. Eine nur partielle, kaum mehr glanzvolle Nacherwerbung mußte viele Millionen kosten – das Vielfache, oft Hundertfache von dem, was die rechtzeitige Erwerbung ausgemacht hätte.[8]
Die Randposition und die sich daraus ergebende Spezialisierung der Neuen Sammlung, bedingt durch die unklare Zielsetzung, die sich zwischen idealistisch-intellektueller Kulturpropaganda und Museum nie recht entscheiden konnte, haben sich nachteilig auf die Museumsentwicklung ausgewirkt. Die Vernachlässigung des Museumsgedankens erwirkte weitgehend ungeordnete Sammlungen. Sie wurden wie Findelkinder behandelt, notdürftig untergestellt und je nach den Erfordernissen der Ausstellungen verlagert. Dies ergab nach heutigen konservatorischen Beurteilungsmaßstäben unvertretbare Bedingungen für die Bestände, und es ist fast ein Wunder, daß sich vieles dennoch bis heute erhalten hat.[9]
Die fehlende Sorgfalt erwuchs in den dreißiger Jahren, wie in meinem Buch »Die Neue Sammlung« 1985 quellengestützt ausgeführt, aus den Zeitumständen, denen Die Neue Sammlung mehr als andere Münchener Museen unterworfen war, und in den vierziger Jahren aus Krieg und Kriegsfolgen. Im sechsten Jahrzehnt war die traurige Ablagerung oder Verstauung der Sammlung nur mehr schwer verständlich und ab 1965 unerklärbar.
Erst Hans Eckstein begann ab 1955[10] die ersten Einbauten und Stahlschränke zu beschaffen und somit die gefährdetsten Objekte einigermaßen zu sichern.
Ich erinnere mich noch mit Grauen an die erste Besichtigung in den ausgehenden fünfziger Jahren der verschimmelten Kellergewölbe, in denen unübersehbar Sammlungsgut, Emballagen und Ausstellungsrequisiten durcheinandergewürfelt gelagert waren.[11]
Es wäre nun zu hoffen gewesen, daß dieser so wichtige, von H. Eckstein begonnene Prozeß fortgesetzt worden wäre. Aber zwischen 1965 und 1980 erfolgte keine Erweiterung oder Verbesserung der Unterbringung des Sammlungsgutes.[12] Die Neue Sammlung war in dieser Zeit in erster Linie ein Ausstellungsinstitut. Daneben mußte das »Museum« zwangsläufig zu kurz kommen, geradezu einen leidvollen Weg beschreiten. 1980 wurden die Depots in dem auf den Seiten 12 und 13 wiedergegebenen Zustand vorgefunden. Sicher war dies zum Teil Folge des völlig unzureichenden Depotraumes, jedoch aber wohl auch Ausdruck der Unfähig-

keit, ordnende Strukturierung zu üben, die Vorbedingung für deskribierende, dokumentierende oder gar forschende Museumsarbeit ist. So befand sich Die Neue Sammlung in diesem Bereich im Jahre 1980 in einem Zustand totaler Unberührtheit, besaß doch dieses Staatliche Museum für angewandte Kunst als »wissenschaftlichen Apparat« – etwa dem Zustand der Pinakotheken von 1875 vergleichbar – lediglich Inventarbücher, in welche der jeweils erworbene Gegenstand eingetragen wurde. Tausende dieser Eintragungen vorangegangener Jahrzehnte waren ohne Beschreibung, ohne Maßangabe, oft ohne Entwerfer- bzw. Herstellervermerk. Von den vorgefundenen Objekten waren mehr als 7000 nicht inventarisiert, waren also noch nicht einmal in den Besitz des Staates genommen worden. In diesen Bereichen stellte das Museum eine Art Selbstbedienungsladen dar. Darüber hinaus waren nur 8% des Sammlungsgutes photographisch erfaßt worden. Es bestanden keine Karteien der Objekte. Lediglich einige rudimentäre Ansätze, die seit 1965 nicht mehr weitergeführt wurden, spiegeln gescheiterte Bemühungen.[13]
Für die Bibliothek ließ man 1970 bei der Planung des Raumprogramms eines zukünftigen Museums 50 qm (sic!)[14] ausweisen. Dies ist symptomatisch für die Lage der wissenschaftlichen Voraussetzungen dieser Neuen Sammlung, in der der Zustand der deskribierenden bzw. dokumentierenden wissenschaftlichen Grundapparate 1980 als katastrophal, weil nicht vorhanden bezeichnet werden mußte, so daß es in den meisten Fällen nicht einmal möglich war, etwaige gestohlene Objekte der Polizei fahndungsfähig zu beschreiben.

Konsequenzen

Unter den gegebenen Prämissen galt es 1980 bei der Übernahme der Neuen Sammlung sorgsam die Frage abzuwägen: Was ist diese Institution eigentlich? Ist sie nach wie vor primär ein Ausstellungsinstitut mit einem breiten Requisitenfond, oder liegt ihr zukünftiger Sinn vielmehr in dem Sammlungsbestand als Grundstock eines zukünftigen Museums? Mit anderen Worten: ist es am Ende des 20. Jahrhunderts in der süddeutschen Metropole bei einem Überangebot von Ausstellungen noch sinnvoll, unter Vernachlässigung der Sammeltätigkeit auf viel zu kleinem Raum große Themen ausstellungsmäßig anzurühren, oder braucht München gemäß seinem Weltrang als Museumsstadt nicht vielmehr einen neuen Museumstyp, der die Leistungen des 20. Jahrhunderts im Bereich der zweckbehafteten Künste zu spiegeln vermag?[15] Extrapolierte man damals die Weiterführung der Neuen Sammlung als Ausstellungsinstitut mit musealem Anhang, also in der bis 1980 geübten Form, so hätte sich zwangsläufig für die Sammlungspolitik eine weitere Vernachlässigung der Museumsarbeit ergeben. Dies hätte sich ebenso nachteilig auf die Erwerbungspolitik auswirken müssen; denn schon im zweiten Jahrfünft der siebziger Jahre war ein starkes Nachlassen der Abtastung des Marktes zu beobachten. Breite Sammelfelder von Neuproduktionen – etwa in

Verschimmeltes Gemäuer, herabfallender Putz – ein Ausschnitt aus dem ehemaligen Keramikdepot der Neuen Sammlung.

Die bis 1980 einzigen Vitrinenschränke in einem Gang des Museums. Ihr Platz reichte nicht aus, um die Objekte ohne Gefährdung zu bewahren. Es erfolgte eine viel zu dichte Stapelung.

Ecke in einem ehemaligen Depotraum mit Möbeln von Charles Eames. Sie wurden natürlich inzwischen sammlungswürdig deponiert.

Blick in Depoträume der Neuen Sammlung im Frühjahr 1980. Oben: Raumkompartiment, in dem Emballagen, Sammlungsgut und Ausstellungsrequisiten abgestellt waren. Die reliefierte Holzsäule wurde 1927 in der von Wolfgang von Wersin gestalteten Ausstellung »Bayerisches Kunsthandwerk« gezeigt und stammt von der Akademieklasse des Bildhauers Josef Wackerle. In der Lenbachgalerie befindet sich die obere Hälfte. (Vgl. [Kat. Ausst.]. Die Zwanziger Jahre in München. Stadtmuseum. München 1979, 484/485 m. Abb.) Die Skulptur trägt die Aufschrift: »Leben ist der Glaube an das Werden«. Dieser Glaube hat sich gelohnt, ist doch zur Zeit alles Gut vorzüglich untergebracht.

Ablagerung des Metro-Eingang-Gitters von Hector Guimard. Das Gitter zählt zu den berühmten Zeugnissen der Jahrhundertwende und konnte 1986 saniert und restauriert werden.

Ehemaliges Keramikdepot mit zu dicht gestapelten Objekten. Jede Bewegung der Gefäße und Teller bedeutete eine Gefahr für das Sammlungsgut.

Der Eingangsraum zu Verwaltung und Depots der Neuen Sammlung im Frühjahr 1980. Er wurde 1983/84 von Grund auf saniert.

den Bereichen Textil, Glas, Spielzeug, industrial design, angewandte Graphik – wurden kaum mehr erworben bzw. wurde ihre Erwerbung zufällig betrieben. Dadurch entstanden nurmehr schwer schließbare Lükken. Die Sammeltätigkeit nach vorn – die entscheidende Chance eines Museums mit schwacher Dotierung – wäre bei gleicher Ausrichtung und bei einem Verharren in den Gleisen der zwanziger Jahre stetig verringert worden.[16]
Damit wäre auch die Rolle der Neuen Sammlung als Spezialmuseum, also in einer Randposition, besiegelt gewesen und eine museumspolitische Entwicklung der bayerischen Museen für angewandte Kunst für immer verbaut worden.[17]
Für die Museumsarbeit und wissenschaftliche Tätigkeit hätten sich folgende Konsequenzen eingestellt: Aufgrund der regen Ausstellungstätigkeit waren in der Neuen Sammlung zwischen 1975 und 1979 keine Inventarisierungen mehr vorgenommen worden. Erst im Frühjahr 1980 erfolgte eine sehr rasche, dadurch oberflächliche Nachinventarisierung der Erwerbungen von fünf Jahren.[18]
Die für ein Museum neben der Erwerbung unerläßliche Erfassung der Objekte lag also brach. Dies war Symptom für alle Museumsarbeiten. Das gleiche Defizit zeichnete sich in allen anderen Gebieten notwendiger musealer Tätigkeit ab. Eine Fortführung dieser nur wohlwollend als dilettantisch zu nennenden »Museumsbetreuung« hätte zu anwachsender Gefährdung des Sammlungsgutes geführt und zukünftige Erwerbungen mehr und mehr erschwert, weil eine Kontrolle der Bestände unter diesen Gegebenheiten nicht mehr möglich gewesen wäre. Wissenschaftliche Arbeit oder Vorarbeit war auf dieser Basis unmöglich.
Diese Lage und ihre Trendexpolation legten zwingend nahe, den bisher begangenen Weg zu verlassen und neue Prioritäten zu setzen. Deshalb habe ich mich unter Abwägung der möglichen Schwerpunkte »Ausstellung« oder »Museum« für die sicher weniger akklamierte, undankbarere und mühevollere Schwerpunktsetzung »Museum« entschieden. Eine staatliche Sammlung mit einem damaligen Bestand von annähernd 20000 Objekten war bereits ein Museum, wenn auch ein rudimentäres.[19]
Infolgedessen hatte die Tätigkeit in diesem Institut primär auf die Pflege, Erschließung und Erweiterung seiner Sammlungen ausgerichtet zu sein. Ausstellungen mußten sich dienend dieser Aufgabe einfügen. Sie waren deshalb von nun an sekundärer Natur. Alle weiteren Maßnahmen mußten unter diesen Voraussetzungen gesehen werden, wobei die Setzung der Priorität an das Ziel gebunden war, für Bayern und seine Bevölkerung ein Museum als Nachfolgeinstitution des Bayerischen Nationalmuseums für das 20. Jahrhundert, geöffnet hin zum 21. Jahrhundert zu entwickeln und zu entfalten, dessen Inhalt Bildung, Wirtschaft, Forschung und Lehre in guter Weise beeinflußt und zugleich Dokument internationaler Kultur ist, an der eigenes Handeln gemessen und geschult werden kann.[20]
Dafür waren Maßnahmen im Bereich der Sammlungspolitik, der Museumspflege und der völlig neuen wissenschaftlichen Arbeit unabding-

bar. Im ersten Bereich, der Sammlungspolitik, galt es, eine juristische Grundlage, die dem ausgehenden 20. Jahrhundert gerecht wird, zu entwickeln. Sie wurde am 26.3.1981 veröffentlicht. Weiterhin mußte eine Abgrenzung der Sammlungstätigkeit gegenüber dem Bayerischen Nationalmuseum erfolgen. Die Bekanntgabe der erforderlichen Grundlage erfolgte am 18.12.1980.[21] Daneben war eine neue Systematisierung, also Ordnung und Gliederung, der Sammlungsbestände und damit zugleich eine neuartige, der heutigen Gesellschaft folgende Schwerpunktsetzung erforderlich, die weg vom Kunstgewerbe, hin zum industrial design führte. Von den 23 Sammlungsabteilungen gehörte von nun an mehr als die Hälfte diesem Gebiet an. Im Rahmen dieser Gliederung wurden auch bisher in tradierten Kunstgewerbemuseen unbekannte Sammelbereiche aufgegriffen. Dazu gehört das Automobil, das in einzelnen, formal beispielhaften Entwicklungen aufgezeigt werden muß, weil in seine Konzeption neben hoher technischer Leistung starke kreative Schübe eingeflossen sind; zum zweiten das Feld der Sportgeräte, die im Rahmen wachsender Freizeit täglich von Hunderttausenden benützt werden; drittens die für unser Jahrhundert so charakteristische, sich immer stärker abzeichnende Systementwicklung, die vom Kinderspielzeug bis zur kompletten Nachrichtenkette reicht. Als viertes neuartiges Gebiet wurde der Bereich der Sekundärarchitektur (street furniture), also die Möblierung des öffentlichen Raumes, in exemplarischen Beispielen aufgenommen.[22] Zeugnisse dieser Art gruppieren sich um den in der Neuen Sammlung bereits bewahrten, 1986 vorzüglich restaurierten Eingang einer Pariser Metrostation von Hector Guimard.

Vor allem war jedoch eine energische, weit ausgreifende und nach vorn gerichtete Akzessionstätigkeit erforderlich, durch die Lücken geschlossen, zugleich aber gestalthafte Dinge der augenblicklichen Produktion dem Bestand integriert werden konnten. Die Ausstellungstätigkeit zielte vor allem auf Stützung und Dokumentation dieser Bemühungen.[23]

Wenn aber überhaupt Sammlung und wenn unter den 1980 gegebenen Prämissen ein Weitersammeln möglich sein sollte, war es dringend notwendig, den Sammlungsobjekten einen zumindest vorübergehend verantwortbaren Platz zu schaffen.

Durch Aussonderung von Gerümpel und Abfall und bessere Ordnung von Emballagen und Requisiten war dies bis zum Jahresende 1980 möglich.[24] Aber dadurch konnte lediglich eine überbrückende Notlösung geschaffen werden. Eine Sanierung der Depots, ihre Erweiterung und Neuausstattung waren unaufschiebbar und in wohl keinem anderen Museum des bayerischen Staates so notwendig wie in der Neuen Sammlung. Doch mit dieser ein Museum im eigentlichen Sinne konstituierenden Maßnahme war es allein nicht getan. Sie stellte lediglich eine Vorbedingung für die dauerhafte Bewahrung und damit Dokumentation von Kulturleistung unseres Jahrhunderts dar. Ihr mußten stützende und flankierende Maßnahmen in Form von Bilddokumentationen und Auswertungen zur Seite treten, die es ermöglichten, den Objekten Ruhe zu geben, nicht bei Recherchen sie selbst zu bewegen und zu gefährden, son-

Blick in Depoträume der Neuen Sammlung im Herbst 1985. Im Rahmen einer grundlegenden Neuordnung nach wissenschaftlichen und konservatorischen Gesichtspunkten wurden Hunderte von Neubehältnissen in Form von Schränken, Einbauten, Regalen, Stahlschubschränken etc. für das Sammlungsgut, für Apparate und Bibliothek eingebracht. Die Ausstattung des Museums und die Bewahrung der Sammlungen ist damit auf einen internationalen, zugleich beispielgebenden Standard gehoben. Oben: Blick in Textil- und Graphik-Depots.

Raumkompartiment des Design-Depots. Die Schrankwände weisen Fächer und Züge auf, um große und kleine Objekte der jeweiligen Sparten zusammenordnen zu können.

Ausschnitt aus einem Keramik-Depot des Tiefgeschosses. Die besonders qualifizierten Objekte sind in verglasten Schrankwänden aufgestellt.

Rechte Seite: Sammlungsschrank mit japanischen Geräten. Die übersichtliche Unterbringung ermöglicht ein rasches Erfassen des jeweiligen Schrank- bzw. Fachinhalts und damit eine spontane Reaktion auf Handelsobjekte.

dern diese Vorgänge an Karteien abzuwickeln. Deshalb mußten Apparate, die auch Voraussetzung für systematische Akquisition, sinnvolle konservatorische Betreuung und wissenschaftliche Bearbeitung sind, aufgebaut werden. Erst durch diese sich ergänzenden Arbeitsgänge werden die Sammlungsbestände zu Museumsgut. Dringend erforderlich war vor allem die Inventarisierung des bisher nicht erfaßten Sammlungsgutes, etwa ein Drittel des 1980 vorgefundenen Bestandes.
Die Anlage dieser Apparate war wiederum die Grundlage der eigentlich wissenschaftlichen Arbeit und ihrer sich in Veröffentlichungen niederschlagenden Ergebnisse. Sie war für Die Neue Sammlung eine aufzugreifende Pflicht, weil es in Europa kein Museum gab, in dem diese Aufgabe auch für das Feld des industrial design geleistet wurde. Diese Aufgabe muß – wie schon zuvor die kunstwissenschaftliche Forschung für das Kunstgewerbe – vom Museum ausgehen. Sie wird nicht von den bisher üblichen Ausbildungsstätten des Kunsthistorikers oder des Museumspraktikers getragen. Infolgedessen mußte die Schulung von Magistern und Doktoranden oder promovierten Volontären angestrebt und realisiert werden, um gemeinsam mit ihnen, ausgehend von der deskribierenden Erfassung der Objekte, Sammlungskataloge und begleitende, richtungweisende Publikationen zu erarbeiten. Ausstellungs- und Museumsarbeiten sollten sich ergänzen, sollten einander dienen, sollten Voraussetzung für die wissenschaftliche Arbeit sein.
Diese Konsequenzen lagen im Bereich der eigenen Verwirklichungsmöglichkeiten. Natürlich waren dafür Mittel von mehreren Millionen über den üblichen Etat hinaus erforderlich, aber ihre Beschaffung erschien durchaus realisierbar, nicht mehr jedoch die stetig geforderte Errichtung eines Neubaus. Hierzu waren Entscheidungen und Konsequenzen der Staatsregierung erforderlich. Es wird darauf in dem Kapitel »Der Museumsbau – Rückblick und Perspektiven« eingegangen werden.

1990: Ergebnisse

Die in dem obigen Abschnitt skizzierten »Konsequenzen« konnten nicht nacheinander, sondern mußten gleichzeitig begonnen werden. Dies erschwerte den Anfang der Reorganisation und den Aufbau des Museums ungemein, zumal der Etat und Personalstand der gleiche wie in den vergangenen Jahren war.[25] Dennoch erfolgte 1981 mit einer Gruppe von Doktoranden der Kunstgeschichte die Nachinventarisation und zugleich der Aufbau von deskribierenden Bildkarteien. Bereits 1982 konnte das Gros der nicht inventarisierten Objekte erfaßt werden. Gleichzeitig setzte die Sanierung und Erweiterung der Depots ein. Sie war mit einer totalen Verlagerung der Neuen Sammlung in drei Ausweichquartiere verbunden – ein sonst nur in Kriegszeiten praktizierter Vorgang. Der Wiederbezug erfolgte in Etappen ab März 1984 in neu eingerichtete und in der Fläche etwa verdreifachte Depoträume.[26]
Heute sind, wie die Abbildungen auf den Seiten 16 und 17 zeigen, die

Objekte adäquat, internationalen Gepflogenheiten folgend, deponiert. Die Bestände können rasch überprüft und ohne gefährdende Umgruppierung kontrolliert werden.[27]
Erstmals in der Geschichte dieser Staatssammlung erhielt damit das Sammlungsgut die einem Museum angemessene Unterbringung, und erst dadurch können Rang und Bedeutung der Bestände veranschaulicht werden.
Zwischen Herbst 1984 und Frühjahr 1985 wurde weiterhin auch eine Sanierung und Neugestaltung der Ausstellungsräume durchgeführt mit dem Ziel, ihnen die von ihrem Erbauer Gabriel von Seidl verliehene Großzügigkeit und Lichte wieder zurückzugeben. Diese schönen Räume waren 1965 durch eine drückende Rasterdecke aus Fichtenholz in ihrem Volumen halbiert worden. Sie wurde entfernt. Die Kosten der Wiederherstellung der Räume und ihre Ausstattung mit heutigen Ausstellungsvoraussetzungen entsprechenden Beleuchtungs- und Requisitensystemen wurden weitgehend durch Spenden von Freunden und Mäzenen aufgebracht. Die Organisation der dafür erforderlichen Aktionen und einen Teil dieser materiellen Hilfe trug der 1983 gegründete Freundeskreis der Neuen Sammlung. Nur durch diese Hilfe war es möglich, einem nach vorn drängenden Museum Ausstellungsräume zur Verfügung zu stellen, die dem Inhalt der Sammlung und seiner Internationalität nicht abträglich sind.[28]
Mit dieser Baumaßnahme, bei der auch das Wahrzeichen der Neuen Sammlung – der tonnenschwere Hochleistungsschalter in Kreuzesform – an der Stirnwand des Foyers eingebracht wurde (vgl. Abb. S. 211), beschloß sich eine, sich im Innern wie im Äußeren abzeichnende, wissenschaftlich-organisatorische Neu-Strukturierung, die für eine Staatssammlung des ausgehenden 20. Jahrhunderts unerläßlich ist.
Nur durch die Schaffung von neuem Depotraum war die seit 1981 praktizierte energische und weit ausgreifende Erwerbungspolitik sinnvoll und verantwortbar. Sie erfuhr eine Verzehnfachung der in der Neuen Sammlung zuvor geübten Akzessionskapazität. Zwischen Sommer 1980 und Mitte 1990 flossen mehr als 15500 Neuerwerbungen[29] in diese Depots. Damit konnte sich Die Neue Sammlung weltweit als bedeutendste Design-Sammlung etablieren. Um diese Stellung zu halten, ist nach wie vor eine Akquisition von etwa 1000 Objekten im Jahr notwendig[30], verbunden mit angemessener Depotfläche.
Depotraum auf der einen Seite, museumstechnisch-wissenschaftliche Maßnahmen auf der anderen waren für diese Erwerbungsdichte unabdingbar. Nur mit Hilfe dieses sich mehr und mehr herausbildenden Instrumentariums war es möglich, die Sammlung in kurzer Zeit stark zu ergänzen und ihren Schwerpunkt weg von einer »Lehrschau guter Produktform« hin zu einem Museum angewandter Kunst des 20. Jahrhunderts zu entwickeln.
Vor allem mit Hilfe der Bilddokumentationen war rasches Agieren bei Ankaufsentscheidungen möglich. In diesem Bereich wurden im 9. Dezennium dank der Mitarbeit einer Gruppe angehender Wissenschaftler der

Universität München mehr als 26000 Objekte photographisch und deskribierend erfaßt und einigen Tausend ihre Verankerung in der Literatur beigegeben. Dies wiederum war eine entscheidende Voraussetzung für die zahlreichen eigenständigen Veröffentlichungen, von denen zwischen 1980 und 1990 33 erschienen, unter ihnen 19 zumeist bei Birkhäuser in Basel edierte Buchveröffentlichungen. In ihnen konnten etwa 4500 Neuerwerbungen, ein knappes Drittel also der in diesem Zeitraum akquirierten Objekte, veröffentlicht werden. Drei dieser Buchpublikationen mit einem Volumen von insgesamt 1300 Seiten repräsentieren die ersten in der Geschichte des Museums erstellten, grundlegenden Sammlungskataloge (vgl. S. 334 und 335). Sie erzielten ein breites, internationales Echo mit dem Refrain »we follow you«. Durch diese Bücher, gefördert durch ihre spezifische graphische Gestaltung von Pierre Mendell und Klaus Oberer, wurde ein anspruchsvoller Standard für Museumspublikationen gesetzt, der sich auch in dem jeweiligen – häufig international ausgezeichneten – visuellen Erscheinungsbild für die 27 in den Jahren 1980/90 durchgeführten Ausstellungen niederschlug. Obwohl diese nur mehr sekundäre, dem Staatlichen Museum für angewandte Kunst dienende Aufgaben zu erfüllen hatten, konnte die Besucherfrequenz stark vermehrt werden. Mit 44000 Besuchern wurde das Jahr 1988 das erfolgreichste Ausstellungsjahr der Neuen Sammlung. Die vor 1980 erzielten Durchschnittswerte von etwa 15000 Besuchern im Jahr wurden nun fast verdreifacht.
Zieht man im Rahmen der Geschichte der Neuen Sammlung die Bilanz dieses Jahrzehnts, so hat eine grundsätzliche und irreversible Wandlung stattgefunden. Die mit der Entscheidung für einen neuen Museumstyp verbundenen Konsequenzen wurden in allen Bereichen gezogen. So wurde Die Neue Sammlung von einem Ausstellungsbetrieb zu einem internationalen Ansprüchen gerecht werdenden Museum geführt. Seine Substanz, die Sammlungen, besitzen Gewicht, ebenso wie das erschließende wissenschaftliche Instrumentarium. Nicht mehr die rasch vergessene Schau, sondern die lediglich von einer Ausstellung begleiteten, in die Bibliotheken der Welt einfließenden Buchveröffentlichungen der Neuen Sammlung sind ihre Botschafter. Sie berichten nicht über etwas Drittes, sondern über den Inhalt des Museums. Generell hat dieses eine neuartige Qualität gewonnen und einen machtvollen Wertzuwachs erhalten.
München, im Bereich seiner Kunstschätze eine Metropole, wird von vielen Ländern um dieser Sammlung willen beneidet. In Rom und London, in Tokio und Paris errichtete oder erwägt man den Aufbau ähnlicher Institute. Der Bayerische Staat besitzt sie, ohne jedoch bisher fähig gewesen zu sein, für diesen Inhalt ein adäquates Gehäuse zu schaffen.
Meine seit 1980 die Reorganisation der Neuen Sammlung begleitende Äußerung behält deshalb auch am Ende des Jahrzehnts ihre Gültigkeit: *Ceterum censeo, hoc museum esse amplificandum.*

Neuerwerbungen
Große Donationen
Exempla

Neuerwerbungen

Die Festsetzung neuer museumspolitischer Ziele für Die Neue Sammlung mußte sich an erster Stelle innerhalb der Erwerbungs- und Sammelpolitik auswirken; denn nur durch sie konnte das Vorstellungsbild eines neuen Museumstyps des 20. Jahrhunderts eingeholt werden.[31] Um dies in einem Jahrzehnt zu realisieren, war eine weitgespannte Sammelpolitik erforderlich, die von dem Mut getragen wurde, neben Ergänzungen historisch gewordener Partien die heutige »Kunst, die sich nützlich macht« zu erwerben. Voraussetzung dafür war die Kenntnis der innovativen Schwerpunkte und damit Klarheit darüber, welche Bestände besondere Bedeutung für die Leistungen unseres Jahrhunderts haben können. Der Rückblick auf dieses 20. Jahrhundert zeigt, daß kein anderes ein ähnlich reiches Arsenal an Dingformen hervorgebracht hat. Oft abgewertet, ob seiner Wandlungen und technischen Dominanz beklagt, wird es sich gerade auf dem Feld angewandter Kunst als besonders reich und differenziert erweisen. Diese Tatsache galt es, anschaulich werden zu lassen.[32]

Zwischen 1981 und 1984 wurde deshalb die Akzessionstätigkeit gegenüber den siebziger Jahren verzehnfacht[33], mußten doch auf der einen Seite vorgefundene, empfindliche Lücken im Sammlungsbestand vor allem innerhalb der fünfziger und sechziger Jahre geschlossen, zum anderen im Bereich des industrial design noch partiell mechanisch bestimmte Objekte erworben werden, die von der sich immer stärker ausprägenden Mikro-Elektronik verdrängt wurden. Diese vier Jahre sind deshalb in der Geschichte der Neuen Sammlung diejenigen höchster Sammelintensität ebenso wie das Jahr 1989, in dem es gelang, 1600 Erwerbungen den Beständen zu integrieren.[34]

Generell wurden zwischen Mitte 1980 und Mitte 1990 rund 12000 Objekte bzw. Objektgruppen erworben. Zählt man noch die durch die Bayerische Staatsregierung akquirierten und der Neuen Sammlung zur Betreuung überantworteten ca. 3500 Originalkarikaturen Ernst Maria Langs hinzu, die dieser seit 1947 für die Süddeutsche Zeitung entwarf, so sind es etwa 15500 Neuerwerbungen. Dies bedeutet: der 1980 vorgefundene Bestand konnte in nur einem Jahrzehnt um mehr als 75% vermehrt werden. Jeder Arbeitstag dieser 10 Jahre brachte infolgedessen im Durchschnitt die Akquisition von mehr als fünf Objekten mit sich. Dies ist für größere Museen mit einem Stab von Konservatoren sicher ohne Schwierigkeiten leistbar, verlangte aber in der Neuen Sammlung bei nur zwei Wissenschaftlern ein hohes Maß stetiger Präsenz und Konzentration.

Von den 12000 unmittelbar durch das Museum erfolgten Erwerbungen wurden 2649 (und 3500 Karikaturen E. M. Langs) gekauft, aber 9351 gelangten als Donation in unsere Sammlungen. Ihr Wert ist beträchtlich. Alle erbetenen Dinge wurden bereitwilligst von Hunderten von Herstellern und Entwerfern aus Dutzenden von Ländern und aus allen Kontinenten zur Verfügung gestellt, ja, oft aus europäischen Ländern, aus den USA oder Japan überbracht.[35] Ihnen allen gilt auch an dieser Stelle mein besonderer Dank.

Gliedert man das Sammlungsgut in die drei großen Sammelblöcke: in Kunstindustrie, graphic design und industrial design, so entfielen auf den ersten 2488 Inventareintragungen, auf den zweiten 7139 (und 3500 Karikaturen E. M. Langs) und auf den dritten 2373. Unter Kunstindustrie sind vor allem die tradierten Sammelgebiete: Keramik, Glas, Metall, Holz, Flechtwerk, Leder, Textilien, Möbel bzw. Spielzeug zu verstehen. Unter dem Begriff graphic design werden die Sparten: Plakate, Buchgestaltung, Typographie, Warenverpackungen, corporate identity und Photographie subsumiert, während der Begriff industrial design die stark technisch bestimmte Objektwelt wie Beleuchtungskörper, Radio-Phonogeräte, Kameras, Projektoren, Informationsgeräte, wissenschaftliche Instrumente, Sekundärarchitektur, Sportgeräte oder Fahrzeuge umfaßt.[36] Fast alle Erwerbungen wurden seriell oder industriell hergestellt, Unikate sind infolgedessen nur äußerst selten den Sammlungen integriert worden.

Wie wurde nun gesammelt, mit welchem Instrumentarium wurde gearbeitet? Hier sind vor allem zwei Wege von Bedeutung. Zum einen überprüfte man, um die augenblickliche Produktion zu erfassen, kontinuierlich ein Viertelhundert einschlägiger Zeitschriften, daneben die wichtigsten Design-Ausstellungen, Messen, Dokumentationen und Buchveröffentlichungen, um dann die für unsere Sammlungen besonders wichtigen Objekte beim Hersteller zu erbitten. Zum zweiten wurde der Kontakt mit Dutzenden von internationalen Kunsthändlern und Auktionshäusern gepflegt. Dieses logistische Potential ist eine wichtige Voraussetzung für eine große, international ausgerichtete Sammlung. Es ermöglicht letztlich auch die preisgünstige Akquisition, die im Verein mit den Tausenden in unsere Sammlungen geflossenen Donationen unserem Lande zugute kommt.[37] Die Aufgabe und abgeforderte Leistung liegt vor allem darin, aus dem Dingarsenal unserer Zeit und unseres Jahrhunderts dasjenige zu selektieren und zu suchen, was aufgrund seines Entwurfes, also seines formalen und geistigen Gehalts, Bestand haben kann.

Durch die Erwerbungen gehört heute Die Neue Sammlung nicht nur zu den Museen mit einer besonders großen Akquisitionskraft, sondern umschließt aufgrund ihrer Kontinuität und ihrer nach vorn gerichteten und zugleich unser Jahrhundert im Auge behaltenden Ausrichtung weltweit die komplexesten und bedeutendsten Design-Sammlungen.

Hinter dieser hier nur kursorisch angedeuteten Erwerbungstätigkeit verbirgt sich ein diffiziles Geflecht von Abwägung, Vergleich und Entscheidung, ist doch dem Auswahlvorgang die Sichtung riesiger Massen von Dingen vorgeordnet. Auch mit den Donationen verbindet sich ein Suchen, Besichtigen oder eine zum Teil breite Korrespondenz. Der Aufnahme folgt dann der Inventarisierungs-, Erfassungs- und Einordnungsprozeß. Nur der Erfahrene vermag abzuschätzen, was vor und hinter den in zehn Jahren erworbenen 15500 Inventareintragungen an Mühe, Arbeit, Einsatz, aber auch Freude steht.

Die nachfolgend beschriebenen und abgebildeten 111 Objekte bzw. Objektgruppen repräsentieren pars pro toto die 23 Sammelgebiete der Neuen Sammlung. Es sind einfache und kostbare zweckbehaftete Dinge. Dennoch bilden sie eine Familie; denn alle besitzen Gestalt, sind erfüllt von ästhetischer Qualität.

Die großen Donationen

Die Neuerwerbungen des Jahrzehnts zwischen 1980 und 1990 setzen sich zu mehr als 80% aus Donationen zusammen. Man könnte infolgedessen den Ausbau der Sammlungen des Museums als eine große Donation bezeichnen. Dennoch ragen aus der Vielzahl einige Schenkungen als besonders großzügig heraus. Zudem war jede dieser Donationen mit einer eigenen Ausstellung verbunden und wurde von einer Publikation begleitet (vgl. S. 322, 324, 325, 328), in die zum Teil mühsam ans Licht gehobene Daten und Fakten eingingen.

Den Auftakt dieser großen Donationen bildete 1984 eine Schenkung des italienischen Ölkonzerns Agip, die dank der Aufgeschlossenheit des damaligen Vorstandsmitglieds Herbert Schaub zu uns gelangte. Sie bestand aus Zapfsäule, Lichtzeichen und Teilen der Corporate Identity und war für die Präsentation mit flachen Edelstahlsockeln versehen worden.

Die Suche nach der in den fünfziger Jahren von Marcello Nizzoli entworfenen Zapfsäule bzw. dem originalen, fast 6 Meter hohen Lichtzeichen mit dem halbplastischen sechsbeinigen Supercortemaggiore-Hund nach Entwurf von Giuseppe Guzzi (vgl. Abb. S. 213) ließ sich schwieriger an als geglaubt. Erst spät wurde sie, trotz Einsatzes der großen Agip-Organisation, belohnt. So fand sich das Lichtzeichen noch im niederbayrischen Landau und die Zapfsäule in Lugano. Diese beiden Objekte dürften, obwohl ehemals zu Tausenden produziert, zu den letzten erhaltenen Exemplaren gehören, entkommen der Verschrottung und Vernichtung. An ihnen wird das Schicksal von industrial design ablesbar, dem trotz oft großer Auflagen der totale Verlust droht.

Zum ersten Mal in der Geschichte gelangten damit Tankstellenelemente in ein Museum für angewandte Kunst. In der begleitenden Schrift wurde dazu vermerkt: »Vor siebzig Jahren erregte Marcel Duchamp Aufsehen mit seinen ›Ready-mades‹, mit in die Kunstsphäre erhobenen Trivialgeräten. Er unterlief damit im dialektischen Sinne die geübte, hierarchisch gesetzte Ordnung menschlicher Dingwelt. Am Ende unseres Jahrhunderts bedürfen wir dieser ›Kunstgriffe‹ nicht mehr, um auf Eigenwert und Form von Objekten hinzuweisen, die pars pro toto unser Leben bestimmen. Auch diese haben sich emanzipiert...«[38]

Nach der Donation »Agip« wurde ein Jahr später (1985) eine zweite gewichtige Schenkung an Die Neue Sammlung in Ausstellung und Veröffentlichung vorgestellt. Sie stammte von dem Unternehmen Braun, dem seit den fünfziger Jahren immer die Zuneigung unseres Museums galt, zählt doch Braun seit dreieinhalb Jahrzehnten zu den wenigen Firmen der Welt, die Design konsequent praktiziert haben. Als ich 1980 die Neue Sammlung leitend übernahm, um sie zu einem Museum des 20. Jahrhunderts zu entwickeln, mußte als besonders schmerzhafte Lücke das Fehlen einer großen Zahl aus der Design-Geschichte nicht mehr wegdenkbarer Braun-Geräte auffallen. Meine 1981 an Albrecht Schulz, Mitglied des Vorstands, geleitete Bitte, diese Fehlstellen ausfüllen zu helfen, fand freundlichste Erwiderung. Mit einer ersten umfangreichen, 1982 eingetroffenen Donationssendung, die bis heute durch das Unternehmen Nachfolge findet, konnte die Design-Leistung von Braun im Rahmen eines internationalen Bestandes angemessen belegt werden.[39]

Dienstleistungsschild.

Typenbezeichnung: „Totem"
Entwurf: Unimark International, Mailand
Entwurfsjahr: 1980
Material und Abmessungen: Baustahl epoxidharzbeschichtet. Acrylglas, Siebdruck, innenbeleuchtet.
Gesamthöhe 3000 mm
Breite 715 mm
Tiefe 270 mm
Hersteller: Fa. Schermolux, Pessano, Milano

Im Zuge der Ausweitung des Dienstleistungsangebots an den Tankstellen wurde eine schnell fassbare und eindeutige Information für den Autofahrer erforderlich. Einer durchentwickelten Symbolik kommt hierbei entscheidende Bedeutung zu. Symbole in Rot/Weiß beziehen sich auf Dienstleistung für den Autofahrer. Symbole in Schwarz/Weiß signalisieren Dienstleistungen für das Fahrzeug.
Einsatz ab 1981.

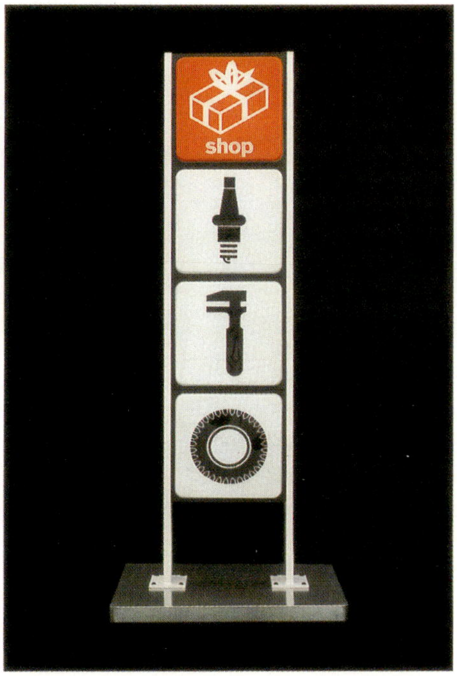

Produktverpackungen.

Entwurf: Agenzia HG, Rom
1977/78
Material und Abmessungen: Weißblech (teilweise auch Papier)
Durchmesser 85 mm
Höhe 210 mm
Inhalt 1 Liter
Hersteller: Fa. Faba, Reggio Emilia u. a.

Dieses Design der Produktverpackungen wurde 1979 bei AGIP einheitlich eingeführt.
Für jedes Produkt ist eine eigene Farbe reserviert, die somit neben der Beschriftung zum visuellen Signal zur Identifizierung des Inhalts wird.

Doppelseite aus dem die Donation Agip begleitenden Katalog, der von Peter M. Bode und Dirk J. Severin verfaßt wurde (vgl. S. 322). Dargestellt sind ein im Original übernommenes Dienstleistungsschild und Beispiele der Corporate Identity, dokumentiert an Ölverpackungen.

Linke Seite: Schrift aus der Anfang der siebziger Jahre durch das Mailänder Designer-Team Unimark International entwickelten Corporate Identity: »Nuova Immagine« des Unternehmens Agip, niedergelegt in einem der Donation beigefügten »manuale«.

Mit der 1986 erfolgten Ausstellung »Donation Olivetti« wurde die dritte große Schenkung eines Industrieunternehmens an Die Neue Sammlung publik gemacht. Nach der »Donation Agip« (1984) war dies das zweite generöse Geschenk Italiens an Die Neue Sammlung.
Im Rahmen des Ausbaus der Neuen Sammlung war es unerläßlich, die Entwicklungen des Unternehmens Olivetti möglichst komplex zu sammeln. Dies erfolgte im Wissen, daß heute Olivetti als ein Synonym für eine Verschwisterung von Kultur und Technik gilt.
Olivetti hat sich für die Erhaltung historischer Kulturgüter eingesetzt, hat Bücher herausgegeben, hat also den Kulturbetrieb im allgemein vorgestellten Sinne verdichtet; aber die Gestaltung der Geräte selbst und die sie begleitenden Schriften, Plakate und Werbungen haben unseren unmittelbaren Alltag erreicht und kulturell bereichert. Vieles davon wird in der Neuen

Donation Braun

Nach der „Donation Agip" des Jahres 1984 – einem Geschenk Italiens – wird ein Jahr später eine zweite gewichtige Schenkung an die Neue Sammlung in Ausstellung und Veröffentlichung vorgestellt. Sie stammt von dem Unternehmen Braun, dem seit Kriegsende immer die Zuneigung unseres Museums galt, zählt doch Braun seit dreißig Jahren zu den wenigen Firmen unseres Globus, die Design konsequent praktiziert haben.

Den Mut des Anfangs in den beginnenden fünfziger Jahren hat, rückblickend, zweifellos Erwin Braun aufgebracht, der noch 1954 in Hans Gugelot und Otl Aicher von der Hochschule für Gestaltung, Ulm, und in Fritz Eichler Partner fand, die ihm eine formal neue Generation von Phono- und Fernsehgeräten mit dem adäquaten Erscheinungsbild entwickelten, die weltweit Schule machen sollten.

Das bereits mit den ersten Geräten erzielte Aufsehen während der Deutschen Rundfunk-, Fernseh- und Phono-Ausstellung, Düsseldorf 1955, fand seine Bekrönung durch den Grand Prix der Triennale, Mailand 1957, und dem Compasso d'Oro 1962.

1958 gelangten dann auch die ersten Braun-Geräte in Die Neue Sammlung, jedoch nicht kontinuierlich, sondern mehr zufällig, exemplarisch: „Schneewittchensarg", „Atelier", Weltempfänger – letztere Geräte schon von Dieter Rams formal konzipiert, der für die spätere bedeutsame Formgebung der Braun Produkte mit seinem Team verantwortlich war und ist.

Als ich 1980 Die Neue Sammlung leitend übernahm, um sie zu einem Museum des 20. Jahrhunderts zu entwickeln, mußte als besonders schmerzhafte Lücke das Fehlen einer großen Zahl wichtiger, aus der Designgeschichte nicht mehr wegdenkbarer Braun-Geräte auffallen. Meine 1981 an Herrn Albrecht Schultz, Mitglied des Vorstands, geleitete Bitte, diese Fehlstellen ausfüllen zu helfen, fand freundlichste Erwiderung.

Mit einer ersten umfangreichen, 1982 eingetroffenen Donationssendung, die bis heute durch das Unternehmen Nachfolge findet, konnte die Designleistung von Braun – wie ich glaube angemessen – im Rahmen eines internationalen Bestandes belegt werden.

1984 konnte durch die in der Neuen Sammlung durchgeführte Hans-Gugelot-Ausstellung auch die Leistung des Beginns der Braun AG nach dem Krieg gewürdigt werden, dies über weite Strecken mit Hilfe des Sammlungsbestandes. Dies zeigt, daß die Kooperation zwischen Museum und gestalthaftes Gut produzierenden Unternehmen in der zweiten Hälfte unseres Jahrhunderts symbiotisch, also unabdingbar ist, um Geschichte und Kultur zu dokumentieren und zu bewahren.

Hans Wichmann

4 5

Sammlung als »Kunst, die sich nützlich macht« bewahrt.
Durch die ab 1982 erfolgten Donationen besitzt heute unser Museum weltweit den wohl umfangreichsten Bestand an Olivetti-Geräten. Der Dank für diese Stiftung gilt vor allem Dr. Paolo Viti und Hans von Klier.[40]
1987 konnte mit der »Donation Siemens« die vierte große Schenkung einer Weltfirma an Die Neue Sammlung veröffentlicht werden. Gezeigt wurden von den in den achtziger Jahren jeweils in Schüben in unser Museum gelangten Dedikationen 17 besonders innovative Neuentwicklungen aus sechs Unternehmensbereichen. Diese systembestimmten Objekte verstärkten im Verein mit Zeugnissen der Sekundärarchitektur die seit 1980 neu eingerichteten Sammlungsabteilungen in vorzüglicher Weise. Sie setzten in diesen nicht nur Akzente, sondern verkörpern durch den in der lunettenartig geschlossenen Stirnseite

Doppelseite aus dem Katalog »Donation Braun« (vgl. S. 324). Links ist die Eingangssituation des Museums während der Gugelot-Ausstellung (vgl. S. 272 und 273) wiedergegeben, die mit der Darstellung der Donation Agip verbunden war.

Presseführung durch Hans von Klier, der innerhalb des Unternehmens Olivetti zwischen 1971 und 1978 die Entwicklung der Corporate Identity steuerte. Olivetti hatte während der Ausstellung seiner Donation an Die Neue Sammlung auch sein visuelles Erscheinungsbild präsentiert.

Blick durch das Portal der Neuen Sammlung während der Ausstellung »Donation Siemens«. Im Vordergrund links der Chefdesigner des Unternehmens Siemens, Herbert Schultes, und Dr. H. Wichmann.

des Foyers ständig aufgerichteten Hochleistungsschalter (vgl. S. 211) ein Wahrzeichen für das Museum.
Bei den Objekten handelt es sich in den meisten Fällen um gestaltete hochtechnisierte Investitionsgüter, also um industrial design reinster Provenienz.[41]
Fast alle Objekte der »Donation Siemens« wurden zum ersten Mal in die permanenten Bestände eines Museums für angewandte Kunst aufgenommen und somit auch als artifiziell-ästhetische Leistungen ausgezeichnet.
In diesem Vorgang wurde wie in der Darstellung der vorangegangenen Donationen ein paradigmatischer Wechselbezug zwischen Industrieleistung und Kulturinstitution zum Ausdruck gebracht. Für die Schenkung ist insbesondere Edwin Schrikker und Herbert Schultes, den Leitern der Siemens Design Abteilung, zu danken.
Hervorhebung verdienen daneben die großen Donationen des Unternehmens Bosch, um die sich vor allem Günter Ogursky verdient gemacht hat, und die der Firmen MBB und Omega[42], die ohne Publikation blieben.
Generell vertreten diese großen Donationen die vielen Tausend anderen Geschenke, die aus allen Erdteilen von unterschiedlichsten Produzenten und Entwerfern in unsere Sammlungen flossen. Dank ihres Entgegenkommens, ihrer Aufgeschlossenheit und Förderung konnte sich in München ein neuer, beispielsetzender Museumstyp konstituieren.

Prof. Eugen Leitherer, der Vorsitzende des Kuratoriums der Neuen Sammlung, und seine Frau im Gespräch mit Dr. Wichmann während der Eröffnung der Ausstellung »Donation Siemens«.

Blick in einen Ausstellungsraum während der Ausstellung »Donation Siemens«.

Exempla

1985 erschien das als Grundkatalog des Museums dienende Buch »Industrial Design. Unikate. Serienerzeugnisse. Die Neue Sammlung ...« (vgl. S. 234). Mit Hilfe von knapp 1200 Abbildungen wurde hier zum erstenmal die Öffentlichkeit im Rahmen eines Überblicks mit den 23 Sammelgebieten unseres Museums bekannt gemacht. In dem Buch wurden Unikate und handwerklich hergestellte Serienerzeugnisse in gleicher Weise wie Maschinenprodukte behandelt und damit deutlich gemacht, daß es weder kunsthistorisch noch methodologisch sinnvoll ist, zwischen ihnen zu scheiden. Dahinter stand der Wunsch, das Untersuchungsgebiet der Industrieform an den in größeren Museen üblichen Wissenschaftsstandard heranzuführen und von der heute zumeist anzutreffenden unmethodischen und dilettantischen Oberflächlichkeit abzuheben, damit zugleich aufzuwerten.
Die nachfolgend wiedergegebenen 111 Objekte bzw. Objektgruppen repräsentieren wiederum die 23 Sammelgebiete der Neuen Sammlung, jedoch vermittelt ihre relativ kleine Zahl keinen Überblick, vielmehr deuten sie lediglich exemplarisch diese Abteilungen an. In ihrer Behandlung wird aber der Bezug zur Wissenschaftlichkeit gewissermaßen um eine Schraubenwindung verstärkt; denn nicht mehr nur Fakten, sondern ihre Verknüpfungen werden artikuliert. Gemäß der augenblicklich zumutbaren Aufnahmebereitschaft im Forschungsfeld »Design« bilden diese Verknüpfungen ein noch durchaus großmaschiges Geflecht, das sich erst in vorsichtigen weiteren Schritten zu ausgeprägter kunsthistorischer Analyse oder gar Interpretation, damit zu einem deckenden Gewebe verdichten ließe.
Bei den hier wiedergegebenen Objekten, die aus einer riesigen Schar von Donationen und Neuerwerbungen herausgegriffen wurden, handelt es sich nicht um eine Quintessenz von Haupt- oder Spitzenwerken, sondern mehr um einen Querschnitt einer breit ausgefächerten Sammlung, zumal sich der materielle Wert der gezeigten Dinge zwischen ein paar Mark und einigen Hunderttausend dehnt. Der physische Wert ist hier infolgedessen sekundär, vielmehr soll die verwandte Grundhaltung der wiedergegebenen Dinge, ihre Gestalt, die uns in mehrfachem Sinne dienlich zu sein vermag, aufgezeigt werden.

Pithos
aus Kreta, Ausformung 19. Jh.

1987 konnten mehrere dieser zum Teil mannshohen Gefäße – einige unten zugespitzt – erworben werden. Sie sind Zeugnisse jahrtausendewährender Tradition und auf Grund dessen formal von edler Ausgeglichenheit. Ihre Aufnahme in unsere Sammlungen erfolgte unter zwei Gesichtspunkten. Einmal repräsentieren sie den wohl ältesten Typus von Transport- bzw. Vorratsgefäßen, eine Art Verpackung also, zum anderen eine beispielhafte Alltagskeramik, fungieren somit in zwei Sammlungsgebieten. Stellvertretend für die in unserem Museum bewahrten Gefäßgruppen wird nebenstehend ein aus Kreta stammender Pithos abgebildet. Die Technik der handgefertigten, teils mit der Scheibe gedrehten Vorratsgefäße ist im Mittelmeerraum seit etwa dem 3. vorchristlichen Jahrtausend bekannt.
Roland Hampe und Adam Winter bereisten zwischen 1960 und 1961 für die Publikation des Römisch-Germanischen Zentralmuseums Mainz »Bei Töpfern und Töpferinnen in Kreta, Messenien und Zypern« (Mainz 1962) die im Titel angegebenen Gebiete und fanden unmittelbar vor Verlöschen dieses alten Handwerks eine Fülle von Herstellungsvarianten. So wurden die Pithoi bei ortsansässigen Töpfern in Petriades bei Koroni sogar gänzlich ohne Töpferscheibe hergestellt. Die Lagen wurden dabei einzeln mit der Hand aufgetragen, wobei sich die Arbeit des Aufziehens, je nach Größe des Gefäßes, von 15 bis zu 30 Tagen erstreckte.
Verwendet wurden die Gefäße als Transport- und Vorratsbehälter für Öl, Oliven oder Getreide. Manche Gefäße wurden teilweise in den Boden eingegraben, um den gelagerten Inhalt kühl zu halten. Bei Transport auf Schiffen lagerte man sie in Löchern, die man in die Schiffsdecks geschnitten hatte. Diese jahrtausendealte Form- und Handwerkstradition war ab der Mitte des 20. Jahrhunderts zum Aussterben verurteilt. Die über Generationen entwickelten Formen wurden zunächst durch metallene Öltonnen ersetzt, bis sie in unseren Tagen grellfarbenen Behältern aus Kunststoff wichen.
Die im Besitz der Neuen Sammlung befindlichen, wohl im 19. Jahrhundert entstandenen Gefäße sind auf Grund ihrer über Jahrtausende unverändert gebliebenen Gestalt die ältesten Gefäßformen, die innerhalb der keramischen Abteilung des Museums bewahrt werden. Ihre unverwechselbare, schlichte und dennoch variantenreiche Form wuchs durch den täglichen Gebrauch zu lapidarer Allgemeingültigkeit. 1987 vom World Crafts Council, Hellenic Section, erworben.

F.H.

Steingut; grober, rötlicher Scherben mit kleinen Einschlüssen. Unterteil auf der Scheibe gedreht, dann aus vier Teilen aufgebaut; Ritzdekor
H. 99 cm, ∅ (Öffn.) 30 cm, ∅ (Boden) 29 cm, ∅ (max.) 66 cm
Inv. Nr. 70/87
Lit. u. a.: Hampe Roland u. Adam Winter, Bei Töpfern und Töpferinnen in Kreta, Messenien und Zypern. Mainz 1962 – dies., Bei Töpfern und Zieglern in Süditalien, Sizilien und Griechenland. Mainz 1965 – Wichmann Hans, [Kat. Ausst.] Neu. Donationen und Neuerwerbungen 1986/87. Die Neue Sammlung. München 1989, 12 m. Abb. – Wichmann Hans, Keramiken der Neuen Sammlung im Internationalen Keramik-Museum Weiden. München 1990, 20-21 m. Abb.

Auguste Delaherche
Große Steinzeug-Vase, 1899

Frankreich übernahm seit der 2. Hälfte des 19. Jahrhunderts innerhalb Europas die führende Rolle in der Entwicklung moderner Keramik. Angeregt durch die Weltausstellungen, auf denen erstmalig persische und südostasiatische Gefäße gezeigt wurden, setzten sich zahlreiche Künstler mit den vielfältigen Möglichkeiten der Töpferei und den oft von einem Arkanum umgebenen fremdartigen Glasuren auseinander.
So entstand ein neuer Typus des Töpfers, der Kunstkeramiker, der, frei vom seriellen Manufakturbetrieb, seine Arbeit auf ein Objekt konzentrierte, das in kleinen Werkstätten als Einzelstück geformt, glasiert und gebrannt wurde. Vielleicht liegt hierin der Grund, daß sich in Frankreich auch Maler, von Gauguin bis Picasso, mit Keramik beschäftigten.
Der Entwerfer der Steinzeug-Vase, Auguste Delaherche (27. 12. 1857 Beauvais – 1940 Paris), entstammt einem Tuchweberei-Unternehmen. Seine Familie besaß eine Sammlung an Gemälden, Skulpturen und altem Kunsthandwerk. 1877–1882 studierte er an der Ecole des Arts Décoratifs in Paris und begann sich 1883 in l'Italienne bei Goincourt für Töpferei zu interessieren.

1886 trat er in Paris in das keramische Atelier von Ernest Chaplet ein, dessen Werkstatt er noch im gleichen Jahr übernahm. Bereits ein Jahr später erhielt er auf der 9. Ausstellung der Union Central eine Auszeichnung. 1894 verlegte Delaherche seine Werkstatt nach Armentières und trachtete danach, aus dem Ton von Savignies möglichst dünnwandige, hochgebrannte Gefäße zu drehen – ein Bemühen, das auf der Weltausstellung 1900 mit dem Grand Prix belohnt wurde.
Aufgrund der im Boden eingeprägten Werknummer ist die behandelte Vase 1899 in Armentières entstanden. Trotz ihrer ungewöhnlichen Größe ist die Wandstärke relativ gering. In ihrer Form greift sie mit den weichen, fließenden Linien Naturformen südostasiatischer Prägung auf, wandelt sie aber zugleich durch den straff gespannten Habitus zu einer monumentalen Gefäßform von Kraft und Plastizität um, die dennoch still und verhalten in sich ruht.
Die blaugrünliche Überlaufglasur über dunkelrotem Grund kommt dabei der Fließbewegung der Form entgegen, verdichtet sich z. T. im oberen Bereich, jedoch ohne ihre Gestalt zu verändern, und trägt so wesentlich zur gespannten Geschlossenheit der in sich ruhenden Form bei.
Innerhalb der etwa 20 von Delaherche stammenden und in der Neuen Sammlung bewahrten Gefäße setzt diese Arbeit einen großzügigen, zeitlos wirkenden Akzent.
1986 mit Mitteln aus dem Verstärkerfond der Direktorenkonferenz aus dem Kunsthandel erworben.

F.H.

Steinzeug; feiner grauer Scherben
Glasur: bräunlich dunkelroter Grund, blaugrünliche Überlaufglasur
Boden: Prägestempel AUGUSTE/DELAHERCHE 4167
H. 35 cm, ∅ 28 cm
Inv. Nr. 919/86
Lit. u. a.: Wichmann Hans, [Kat. Ausst.] Neu. Donationen und Neuerwerbungen 1986/87. Die Neue Sammlung München 1989, 15 m. Abb.

Maurice Dufrène
Teile eines Kaffeegeschirrs, um 1900

Nur selten gehen Form und Dekor in der Gebrauchskeramik eine so enge, sich steigernde Verbindung ein wie bei diesem um 1900 von Maurice Dufrène entworfenen Tee- und Kaffeegeschirr. Dabei sind sowohl Form als auch Dekor in einer neuen, ungewöhnlichen Weise interpretiert. Die leicht gebauchten, jede Härte vermeidenden Formen der Gefäßkörper werden von hochgezogenen Tüllen, Schnaupen, Deckeln oder geschwungenen Henkeln umspielt. Die Gefäße grenzen sich somit nicht optisch von dem sie umgebenden Raum ab, sondern beziehen ihn auf spielerische Weise durch raumgreifende, fließende Formen ein. Das sparsame, wohl von ostasiatischen Vorbildern geprägte vegetative Linienornament in Eisenrot und Graugrün nimmt diese fließenden Formen auf und unterstützt damit das einheitliche Erscheinungsbild.

Der Entwerfer dieses Services, Maurice Dufrène (7. 1. 1876 Paris – 14. 4. 1955 Nogent sur Marne), studierte bis 1900 an der Ecole des Arts Décoratifs in Paris, erhielt jedoch bereits seit 1894 Auszeichnungen der Zeitschrift »Art et Décoration« für von ihm entworfene Objekte aus allen Bereichen der angewandten Kunst. Seit 1899 arbeitete er auch für das von Julius Meier-Graefe 1898 begründete Einrichtungsgeschäft »La Maison Moderne« in der Rue de la Paix in Paris, für das auch dieses Geschirr entstand. Nach der Jahrhundertwende wurde Dufrène zusammen mit Pierre Adrien Dalpayrat zum wichtigsten Entwerfer dieses Hauses. Ab 1906 beteiligte er sich an Ausstellungen im Salon des Décorateurs, Paris, einige seiner Entwürfe wurden auch durch die Vereinigten Werkstätten für Kunst im Handwerk ausgeführt. Seit 1913 war er Lehrer an der Ecole Municipale Boulle, Paris. 1921 übernahm er die Leitung des Studios »La Maîtrise« des Kaufhauses La Fayette in Paris.

Der Auftraggeber, der deutsche Kunstkritiker und Schriftsteller Julius Meier-Graefe (1867–1935), der sich u. a. mit Arbeiten über Corot, Courbet, Renoir und Cézanne als Protagonist der französischen Moderne bekannt gemacht hatte, war nach Siegfried Bing der zweite Deutsche, der in Paris über ein Ladengeschäft versuchte, das »neue« Kunstgewerbe zu fördern.

Henry van de Velde, der die Inneneinrichtung für dieses Unternehmen gestaltet hatte, schreibt in seinen Lebenserinnerungen: »Meier-Graefes 1898 gegründetes Unternehmen war dafür bestimmt, dem Publikum erlesene Kunstwerke und ausgewählte Objekte nahezubringen, die von den besten Kunsthandwerkern aller Länder nach den einheitlichen Gesichtspunkten der vernunftgemäßen Gestaltung geschaffen waren. Die ›Maison Moderne‹ sollte sich von Bings ›Galerie d'Art Nouveau‹ durch ein kompromißloses Programm unterscheiden ... Er hätte das Format gehabt, dieses wichtige Programm zu verwirklichen. Es fehlte ihm nicht an gutem Willen, aber an finanziellen Mitteln und an der Beharrlichkeit, sich diesem einzigen Ziel und dieser Mission zu widmen.« (van de Velde Henry, Geschichte meines Lebens. München 1962, 169, 170).

F.H.

Porzellan, weiß glasiert; Unterglasurdekor in Eisenrot und Grauoliv
Kanne an Henkelansatz signiert: M. DuFRENE; Untertasse gestempelt (grün): Le Parthénon/Paris
Kanne: H. 23 cm, B. (Ausguß-Henkel) 19 cm, ∅ (max.) 15,5 cm
Gießer: H. 9,5 cm, B. (Ausguß-Henkel) 11,5 cm ∅ (max.) 6,5 cm
Zuckerdose: H. 13 cm, ∅ 13 cm
Obertasse: H. 1,8 cm, ∅ 13,5 cm
Herst.: Le Parthénon, Paris, Frankreich. Vertrieb durch La Maison Moderne, Paris
Inv. Nr. 467/85

Lit. u. a.: Rheims Maurice, Kunst um 1900. Wien/München 1965, 282 m. Abb. 397 [Tasse; dort irrtümlich van de Velde zugeschrieben] – [Kat. Ausst.] Europäische Keramik des Jugendstils. Hetjens Museum. Düsseldorf 1974, 62 m. Abb. – Kunst der Jahrhundertwende und der zwanziger Jahre. Sammlung Karl H. Bröhan. Bd. 2/II. Berlin 1977 286–287 [m. Lit. Verz.; Teetasse und Zuckerdose] – [Kat.] Jugendstil – Kunst um 1900. Hessisches Landesmuseum. Darmstadt 1982, 81 m. Abb. [Tassen; Lit. Verz.]. – Wichmann Hans, [Kat. Ausst.] Neu. Donationen und Neuerwerbungen 1984/85. Die Neue Sammlung. München 1988, 50 m. Abb., 119–120.

Adelbert Niemeyer
Doppelhenkelvase, um 1905

Das auf der rechten Seite wiedergegebene Gefäß der Nymphenburger Porzellanmanufaktur ist charakteristisch für die Arbeit Niemeyers, des wohl liebenswürdigsten Künstlers des »Aufbruchs des neuen Kunstgewerbes« in München der Zeit um die Jahrhundertwende. Die Vase in Amphorenform variiert frei den tradierten Töpfertypus. In ihrer Proportionierung und Detailgestaltung spiegelt sie das »Vornehm-Schlichte, das Zurückhaltende, Einfache und Bescheidene« (Paul Niemeyer, 1984) – Eigenschaften, die im Gegensatz zu den wechselnden Stilmoden der Zeit standen und die auch Zeitgenossen an seinen Arbeiten erfreuten. Der Dekor, ein dichtes Rankenwerk sich überschneidender Kreisformen in Zyklam und Gold, entwickelt sich aus der Gefäßform und umspielt dieselbe. Der Schmuck ist frisch, blühend, zugleich aber gebändigt. Er bildet mit dem Träger eine sich ergänzende Einheit und bestätigt das Wesen Niemeyerscher Entwürfe, die ebenso wie die Willy von Beckeraths verhalten, in sich ruhend sind. Sie leben vom Zusammenspiel sorgfältig gewählter Abmessungen im linearen und räumlichen Bezug, aber selbst bei geometrischer Betonung besitzen sie etwas Verbindliches. Ihr Geheimnis ist die genau getroffene Mitte zwischen Distanz und Zuneigung, zwischen fast raffiniert Verfeinertem und Naiv-Offenem, zwischen spielerischer Anmut und Disziplin.
1907 schrieb Karl Mayer in der Zeitschrift Dekorative Kunst (Bd. X, 12. Sept. 1907): »Der Nymphenburger Porzellanfabrik kann man es zum Verdienst anrechnen, daß sie Niemeyer herangezogen, womit sie manche alte Sünde, das wenige Kopieren alter, gangbarer Muster ... wieder gut gemacht hat.« In der Tat beschränkten sich in der 2. Hälfte des 19. Jahrhunderts alle deutschen Manufakturen weitgehend auf das Kopieren historischer Stilformen. Erst nach der Jahrhundertwende wurden erste Versuche unternommen, mit neuen Entwerfern auch zu neuen Formen und Dekoren zu gelangen. So verpflichtete Meißen 1902 Henry van de Velde und 1906 Richard Riemerschmid. In Nymphenburg beginnt mit der 1904 einsetzenden Entwurfstätigkeit Adelbert Niemeyers (15. 4. 1867 Warburg – 21. 7. 1932 München) die moderne Produktion der Manufaktur. Dieser hatte an der Düsseldorfer Akademie studiert und seine Ausbildung an der Académie Julian und bei B. Constant in Paris fortgesetzt. Er war Mitbegründer der Münchner Secession und beschäftigte sich, seit er 1902 mit Karl Bertsch und Willy von Beckerath die »Münchner Werkstätten für Wohnungseinrichtung« begründet hatte, vorwiegend mit angewandter Kunst.
Niemeyers Doppelhenkelvase wird noch heute, nach über 80 Jahren, im Programm der Nymphenburger Porzellanmanufaktur angeboten.
1984 aus dem Kunsthandel erworben.

F.H.

Porzellan, weiß glasiert; Unterglasurmalerei in Violett und Gold. Boden gestempelt: Manufakturstempel (grün), Blindstempel (Rautenschild) sowie Nr. 874
H. 17,5 cm, ∅ (max.) 19,6 cm
Herst.: Porzellanmanufaktur Nymphenburg, München, Deutschland
Inv. Nr. 1406/84
Lit. u. a.: Wichmann Siegfried, [Kat. Ausst.] München 1869–1958. Aufbruch zur modernen Kunst. München 1958, 197, Nr. 628. – [Kat. Ausst.] Jugendstil. Europalia 77. Palais des Beaux Arts. Brüssel 1977, 193, Nr. 383 m. Abb. [Dekorvariante] – [Kat. Mus.] Jugendstil. Badisches Landesmuseum. Karlsruhe 1978, 265 m. Abb. [Dekorvariante, Lit. Verz.] – [Kat. Ausst.] Adelbert Niemeyer. Die Arbeit am Gefäß. Bayer. Handwerkstag. München 1984 – Wichmann Hans, [Kat. Ausst.] Neu. Donationen und Neuerwerbungen 1984/85. Die Neue Sammlung München 1988, 53 m. Abb., 121 [dort weit. Lit.].

Jan Bontjes van Beek
Steinzeugvase, um 1950

Die keramischen Arbeiten von Jan Bontjes van Beek (18. 1. 1899 Vejle/Jütland – 5. 9. 1969 Berlin) waren sowohl in den 30er und 40er Jahren als auch nach dem 2. Weltkrieg über den deutschsprachigen Raum hinaus richtungweisend. Wie kaum ein anderer Keramiker seiner Zeit schuf Bontjes van Beek überaus schlicht wirkende Gefäße von hoher Plastizität und Spannkraft. Die von ihm nach dem Zweiten Weltkrieg konsequent praktizierte Reduzierung der Form auf fast geometrische Grundelemente führte zu Gefäß-Skulpturen von großem Ernst und Eindringlichkeit.
Bontjes van Beek absolvierte nach 1918 eine Töpferlehre bei Valentin Frank in Undenheim bei Mainz und gründete 1922 eine eigene Töpferwerkstatt in Fischerhude bei Bremen. 1923 vervollkommnete er seine Kenntnisse am Seger-Institut in Berlin und betrieb 1933–43 eine Werkstatt in Berlin-Charlottenburg. Nach dem Krieg produzierte das Keramikunternehmen von Dr. Alfred Ungewiß in Dehme bei Oeynhausen seine Entwürfe in Serienproduktion. Van Beek war in diesem Zeitraum auch als Lehrer an verschiedenen Hochschulen und Akademien tätig.
Unsere hier gezeigte Steinzeugvase entstand wohl Ende der 1940er Jahre, da sie der Verkäufer kurz nach dem Zweiten Weltkrieg vom Keramiker als Geschenk erhielt.
In ihrer straffen, fast erratisch wirkenden Form ist sie ein besonders eindringliches Beispiel für die strengen, monumental anmutenden Arbeiten der 50er Jahre. Höchste handwerkliche Qualität und eine kompromißlos reduzierte Gestalt, frei von jeglicher gefälligen Anbiederung an den Betrachter, zeichnen dieses Gefäß aus. Ihre Spannung bezieht die Vase aus dem Gegensatz des einschwingenden, eingezogenen, sockelartigen Fußes und des straffen, helmartigen Korpus', dessen gewölbte Schulter nur im Scheitel durch einen ringartigen Hals durchbrochen wird. Die Form atmet Monumentalität und Statuarik, die sich introvertiert vom umgebenden Raum abgrenzt und in sich selbst ruht.
Der matt violette Überlauf an Schulter und Sockel über beige-grauer Grundglasur spart Bereiche der Wandung aus und unterstützt durch seine Verhaltenheit die durch die Form vorgegebene Spannung. Das Gefäß wirkt wie eine Verkörperung der Äußerung des Künstlers: »Das Geheimnis der guten Arbeit liegt in ihrem richtigen Maß. In einer Zeit wie heute, die allgemeingültiges Maß verloren hat und nicht weiß, ob sie es überhaupt wiedergewinnen will, findet der Künstler das Maß nur aus sich selbst.« (1964).
Innerhalb der umfangreichen Bestände an Keramiken von Bontjes van Beek, dem Die Neue Sammlung 1964 eine Einzelausstellung widmete, kommt dieser Vase durch ihre nonkonformistische Haltung eine exemplarische Sonderstellung zu.
1986 aus Privatbesitz erworben.

F.H.

Steinzeug; feiner grauer Scherben. Glasur: graubeiger Grund mit blauviolettem Überguß
Am Boden: Werkstattzeichen
H. 35 cm, ∅ (max.) 20 cm
Inv. Nr. 897/86
Lit. u. a.: [Kat. Mus.] Deutsche Keramik des 20. Jahrhunderts. Bd. 1. Hetjens Museum. Düsseldorf 1975, 72–91 m. Abb. – [Kat. Ausst.] Keramik vom Historismus bis zur Gegenwart. Kunstgewerbemuseum Köln 1975, 261, 262 m. Abb. – [Kat. Ausst.] Meister der deutschen Keramik 1900–1950. Kunstgewerbemuseum Köln 1978, 73–79 m. Abb. [dort weit. Lit.] – Reineking von Bock Gisela, Keramik des 20. Jahrhunderts. Deutschland. München 1979, 104–109 m. Abb. [dort weit. Lit.] – Kunst u. Handwerk 1986, H. 3 (Mai/Juni), 166–168 m. Abb. – Wichmann Hans, [Kat. Ausst.] Neu. Donationen und Neuerwerbungen 1986/87. Die Neue Sammlung. München 1989, 46–47 m. Abb.

Christopher Dresser
Rotweinkaraffe, 1895/96

»Es versteht sich, daß die Gestaltung selbst des gewöhnlichen Objekts so sorgfältig überlegt sein will, daß die Form die Funktion unmittelbar ausdrückt; ein Gegenstand wird nur dann seinen Zweck erfüllen, wenn die Form seinem Gebrauch unmittelbar entspricht. Ich rate daher jedem Designer, zuerst den Gegenstand zu ermitteln, bevor er sich Gedanken darüber macht, wie das Objekt im einzelnen aussehen soll... Ein Designer muß ein praktisch denkender Mensch sein, aber er muß ebenso ein Künstler sein, wir brauchen praktisches Gerät, aber das Gerät, mit dem wir uns umgeben, muß auch schön sein. Ist es nicht schön, so wird die Sensibilität unserer Gefühle und die Fähigkeit, die Natur und die Schönheit zu verstehen, verletzt.« Diese Überlegungen formulierte der englische Botaniker, Kunsttheoretiker und Entwerfer Christopher Dresser in seinem Werk »The Principles of Decorative Design«, das 1870/72 als Artikelfolge im »Technical Educator« und 1873 in Buchform erschien.
Christopher Dresser (1834 Glasgow – 24. 11. 1904 Mülhausen/Elsaß) gilt nicht nur durch seine kunsttheoretischen Werke, sondern vor allem durch seine Entwürfe und ausgeführten Arbeiten als Pionier des europäischen Design. Eine Generation früher als Peter Behrens – zeitgleich mit William Morris und John Ruskin – war seine Arbeit zielbewußt der Industrie und damit der Formgebung des industriellen Serienproduktes gewidmet.
Dresser besaß seit den frühen 1860er Jahren ein eigenes Entwurfsbüro mit mehreren Mitarbeitern und war damit wohl der erste vollberufliche Designer. Vermutlich war Dresser für mehr als 50 britische Firmen entweder entwerfend oder als Berater tätig.
Für die Firma Jonathan Wilson Hukin & John Thomas Heath in Birmingham und London, die auch die nebenstehende Rotweinkaraffe produzierte, entwarf Dresser ab 1877 Metallgegenstände und montierte Glasgefäße.
Die Karaffe besticht durch ihre außergewöhnlich kühne, schlanke Gestalt. Auf abgeflachtem, runden Boden mit 48teiligem Sternschliff erwächst unmittelbar der sich zu einem hohen schlanken Hals verjüngende Gefäßkörper. Dabei wird der Halsrand von einem breiten Silberband eingefaßt, aus dem sich, durch ein Klappscharnier verbunden, der tulpenförmige Klappstöpsel aus Silber erhebt. Die Farbe des Weines erfüllt das Gefäß und läßt jeden zusätzlichen Dekor überflüssig erscheinen.

Dressers in Japan gewonnene Anregungen spiegeln sich in den Stempelmarken an den Rändern der Montierung wieder. Die über Hersteller, Ort, Feingehalt und Jahr informierenden Angaben werden durch die Präzision der Ausführung und durch ihre exakte, aufeinander bezogene Anordnung als dekoratives Element eingesetzt.
Innerhalb der Glasbestände der Neuen Sammlung stellt diese Karaffe ein frühes Beispiel eines industriell gefertigten Gegenstandes dar, der sich durch disziplinierte Reduktion von Form und Dekor von viktorianischem Stilpluralismus wohltuend abhebt.
1988 aus Privatbesitz erworben.

F.H.

Kristallglas; Boden geschliffen; Silbermontierung
Klappstöpsel bez.: From us and – [kursiv]
Am unteren Rand der Halsmontierung vierteiliger Stempel: Firmenmarke: ITH/IHM in Vierpaß ≙ John Thomas Heath & John Hartshorne Middleton ≙ Firmenstempel von Hukin & Heath, Birmingham/London zwischen Januar 1887 und November 1909 für Silberwaren; schreitender Löwe in Querrechteck ≙ 925/1000 Silber; Jahresbuchstabe: v (Fraktur) ≙ 1895/96; liegender Anker ≙ Stadtstempel Birmingham; Diamantritzung unter dem linken Stempel: 7345; Diamantritzung unter dem rechten Stempel: C 18296; am unteren Rand des Klappstöpsels dreiteiliger Stempel: Firmenmarke, Feingehalt und Jahresstempel wie vor und im Stand aufeinander Bezug nehmend. Auf Unterseite des Klappstöpsels zweiteiliger Stempel: Feingehalt, Jahresstempel sowie »1«. Auf Abdeckung des Korkendornes: Feingehaltsstempel, wie vor
H. ca. 41 cm, ∅ (Boden) 17 cm, ∅ (Hals) 2,7 cm
Herst.: Heath & Middleton (= Hukin & Heath), Birmingham, England
Inv. Nr. 1000/89
Lit. u. a.: Jackson Charles James Sir, English Goldsmiths and their Marks. London 1949, 412 – Wichmann Hans, [Kat. Ausst.] Neu. Donationen und Neuerwerbungen 1988/89. Die Neue Sammlung. München 1990, 20–21 m. Abb.

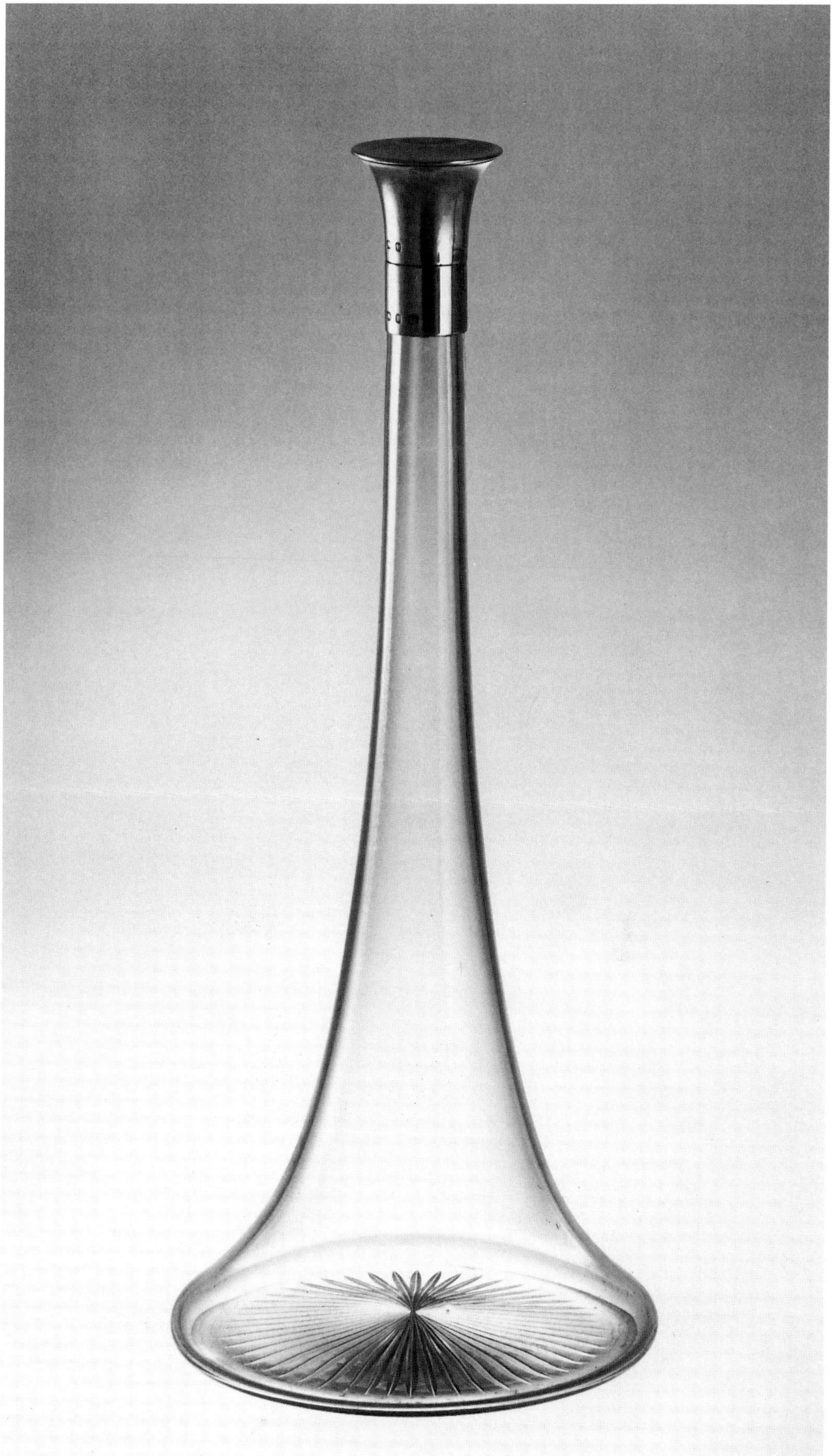

Glasfenster, Brüssel, um 1905

In der 1988 gezeigten Ausstellung einer Auswahl von Neuerwerbungen der Jahre 1984/85 beherrschte das Foyer – unmittelbar gegenüber dem Eingangsportal – ein aus Brüssel stammendes Glasfenster des ersten Jahrzehnts unseres Jahrhunderts. Das Werk konnte 1985 mit Zustimmung sämtlicher Leiter der staatlichen Museen und Sammlungen Bayerns mit Sondermitteln des Freistaates aus dem Handel erworben werden.
Die etwa acht Quadratmeter großen Glasflächen tragen in den Randzonen – sich nach oben verdichtend – floralen Schmuck und ornamentale Sonnen- und Paradiesvogelmotive in den fließenden Formen des Jugendstils. Die melierten Farben der Gläser sind den heiteren Motiven angepaßt. Sie sind zart, frühlingshaft und verliehen einst dem Wintergarten einer Jugendstil-Villa in der Avenue de La Reine 25 in Brüssel, den sie umhüllten, eine helle und frische Atmosphäre. Das annähernd quadratische Fenster mit Bleiverglasung und handgeschmiedeter Windversteifung befand sich in einem dreiteiligen, hölzernen Fensterrahmen (Seitenteile je 75 cm, Mittelteil 135 cm Breite, Höhe 315 cm) und stand – zur Straße hin orientiert – im originalen Architekturverband. Ihm schloß sich in einem Winkel von 90° ein ebenfalls dreiteiliges, von einer Mitteltür durchbrochenes Glasfenster an. Dieses Fenster besaß lediglich eine florale, am Hauptfenster orientierte Dekorierung. Die beiden übrigen Seiten bildeten die Außenmauer der Villa. Ursprünglich bestanden die Fensterrahmen aus gestrichenem Holz. Einteilung und Profil wurden für die Rahmung unseres Fensters exakt übernommen.
Es repräsentiert die auch von Frankreich inspirierte Ausformung der belgischen Art Nouveau, die von Victor Horta, Paul Hankar, P. Wolfers, Gustave Serrurier-Bovy oder Henry van de Velde geprägt worden war und vor allem nach Deutschland ausstrahlte. Ebenso wie in den Arbeiten Hortas, die sich durch feingliedrige Eisenkonstruktion und reiche Verwendung von Glas auszeichnen, wurden auch die Formen dieses farbigen Fensters von einem eleganten Konstruktionsprinzip bestimmt, das jenseits von knorpeligem, sentimentalen Empfindungsschwulst angesiedelt ist. Die subtilen Farbmischungen und die vorzügliche handwerkliche Verarbeitung unterstützen diesen Eindruck.

Es ist das erste Glasfenster des beginnenden 20. Jahrhunderts, das in Die Neue Sammlung gelangt, und ergänzt in vorzüglicher Weise die bewahrten Arbeiten französischer, belgischer, niederländischer, englischer und deutscher Künstler der Jahrhundertwende. Im Ensemble ihrer Werke setzt dieses Fenster einen neuen Akzent.

Radschlagende Pfauen mit floraler Linienornamentik und stilisierten Irisblüten
Aus dem Wintergarten einer Jugendstil-Villa, Avenue de la Reine 25, Brüssel
Glasmosaik, Bleistege, Eisenversteifungen
H. 315 cm, B. 285 cm
Inv. Nr. 851/85
Lit. u. a.: Wichmann Hans, [Kat. Ausst.] Neu. Donationen und Neuerwerbungen 1984/85. Die Neue Sammlung. München 1987, 92 m. Abb.

François Emile Décorchement
Pâte-de-verre-Schale, um 1929

Im zweiten Dezennium des 20. Jahrhunderts schrieb Gustav E. Pazaurek, der seinerzeit wohl kenntnisreichste Beobachter der damaligen Glasproduktion: »Eine Sonderstellung im französischen Kunstglasschaffen nehmen die Erzeugnisse aus Glaspaste (pâte-de-verre) ein. Die Ausstellungsberichte der Union Central des Arts Décoratifs von 1884 rühmten Henri Gros als den Wiederentdecker der antiken Glaspastentechnik. In der gleichen Technik arbeiten – unabhängig voneinander – Albert Dammouse in Sèvres und der Maler und Keramiker François Décorchement.«
Bei diesem komplizierten und überaus langwierigen Verfahren wird ein Wachsmodell aus einer Sand- oder Tonform herausgeschmolzen, um dann das mit einer Flüssigkeit angerührte farbige Glaspulver (Fritte) in die Form zu gießen und bei hohen Temperaturen zu brennen. Der Dekor entsteht so aus der Matrize, Maserungen in der Glasmasse durch Farbvariationen innerhalb der eingegossenen Schichten. Schließlich wird die Form nach dem langdauernden Brenn- und Auskühlprozeß nachgearbeitet und poliert.
François Emile Décorchement (26. 5. 1880 –19. 2. 1971 Conches), der Entwerfer der hier abgebildeten Schale, war Sohn eines Bildhauers, kam 1892 nach Paris und besuchte 1896/1900 die Ecole des Arts Décoratifs. Zunächst war er als Landschaftsmaler tätig und begann nebenbei, ab 1901, in der Werkstatt seines Vaters glasierte Steinzeuggefäße herzustellen. Schon 1902 stellte er die ersten Objekte aus farbiger Glaspaste auf dem Pariser Salon aus. Die für Décorchement so charakteristischen dickwandigen Gefäße entstanden jedoch erst ab 1910, als er sich in Conches einen eigenen Brennofen bauen ließ.
Internationale Anerkennung stellte sich auf der »Exposition Internationale des Arts Décoratifs et Industriels Modernes« 1925 in Paris ein, an der er sich mit Arbeiten in mehreren Pavillons, u. a. in dem von Emile Jacques Ruhlmann eingerichteten Hôtel d'un Collectioneur, beteiligte. 1934 schuf er die Glasfenster der Kirche St. Odile in Paris und war noch nach dem Zweiten Weltkrieg tätig.
Die abgebildete Schale belegt innerhalb der Glasbestände der Neuen Sammlung die hohe kunsthandwerkliche Tradition, die sich in Frankreich bei exzeptionellen Einzelstücken noch bis in die 1. Hälfte des 20. Jahrhunderts erhalten hat. Die Grundform der Schale mit dem eingezogenen Standring, dem weit ausladenden Gefäßkörper, der allmählich vom Rund ins Achteck übergeht, und den beiden aus dem Standring erwachsenden Handhaben, die in gekanteten, eingerollten Voluten enden, ist zwar tradiert, wird aber durch die Formenvariation, durch die Kompaktheit und Farbgebung des Materials Träger einer für die ausgehenden zwanziger Jahre typischen Haltung.
Das Material, die schwere, dicke, sorgfältig polierte Glasmasse, von grünlichen, bläulichen und gelbbräunlichen Schlieren durchzogen, legt eine Assoziation zu Halbedelsteingefäßen nahe und evoziert so ebenfalls eine allgemeine Anmutung, die mit »alt« und »kostbar« umschrieben werden könnte. In diesen Gesamteindruck wird sogar die Preßstempel-Signatur an der Unterseite der Wandung einbezogen, die in ihrer Dreiviertelkreisform wie ein Sigillum die Authentizität des Objekts belegt. Hinter diesen Assoziationen stehen ostasiatische, besonders japanische Anregungen, die an Jadegefäße denken lassen.
1987 aus dem Kunsthandel erworben.

F.H.

Farblose Glasmasse mit grünlichen, bläulichen und gelbbräunlichen Schlieren; gegossen und poliert mit zahlreichen Luftbläschen
Stempelmarke DECORCHEMENT; Boden geritzt: B 554
H. 9 cm, B. (Handhabe-Handhabe) 25,5 cm, ∅ Boden 12 cm, ∅ (max.) 23 cm
Inv. Nr. 758/87
Lit. u. a.: Wichmann Hans, [Kat. Ausst.] Neu. Donationen und Neuerwerbungen 1986/87. Die Neue Sammlung. München 1989, 32 m. Abb.

René Lalique
Glasschale »Saint-Vincent«, 1926/27

René Lalique (4.6.1860 Aÿ – 5.5.1945 Paris) wurde anfänglich in Paris als Gold- und Silberschmied ausgebildet und studierte daneben an der Ecole Nationale des Arts Décoratifs. Nach einem zweijährigen Englandaufenthalt 1878/80 eröffnete er 1886 eine eigene Juwelierwerkstatt und fand 1900 während der Weltausstellung in Paris für seine Arbeiten Bewunderung. Ab 1902 begann Lalique Einzelstücke in Glas zu entwerfen, und ab 1906 entstanden die ersten seriell hergestellten Parfumflakons für Coty, Worth und Roger & Gallet. 1908/09 erwarb er mit der Verrerie de Combs-la-Ville seine erste Glashütte, eine zweite nach dem Ersten Weltkrieg in Wingen-sur-Moder (Verreries d'Alsace René Lalique & Cie.). In dieser entwickelte er ein neuartiges Preßverfahren für monochrome Gläser mit Reliefdekor, die große Aufmerksamkeit erregten. Dort entfaltete er nicht nur eine hohe kreative, sondern auch wirtschaftlich erfolgreiche Tätigkeit.
Die 1925 in Paris eröffnete Ausstellung »Exposition Internationale des Arts Décoratifs et Industriels Modernes«, die einem Stil ihren Namen lieh, brachte für Lalique weitere Anerkennung. Gabriel Mourey schrieb in einem Artikel der Zeitschrift Commercial Art vom Juli 1926: »Lalique-Gläser sind Industrieerzeugnisse nach den Entwürfen eines hervorragenden Künstlers – perfektes Design in perfekter Ausführung. Als Ausstattungs- und Dekorationsgegenstände geben sie unserer häuslichen Umgebung und unseren öffentlichen Gebäuden eine lebendige und moderne Atmosphäre. Sie sind von unserer vielschichtigen Zivilisation geprägt, die nach Eleganz, Neuheit und Luxus dürstet.«
Unsere große Schale entstand 1927. Das Traubenmotiv taucht aber bereits, wie eine mit 2.11. 1926 datierte Zeichnung zeigt, 1926 auf. Die durch die Kataloge von 1928 und 1932 verbürgte Bezeichnung »St. Vincent« spielt auf den 287 n. Chr. unter Diokletian gemarterten Heiligen Vincentius von Valencia an, der als Patron der Weinbauern gilt und an dessen Festtag (22. Januar) sich der volkstümlichen Überlieferung zufolge das Schicksal des folgenden Weinjahrgangs entscheidet. Gegenüber dieser volkstümlichen Benennung der Schale ist ihr naturalistischer Dekor sublim und raffiniert zugleich. Er dokumentiert die hohe Begabung Laliques als »Dekorateur«. Der dreigeteilte Reliefdekor aus Trauben und -Ranken, der sich wellenförmig um die Wandung zieht, strukturiert im Verein mit Horinzontalbändern das Gefäß. Die unterschiedliche Relieftiefe des Dekors wird – etwa bei den Trauben – nicht nur als stilistisches Mittel eingesetzt, um die Plastizität des Dekors zu steigern; es ergibt sich dadurch eine Lichtbrechung, die ein Leuchten, Glänzen und Schimmern bewirkt, die im Verein mit der unterschiedlichen Farbintensität dem Gefäß jene Schwere nehmen, die Preßglas zumeist zu eigen ist. Der bläulich milchig weiße, z. T. blau-grüne opaleszierende Farbton der Glasmasse unterstützt diese Wirkung.
1985 von Christie's in London erworben.

F.H.

Wurde zuerst 1926 als Pendelleuchte entworfen und leicht variiert auch als Deckenleuchte produziert. Herstellung bis 1947.
Opalisierendes Gußglas, geätzt; in den Vertiefungen der Außenseite blaugrün
Am Rand bez.: R. LALIQUE
H. 16,2 cm, ∅ (oben) 34,5 cm
Inv. Nr. 896/85
Lit. u. a.: [Kat Firma] Catalogue des Verres de René Lalique 1932, plate 33, Nr. 391 – Vane Percy Christopher, René Lalique. Das Glas. Würzburg 1981, 158, Nr. 391 – [Kat. Aukt.] Decorative Arts from 1850 to the present day. Christie's London 18. July 1985, 81, Nr. 255 m. Abb. – Wichmann Hans, [Kat. Ausst.] Neu. Donationen und Neuerwerbungen 1984/85. Die Neue Sammlung. München 1988, 63, 122 m. Abb. – Marcilhac Félix, René Lalique 1860–1945. Analyse de l'œuvre et catalogue raisonnée. Paris 1989, 295, Nr. 391; 595, Nr. 2025; 622, Nr. 2169; 675, Nr. 2470 m. Abb.

Simon Gate
Glasschale, 1930

Die schwedische Glashütte Orrefors wurde 1898 auf dem Gelände einer Eisenhütte gegründet und beschränkte sich in ihrer Produktion zunächst auf Haushaltsglas, Flaschen und Flachglas. 1913 wurde die Hütte an Konsul Johan Ekman verkauft, der 1916 den Maler Simon Gate und 1917 Edvard Hald als Entwerfer verpflichtete. Bereits 1925 vermerkte Gustav Pazaurek in seiner Publikation über die »Kunstgläser der Gegenwart« den »plötzlichen und stolzen Aufstieg der Orrefors Glasbruk Aktiebolag in Orrefors« und bezeichnet die Manufaktur »als eine der bedeutungsvollsten Stätten moderner Kunstglasveredelung«. Orrefors erhielt im gleichen Jahr auf der Internationalen Kunstgewerbe-Ausstellung in Paris drei Grand Prix, je einen für die Manufaktur und die Entwerfer Gate und Hald.
Simon Gate (10.3.1883 a Fagelås. Västergötland – 11.5.1945 Orrefors), der Entwerfer der nebenstehenden Schale, besuchte zunächst die Kunstindustrieschule und 1905/09 die Kunstakademie in Stockholm. Im Anschluß daran war er, bis er 1916 das bis zu seinem Tode dauernde Vertragsverhältnis mit Orrefors einging, vorwiegend als Zeichner und Porträtmaler tätig. So sind denn auch seine Glasarbeiten in den 20er Jahren weniger durch die Form, mehr durch den reichen, figürlichen Glasschnitt und Glasschliff geprägt, den er meisterlich beherrschte. Im rein handwerklich technischen Bereich war er maßgeblich an der Entwicklung des sog. Graalglases, einer aufwendigen Dekorationstechnik, beteiligt, die ursprünglich ein hohes, hüttentechnisches Können voraussetzte.
1930 gelang Gate mit einer undekorierten Glasserie, die er erstmals auf der berühmten Architektur- und Gewerbeausstellung in Stockholm präsentierte, ein Entwurf, den Ann Marie Herlitz-Gezelius in ihrer 1984 erschienenen Monographie über die Glashütte Orrefors als »the greatest hit of the 30s among the majority of the public« bezeichnet.
Charakteristisch für diese Glasserie, die aus Schalen, Schüsseln und Bechern bestand, ist der eingezogene, scheibenartige Fuß aus schwarzgefärbter Glasmasse, über der sich der Gefäßkörper aus Klarglas mit ondulierter Wandung erhebt. Der ebenfalls gewellte Rand wird dabei von einem Glasstreifen aus schwarzer Glasmasse umfaßt.
Wie unsere nach einem Firmenkatalog von 1932 als Modell »GU 80« bezeichnete Schale belegt, gelang es damit beispielhaft, den Werkstoff Glas ohne nachträgliche mechanische Bearbeitung in eine Form zu überführen. Die Entwurfsidee ist dabei ebenso einfach wie einfallsreich. Der schwarze Fuß und der Randstreifen isolieren das Gefäß von seiner Umgebung. Die starke Einziehung des Fußes und die flache, fast horizontale Ausladung lassen die Schale fast schwebend erscheinen, und die gewellte Wandung lockert den Kontur. Zugleich bewirkt die Ondulation bei Lichteinfall Spiegelungen, Brechungen, ein Spiel von Licht und Schatten auf der Schale. Die künstlerische Qualität dieses Entwurfs wird nicht zuletzt durch die zahlreichen Bemühungen belegt, die Anfang der 1930er Jahre diese Glasserie zu kopieren suchten, ohne das Original in seiner Schlichtheit zu erreichen.
1982 aus dem Kunsthandel erworben.

F.H.

Ausgestellt während der von Erik Gunnar Asplund gestalteten Stockholmer Ausstellung 1930
Farblose und schwarze Glasmasse
Boden: Ritzsignatur »of Ga 30«
H. 7,5 cm, B. 42 cm × 42 cm
Herst.: Orrefors ab Glasbruk, Orrefors, Schweden
Inv. Nr. 870/82
Lit. u. a.: Hald Arthur u. Erik Wettergren, Simon Gate – Edward Hald. Stockholm 1948, 101 m. Abb. – Herlitz-Gezelius Ann Marie, Orrefors – A Swedish Glasplant. Stockholm 1984, 54 m. Abb. [Schüssel] – Wichmann Hans, [Kat. Ausst.] Neu. Donationen und Neuerwerbungen 1982/83. Die Neue Sammlung. München 1986, 21 – Ricke Helmut u. Ulrich Gronert, Glas in Schweden 1915–1960. München 1986, 114, 115 m. Abb. [Schüsseln mit graviertem Dekor] – [Kat. Ausst.] Svenskt glas 1915–1960. Nationalmuseum. Stockholm 1987, 27 m. Abb. [Schüssel].

Fulvio Bianconi
Glasvase aus der »Pezzato-Serie«, 1950

Die 1921 von dem Mailänder Rechtsanwalt Paolo Venini, dem venezianischen Kunsthändler Giacomo Cappellin und dem Glasmacher Vittorio Zecchin auf der venezianischen Insel Murano gegründete Manufaktur Venini zählt bis heute zu den bedeutendsten Glasmanufakturen des 20. Jahrhunderts. Es gehört zur Tradition dieser Glashütte, außerhalb des Betriebes tätige Architekten und Designer mit Glasentwürfen zu beauftragen. So waren für die Firma u. a. die Architekten Carlo Scarpa, Giò Ponti, Franco Albini, Ignazio Gardella und Enrico Peressutti, der Bildhauer Napoleone Martinuzzi und die Entwerfer Tapio Wirkkala, Massimo Vignelli, Pierre Cardin, Laura e Ludovico de Santillana tätig, auch Fulvio Bianconi (geb. 27.8.1915, Padua), der Entwerfer der abgebildeten Vase. Er studierte an der Accademia di Belle Arti und am Liceo Scientifico in Venedig. 1939 übersiedelte er nach Mailand und war dort zunächst für den Nahrungsmittelkonzern Motta als Graphic-Designer tätig. Später entwarf er u. a. Bücher, Schutzumschläge für die Verlage Mondadori und Garzanti, Schallplattenhüllen für HMV, Pathé und Columbia, Programme für das Teatro Olimpico sowie Werbematerial für Fiat und Pirelli. Seit 1947 arbeitete er für die Glasmanufaktur Venini, für die er u. a. 1948 eine Serie von Masken aus der Commedia dell' Arte entwarf. 1950 entwickelte er in Zusammenarbeit mit Paolo Venini die Reihe der sog. »Pezzati«-Vasen, zu der unsere Vase gehört. Für die Farbstellungen dieser Serie, die 1951 auf der XXXV. Biennale in Venedig vorgestellt wurde, zeichnete Ginette Venini verantwortlich. Die Form des Gefäßes ist schlicht. Auf flachem, leicht eingestochenem Boden weitet sich der Gefäßkörper becherartig und endet mit einem leicht ondulierten Rand. Der eigenartige, strenge und doch zugleich leicht und spielerisch wirkende Habitus des Gefäßes wurde dadurch erzielt, daß dem aus farbloser Glasmasse bestehenden Gefäßkörper grüne, schwarz-braune und honigfarbene Glasplättchen alternierend aufgewalzt wurden, die sich beim erneuten Erhitzen des Gefäßes unregelmäßig ausdehnten und z. T. überlappen. Farbstellung und Farbanordnung unterstützen die durch diese Technik bedingte graphische Wirkung des Gefäßes, die jedoch durch den erneuten Schmelzvorgang ihre konstruktive Strenge verliert und wie eine zufällige Anordnung schimmernder Edelsteine erscheint. Das Gefäß stellt innerhalb der umfangreichen Bestände der Neuen Sammlung an italienischem Glas der Nachkriegszeit ein für die italienische Kunstindustrie typisches Beispiel dar. Der spielerische Umgang mit einer tradierten Form und Technik läßt neue, ungewöhnliche Lösungen entstehen.
1983 aus dem Kunsthandel erworben.

F.H.

Sog. Vetro Pezzato: farblose Glasmasse mit aufgewalzter grüner, schwarzbrauner und honigfarbener Glasmasse
H. 24 cm, ∅ unten 10,5 cm, ∅ oben 16,5 cm
Herst.: Glasmanufaktur Venini, Murano, Italien
Preise/Auszeichnungen u. a.: Ausgestellt auf der IX. Triennale di Milano, 1951
Inv. Nr. 594/83
Lit. u. a.: Wichmann Hans, Industrial Design. Unikate. Serienerzeugnisse. Die Neue Sammlung. Ein neuer Museumstyp des 20. Jahrhunderts. München 1985, 140 m. Abb. [dort weit. Lit.] – Wichmann Hans, [Kat. Ausst.] Neu. Donationen und Neuerwerbungen 1982/83. Die Neue Sammlung. München 1986, 22 u. 56 m. Abb. – Wichmann Hans, Italien: Design 1945 bis heute. München/Basel 1988, 52, 53 m. Abb.

Ettore Sottsass
Glasvase »Orsete«, 1972

Die Nachkriegszeit war in Italien für die venezianische Glaskunst ein außerordentlich fruchtbarer Zeitabschnitt – geprägt von neuem Geist und Elan. Dies gilt nicht nur für die tradierten, inzwischen seit mehr als einem halben Jahrhundert wiederbestehenden Glashütten, die mit neuen Entwerfern, neuen Ideen und Formen ihre Produkte auf den Markt brachten, sondern auch für eine Reihe von Firmen-Neugründungen, die damals auf Murano entstanden.
In diese Zeit der Aufbruchsstimmung fällt auch 1945 die Gründung der Manufaktur »Vetreria Vistosi« durch Guglielmo Vistosi auf Murano, für die insbesondere Architekten und Industriedesigner wie Gae Aulenti, Angelo Mangiarotti, Vico Magistretti oder Ettore Sottsass, von dem auch diese Vase stammt, Entwürfe konzipierten.
Ettore Sottsass (geboren am 14. 9. 1917 Innsbruck) studierte bis 1939 Architektur am Polytechnikum in Turin. 1947 eröffnete er ein eigenes Studio in Mailand und übt seither, neben der Malerei, eine breit ausgelegte Entwurfstätigkeit auf den Gebieten Architektur, angewandte Kunst und Industriedesign aus. »Der Mentor der Avantgarde ist dabei«, schreibt Hans Wichmann in seiner 1988 erschienenen Publikation »Italien: Design 1945 bis heute«, »im Gegensatz zu den etwa gleichaltrigen Castiglionis oder Zanuso keiner Traditions-, Metier- oder Generationsbindung einzufügen, vielmehr steht er zwischen ihnen und ihren Vorstellungswelten schweifend, malend, kunstgewerblich tätig, der Objektkunst nahe stehend, aber auch straffe Designobjekte entwerfend.«
Die 1972 entworfene Glasvase »Orsete« gehört zu einer Gruppe von Gefäßen, die aus einer Schale und einer weiteren, allerdings stark gebauchten Vase bestand. Charakteristisch für diese Gefäße ist der weiße Überfang mit aufgeschmolzenen, in ihrer Größe unregelmäßigen grünen und roten Glasstücken. Der Formcharakter der Vase leitet sich von dem tradierten Balustermotiv ab, das hier jedoch völlig neu auf eine spielerische Art interpretiert wird. So erhebt sich der Schaft in gelängter Eiform über dem großen, flachen Tellerfuß und endet mit einem knappen, horizontal abgeschnittenen Wulstrand. Dabei sind die Nahtstellen zwischen Fuß und Schaft sowie zwischen Schaft und Wulstring ohne Überfang in Klarglas ausgeführt, so daß sich optisch drei klar voneinander getrennte Teile ergeben. Die Form vermittelt dadurch den Eindruck von Labilität und Zerstückung, während der Dekor, zwar rhythmisiert, dennoch spielerisch die Wandung überzieht und mit angelutschten Bonbonstücken verglichen werden kann. Form und Dekor spiegeln das für die Entstehungszeit in Italien so typische, exzentrische, süffisante, von Ironie und Übersättigung durchtränkte Design, das weltweit ausstrahlen sollte.
1984 aus dem Handel erworben.

F.H.

Farblose Glasmasse, weiß überfangen; Wandung mit aufgeschmolzenen Punkten aus roter und grüner Glasmasse
H. 30,5 cm, ∅ 17 cm
Herst.: Vetreria Vistosi, Murano, Italien
Inv. Nr. 894/84
Lit. u. a.: Wichmann Hans, Industrial Design. Unikate. Serienerzeugnisse. Die Neue Sammlung. Ein neuer Museumstyp des 20. Jahrhunderts. München 1985, 149 m. Abb. [dort weit. Lit.] – Wichmann Hans, [Kat. Ausst.] Neu. Donationen und Neuerwerbungen 1984/85. Die Neue Sammlung. München 1988, 64, 124 m. Abb. – Wichmann Hans, Italien: Design 1945 bis heute. München/Basel 1988, 64 m. Abb.

Henry van de Velde
Silberschale, Nr. 1313, ca. 1903

Im Dezember 1905 schrieb der Figaro über eine Ausstellung von Silberarbeiten van de Velde's in der Galerie Druet in Paris: »[Die Ausstellung] läßt den Willen zur Logik erkennen, zur Einfachheit und Harmonie, der alle Werke dieses Erneuerers der dekorativen Kunst belebt. In jedem der ausgestellten Objekte wirken sich organische Linien aus, die sich gegenseitig bedingen, sich beeinflussen, die sich zusammenschließen und die Volumen wie die Oberflächen bestimmen...
Teeservice, Silberplatten, Besteck, Samovar, Hummergabeln, Gemüseschüsseln, Tischleuchter und so weiter – fünfzig kostbare Objekte, jedes aus einem Stück, ohne Verlötungen. Die Ausführung von Hans und Wilhelm Müller, den Hofjuwelieren von Sachsen-Weimar, ... zeigt ein Können von einzigartiger Feinheit und Sensibilität; meisterhaft in der Hammerarbeit wie in der Ziselierung, in denen sich das Materialgefühl des Entwerfers wie des Ausführenden offenbart.«
Mit dieser Besprechung seiner Silberentwürfe identifizierte sich van de Velde so sehr, daß er sie in seinen 1962 in München in deutscher Sprache erschienenen Memoiren »Geschichte meines Lebens« in aller Ausführlichkeit übernahm.
Henry van de Velde (3.4.1863 Antwerpen – 27.10.1957 Zürich) studierte ursprünglich Malerei und wechselte 1890 unter dem Einfluß von William Morris zur Architektur und zum Kunsthandwerk über. Er entwarf zahlreiche Inneneinrichtungen, u. a. 1896 für die Galerie L'Art Nouveau von S. Bing in Paris und für das von ihm 1898–1902 errichtete Karl-Ernst-Osthaus-Museum in Hagen. 1906 wurde er nach Weimar berufen, um dort die kunsthandwerkliche Lehranstalt aufzubauen, deren Leitung er bis 1914 innehatte.
Bereits 1903 trat van de Velde mit dem Weimarer Hofjuwelier Theodor Müller in Verbindung, der von nun an seine Entwürfe für Silberarbeiten ausführen sollte. Karl Heinz Hüter beschreibt in seiner 1967 in Berlin erschienenen Monographie über van de Velde, daß der Juwelier für den Künstler sogar einen eigenen »Stamm von Fachkräften heranholte und eine leistungsfähige Werkstatt aufbaute.« Durch die enge Zusammenarbeit mit den Handwerkern dieser Firma entstanden Objekte von so hoher ästhetischer und technischer Vollkommenheit, daß van de Velde sogar »ältere Stücke, die seinen neuen Ansprüchen nicht mehr genügten, einschmelzen ließ.« Die nebenstehende Schale entstand, der Stempelung zufolge, in Zusammenarbeit mit der Weimarer Hofjuwelierfirma. Die flache, aus 900er Silber getriebene Schale wölbt sich auf abgeflachtem, rundem Boden mit nach außen kurvierter Wandung. An zwei Seiten formen sich aus ihr asymmetrisch getriebene, an das Peitschenhieb-Motiv erinnernde Handhaben, die jedoch rein ornamentale Funktion besitzen. Der flache, gemuldete Einsatz ist vergoldet.
Die Schale gehört sicherlich der frühen Zeit der Zusammenarbeit mit der Firma Th. Müller an, da van de Velde hierbei mit den harten Linien und den scharfen, für Treibarbeiten ungünstigen Graten an die Grenze der technischen Möglichkeiten ging, während er in seinen späteren Arbeiten sanft gewölbten Flächen mit ruhig fließendem Silberglanz den Vorzug gab. Nichtsdestoweniger zählt die vorwiegend formalbestimmte Gestaltungsweise der Schale in Entwurf und Ausführung zu den Meisterleistungen eines in höchstem Maße verfeinerten Kunsthandwerks aus der Zeit der Jahrhundertwende.
1988 aus dem Kunsthandel mit Sondermitteln der Direktorenkonferenz der staatlichen Museen und Sammlungen erworben.

F.H.

900er Silber, getrieben, Innenschale vergoldet
Boden gestempelt: 1313/TH. MULLER DEPOSÉ/
Halbmond/Krone 900/Künstlersignet
H. 4,5 cm, ∅ 21,8 cm
Herst.: Hofjuwelier Theodor Müller, Weimar,
Deutschland
Inv. Nr. 854/88
Lit. u. a.: Wichmann Hans, Neu. Donationen und
Neuerwerbungen 1988/89. Die Neue Sammlung.
München 1990, 32 m. Abb.

Jan Eisenlöffel
Heißwasserkanne mit Rechaud, um 1905

Die Neue Sammlung besitzt zahlreiche Objekte, die von dem Holländer Jan Eisenlöffel entworfen wurden, und dennoch können sich immer neue Arbeiten hinzugesellen, ohne daß Überfüllung oder Ermüdung einträte. Dies ist symptomatisch für die Entwurfsqualität dieses Designers, der 1876 in Amsterdam geboren wurde, in Amstelhoek tätig war, dann in Petersburg, Moskau und München, um seinen Lebensweg in Laaren zu beschließen (gestorben 1957). Unter seinen zahlreichen Metallarbeiten dominieren solche aus Buntmetall, vor allem aus Messing: Dosen, Behältnisse, Gewürzmühlen, Tischgeräte und immer wieder Kannen von hoher schlanker oder gedrückter Form, andere wieder von schwellender Wölbung.

Sie alle sind ausgezeichnet durch ungemein charakteristische Ausgüsse, die an Vogelschnäbel erinnern und denen eigenwillig geformte Henkel antworten.
Ich nannte diesen Zeitgenossen von Riemerschmid, van de Velde oder Bailly Scott einen Designer, eine Bezeichnung, die für Künstler, die ihre Hauptergebnisse vor dem Ersten Weltkrieg erbrachten, ungewöhnlich ist. Für Jan Eisenlöffel ist sie aber kennzeichnend, sind doch seine Entwürfe zumeist für serielle Herstellung bestimmt, unterliegen hoher Funktionalität und legen Konstruktion und Verarbeitungsprozeß offen.
Auch bei dieser, 1987 in einer Münchner Auktion erworbenen Kanne mit Rechaud wird dadurch die Gestalt der Gruppe sogleich für den Betrachter überschaubar und erlebbar. Kanne und Rechaud haben vor dem Ersten Weltkrieg aufgrund ihrer unterschiedlichen Ausformungen im Inventar bürgerlicher Haushalte eine große Rolle gespielt. Zumeist bestand die Gerätefamilie aus einem Träger, in den der Brenner eingefügt und auf den die Kanne gestellt wurde.
Bei unserer Gruppe hängt jedoch die Kanne jeweils an zwei Stiften in einem kannelierten Träger, der unten den halbkugeligen Brenner aufnimmt.
Die rundliche Kanne mit großem, übergreifenden Henkel besitzt einen knappen, aufgenieteten Ausguß, einen die Rundform beschließenden Deckel mit dem für Eisenlöffel typischen hochgezogenen Rundknauf und auf dem Gefäßkörper den für ihn ebenso charakteristischen Rillendekor.
Die Füße des Rechauds greifen verspreizend aus, verleihen Standfestigkeit.
Erst bei der Projektion auf die zeitgenössische, kaiserlich-historisierende Folie des Gesellschaftsstils wird die bahnbrechende Leistung eines solchen schlichten, sinnvollen und schönen Entwurfes voll bewußt.

Messing gegossen, gedrückt und getrieben; Knauf Edelholz, Henkel mit Bastumflechtung
H. 32,5 cm
Inv. Nr. 763/87
Lit. u. a.: [Kat. Mus.] Jugendstil. Kunst um 1900. Hessisches Landesmuseum. Darmstadt 1982, 99 [anderer Kessel mit gleichem Rechaud] – [Kat. Aukt.] Jugendstil und angewandte Kunst. 111. Auktion Galerie Wolfgang Ketterer. München 1986, 183, 184 m. Abb., Nr. 615 – Wichmann Hans, [Kat. Ausst.] Neu. Donationen und Neuerwerbungen 1986/87. Die Neue Sammlung. München 1989, 20, 21 m. Abb.

Camille Fauré
Zwei Vasen in Email-Technik, um 1925

1925 eröffnete in Paris die Ausstellung »Exposition Internationale des Arts Décoratifs et Industriels Modernes« ihre Pforten. Geplant bereits für das Jahr 1916, sollte sie nach Roger Marx, dem Initiator, »den Ballast der Geschichte abwerfen«. In Realität zeigte sie jedoch vor allem das sich nach dem Ersten Weltkrieg erneut etablierende Kunstgewerbe. Das Gewicht der Ausstellung lag deshalb mehr auf dem Begriff »Arts Décoratifs«, aus dem sich dann Art Déco entwickelte, als auf dem des »Esprit Nouveau«. Dennoch war diese Art Déco eine luxuriöse Schwester des »neuen Geistes«; denn beide hatten im Kubismus verwandte Wurzeln. Sie schieden sich aber wie Feuer und Wasser, war doch Esprit Nouveau der Stil und die Aussage der ästhetischen Eliten, dagegen Art Déco – ähnlich wie Memphis – der von modisch ambitionierten Gesellschaftsgruppen.
Camille Fauré (Perigueux 1872 – Limoges 1954) hatte in dieser Ausstellung, die zur internationalen Verbreitung der Art Déco entscheidend beitrug, teilgenommen, und seine Emailvasen verkörperten beispielhaft, jedoch auf hohem Niveau, das Wesen dieser dekorativen Äußerung der zwanziger Jahre, die Form und geometrischen Dekor dem Kubismus entleiht.
Anknüpfend an die berühmte Tradition Limousiner Emailarbeiten des Mittelalters und beginnender Neuzeit, war von Fauré 1924 in Limoges eine Werkstätte (Atelier d'Art Fauré) für emaillierte Metallgefäße gegründet worden, die als Unikate oder in kleinen Serien hergestellt wurden. Ihre leuchtenden, durch Metalloxyde aufglimmenden Farben, ihre abstrakten Stern-, Kreis- oder Zick-Zack-Dekore in verschiedenen Höhenschichtungen umziehen in plastischer Durcharbeitung die Gefäßkörper wie phantastische Schuppenhäute und vermitteln eine festlich dekorative Wirkung.
Die Neue Sammlung besaß bis zum Ausgang der siebziger Jahre nur äußerst wenige Dokumente dieser Richtung, die heute sehr gesucht und dadurch teuer sind. Es war deshalb ein Ziel der Sammlungspolitik, zumindest einige Objekte auch dieser Stilistik zu erwerben und neben der gut vertretenen konstruktiven Linie auch diese Aussage der zwanziger Jahre zu dokumentieren. 1985 ergab sich die Möglichkeit, zwei der so typischen, voll signierten Gefäße Faurés in einer Münchner Auktion zu ersteigern, die jeweils einen besonders schönen, kraftvollen Dekor besitzen und sich dadurch von Werkstattarbeiten absondern.
Im Verein mit Gläsern, Vasen, Edelmetallservicen und Möbeln, die ebenfalls in den letzten Jahren in unsere Sammlungen gelangten, ist es heute möglich, auch die dekorativen Künste der zwanziger Jahre zu veranschaulichen.

Oben links: Metall, emailliert in Weiß, Hellgrau und Schwarz.
Stern- und Zackenmuster. Oberhalb des Standes in Gold bez.: C. FAURÉ/Limoges
H. 25,4 cm
Herst.: Camille Fauré, Limoges, Frankreich
Inv. Nr. 782/85.

Metall, emailliert in Weiß und Grün in verschiedenen Farbabstufungen, in schuppenartiger Spirale um den Gefäßkörper gelegt
An der Innenseite der Mündung in Gold bez.:
C. FAURÉ LIMOGES FRANCE
H. 30,4 cm
Herst.: Camille Fauré, Limoges, Frankreich
Inv. Nr. 781/85
Lit. u. a.: Wichmann Hans, [Kat. Ausst.] Neu. Donationen und Neuerwerbungen 1984/85. Die Neue Sammlung. München 1988, 68 m. Abb., 122.

Jean Elisée Puiforcat
Vierteiliges silbernes Kaffee- und Teeservice, 1929

Unter den international führenden Silberschmiedewerkstätten besaß um 1930 die 1820 in Paris gegründete Orfèvrerie Puiforcat wohl den größten Ruf. Dies erwuchs vor allem durch die Leistung von Jean Puiforcat, der 1897 in Paris geboren und in der väterlichen Werkstätte ausgebildet worden war. Bereits 1921 erregten seine Arbeiten Aufmerksamkeit; doch während der »Exposition Internationale des Arts Décoratifs et Industriels Modernes« (1925), in der er im »Hôtel d'un Collectionneur« ausstellte, zählte er bereits unangefochten zu den herausragenden französischen Silberschmieden. Im Verein mit Legrain, Templier, Dominique und Chareau bildete er die Gruppe »Les Cinq«, die gemeinsam ausstellte, daneben war er Gründungsmitglied der »Union des Artistes Modernes«, der auch Le Corbusier angehörte.
In Anbetracht der wichtigen Position dieses Entwerfers war es mein Wunsch, den Beständen der Neuen Sammlung zumindest eine Arbeit dieses Silberschmiedes zu integrieren, jedoch nicht irgendeine, sondern eine besonders qualifizierte der Zeit zwischen 1925 und 1930, in der mir die Entwürfe besonders spannungskräftig erschienen. Unter dieser Prämisse habe ich zahlreiche Puiforcat-Service geprüft, bis in diesem 1988 angebotenen Silbergeschirr dasjenige gefunden wurde, bei dem Niveau, Ausführung und Preis in einer besonders glücklichen Relation zueinander standen.
Wiederum konnte ebenso wie bei dem Tétard-Geschirr (vgl. S. 64–67) diese Objektgruppe unter Zustimmung sämtlicher Direktoren der staatlichen Museen und Sammlungen mit Sondermitteln erworben werden.
Das Service besteht aus vier Teilen: einer Kaffeekanne, einer Zuckerdose mit Doppelhenkeln, einem Sahnegefäß und einer Teekanne. Alle Gefäße werden von der gleichen Grundform bestimmt. Sie sind achteckig und erheben sich über einem rhombenförmigen Grundriß mit abgeflachten Kanten. Die Ausgußröhre ist dem jeweiligen Körper eingefügt; nur die Lippen wölben sich nach außen. Ihnen an den Schmalseiten gegenüber befinden sich die kräftigen Griffe aus dunklem, engporigem afrikanischen Holz. Mit ihnen bilden die Körper eine langgestreckte, dynamisch wirkende Einheit. Bei Kannen und Zuckerdose überwölbt das gleiche Holz flach, als langgestreckter Knauf, den Deckel, die formale Einheit nicht durchbrechend. Durch eine Silbernut sind die Henkel dem Gefäßkörper eng verbunden. Sie besitzen die Gefäßhöhe, die Sockel aussparend, die einen knappen Millimeter vorspringend die untere Zone verstärken.
Bestimmt sind die Gefäße von raffinierter Einfachheit, durch die das edle Material in Formung und Oberflächenbearbeitung in schönster Weise zur Geltung gelangt. So hat Jean Puiforcat alle Spuren handwerklicher Entstehung und damit das Martelé (Hammerschlag) tilgen lassen. Infolgedessen sind die Wandungen spiegelglatt und großflächig, nur durch die Sockelzone und in der Mitte streifenförmig facettiert. Bei der Überschneidung dieser Facetten bildet sich ein Quadrat, das besonders die Frontflächen der Gießgefäße gliedert und artikuliert.
Formale Präzision, großzügige skulpturale Kraft, noble Zurückhaltung und Materialwirksamkeit geben dieser Gruppe ein beispielsetzendes, international ausgerichtetes Flair nicht nur für Silberschmiedekunst der Zeit um 1930, sondern grundsätzlicher Art.
Das aus Paris stammende Geschirr war bis 1988 in Privatbesitz und dort in Benützung. Dennoch befindet es sich in einem vorzüglichen und gepflegten Zustand. Die Echtheit und das Entwurfsjahr konnten uns durch das noch heute bestehende Unternehmen bestätigt werden. Von der Gefäßgruppe erfolgte 1929 die Herstellung von 12 Exemplaren, deren letztes 1944 zum Verkauf gelangte. Infolgedessen handelt es sich um ein Serienerzeugnis – um ein exzeptionelles jedoch.

Sterlingsilber; alle Teile gestempelt: JEAN E. PUI-FORCAT/Merkurkopf und 1 in Sechseck = Ausfuhrstempel für Silber 1. Güteklasse/ Herstellersignet: EP mit Messer in Raute/ Meistermarke/ Hasenkopf = Reimportationsstempel
Griffe und Knäufe aus exotischem Hartholz; Gießer und Zuckerdose mit Spuren ehem. Vergoldung
Kaffeekanne: H. (mit Knauf) 15,5 cm, L. (Ausguß-Henkel) 20,5 cm
Teekanne: H. (mit Knauf) 11,5 cm, L. (Ausguß-Henkel) 22,5 cm
Gießer: H. 8,5 cm, L. (Ausguß-Henkel) 11,5 cm
Zuckerdose: H. 9 cm, B. (Henkel-Ausguß) 17,3 cm
Herst.: Puiforcat Orfèvre, Boulevard Haussmann, Paris
Inv. Nr. 1046/89. Lit. u. a.: Wichmann Hans, Neu. Donationen und Neuerwerbungen 1988/89. Die Neue Sammlung. München 1990, 63 m. Abb.

Harald Nielsen
Silbernes Kaffee- und Teeservice, 1930

Der Reichtum Europas liegt in seiner Vielgestaltigkeit. Ihr antwortet eine entsprechende Formenvielfalt. Legt man einen beliebigen zeitlichen Schnitt durch unser Jahrhundert, etwa in die Jahre um 1930, und vergleicht nordische und romanische Silberarbeiten, so ergibt sich das Bild eines faszinierenden Formenreichtums, der sich in allen Dingarten ablesen läßt.
Er wird beispielsweise anschaulich, wenn wir die etwa zeitgleichen Services der vorangegangenen Seiten mit diesem bei Georg Jensen in Kopenhagen gefertigten vergleichen.
Der Entwurf stammt von Harald Nielsen, der 1892 geboren wurde und 1909 zu Jensen kam, um dort über dreißig Jahre als sein engster Mitarbeiter, später als künstlerischer Leiter zu wirken.
Seine Maximen hat Nielsen wie folgt zusammengefaßt: »The ornament must never dominate. It is subservient to the harmony of the whole and does not exist for its own sake. It can stress the quietness and simpleness of outline but must never distract from it. Seeing the thing in its wholeness through simplifying and balancing ornament against plain surface is my basic principle in carrying further the spirit of Georg Jensen. You do not make anything modern for the sake of modernity, but the temper and trends of the time will express themselves through the artistic interpretation of this principle and undoubtedly show it through a more restrained and sober linedrawing than in the older more romantic days of flowing lines and more ebullient artistic conception.« (Zitiert nach: [Kat. Ausst.] Fifty Years of Danish Silver in the Georg Jensen Tradition. Kopenhagen. [o. J.], 23).
Nielsen entwarf 1926 ein heute nach wie vor bekanntes und gesuchtes Besteck, das sich ebenfalls in zahlreichen Teilen in unserer Sammlung befindet. Es trug aufgrund seiner pyramidal gestuften Stielenden die Bezeichnung »Pyramide«. Das 1930 entstandene Service greift formal dieses Signum auf und überträgt es auf Hohlformen (unter ihnen ist die Teekanne heute besonders rar). Während am Tablett sich der getreppte Griff dazu anbietet, wird das Prinzip bei den pyramidal aufgebauten Hohlformen vor allem in der Deckelzone ablesbar. Den Gefäßkörpern, obwohl zum Teil kräftig ausgestellt, haftet nichts Schwellendes an. Sie sind knapp, flächig, formal spröde, bringen aber das Material in schönster Weise zur Wirkung. Der ausladende Ebenholzgriff tritt mit dem Körper in eine eigenartige Spannung.
Formen dieser Art hätten kaum in romanischen Ländern entstehen können, atmen sie doch etwas von »protestantischer Ethik« und überliefern trotz zögernder geometrischer Art-Déco-Anklänge den anderen Pendelschlag Europas. Sicher hat Harald Nielsen damit seine Maximen eingeholt.
Das Service wurde 1988 aus verschiedenen Kunsthandelshäusern erworben. Es verstärkt und bereichert unsere Objektgruppen der Zeit um 1930 und erweitert und belegt zugleich das Bild der Formenvielfalt Europas.

Sterlingsilber, Griffe aus Ebenholz; alle Teile am Boden gestempelt: DESSIN/HN 925 S/STERLING/GJ in Hochrechteck, DENMARK/ 600 A. Teekanne zusätzlich mit schwedischem Einfuhrstempel Dreikronen und »S«
Kaffeekanne: H. 20 cm, ∅ (Boden) 7,8 cm, B. (Ausguß-Henkel) 19 cm
Teekanne: H. 14 cm, ∅ (Boden) 8,2 cm, B. (Ausguß-Henkel) 22,8 cm
Zuckerdose: H. 8 cm, ∅ (Boden) 5,0 cm, ∅ (max.) 10 cm
Gießer: H. 7,5 cm, ∅ (Boden) 5,0 cm, ∅ (max.) 10 cm
Tablett: H. 1,0 cm, B. 27,5 cm, T. 17 cm
Herst.: Georg Jensen, Kopenhagen, Dänemark
Inv. Nr. 453/88
Lit. u. a.: Gelfer-Jorgensen Mirjam, Dansk Kunsthandvaerk fra 1850 til vor tid. Kopenhagen 1982, 272 m. Abb. – Kunst der 20er und 30er Jahre. Sammlung Karl H. Bröhan. Bd. 3. Berlin 1985, 251 m. Abb. [dort weit. Lit.] – Wichmann Hans, Neu. Donationen und Neuerwerbungen 1988/89. Die Neue Sammlung. München 1990, 76 m. Abb.

Valéry Bizouard
Silbergeschirr, 1931

Bei einer breit gefächerten Sammlung wechseln die Erwerbungsschwerpunkte. Dies hat Gründe in der sich verlagernden Neigung des Akquisiteurs, aber auch in der jeweiligen Konstellation: der Lage des Marktes, der finanziellen Leistungsfähigkeit, hängt aber auch von der glücklichen Situation ab, die es zu ergreifen gilt. So hat jedes Sammlungsjahr seine besonderen Akzente. 1987 gelang es vor allem, die Bestände an Metall- und Edelmetallgeräten zu bereichern. Unter ihnen verdient eine Gruppe an Silbergeschirr verschiedener Entwerfer, die alle jedoch etwa zeitgleich aus der Pariser Werkstätte Tétard Frères stammen, besonders hervorgehoben zu werden.
Nachdem unsere Sammlung gute Arbeiten Wiens des Jahrhundertbeginns aufwies, auch qualitätvolle nordeuropäische der Zeit nach dem Zweiten Weltkrieg, empfand ich das Fehlen französischer Silberschmiedearbeiten großer Hersteller, vor allem der Zeit um 1930, als schmerzhafte Lücke.
Um so größer war die Freude, in dieser Geschirrgruppe Meisterwerke von internationaler Bedeutung mit Hilfe staatlicher Sondermittel erwerben zu können.
Laut Zeichnung, die voll datiert ist, wurde das aus zwei Kannen, einer Zuckerdose und einem Sahnegefäß bestehende Geschirr am 3. 2. 1931 von Valéry Bizouard für Tétard Frères, Paris, entworfen und im selben Jahr hergestellt.
Bizouard – 1875 in Dijon geboren – hatte eine Vorliebe für die Kombination von Silber und Elfenbein. Wie er diese beiden Materialien kombiniert und welche Gestalt er ihnen abgewinnt, ist ungemein originell und setzt sich von den vielleicht bekannte-

Kaffee- und Teeservice, Nr. 4798, 1931
Sterlingsilber und Elfenbein, z. T. innen vergoldet; alle Teile gestempelt: Firmensignet sowie Minervakopf 1
Kaffeekanne: H. (mit Knauf) 12 cm, ∅ 8 cm, B. (Henkel-Ausguß) 12 cm
Teekanne: H. (mit Knauf) 10 cm, ∅ 9,5 cm, B. (Henkel-Ausguß) 13,5 cm
Zuckerdose: H. 7,5 cm, ∅ 8 cm, B. (Henkel-Ausguß) 12,5 cm
Gießer: H. 5 cm, ∅ 6,5 cm, B. (Ausguß-Henkel) 9,3 cm
Herst.: Orfèvres Tétard Frères, Paris, Frankreich
Inv. Nr. 821/87.

ren Pariser Werkstätten wie Puiforcat, Lapparra, Christofle oder Cardeilhac unkonventionell, die damalige stilistische Mode weit übergreifend, ab.
Die zylindrischen, unten gerundeten, auf einem Fußring ruhenden Gefäßkörper wirken gedrungen. Dazu tragen einmal der flache Deckel, zum anderen der dicht an den Körper gezogene Ausguß mit kurzer Mündung und die gegenüberliegende, ähnlich geformte Henkelmanschette bei. Aus dieser kompakten Form wölben sich nur die halbkreisförmigen, zur Mitte hin eingezogenen Knäufe und Henkel heraus. Diese Formung läßt die edlen, sich in ihrem Ausdruck ergänzenden Materialien in schönster Weise ebenso wie die sensible und dennoch kräftige Gestalt zur Wirkung gelangen.
Sie entsprach völlig dem Impetus von Jean Tétard, der in einer elektrifizierten, aus der gleichen Zeit stammenden (Entwurf vom 21. Oktober 1930) Kanne eine ungewöhnlich qualitätvolle Silberarbeit schuf. Auch

Jean Tétard
Silbernes Teegefäß, 1930

in dieser gelangen Silber und Elfenbein zur Verarbeitung, aber darüberhinaus ist der sich schiffsbugartig zuspitzende Gefäßkörper mit vier eingelegten Goldbändern besonders ausgezeichnet. Der diesmal ausladende Elfenbeinhenkel bildet im Verein mit dem Elfenbeinknauf und dem röhrenförmigen Ausguß eine den Körper umschreibende Einheit.
Jean Tétard (geboren 1907) war der Enkel des Firmengründers, der vor allem im Verein mit Valéry Bizouard und Louis Tardy der Firma Tétard Frères eine besondere, sich von Mitkonkurrenten abhebende Note verlieh. Die sich in ihrer Form zurückhaltenden, meisterhaft gearbeiteten Gefäße von hoher Exklusivität sind wahrscheinlich Unikate oder aber wurden nur in wenigen Exemplaren ausgeführt. Sie stellen Richtwerte dar, an denen sich Qualität nicht nur auf dem Feld der Gebrauchsdinge abschätzen lassen kann.

Teekessel, Nr. 4764 mit Elektroanschluß
Sterlingsilber mit eingelegten Goldstreifen
Griffe aus Elfenbein; gestempelt am Gefäßrand: Herstellermarke, Minervakopf sowie Zeichen für Marmite = Hitzeanlaufschutz
H. 13,5 cm, T. (Ausguß-Henkel) 19,5 cm, B. 10,5 cm
Herst.: Orfèvres Tétard Frères, Paris, Frankreich
Laut Werkstattbuch der Firma am 21. Oktober 1930 fertiggestellt
Inv. Nr. 822/87
Lit. u. a.: Migennes Pierre, Cinquième Exposition de la Décoration Française Contemporaine: Art et Décoration, März 1931, 93 m. Abb. [Zuckerdose] – Vollmer Hans, Allgemeines Lexikon der Bildenden Künstler des XX. Jahrhunderts. Bd. I. Leipzig 1953, 223 [zum Entwerfer] – Kunst der Jahrhundertwende und der zwanziger Jahre. Sammlung Karl H. Bröhan. Bd. II, Teil 2. Berlin 1977, 26–27 [zu Firma und Entwerfer; mit weit. Lit.] – Klesse Brigitte u. Hans Mayr, Verborgene Schätze aus sieben Jahrhunderten: Ausgewählte Werke aus dem Kunstgewerbemuseum der Stadt. Köln 1977, 246–277 [zur Firma] – Wichmann Hans, [Kat. Ausst.] Neu. Donationen und Neuwerbungen 1986/87. Die Neue Sammlung. München 1989, 38–39 m. Abb.

Maurice Müller
Taufgeschenk-Garnitur, Anfang 1930er Jahre

Bei einem der so zahlreichen Gänge durch Münchner Kunsthandlungen wurde 1989 dieses Taufgeschenk erworben. Wie häufig war es nicht eine Entdeckung auf den ersten Blick, sondern mehr zufällig stieß das Auge, das sich langsam von den attraktiven Gegenständen löste, auf diese, still in sich ruhende Gruppe. Die längere Betrachtung dieser Trias – eines aus Silber und Elfenbein gefertigten Serviettenringes und zweier Becher – erschloß erst die verhaltene Schönheit der Gegenstände, die mit äußerst reduzierten formalen Mitteln, in Verneinung des vordergründig repräsentativen Elements, sich nur an den Beschenkten zu wenden scheint, spiegeln sich doch in den Objekten Tugenden, natürlich umgesetzt in eine ästhetische Sprache, die der Donator sicher dem Beschenkten wünschte, wie Straffheit, Mäßigung, Geschliffenheit, Perfektion oder Gediegenheit. Sie sind dem Geschenk eingeschrieben und werden in seiner Gestalt anschaulich.

Da ist als erstes der Ring – der schönste mir bekannte Reif, um eine Serviette zu fassen. Dreimal umzieht er das Tuch. Tragende Struktur erbringt das Silber, das auswölbend die Mitte beherrscht und zugleich die Fassung für die zwei rahmenden Elfenbeinringe abgibt. Das kühle Licht des Silbers, seine Materialqualität vereinigt sich mit dem milden, milchigen Farbton des Elfenbeins zu einer Form, in der das plastische Volumen und die Farbe, im Verein mit dem taktilen und anschaulichen Materialcharakter, eine Gestalt bilden, die sich zwar aus Teilen formt, aber sie zugleich unteilbar konstituiert.

Diesem Reif antworten die Becher, das Prinzip der Elfenbeinringe im unteren Drittel aufgreifend. Sich nach oben kegelförmig erweiternd, erwächst die silberne Becherwandung aus drei Elfenbeinringen empor. Bei ihnen durchmischen sich nicht die Materialien, sie sind vielmehr getrennt, dient doch das Elfenbein der Funktion, wird an ihm das Gefäß gefaßt und gehalten.

Die Ringe von Serviettenhalter und großem Becher besitzen etwa den gleichen Durchmesser, verbinden sich somit auch durch ihre Abmessungen.

Nach Auskunft der noch heute lebenden Nachfahren der 1921 gegründeten Orfèverie René Eschwege, die auf der 1832 gegründeten Werkstatt Henry Lapéyre fußt und neben Puiforcat, Tétard oder Cardeilhac einen bedeutenden Namen im Kreis der Pariser Goldschmiede besaß, wurde die Gruppe von dem dort tätigen Goldschmied Maurice Müller entworfen und gefertigt. Er war Schüler von Gabriel René Lacroix an der Ecole des Arts Appliqués, Paris. Im Verein mit einem gewichtigen, aus Sterlingsilber bestehenden, stärker stilistisch geprägten Samowar, der auch 1989 erworben werden konnte, wird dadurch nicht nur die heute weitgehend zu Unrecht in Vergessenheit geratene Pariser Orfèverie Eschwege dokumentiert, sondern zugleich eine zeitlos anmutende Objektgruppe von hohem Gestaltniveau.

Sterlingsilber und Elfenbein; Innenwandung des großen Bechers vergoldet
Großer Becher am Boden gestempelt: Raute; eingeschrieben: B, Diamant, E (= Herstellermarke).
Am Gefäßrand: Minervakopf, 1 in Achteck (= Silbergarantie)
H. 8,2 cm, ∅ (Boden) 5 cm, ∅ (Öffnung) 6,8 cm
Kleiner Becher: Stempel wie vor
H. 4,2 cm, ∅ (Boden) 3,4 cm, ∅ (Öffnung) 4,2 cm
Serviettenring: ∅ 5,3 cm, B. 2,8 cm
Herst.: Orfèverie René Eschwege, Paris, Frankreich
Inv. Nr. 832/89
Lit. u. a.: Dictionnaire des poinçons d'orfèverie. Paris [o. J.], 106, 124, 149 [Stempelbeschreibung des Herstellers] – Wichmann Hans, Neu. Donationen und Neuerwerbungen 1988/89. Die Neue Sammlung. München 1990, 83 m. Abb.

Wiwen Nilsson
Silberkanne, 1933

In gleicher Weise wie in der Architektur bildete sich 1930 auch im Bereich der Gebrauchsgeräte und Möbel ein Standard aus. Die Bemühungen von Werkbund, Bauhaus und Werkstätten begannen Früchte zu tragen; denn eine wachsende Zahl von Fabriken produzierte nach guten Entwürfen. Die Produktform setzte sich damit verstärkt durch, und zwar zum Teil mit hervorragenden Konzeptionen, die bis zum heutigen Tag hergestellt werden. Ihre Merkmale sind: Klarheit, Logik, Eleganz, Großzügigkeit, Materialsensibilität und Maßstäblichkeit.

Von dieser Eigenart ist um 1930 auch die Form einiger Unikate angerührt, fiel doch von ihnen die häufig anzutreffende protzige, grelle Farbigkeit und Ornamentierung, die in der Mitte der 20er Jahre dominierte, ab. Die Formen wurden wieder ruhiger, straffer, sachlicher.

Ein Werk dieses Charakters ist die edle, geläutert erscheinende Kanne des 1897 in Kopenhagen geborenen Gold- und Silberschmieds Wiwen Nilsson.

Wer etwa Silberarbeiten des Bauhauses, Wiens oder der Pariser Werkstätten aus der gleichen Zeit kennt, muß von der formalen Ausgewogenheit und handwerklichen Perfektion beeindruckt sein, die im gleichen professionellen Sinne nur die Pariser Werkstätten aufweisen, ohne jedoch – da weit stärker in das Zeitgemäße verstrickt – den gleichen lapidaren Gehalt zu erreichen.

Nilsson hatte in Deutschland, Frankreich und Dänemark sein Metier erlernt. Er war auch schwedischer Hofjuwelier – einige seiner Arbeiten sind im Stockholmer National-Museum bewahrt –, kannte infolgedessen das internationale Niveau, das er durch Arbeiten etwa wie diese mitbestimmte.

Die Kanne mit einer Höhe von 32 und einem unteren Durchmesser von 14 Zentimetern verkörpert eine kapitale Arbeit. Sie benötigt die für ein Tischgerät relativ großen Abmessungen, um bei starker formaler Reduktion Material und Gestalt voll zum Ausdruck zu bringen.

Der flächige, sich über einem Sechseck aufbauende Körper verjüngt sich nach oben um 6 Zentimeter. Er ist von einem facettierten, zurückgesetzten Fußring unterlegt, so daß der Körper zu schweben scheint, auch aus funktionellen Gründen abgehoben ist.

Ausguß und Henkel sind genau symmetrisch auf eine Kante des Sechsecks gesetzt, der Ausguß knapp an den Körper herangezogen, der Griff weit ausladend. Das Material Ebenholz – sich in der Wölbung verdickend, dennoch flächig – klingt nochmals im Knauf des flach aufliegenden Deckels, der ebenfalls oben sechseckig abgefaßt ist, auf. Knauf und Henkel sind straff, die Form jeweils fortführend, in Silber gefaßt.

Das sind die wenigen konstituierenden Elemente. Auf Dekor und schmückendes Beiwerk wird völlig verzichtet. Das Werk lebt ausschließlich von den wenigen Aussageträgern und verkörpert damit den Typus »Kanne« und das Material »Silber und Ebenholz« in schönster Weise als stereometrisch bestimmte, gleichsam gesetzmäßige Form. Das Ebenmaß von Detail und Ganzem gibt dem Gefäß eine selbstverständliche Haltung, eine Dingmächtigkeit, die an Eucharistie denken läßt.

Die 1985 aus dem dänischen Kunsthandel erworbene Kanne ist heute zweifellos das schönste nordische Silbergerät der Neuen Sammlung.

Silber, getrieben; Griff und Knauf aus Ebenholz
Boden gest.: WN (ligiert)/A. Nilsson im Querrechteck sowie unleserlicher Stempel = Lund (?). Drei-Kronenmarke = Schweden; sechskantiger Stempel mit S = Silber; sowie 68 im Querrechteck = 1933, Schriftzug Wiwen Nilsson
H. (mit Knauf) 32 cm, B. (Ausguß-Henkel) 20 cm, B. (unten) 14 × 14 cm, B. (oben) 8 × 8 cm
Herst.: A. Nilsson, Lund, Schweden
Im Nationalmuseum Stockholm vergleichbares Objekt
Inv. Nr. 481/85
Lit. u. a.: Nydt Tidskrift for Kunstindustri, H. 9, Sept. 1938, 164 m. Abb. [verwandte, jedoch sakrale Kanne] – Aloi Roberto, Gioielli-Sbalzi-Argenti. Mailand 1954, 114 m. Abb. = Esempi di Decorazione Moderna 9 [verwandte, jedoch sakrale Kanne] – Scandinavian Modern Design 1880–1980. New York 1982, 117, Nr. 118 m. Abb. [vergleichbare Kanne] – Wichmann Hans, [Kat. Ausst.] Neu. Donationen und Neuerwerbungen 1984/85. Die Neue Sammlung. München 1988, 69, 122–123 m. Abb.

Rita Grosse-Ruyken
Silber- und Goldkelch, 1983/84

In der zwischen Juli und September 1984 in unserem Museum gezeigten Ausstellung »Kirche heute...« war eine Reihe von Goldschmiedearbeiten eingebracht worden, die von den übrigen, durchaus qualitätvollen Sakralgeräten völlig abwichen. Es handelte sich dabei um Kelche und Schalen, die nicht etwa durch exzentrische Formen, wie sie heute im Goldschmiedegewerbe häufig anzutreffen sind, Aufmerksamkeit erregten, sondern im Gegenteil durch das Zurückgehen auf einfachste formale Bildungen. Die sich wölbende Wandung, die bergend Raum umschließt und ausgrenzt, ist das Wesen dieser Gefäße. Aber dieser Wandung aus Edelmetall wohnt zugleich ein völlig eigenes Wesen inne. Es sind nicht Silber und Gold im üblichen Sinne, die Macht und Blut oder Besitz umschreiben, sondern dieses geschmeidige Metall ist im eigentlichen Sinne geläutert, verändert, durch Tausende Schläge mit einer anderen, einer neuen Valenz ausgestattet worden. Dieses Material ist zum Dienen gewandelt, drängt sich nicht mehr gleißend nach vorn, sondern seine außerordentliche Dünne, seine Entkörperlichung, die unter dem anwehenden Atem in Schwingung gerät, besitzt etwas demütig Duldendes. Es schwingt und erzittert, wird zur Membrane von Kräften, ist überhaucht vom Anprall wechselnden Lichts.
Dieses Wesen war einer damals ebenfalls gezeigten Schale aus Feingold mit 43 cm Durchmesser, die abgesondert von anderem in einer Vitrine allein ihre wunderbare Eigenart entfaltete, besonders eigen.
Leider konnte dieses Werk, das in einem zukünftigen Museum einen eigenen Raum verdiente, nicht erworben werden, dagegen aber eine Gruppe, bestehend aus einem schlanken Silberkelch und einem auf diesen bezogenen Goldkelch, die in verwandter Weise diese Aussage vermitteln.
Die Gefäße stammen von Rita Grosse-Ruyken (geboren 1948), die im niederbayerischen Triftern in einer verwunschenen Wassermühle arbeitet, sich in ihr ungewöhnlich großes Werk verwandelnd, ja sich an ihm verzehrend.

Silberkelch, 1984
Silber (925), aus einem Stück aufgezogen, getrieben
H. 24,8 cm, ∅ 6,4 cm
Goldkelch, 1983
Gold (900), aus einem Stück aufgezogen, getrieben
H. 7,4 cm, ∅ 10,4 cm, Wandstärke 0,05 mm
Lit. u. a.: Wichmann Hans (Hrsg.), [Kat. Ausst.]. Kirche heute. Architektur und Gerät. Die Neue Sammlung. München 1984, 85 m. Abb. – Wichmann Hans, Neu. Donationen und Neuerwerbungen 1988/89. Die Neue Sammlung. München 1990, 107 m. Abb.

Emporgetrieben, nicht mit der Schwere des Metalls huldigend, sondern mit seiner Läuterung – hin zu verletzlichster Wandung, die Kühle des Weins schreckhaft mitteilend.

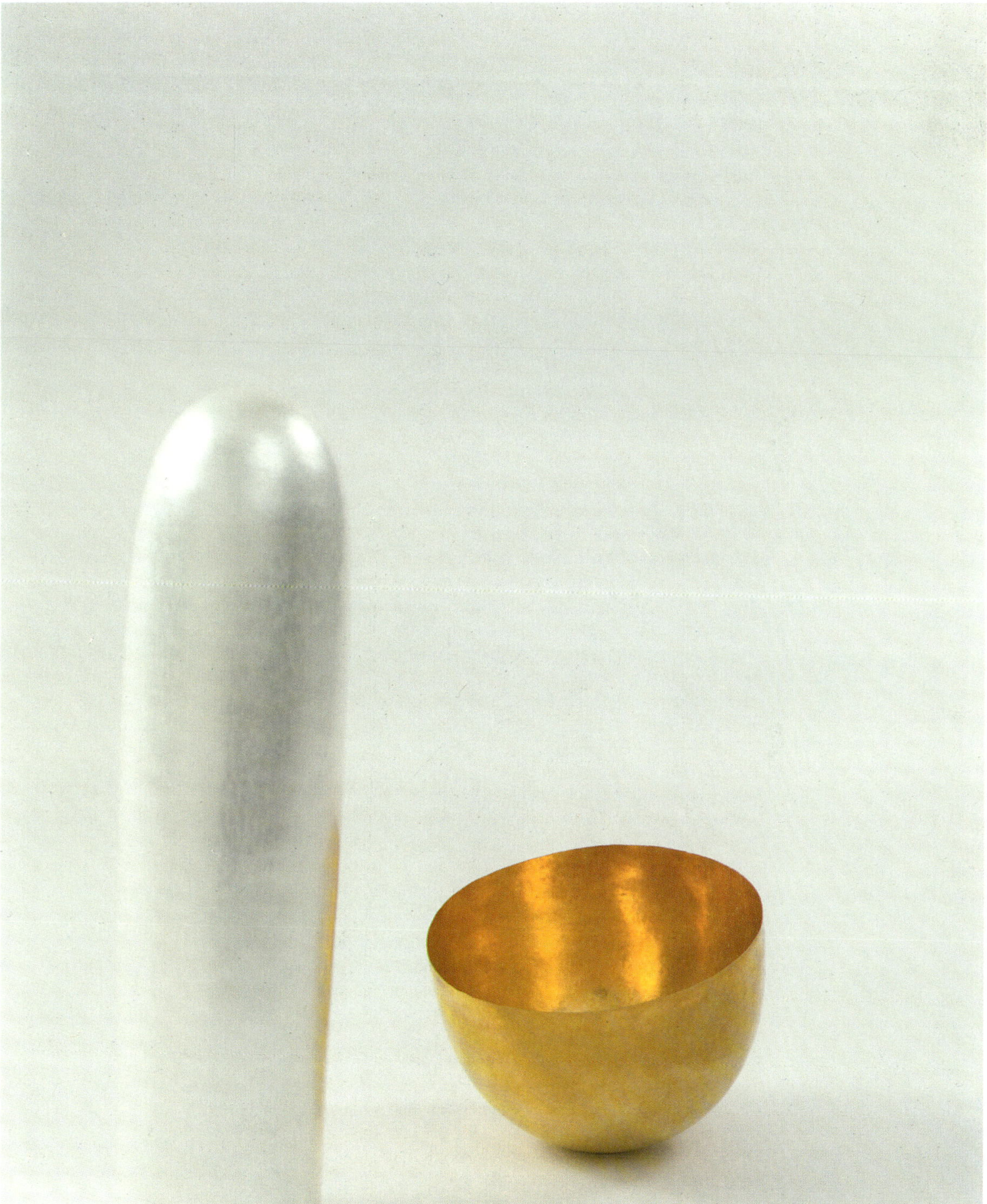

Achille Savinelli
Tabakspfeifen und Gasfeuerzeug, 1976 und 1985

Die beiden Tabakspfeifen gehören innerhalb der umfangreichen und breit gestreuten, jedoch dominant design-orientierten Sammlungsbereiche des Staatlichen Museums für angewandte Kunst, München, als Holzgeräte zweifelsohne einem tradierten, handwerklich geprägten Sammlungsfeld an, wie es vor allem an Kunstgewerbemuseen herkömmlicher Art gepflegt wird.
Aber gerade diese Pfeifen stehen pars pro toto für den Wandel, der sich auch bei diesen aus natürlichen Materialien hergestellten Produkten im 20. Jahrhundert vollzogen hat.
Wurden Holzgegenstände im 19. und frühen 20. Jahrhundert noch im familiären, lokalen oder allenfalls regionalen Umkreis hergestellt und vertrieben, so sind es heute hoch spezialisierte Handwerker, die ihre nach neuen Ideen und Formen geschaffene Objekte auf einem zwar kleinen, aber weltweiten Markt einer spezifischen Käuferschicht anbieten, die handwerkliche Spitzenleistungen zu schätzen weiß. Dieser Wandel vollzog sich jedoch nicht nur in der Herstellungs- und Vertriebsart, sondern vor allem im Umgang mit den verwendeten Materialien. Stand ehemals das Bemühen im Vordergrund, durch handwerklich-technische Fertigkeit der Materie widersprechende Formen abzuringen, so versucht man heute, die dem Material innewohnenden Eigenschaften und Strukturen aufzuzeigen, ihnen Ausdruckswerte abzugewinnen und sie durch auf das Material zugeschnittene Formen in erhöhtem Maße zur Geltung zu bringen.
Diese Auseinandersetzung mit materialimmanenten Eigenschaften verstärkt sich natürlich bei Gegenständen wie Tabakspfeifen, die als Luxusgegenstand an eine einzelne Person zum ausschließlich persönlichen Gebrauch gebunden sind. Sie dienen nicht nur als Gebrauchsobjekt, das zeitweise das Auge erfreuen soll, sondern werden während der gesamten Zeit ihrer Verwendung berührt. So kommt hier zum visuellen noch das taktile Moment hinzu.
Die von Achille Savinelli (geb. 1917 Mailand) in dem seit 1876 bestehenden Familienunternehmen entworfenen und gefertigten Pfeifen gehen in hohem Maße jene eingangs beschriebene Verbindung von Material, Struktur, Form und Oberflächenbehandlung ein. Savinelli verwendet für seine Pfeifen als Material Bruyèreholz aus Sardinien. Unter diesem Begriff, der eigentlich eine Handelsbezeichnung darstellt, versteht man ein hell- bis rotbraunes, manchmal kopfgroß verdicktes Wurzelholz der Baumweide (erica arborea), das häufig eine schöne, eigenartigen Maserung besitzt. Das bis zu 100 Jahre alte Holz zeichnet sich durch große Härte, leichte Polierfähigkeit und, auf Grund seines hohen Kieselsäuregehaltes, durch schwere Brennbarkeit aus.
Die Herstellung einer Pfeife beginnt bei der Auswahl des Holzes, da nicht jede Pfeifenform mit der Holzmaserung korrespondiert. Die Neue Sammlung bewahrt in ihren Beständen durch Dedikation von Professor Eusemann auch besonders kostbare, einzelgefertigte sogenannte »Savinelli-autograph-Pfeifen«, bei denen aus einem besonders eigenwillig gemaserten Bruyère-Holzblock eine einzelne Pfeife geschnitten wurde, die in allen Teilen der Struktur des Holzes folgt und so durch ihre Form die Maserung unterstützt. Zugleich aber ist ihre Form ausgewogen, d.h. sie liegt in der Hand und besitzt eine angenehme, taktile Oberfläche – Forderungen, die heute an einen technischen Gegenstand ebenfalls gestellt, die in diesem Bereich aber mit dem Begriff »Ergonomie« umschrieben werden. So sind die Pfeifen von Achille Savinelli kleine Kostbarkeiten aus einem dominant kunsthandwerklich bestimmten Gebiet, die in unserer technisch geprägten Welt nichts von ihrer Anziehungskraft verloren haben, ohne dabei auch nur in die Nähe nostalgischer Anmutung zu kommen.
1987 als Dedikation des Entwerfers aufgenommen.

F.H.

Tabakspfeife »Bruna« Mod. 123 und Tabakspfeife »Giubileo« Mod. 316 KS, beide Wurzelholz, Mundstück Kunststoff
L. 14 bzw. 14,5 cm
Gasfeuerzeug »Flint 45«,
Stahlgehäuse, mattschwarz eloxiert
H. 6,5 cm, B. 3 cm, T. 0,8 cm
Herst.: Savinelli Pipe, Mailand, Italien
Inv. Nr. 160/87, 161/87 und 163/87
Lit. u. a.: Wichmann Hans, Italien: Design 1945 bis heute. München/Basel 1988, 129 m. Abb. [dort weit. Lit.].

Thermoskanne, England, 1925

Ein Museum, das Gebrauchsgüter des 20. Jahrhunderts umschließt, muß auch Geräte aus Kunststoff sammeln, ist doch dieses Material für unser Jahrhundert charakteristisch; zudem gibt es nur wenige Gebiete der heutigen Dingerzeugung, die ohne dieses Material auszukommen vermögen.
Unter den chemisch und physikalisch unterschiedlichen Ausgangssubstanzen erfährt heute das Bakelit – sicher auch aus nostalgischen Empfindungen – besondere Aufmerksamkeit.
Name und Findung verdanken wir L. H. Baekeland, der zwischen 1907 und 1909 diesen synthetischen Kunststoff auf der Basis von Phenoplasten entwickelte. Verbindungen dieser Art stellen zugleich die ersten Duroplast-Kunststoffe dar.
Bakelit – auch heute noch vor allem in England erzeugt – war in dem dritten bis fünften Jahrzehnt der beherrschende Kunststoff. In unterschiedlicher Färbung, dominant jedoch braun, oft auch grün oder rot meliert, wurden aus ihm unterschiedlichste Geräte und Gehäuse produziert.
Auf diese »ars pauperum« richtete sich erst in den achtziger Jahren erneutes Augenmerk, erkennend, daß damit erstmals heute üblich gewordene Bedarfsdeckung der sich emanzipierenden Massen praktiziert wurde. Bakelitgeräte sind somit Dokumente einer neuen Lebensform, vor allem der Zeit zwischen den Kriegen, und hier besonders des damals wichtigsten und ebenfalls massenhaften neuen Informationsmittels: des Rundfunkgeräts. Radios mit Bakelitgehäusen aus England, Frankreich, den USA oder Deutschland – wie sie auch in der Neuen Sammlung beispielhaft bewahrt werden – sind Zeichen und Ausdrucksformen einer neuen Macht, einer neuartigen Möglichkeit, Massen zu beeinflussen.
Der Preßvorgang erlaubte die Herstellung relativ komplizierter Formen zu billigen Preisen. Jedoch waren zur Amortisation der hohen Werkzeugkosten große Stückzahlen erforderlich. Die Neue Sammlung hat seit 1980 zahlreiche Objekte dieser Art erworben, jedoch nicht etwa um den Kunststoff Bakelit zu demonstrieren, sondern um eine Gegenstandswelt zu bewahren, die mit Hilfe dieses Materials nicht nur eine spezifische, sondern zugleich eine ästhetisch beachtenswerte Form erhalten hat.

Pars pro toto vertritt diese Thermoskanne ihre Gattung, die 1925 in London produziert wurde und deren englischer Hersteller dem Typus der Isolierkannen den Namen verlieh. Diesem damals im Arbeitsleben ungemein verbreiteten Gebrauchsgegenstand ist eine vorzügliche Form abgewonnen worden.
Über der leicht ausgestellten runden Sokkelzone wächst ein facettierter, schlanker, sich nach oben verjüngender Körper mit Hals und knappem Ausguß auf. Dieser übergreift nicht den Körper, fügt sich schnabelartig in den ondulierten, kragenartigen Rand, der, den Knopfverschluß sichernd, ihn partiell überdeckt. Ein zierlicher Griff antwortet in seiner Form dieser Bewegung. Sie ist edel, selbstverständlich, zugleich funktional und entspricht dem Herstellungsprozeß.
Im Verein mit der mattglänzenden, glatten Oberfläche ist diesem trivialen Massenprodukt eine Gestalt abgewonnen worden. Diese trotzt dem Verschleiß und macht das Gefäß zu einem Beispiel – nicht einer Zeitströmung, sondern eines sich der Zeit enthebenden humanen Grundanliegens.

Kannenkörper aus grün-schwarz geflecktem Bakelit; Henkel aus Leichtmetallguß
Boden gestanzt: THERMOS (1925) LIMITED LONDON PAT. NO. 327838 NO. 24 JUG – THIS TAKES REFILL
H. 24 cm, ∅ 11,2 cm
Entwurf u. Herstellung: Thermos Ltd., London, England
Inv. Nr. 72/81
Lit. u. a.: Roudillon Michel, Bakélite. Paris 1982, 51, Abb. 64 – Wichmann, Hans, [Kat. Ausst.] Neu. Donationen und Neuerwerbungen 1980/81. Die Neue Sammlung. München 1982, 29, 30, 52 m. Abb. – Design (London) 1983, Nr. 411, 13 m. Abb. – Casa Brava 1983, Nr. 1, 101 m. Abb. – Poliplast (Mailand) Nr. 1983, 302/303, 59 m. Abb. – Alfieri Pasquale u. Francesca Cernia, Gli anni di plastica. Mailand 1983, 60 m. Abb. – Kölsch H. U., [Kat. Ausst.] Kunststoff-Objekte 1860–1960. Sammlung Kölsch. Museum Folkwang. Essen 1983, Nr. 4.1470 m. Abb. [m. weit. Lit.]. – Wichmann Hans, Industrial Design. Unikate. Serienerzeugnisse. Die Neue Sammlung. Ein neuer Museumstyp des 20. Jahrhunderts. München 1985, 172 m. Abb.

Kaj Franck
Kunststoff-Geschirr »Easy Day«, 1979

Zu den großen Welt-Designern, die durch ihre Arbeiten richtungweisende Impulse zu geben vermochten, gehört zweifelsohne der Finne Kaj Franck, der auch dieses Kunststoff-Service entwarf.
1911 in Viipuri geboren, hat er vor allem als künstlerischer Leiter der Design-Abteilung des Keramik-Werkes »Arabia« (Wärtsilä AB) beispielhafte Entwürfe realisiert. Wer kennt nicht das 1948 von ihm konzipierte Geschirr »Kilta« oder die Doppelflasche »Kremlglocken«, die finnisches Glas in die Nähe von venezianischem rückte.
Dieses in hohem Alter entworfene Kunststoffgeschirr basiert auf seiner Erfahrung im Bereich keramischer Formen, und dennoch bildet Franck aus dem anderen, der Schwere entbehrenden Material keine Keramikform, sondern eine dem Kunststoff gemäße. Zwar ist dieses Material im Vergleich zu natürlichen Werkstoffen ein charakterloses, dennoch unterliegt es spezifischen Gesetzmäßigkeiten der Fertigung, die bei der Formung berücksichtigt werden wollen.
Dies praktiziert Kaj Franck an diesem Geschirr. Zum einen verwendet er für die verschiedenen Serviceteile unterschiedliche, der Funktion entsprechende Kunststoffe: einmal das schwerere formbeständige Melamin, dann Styrol-Akrylnitril, aus dem die geringerer Belastung unterliegenden Formen gefertigt sind. Zum zweiten benutzt er innerhalb eines Services verschiedene angenehme und satte Farben: ein volles Dunkelgrün, dann ein leuchtendes, jedoch nicht schreiendes Rot, ferner das vermittelnde Weiß. Zum dritten führt die genaue Kenntnis des Herstellungsprozesses zu speziellen Kunststofformen, die sich vor allem an Tassen und Tellern ablesen lassen. So bleiben die Henkel, um ohne Schwierigkeiten aus dem Werkzeug gelöst werden zu können, unten offen, oder die Tassen verjüngen sich nach unten. Die Teller sind aufgewölbt, weisen keine Kanten auf, sind überall gerundet. Auch der wulstartige Rand, der an die Stelle der »Porzellanfahne« tritt, entspricht sinnvoller Kunststofform, besitzt er doch stabilisierende Eigenschaften.
Dieses durch Farbe und Form heiter erscheinende Geschirr wird seinem Namen in schönster Weise gerecht. Es gehört zu den wenigen mir bekannten Kunststoffservicen, die nicht als Surrogat von Keramik erscheinen, weil es dem Material eine eigenständige, leicht rustikale, zugleich aber praktikable Aussage abgewinnt, die improvisiertes, entspanntes Beisammensein begünstigt.

Tassen, Schalen, Schüsseln, Teller und Besteck aus Kunststoff (Melamin bzw. Styrol-Akrylnitril) in Weiß, Rot und Dunkelgrün
Herst.: Aaltosen Tektaat Oy Sarvis, Tampere, Finnland
Inv. Nr. 59/83
Lit. u. a.: md (moebel interior design) 1980, Nr. 1, 94 m. Abb. – md 1983, Nr. 5, 27 m. Abb. – Wichmann Hans, Industrial Design. Unikate. Serienerzeugnisse. Die Neue Sammlung. Ein neuer Museumstyp des 20. Jahrhunderts. München 1985, 175 m. Abb. – Wichmann Hans, [Kat. Ausst.] Neu. Donationen und Neuerwerbungen 1982/83. Die Neue Sammlung. München 1986, 24.

Eileen Gray
Teppich »Black magic«, 1923

1857 bemerkte Meyers Konservationslexikon: »Die oriental., türk. und ind. Teppiche haben in Europa ihre Bedeutung verloren und sind ganz aus dem Handel verschwunden.« Als Persien aber 1873 auf der Weltausstellung in Wien erlesene Teppiche ausstellte, steigerte sich in Europa die Nachfrage und nahm bis in unsere Tage ein mächtiges Ausmaß an, da neben den traditionellen Orientteppich-Herstellern nun auch Nepal, Sikkim, Tibet, China und Ägypten sowie die nordafrikanischen Staaten auf den Markt drängten, die mit Ausnahme von China selbst kaum jemals zu eigenständigen Musterungen gefunden hatten.
Gleichsam als Gegenbewegung zu diesen tradierten, an Volkskunst orientierten Produkten traten ab der Jahrhundertwende nun auch führende europäische Architekten, Inneneinrichter und Künstler auf diesem bis dahin vernachlässigten Gebiet mit eigenen Entwürfen hervor, wie Beispiele von Josef Hoffmann, Georges de Feure, Ivan da Silva Bruhns, aber auch von Hans Arp, Pablo Picasso, Fernand Léger, Sonja Delaunay oder Eileen Gray belegen. Gemeinsam ist all diesen Entwürfen, daß sie jeweils nur in geringen Stückzahlen, ja meist sogar nur als Einzelstück für einen bestimmten Raum entworfen wurden und erst Jahrzehnte später in, durch die Handarbeit bedingten, Kleinserien aufgelegt wurden.
Eileen Gray (9.8.1879 Enniscorthy/Irland – 28.11.1976 Paris) besuchte bis 1898 die Slade School in London und übersiedelte 1902 nach Paris, wo sie im Atelier Colarossi, an der Académie Julian sowie bei dem japanischen Lackmaler Sugawara arbeitete. 1919–22 gestaltete sie eine Wohnung für die Modistin S. Talbot und eröffnete 1922 ihre eigene Galerie Jean Desert. Bereits 1910 besaß sie zusammen mit der Engländerin Evelyn Wyld in Paris ein Studio, in dem Teppiche nach ihren Entwürfen entstanden. Den Teppich »Black magic« entwarf Eileen Gray 1923 für ein »Bedroom boudoir for Monte Carlo«, mit dem sie sich auf dem 14. Salon des Artistes Décorateurs beteiligte. Das Echo auf diesen Raum war in seiner Zwiespältigkeit bezeichnend. Die einflußreiche, noch traditionell orientierte Zeitschrift »Art et Décoration« bezeichnete ihn als »laughable and abnormal«, ein weiterer Zeitungsartikel vom 5. Mai 1923 als »a chamber for the daughter of Dr. Caligari in all its horror« (zitiert nach Johnson 1979, 34f.), während die internationale Architektenschaft, wie J. J. P. Oud, Gropius, Le Corbusier und Robert Mallet-Stevens, erst durch diesen Raum auf die Entwerferin aufmerksam wurde.
Der Teppich ist ebenso unkonventionell wie die übrige Einrichtung. Auf tiefschwarzem Fond gruppiert sich eine abstrakte Komposition aus Dreiecken, Quadraten und Kreissegmenten in Naturweiß, Grau, Hell- und Dunkelbraun um ein Querrechteck im Zentrum. Die sublim aufeinander abgestimmten Farbwerte bilden dabei zusammen mit dem einheitlichen Fond einen wohlausgewogenen Kontrapunkt zu der akzentuierten Komposition. Der Teppich greift so auf unorthodoxe, aber beispielsetzende Weise die vielfältigen Formen des Raumes, für den er entworfen wurde, auf und bindet sie zu einer Einheit. Damit erfüllt der Teppich eine Forderung, die Y. Rambosson 1926 in der Zeitschrift »Mobilier et Décoration« an moderne Teppiche stellte: »Ein guter Teppich hat die schwierige und feines Taktgefühl erfordernde Aufgabe, die verschiedenen Elemente eines Intérieurs zusammenzufassen und zu richtiger Wirkung zu bringen.«
1988 vom Hersteller erworben.

F.H.

Handgeknüpft, Smyrnaknoten (300 Knoten 10 cm^2).
100% Wolle, Hanfkette
L. 255 cm, B. 250 cm
Herst.: Ecart International, Paris 1986, in Spanien handgeknüpft
Inv. Nr. 262/88
Lit. u. a.: Loye Brigitte, Eileen Gray 1879–1976 Architecture Design. Alençon 1984, 55 m. Abb. – Johnson Stewart, Eileen Gray: Designer 1879–1976. London 1979, 32 f. m. Abb. – Emery Marc, Furniture by Architects. New York 1983, 101 und 114 m. Abb. – Wichmann Hans, Von Morris bis Memphis. Textilien der Neuen Sammlung. Basel 1990, 146 m. Abb. = Sammlungskat. 3.

Sonia Delaunay (-Terk)
Wandteppich, 1927

In der 1988 durchgeführten Ausstellung »Neu. Donationen und Neuerwerbungen 1984/85« hing dieser Teppich in der Hauptachse unserer Ausstellungsräume und beherrschte die Flucht über eine Distanz von annähernd 40 Metern. Seine intensiven Farben und kreisenden Formen nehmen voraus, was in gleicher Weise die Fresken eines Eingangsportals des Pavillons »Palais des Chemins de Fer« während der Pariser Weltausstellung 1937 eindringlich veranschaulichten: die Kraft, ja Gewalt dieser von Robert Delaunay, dem Mann Sonias, bestimmten Farb- und Formenwelt.
Sonia Terk – in der Ukraine geboren, in Petersburg aufgewachsen – kam über Deutschland erstmalig 1905 nach Paris und heiratete dort 1910 Robert Delaunay, dessen bewegten Lebensweg sie animierend, zwischen angewandter Graphik und freier Kunst pendelnd, begleitete. 1911 entstehen die ersten Textilarbeiten, die während ihres spanischen und portugiesischen Aufenthalts (1914 bis 1919) von Mode- bis zu Theaterkostümentwürfen (u. a. für Diaghilew's »Cleopatra«) reichen. Die »genial artista francesa« (»El Sol«) verlegt nach dem Krieg wieder ihr Domizil nach Paris, arbeitet hier mit Jacques Heim zusammen und setzt ihre geistvolle Textilkunst für Theater- und auch für Filmausstattungen fort. Ihre Ausstrahlung und Wirkung bedingt, daß sie 1927 zu einem Vortrag an der Sorbonne mit dem Thema »Der Einfluß der Malerei in der Kunst der Kleidung« geladen wird.
Es ist das Jahr auch des Entwurfes dieses Wandteppichs. Sein Wesen und seine Ausstrahlung ist vielleicht am besten mit einigen Äußerungen Robert Delaunays zu umschreiben, lebt doch dieser Entwurf in Abhängigkeit von seinem Werk aus der Farbe und der ihr zugeordneten spezifischen, kreisenden und zugleich gebrochenen Form: »Eines Tages begegnete ich dem Kernproblem der Farbe. Es begann die Periode der ›disques simultanés‹, der zirkulären Formen, wo die Farbe in ihrem kreisenden Wesen verwendet ist und die Form sich aus dem zirkulären dynamischen Rhythmus der Farbe entwickelt. Die einfachste Kreisfläche war eine bemalte Leinwand, bei der die einander entgegengesetzten Farben nichts anderes mehr bedeuten sollten als das, was tatsächlich sichtbar ist; Farben durch Kontraste kreisförmig bewegt... Die ersten Simultangestaltungen hatten noch nicht die notwendige Beweglichkeit und keine große Vielfalt. Es bedurfte mehrerer Jahre, um die gefundenen Kontraste zu bereichern, um zu der ersten Gesamtkonzeption, d. h. zum Bild zu kommen. Man müßte eine neue Mannigfaltigkeit von rhythmischen Regeln finden, die das alte Bildgerüst ersetzen.« (Aus Aufzeichnungen und Briefen. Zitiert nach Hess W., Dokumente zum Verständnis der modernen Malerei. Hamburg 1956, 62/63=rde 19).
Dieser Wandteppich bildet mit den in unserem Museum bewahrten Tapisserien von Arp (»Pique As«) und Picassos (»Volutes«) eine vorzügliche Trias der Zeit um 1930 und ist Beleg ihres hohen Standards auch im Bereich der Textilkunst.

Wolle; getuftet
Ocker- und Brauntöne, Gelb, Rot, Grün, Schwarz. Abstraktes geometrisches Muster aus zwei sich einander überschneidenden Kreisflächen und einer dritten Viertelkreisfläche, die in verschiedenfarbige konzentrische Ringe und Segmentflächen unterteilt sind.
H. 200 cm, B. 200 cm
Herst.: Image, Venedig, Italien (Nachwebung 1981)
Inv. Nr. 942/84
Lit. u. a:: [Kat. Ausst.] Provokationen. Design aus Italien. Deutscher Werkbund Niedersachsen und Bremen. Hannover 1982, 95 m. Abb. – Wichmann Hans, Industrial Design. Unikate. Serienerzeugnisse. Die Neue Sammlung. Ein neuer Museumstyp des 20. Jahrhunderts. München 1985, 185 m. Abb. – ders., [Kat. Ausst.] Neu. Donationen und Neuerwerbungen 1984/85. Die Neue Sammlung. München 1988, 77, 126 m. Abb. – Wichmann Hans, Von Morris bis Memphis. Textilien der Neuen Sammlung. Basel 1990, 169 m. Abb. = Sammlungskat. 3.

Jacques und Jean Adnet
Teppich, ca. 1930

Im Jahr 1985 gelang während einer Londoner Auktion die Erwerbung dieses Teppichs von Jacques und Jean Adnet, zweier 1900 geborener französischer Zwillingsbrüder, die als Innenarchitekten und Möbelgestalter tätig waren.
Beide zählten zu den Schülern von Maurice Dufrène, von dem unsere Sammlung ebenfalls mehrere Objekte besitzt (vgl. S. 34/35). Beide gewannen hohe Auszeichnungen und waren Mitglieder der Ehrenlegion. Ihr bis etwa 1930 gemeinsamer Berufsweg, der sie lange Zeit für die Forschung zu einer Person zusammenschmolz, trennte sich nach ihrer kubistisch-geometrischen Phase um 1929/30, der auch unser Teppich angehört.
Er ist fast quadratisch und zeigt eine Aufgliederung der Fläche in zahlreiche, einfache geometrische Formen: Quadrate, Dreiecke, Rhomben, Parallelogramme in den Farben Rot, Schwarz, Beige, Licht- und Mittelbraun, die sich jeweils zu größeren Einheiten zusammenschließen und deren Farbvalenz und -gewichtigkeit sorgsam gegeneinander ausgewogen ist.
Betrachtet man eine Weile diese Felder, so beginnt zwischen ihnen ein eigentümlich stilles, reges Leben in Form von Zusammenschlüssen zu größeren Einheiten, von einem Durchdringen und Wieder-Loslassen, von pfeilförmigen Bildungen, ja selbst von einem propellerartigen Kreisen je nach dem Sichtwinkel.
Das Spiel sich wandelnder Formen, das wir aus der Intarsierungskunst kennen, taucht hier erneut auf und verleiht geometrischer Starre eine vexierbildhafte Bildspannung, die sehr sorgfältig durch doppelte Rahmung in sich beschlossen bleibt.
In der freien Kunst wurde diese Bildorganisation schon vor dem Ersten Weltkrieg erprobt, etwa in Bildern von Klee, Macke oder Moillet. Es ist das »Spiel« mit »kleinen Vierecken«, welches diese Maler – ausgehend von Delaunay – während ihrer gemeinsamen Reise nach Tunis übten, um die Wirkung reiner, nebeneinander gesetzter Farben auszuloten. Es entstanden auf diesem Wege Bildräume, die vergleichbar vielleicht der Blick durch Kristallfacetten beschert.
Neben Uhren und Möbeln ist dieser Teppich in unserer Sammlung ein weiterer Beleg der Arbeit der Gebrüder Adnet, von denen vor allem Jacques Innenausstattungen für zahlreiche bedeutende Institutionen entwarf, beispielsweise das Appartement des Administrators des Collège de France oder das Privatappartement des Präsidenten der Republik im Palais d'Elysée.
Im Rahmen der Kollektion von Tapisserien ergänzt die Arbeit vorzüglich die französische Gruppe von Teppichen der Zeit um 1930, zu der ebenso die auf den S. 83 und 87 abgebildeten Teppiche von Sonia Delaunay und Fernand Léger gehören.

Geknüpfter Wollteppich; Quadrate und Dreiecke in den Farbtönen: Rotbraun, Braunbeige, Hellbeige und Schwarz
Rechts unten monogrammiert: JJA
L. ca. 144 cm, B. ca. 156 cm
Herst.: Jean Jacques Adnet, Paris, Frankreich
Inv. Nr. 897/85
Lit. u. a.: [Aukt. Kat.] Decorative Arts from 1850 to the present day. London 18. July 1985, 57, Nr. 210 m. Abb. – Wichmann Hans, [Kat. Ausst.] Neu. Donationen und Neuerwerbungen 1984/85. Die Neue Sammlung. München 1988, 76, 126 m. Abb. – Wichmann Hans, Von Morris bis Memphis. Textilien der Neuen Sammlung. Basel 1990, 200 m. Abb. = Sammlungskat. 3.

Fernand Léger
Wandteppich »Formes sur fond blanc«, 1932

Légers Schaffensperiode von circa 1928 bis 1939 läßt sich mit den Schlagworten »Verselbständigung der Dingwelt« und »Das Ding im Raum« kennzeichnen; zugleich gewinnt die Farbe immer größere Bedeutung. Am Schnittpunkt dieser Tendenzen ist der 1932 entstandene Entwurf des Teppich »Formes sur fond blanc« einzuordnen: als Komposition von farbigen Flächenformen, gleichsam verdinglichte Farbe, im Idealraum des weißen Grundes. Von den meisten anderen Teppichen Légers unterscheidet sich »Formes sur fond blanc« durch den Verzicht auf jegliche Anleihen im Realistisch-Gegenständlichen. 1924 wurde in Aubusson auf Veranlassung von Marie Cuttoli die erste Tapisserie nach einem Entwurf von Léger gefertigt (»Le Masque Nègre«). Zu dieser Zeit begann auch seine Auseinandersetzung mit dem Problem der Wand, als er 1925 im Auftrag von Mallet-Stevens und Le Corbusier Dekorationen und Wandmalereien für Eingangshalle und »Pavillon d'Esprit Nouveau« bei der Internationalen Kunstgewerbe-Ausstellung in Paris schuf.
Le Corbusiers Äußerung darüber ist in gleichem Maße für Légers Tapisserien gültig: »Léger begegnete der Architektur und kam über die lärmenden Diagonalen hinaus; die Bewegung liegt nun nicht mehr in der Zeichnung, sondern sie geht hervor aus dem Vordringen und Zurückweichen der Farben. Mit dieser Dynamik komponiert er. Diese Malerei ist Schwester der Architektur, darin liegt ihre besondere Bedeutung, aber sie bleibt durchaus Malerei. Die Verbindung ist so zwingend, daß Léger von allen heute schaffenden Malern derjenige ist, dessen Bilder eine zeitgemäße Umgebung gleichen Ursprungs verlangen... Er ist der Maler von heute, er bedarf eines neuen geistigen Ausdrucks der Architektur.« (nach: [Kat. Ausst.] Fernand Léger. Haus der Kunst. München 1957, 83).
Der Teppich »Formes sur fond blanc« wurde 1959 gewoben, als Fernand Légers Witwe Nadja den Karton – neben anderen seiner Teppichentwürfe – dem Atelier Pinton Frères in Aubusson zur Ausführung übergab.
Diese Manufaktur war zusammen mit den Werkstätten Tabard Frères, Goubely-Gatien u.a. entscheidend an der Erneuerung der Teppichwirkerei in Frankreich beteiligt, wurde doch in diesen Webereien Aubussons seit den zwanziger Jahren unter Leitung von Madame Cuttoli eine Teppichserie nach Kartons moderner Künstler wie z.B. Braque, Picasso, Lurçat und Le Corbusier gefertigt.
Über Légers Tapisserien schrieb Jacques Thirion 1962: »Man muß feststellen, daß sich wenige Werke so gut zur Projektion auf Wände eignen wie die Légers. Lebendigkeit der Komposition, Reinheit der Farbtöne, Befreiung der dritten Dimension – all dies trägt zum Gelingen dieser gewebten Transformationen bei, bei denen – sofern der Maßstab vom Entwurf abweicht – der Rhythmus der Komposition nicht etwa nur gleich bleibt, sondern sich sogar zu monumentaler Wirkung ausweitet. ... Das, was Léger bei Tapisserien schätzte, war – abgesehen von ihrer Größe – ihre weiche Textur, die die Kontraste bereichern oder, zuweilen, mildern kann, köstliche Übergänge schafft und die Schwarztöne tiefer, die Grau- und Weißtöne satter wiedergibt. ... In Légers Augen waren Tapisserien andererseits ein hervorragendes Medium, die Kunst dem gemeinschaftlichen Leben näherzubringen, sie in seinen alltäglichen Rahmen einzuführen, in die Paläste und Luxushotels, die Verwaltungs- und Bankgebäude, die Reiseagenturen und Büros.«
Unter den zwanzig 1962 in Nizza ausgestellten Tapisserien Légers wählte Jean Cocteau, der das Vorwort zum Katalog verfaßte, »Formes sur fond blanc« aus; aus seinem Besitz und dem seines Adoptivsohnes gelangte 1989 der Teppich in Die Neue Sammlung.

C.R.

Wolle; gewirkt
Bez. r. u. (eingewirkt): F. LÉGER
l. u.: PF (für Pinton Frères)
Rückseite m. aufgenähtem Etikett: FORMES SUR FOND BLANC D'APRES LE CARTON DE LÉGER ... [Maße] ... PF TAPISSERIE D'AUBUSSON TISSÉE PAR LES ATELIERS PINTON FRÈRES
H. 220 cm; B. 240 cm
Herst.: Ateliers Pinton Frères, Aubusson, Frankreich
Inv. Nr. 1170/89
Lit. u. a.: [Kat. Ausst.] F. Léger. Tapisseries, Ceramiques, Bronzes, Lithographies. Palais de la Mediterranée. Nizza 1962, [s. p.] m. Abb. [geringfügig abweichende Variante] – Wichmann Hans, Von Morris bis Memphis. Textilien der Neuen Sammlung. Basel 1990, 210–211 m. Abb. = Sammlungskat. 3.

Lucio Fontana
Druckstoff »Concetto Spaziale«, 1954

Unter den vielen hundert Stoffen, die zwischen 1980 und 1990 der Neuen Sammlung zugeführt wurden, ist die Auswahl von nur zwei Stoffen, die pars pro toto für die anderen stehen sollen, äußerst schwierig; denn Dekorations- oder Bezugstoffe sind wohl kaum als Kunstwerke zu bezeichnen, sondern im Rahmen unseres Museums reizvolle, in vielen Fällen ästhetisch gleichwertige Objekte. Es ist Gebrauchsgut, dem Licht und Wasser, Staub und Abrieb – falls keine Bewahrung in einer Sammlung erfolgt – ein relativ rasches Ende bereiten. Zudem ist das Stoffmuster häufig eng mit der Mode liiert; die jährlichen »Musterungen« belegen dies.
Dennoch oder vielleicht gerade deswegen vermag das textile Objekt, der Stoff als Meterware, sehr viel über die Neigungen, auch über künstlerische Strömungen auszusagen, und wohl kein anderes Dingfeld dokumentiert in ähnlich anschaulicher Weise die Hervorbringung, den Vorrat an dekorativen und farblichen Vorschlägen der jeweiligen Zeit wie dieses.
Um die Spannweite zwischen der sich Stoffmuster bewegen können, anzudeuten, wurden zwei sich extrem unterscheidende Stoffe gewählt, einmal ein von einem bedeutenden Maler entworfener Druckstoff, zum anderen ein auf der übernächsten Seite behandelter Webstoff.
Der erstere stammt von Lucio Fontana, der 1899 in Argentinien geboren wurde und 1968 in Comabbio bei Varese in Italien starb. Fontanas Arbeiten waren für die Avantgarde der mitteleuropäischen Kunst äußerst anregend. So etwa für die deutsche Künstlergruppe »Zero« oder die italienische »Arte Povera«. Dennoch bleibt seine künstlerische Äußerung auch der Tradition verbunden.
Im Zentrum seiner Anstrengungen steht die Auseinandersetzung mit Problemen des Bildraumes, den er unter den Begriff »Concetto Spaziale« zusammenfasst und der auch Titel unseres Stoffes ist. Diesem Raum verleiht er durch neuartige Bildmittel neue Visualisierung. Dabei spielt die Perforierung des Bildträgers mit Hilfe von Locheisen und Schnitten eine besondere Rolle. Wie seine Biographin Carla Schulz-Hoffmann 1983 formuliert »... erschafft Fontana mit seinen ›Concetti Spaziali‹ – wie seine Objekte nahezu alle heißen – nicht wirklich unendliche Räume, sondern seine Objekte evozieren durch die Fläche mit ihren Schnitten und Perforierungen im Betrachter die Idee des Raumes; er bildet sich in der Vorstellung und kann dann tatsächlich unendlich sein. Fontana gibt lediglich die konzentrierte Anregung, und wie in der fernöstlichen Tuschemalerei wird die reduzierteste Geste zur größtmöglichen Stimulanz der Wahrnehmung.«
Fontana begann mit der Durchlöcherung der Bildfläche gegen 1949. Die ersten Arbeiten zeigen als Träger Papier über Leinwand, wie etwa die in Düsseldorf (Kunstsammlungen Nordrhein-Westfalens) bewahrte Perforierung »49 B 3«, die unserem Stoff formal eng verwandt ist.
Dabei werden durch das Locheisen die Papierränder kraterartig aufgeworfen. Eine fast bildparallel angeordnete Lichtquelle wirft dann starke, lange Schatten.
Eine Aufnahme dieser Art liegt auch dem Muster unseres Stoffes zugrunde, bei dem die Schatten auf dem blaugrauen Grund das dominant wahrnehmbare Muster von kreisartig angeordneten, spitzstacheligen Formen ergeben.
Wir haben es mit einem Abbild eines räumlich bestimmten Bildwerkes zu tun, also mit einer sekundären Veranschaulichung, bei der sekundäre Schatten zum flächebildenden Element werden.
Das Stoffmuster Fontanas verkörpert ein geistvolles Spiel mit einem seiner Bildwerke, bei dem Raum in Fläche – der Bedingung eines Stoffes folgend – verwandelt wird.

Druckstoff; Baumwolle; Leinwandbindung
Bez. auf den Webkanten: Disegno di Lucio Fontana. Concetto Spaziale. Isa.
L. 100 cm, B. 130 cm
Musterrapport: H. 51 cm
Herst.: Isa, Busto Arsizio, Italien
Ankauf München, 1988
Inv. Nr. 640/89
Lit. u. a.: Domus 1955, Nr. 302, Abb. Titelseite – Branzi Andrea u. Michele De Lucchi (Hrsg.), Il Design Italiano degli Anni '50. Mailand 1980, 183, Nr. 601 m. Abb. – Magnesi Pinuccia, Tessuti d'Autore degli Anni Cinquanta. Turin 1987, 54, Nr. 34 m. Abb. u. 108 [Farbvariante in Rosé] – Domus 1988, Nr. 16 m. Abb. – [Kat. Ausst.] Les Années Cinquantes. Centre Georges Pompidou. Paris 1988, 361 m. Abb. – Wichmann Hans, Von Morris bis Memphis. Textilien der Neuen Sammlung. Basel 1990, 238–239 m. Abb. = Sammlungskat. 3.

Marga Hielle-Vatter
Bezugsstoff »Claire«, Farbe »Banane«, 1983

Ähnlich wie bei den Plakaten gibt es im Rahmen des Textil-Entwurfes unseres Jahrhunderts zwei Exponenten: einmal den Textil-Designer, daneben den Künstler, der gelegentlich auch Stoffe oder Tapisserien entwirft. Zweifellos stellt der Textil-Designer das tragende Gerüst dieses Metiers dar. Er ist verantwortlich für das Gros der vielen Stoffe, die jährlich neu auf den Markt gelangen, er bestimmt das Niveau, während der Künstler vielleicht hier und da einen Akzent, einen eigenwilligen Farbtupfer in die Landschaft der Stoffe zu setzen vermag.
Ähnlich wie der Kollege der Graphik hat der ernstzunehmende Textil-Designer nicht etwas Willkürliches oder Irrelevantes zu erfinden, sondern Stoffe zu entwickeln, die dem Zweck dienen, die aber zugleich diesen Zweck kultivieren, ihn im physischen und psychischen Sinne sinnvoll erscheinen lassen und somit eine ästhetische Qualität verleihen.
Gegenüber dem Dekorationsstoff, welcher der Mode stärker verbunden und damit dem Verschleiß vermehrt unterworfen ist, wird dem Bezugsstoff größere Beständigkeit abverlangt. Er unterliegt verstärkten Anforderungen, die besonders bei Massenverkehrsmitteln, etwa Flugzeugen, Eisenbahnen, aber auch im Automobil gefordert werden.
Stoffe dieses Genres sind infolgedessen so zu gestalten, daß sie sich auf der einen Seite einzupassen vermögen, zugleich aber die Inneneinrichtung akzentuieren. Nur wenigen Stoffen kann dieses Prädikat gegeben werden. Zu ihnen gehören immer von neuem die Jacquard-Gewebe des Unternehmens »Rohi«, das seinen Sitz im Süden Münchens, in Geretsried, hat.
Alle Entwürfe stammen von Marga Hielle-Vatter, die ihre Ausbildung in Dresden und Wien fand und nun seit mehr als einem halben Jahrhundert, seit 1933, für ihre eigene Weberei im besten Sinne als Textil-Designerin tätig ist. Marga Hielle-Vatter spezialisierte sich auf komplexe, geometrische Musterungen, errang bereits 1957 während der Mailänder Triennale eine Silbermedaille und war in zahlreichen nationalen und internationalen Ausstellungen vertreten. Ihre Stoffe sind verhalten und anspruchsvoll zugleich und zeigen in ihren Farbstellungen und Mustervariationen einen ungemein geschulten und kultivierten Farb- und Formensinn, der auch durch diesen Stoff gespiegelt wird.

Jacquard-Gewebe; 74% Schurwolle, 26% Baumwolle; broschiertes Doppelgewebe; abgeleitete Köperbindung
Fond aus gleichbreiten Querstreifen in den Farben Neapel- und Bananengelb, Hellbraun und Hellgrün; diagonal versetztes Muster von feinen, verschieden langen Streifen in den Farben Weiß, Hellgrün, Hellbraun, Gelb- und Rosatönen
L. 150 cm, B. 130 cm (Bahnbreite)
Musterrapport: H. 35 cm, B. 43 cm
Herst.: rohi-Stoffe GmbH, Geretsried, Deutschland
Inv. Nr. 1212/84
Lit. u. a.: Wichmann Hans, Industrial Design. Unikate. Serienerzeugnisse. Die Neue Sammlung. Ein neuer Museumstyp des 20. Jahrhunderts. München 1985, 189 m. Abb. – Wichmann Hans, Von Morris bis Memphis. Textilien der Neuen Sammlung. Basel 1990, 305 m. Abb. = Sammlungskat. 3.

Heinrich Vogeler und Rudolf Alexander Schröder
Kamingitter, 1899/1901

Rudolf Alexander Schröder kam 1897 nach München, um Architektur und Musik zu studieren. Ihm folgte ein Jahr später sein Schulfreund und Vetter Alfred Walter Heymel (1878–1914), dem ein Millionenvermögen zur Verfügung stand.
Beide hatten den Plan gefaßt, eine literarische Zeitschrift herauszugeben, deren erste Hefte 1899 unter dem Titel »Die Insel« erschienen. An diesem, nur drei Jahrgänge umfassenden Periodicum beteiligten sich bedeutende Geister wie Hugo von Hofmannsthal, Rainer Maria Rilke, Arno Holz, Detlev von Liliencron, Peter Behrens, Emil Rudolf Weiss, Julius Meier-Graefe u. a. Aus der Zeitschrift erwuchs der Insel-Verlag.
Die Verlagsräume richtete man in der Münchner Leopoldstraße 4 ein, in einem Stil, der dem damaligen Aufbruch zum modernen Kunstgewerbe entsprach, so wie es in den 1898 neu gegründeten »Vereinigten Werkstätten für Kunst im Handwerk« realisiert werden sollte. Schröder, der das fließende Lineament des Jugendstils ablehnte, berichtet darüber: »Die Wohnung, in der im Gegensatz zu den vorerwähnten Schlängellinien der damaligen, von mißverstandenen Anglismen und Belgizismen gleichmäßig beeinflußten Mode im Konstruktiven alles auf geradlinige Schlichtheit, im Ornamentalen auf größte Zurückhaltung und Sparsamkeit angelegt war und deren ästhetischer Aufwand im Anschluß an das Mobiliar der späten Goethe- und frühen Stifterzeit durch klare, streng ausgewogene Flächen- und Farbwirkungen bestritten wurde, erregte damals Aufsehen...« (Gesammelte Werke Bd. 3, 1952, 955).
Heinrich Vogeler war auf Anraten Schröders nach München eingeladen worden, um das zweite Quartal des ersten Jahrgangs der neuen Zeitschrift auszuschmükken. Er wirkte – wie Schröder schreibt – auch an der Einrichtung der Wohnung mit.
»Beim Ornament ging mir Vogeler an die Hand; und wir haben gemeinsam die Möbel, Vorhänge, das Kamingitter, Beleuchtung, Spiegel und Teppiche des großen, grauseidenen Salons mit gestickten, geschnittenen und getriebenen Rosenmustern überzogen« (zitiert nach: U. u. G. Heiderich, Rudolf Alexander Schröder... Bremen (1978), 12).
Dieses Muster trägt das Kamingitter fast hundertmal auf getriebenen, feuervergoldeten Platten. Sie bilden aneinandergehängte Ketten, deren Verbindungsdrähte durch grüne Glasperlen belebt sind und die man membranartig in ein gehämmertes Gestell aus Buntmetall spannte. Die Mitte ist durch ein Feld, das die Größe von vier »Rosenflächen« besitzt, akzentuiert.
Das Gitter repräsentiert eine kunsthandwerklich anspruchsvolle und zugleich ursprünglich wirkende Arbeit, die Richard Riemerschmid für seine etwa drei Jahre später entstandenen Heizungsverkleidungen angeregt hat. Diese entbehren jedoch der Rosenornamente, nicht aber der Perlen. Das Gitter Vogelers ist aufgrund seiner Herkunft, unabhängig von seiner ästhetischen Qualität, ein Zeugnis europäischer Kulturgeschichte.

Buntmetall; gehämmert, gestanzt und feuervergoldet
H. 145 cm, B. 107,5 cm, T. 34,5 cm
Inv. Nr. 973/85
Lit. u. a.: Heiderich Ursula u. Günther, 1899–1931. Rudolf Alexander Schröder und die Wohnkunst. Bremen [1978], 111–114 [Beschreibung der Wohnung unter Erwähnung der Gitter] – Schröder Rudolf Alexander, Die Aufsätze und Reden. Bd. 2. Frankfurt 1952, 955 [Erwähnung der gemeinsamen Tätigkeit der Künstler auch im Zusammenhang mit dem Gitter]. – Weiner Erich (Hrsg.) Heinrich Vogeler, Erinnerungen. Berlin 1952, 105 [Bestätigung der Mitarbeit] – Wichmann Hans, [Kat. Ausst.] Neu. Donationen und Neuerwerbungen 1984/85. Die Neue Sammlung. München 1988, 79, 116–117 m. Abb.

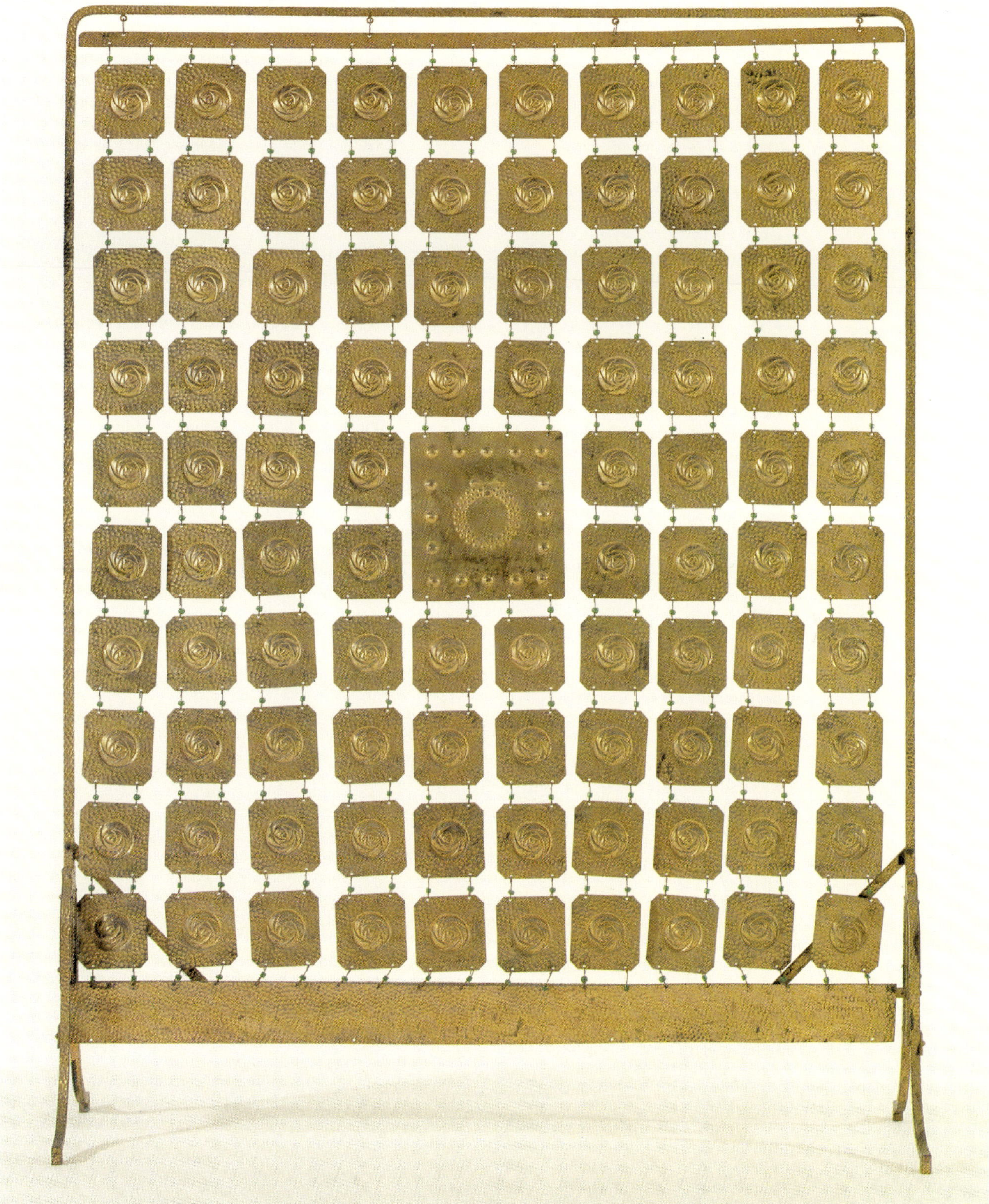

Henry van de Velde
Rasiersessel, 1901

Wie wohl kein anderer Friseurstuhl ist dieser von einer reichen Geschichte begleitet und zugleich ein Zeugnis wirtschaftlicher Bedrohung seines Kreators.
Er entstand als Teil des Frisiersalons von François Haby in Berlin, Mittelstraße 7, und zwar in der gleichen Zeit, in der auch das Hagener Folkwang-Museum für Karl Ernst Osthaus errichtet wurde.
Van de Velde hatte in diesen Jahren sein wirtschaftliches Schicksal mit dem »Hohenzollern Kunsthaus« des Eigners Hirschwald verbunden, in das er sein Brüsseler Atelier »Société van de Velde« mit der Übertragung aller Befugnisse eingebracht hatte. Hirschwald nutzte dies schamlos aus. Daraus ergaben sich für van de Velde große Schwierigkeiten und reicher Ärger. Jedoch wurden beide Aufgaben abgeschlossen und legen beredtes Zeugnis von dem Ingenium des Künstlers ab.
Das Herzstück des Salons des königlichen Hof-Friseurs und Parfumeurs Haby, dem wir auch den eigenartigen, nach oben gezwirbelten Oberlippenbart im Sinne von: »Es ist erreicht« verdanken, war ein mächtiger, sich in die Tiefe erstreckender Raum mit einer durchfensterten Wand auf der Langseite. Ihr gegenüber befand sich eine imponierende Reihe von Rasierplätzen, die im Zweiten Weltkrieg zwar Schaden erlitt, jedoch bis 1964 erhalten blieb. Dann erfolgte eine Verteilung an ostdeutsche Museumsmagazine. Osthaus beschrieb das Gesamtkunstwerk »Rasiersalon« wie folgt: »Der noch vorhandene Salon bietet das Schulbeispiel für die äußerste Ausnutzung der funktionellen Motivierung. Velde hat das gesamte Installationssystem in die Sichtbarkeit gerückt, um die tiefe Mahagoniwand der gereihten Toiletten mit einem blitzenden Gefüge von metallnen Röhren zu überspannen. Auch die Beleuchtungskörper wachsen metallen aus dieser Wand hervor. Spiegel und Marmor tun das übrige, um die strahlendste Materialwirkung hervorzuzaubern. Aber das boshafte Wort eines Zeitgenossen (Max Liebermann!), man trage die Eingeweide nicht als Schmuck um den Hals, findet hier doch eine gewisse Berechtigung. Die Hervorzerrung der Installation wirkt zu absichtlich ... Dennoch ist der Salon von Haby aus dem Schaffen Veldes nicht wegzudenken und nicht wegzuwünschen. Man überwindet einen Irrtum solcher Art nur dadurch, daß man ihn begeht. Und es bleibt an dieser Schöpfung, die in der Gesamtauffassung ebenso vorbildlos war wie vorbildlich wurde, noch genug zu bewundern. Sie ist voll der geistreichsten Einzellösungen und unantastbar in der Straffheit ihrer großen Form.«
Selbst in der gerügten Akzentuierung von Installationen und Belanglosem war van de Velde seiner Zeit – wie es scheint – weit voraus, vielleicht ahnend, daß etwa 70 bis 80 Jahre später, teils aus Zynismus, teils aus funktionalistischer Übertreue Verspäteter, die Architektur mit diesen ästhetischen Kunstgriffen Claqueure gewinnen würde. Betrachtet man den Rasierstuhl, auf dessen Kopfstütze sicher bedeutende Köpfe der damaligen, tonangebenden Gesellschaft ihre Wangen schaben ließen, so ist er durchaus robust und kräftig, ja stämmig zu nennen, dabei zugleich von edlem Linienschwung, der die Hand seines Meisters nicht verleugnet.
Das Werk des alltäglichen Gebrauchs gelangte aus dem Kunsthandel, dank der Unterstützung von Erwin Braun und dem Unternehmen Siemens, in unsere Sammlungen. Es erweitert dort die Arbeiten van de Veldes um ein eigenwilliges, durchaus funktionales Objekt.

Mahagoni. Sitz, Rücken, Kopfstütze und seitliche Wangen gepolstert und mit braunem Leder bezogen (erneuert) H. 97 cm, H. (mit Kopfstütze max.) 118 cm, Sitzhöhe 46 cm, B. (max.) 63 cm, T. 73 cm
Herst.: Hirschwald, Berlin, Deutschland
Inv. Nr. 793/86
Lit. u. a.: Die Kunst. 1901, Bd. 4, 490 m. Abb. – Curjel Hans (Hrsg.), Henry van de Velde. Geschichte meines Lebens. München 1962, Abb. 58 – Hammacher A. M., Die Welt Henry van de Veldes. Antwerpen, Köln 1967, 124 m. Abb. – Hüter Karl Heinz, Henry van de Velde. Berlin 1967, 55 m. Abb. – Das Gesamtwerk van de Veldes. München 1981, 170–173 m. Abb. – Osthaus Karl Ernst, Van de Velde. Leben und Schaffen des Künstlers. Berlin 1984, 29 m. Abb. [Reprint der Ausgabe von 1920 im Folkwang Verlag Hagen i. W.] – [Kat. Aukt.] Bolland & Marotz Bremen. 42. Auktion, 18. Oktober 1985, 131, Nr. 1504, Taf. 214 m. Abb. – Wichmann Hans, [Kat. Ausst.] Neu. Donationen und Neuerwerbungen 1986/87. Die Neue Sammlung. München 1989, 128–129 m. Abb.

Thonet-Sessel Nr. B 773
mit verstellbarer Rückenlehne,
um 1907

Der Wunsch nach bequemem Sitzen hat in unserem Jahrhundert eine Reihe von beachtenswerten Sitz-, Liege-Sesseln hervorgebracht, in denen die jeweiligen technischen Errungenschaften für die Pflege unseres Sitzfleisches gleichsam komprimiert wurden.
Dies beginnt unmittelbar nach der Jahrhundertwende mit der berühmten »Sitzmaschine« Josef Hoffmanns, um über den Wassily-Sessel von Marcel Breuer (1925), den Lounge-Chair von Charles Eames (1956/57) zu Entwicklungen Ferdinand Porsches in unserem Jahrzehnt zu reichen. (Sie alle werden in der Neuen Sammlung bewahrt.) Besonders zwischen 1900 und 1910 hat man sich um dieser Frage willen reiche Gedanken gemacht und vielfältige Schaukel-, Liege- und verstellbare Stühle für Schiffsdecks, Veranden, Wohnzimmer und Dielen des vermögenden Bürgertums entwickelt. Viele davon, vielleicht die schönsten, sind aus Schicht- oder Bugholz, dem in der zweiten Hälfte des 19. Jahrhunderts neu erfundenen, vielfältigen Bedürfnissen entgegenkommenden Material.
Unter ihnen übertrifft durch seine konsequente und sinnfällige Formung dieser Sessel, dessen Grundkonzeption etwa 1904/05 erfolgte, die Hoffmannsche »Sitzmaschine« an Selbstverständlichkeit.
Sitz, Lehne, Füße, Armstützen, die konstituierenden Elemente eines Sessels, sind hier mit äußerster Eleganz aufwandslos und folgerichtig zusammengefügt, wird doch das tragende Gerüst aus nur drei miteinander verspannten Teilen gebildet. Zwei kräftige, massive Bughölzer sind annähernd halbkreisförmig gebogen und miteinander verstrebt. Sie bilden im Verein mit einem etwas kleineren Bogen an der Frontseite das tragende Gerüst. Die hinteren Beine, also Partien des Halbkreises, sind zur Stabilisierung leicht ausgestellt. Auf den Scheitelpunkten der Bogenteile hat man die Armstützen befestigt, die auf dem nach hinten ausladenden und herabgebogenen Teil Messingbeschläge für die Verstellung der beweglichen, hohen, in einem Halbkreis schließenden Lehne tragen. Diese ist nach hinten geneigt und mit einem Scharnier dem Sitz verbunden. Die Bespannung von Lehne und Sitz besteht aus Peddigrohrgeflecht. Die »Sitzmaschine« Hoffmanns arbeitet mit einem ähnlichen Verstellmechanismus, jedoch sind ihre Elemente formal angestrengter.

Dieser Thonet-Sessel besticht durch seine knappe Sachlichkeit, seine formale Ausgewogenheit und konstruktive Konsequenz. Er beschließt sich wohltuend in seiner Aufgabe und repräsentiert einen besonders charakteristischen und ästhetisch überzeugenden Bugholzstuhltypus, der zu Recht die Bezeichnung »Morrisfauteuil« trägt.
Der Sessel wurde 1983 aus der Berliner Sammlung von Manfred Ludewig erworben.

Er wird erstmals in einem Thonet-Firmenkatalog von 1905/06 als Kindersessel gezeigt. Im Firmenkatalog von 1907 erfolgt dann die Veröffentlichung dieses Modells. Fälschlicherweise wurde der Entwurf nach dem 2. Weltkrieg als Entwicklung Ferdinand Kramers ausgegeben.
Bugholz (Buche), rötlich gebeizt; Sitz und Lehne Peddigrohrgeflecht; Messingbeschlag
Firmen-Klebe-Etikett unter dem Sitz
H. 107 cm, Sitzhöhe 36 cm, B. 62 cm
Entwurf u. Herstellung: Gebr. Thonet, Zweigwerk Budapest, Ungarn
Inv. Nr. 255/83

Lit. u. a.: Neundörfer Ludwig, Wie wohnen. [o. O., o. J.], 25 m. Abb. – Gräff Werner, Jetzt wird Ihre Wohnung eingerichtet. Potsdam 1933, 102 m. Abb. – The Open University (Hrsg.), Design 20 s. In: History of Architecture and Design 1890–1939. Walton Hall/Milton Keynes 1975, Abb. 63 – [Werkkatalog] Ferdinand Kramer 1923–1974. Frankfurt 1975, Nr. 80 m. Abb. – Thonet, Bentwood & Other Furniture. New York 1980, 130, 143 m. Abb. – Wilk Christopher, Thonet. 150 Years of Furniture. New York 1980, 84 m. Abb. – Wichmann Hans, Industrial Design. Unikate. Serienerzeugnisse. Die Neue Sammlung. Ein neuer Museumstyp des 20. Jahrhunderts. München 1985, 198 m. Abb. – Wichmann Hans, [Kat. Ausst.] Neu. Donationen und Neuerwerbungen 1982/83. München 1986, 16, 47 Abb.

Jacques-Emile Ruhlmann
Damen-Sekretär »Tibattant«, 1922/23

Zu den kostbarsten und schönsten Erwerbungen des neunten Jahrzehnts gehört dieser Sekretär vom Typ eines »secrétaire à abattant«. Immer war es mein Wunsch, gerade von Jacques-Emile Ruhlmann, diesem wohl bedeutendsten Möbelentwerfer Frankreichs, ja wohl Europas, ein Objekt erwerben zu können. Jedoch standen der Realisierung das zu Recht hohe Preisgefüge entgegen, das sich mit dem Anspruch nach einer exklusiven Arbeit innerhalb des Œuvres nur schwer vereinigen ließ.
Im Dezember 1989 trafen jedoch alle Faktoren zusammen, um den Wunsch zu verwirklichen. Mit Zustimmung aller Leiter der bayerischen Staatssammlungen konnte mit Sondermitteln dieser zierliche Sekretär erworben werden, den Ruhlmann 1922/23 für seine Frau entworfen hatte. Er wurde von seinem wichtigsten Mitarbeiter, Jules Deroubaix, im Atelier A Ruhlmanns – 27, rue de Lisbonne, Paris – gefertigt. Der Sekretär ist am Korpusboden mit Brandstempel signiert und trägt an der Rückseite einer Schublade der Innenausstattung die Signatur des Ausführenden.
Der Korpus, in der Art eines »Bonheur du Jour«, ebenso wie die schlanken, leicht ausschwingenden Beine sind mit dem kostbaren exotischen »Loupe d'amboine«-Holz furniert und mit zarten Elfenbeineinlagen ausgezeichnet. Ebenfalls aus Elfenbein sind die Beschläge. Die Furnierung umzieht das ganze Möbel, auch die leicht gewölbte Rückseite, so daß der Sekretär zur freien Aufstellung im Raum prädestiniert ist. Da das Furnier eine Vogelaugentextur besitzt, damit richtungslos verläuft, eignet es sich für diesen Zweck besonders und verbindet Korpus und Beine zwanglos.
Die Linienführung des Möbels und seine Abmessungen atmen in ihrer Verhaltenheit und Liebenswürdigkeit noch den Zauber der Frühzeit einer großen Karriere, die Ruhlmann insbesondere nach 1925 zum bestbezahlten und gesuchtesten Möbelentwerfer des Art Déco werden ließ, erzielten doch seine Entwürfe bereits zu Lebzeiten (1878–1933) höhere Preise als die Boulle's oder Riesener's.
Die Verhaltenheit und Sensibilität setzt diese Arbeit auch von späteren Werken ab, die weit repräsentativer mit unmittelbaren Augenreizen ausgestattet sind. Dies wird vor allem an den Elfenbeineinlagen deutlich. Sie sind hauchartig der beschließenden Platte eingefügt, umschlingen als zierlicher Zahnkranz diesen Abschlußteil, fügen sich biesenartig auf die Außenkante der Vorderbeine und laufen nicht in die Elfenbeinbeschuhung über, sondern sind nochmals von feinen Furnierfibern gegen diese abgegrenzt. Die Zugringe der unter der Klappe befindlichen Elfenbeinbeschläge sind nicht wie später in einer Elfenbeinöse befestigt, sondern durch eine Seidenflechtung dem Beschlag verbunden, und die Innenausstattung ist mit grauem Wildleder überzogen, nicht wie in einem formal ähnlich gearteten, jedoch späteren Stück (Galerie Valois, Paris) mit rotem Saffianleder.
Dieser raffiniert unterstapelnden Materialwahl antwortet ein im Wesen gleichgewichtiges Liniengefüge, das ein Ganzes, ein Möbel, von schönstem Wohllaut bildet und umschließt. Es ist ein zierliches, ungemein elegantes Möbel, gewissermaßen an der Schwelle zum Art Déco, von höchster formaler und handwerklicher Präzision und stellt einen Kontrapunkt in dem dominant funktional ausgerichteten Möbelfond der Neuen Sammlung dar.
In diesem Ensemble trägt das Objekt zur Veranschaulichung historischer Wahrheit bei, sind doch die Richtungen des Esprit Nouveau, des Bauhauses oder des Konstruktivismus nur einige unter auch anders gearteten, die erst gemeinsam das vielfältige und reiche Bild der zwanziger Jahre europäischer Kultur konstituieren.

Korpus furniert mit »Loupe d'amboine«-Holz; Einlegearbeiten in Elfenbein, Innenausstattung in hellgrauem Wildleder
Auf der Unterseite des Korpus mit schwarzem Brandstempel signiert: J. Ruhlmann sowie A in Kreis. Auf der Rückseite der mittleren Schublade der Inneneinrichtung Blindstempel: ROUBAIX
Gleicher Sekretär mit anderer Furnierung im Museum für Kunst und Gewerbe in Hamburg (Inv. Nr. 1986. 102)
H. 112,5 cm, B. 59 cm, T. 38 cm
Herst.: Ausführung durch Jules Deroubaix im Atelier A von J. E. Ruhlmann, 27, Rue des Lisbonne, Paris, Frankreich, 1923
Inv. Nr. 1452/89
Lit. u. a.: [Kat. Aukt.] Arts Décoratifs du XXème Siècle. Christie's Monaco. 6. 12. 1987, 219, Nr. 285 m. Abb. – [Kat. Ausst.] L'Art Déco en Europe. Palais des Beaux Arts. Brüssel 1989, 71 m. Abb., 261, Nr. F 59 [Ausführung in Macassar; dort weit. Lit.] – Hornborstel Wilhelm (Hrsg.), Kunst für Hamburg. Hamburg 1990, 208–209 m. Abb.

Stanislas Jasinski
Sideboard mit Barteil und Metallgong aus der Residenz Bellevue in Brüssel, 1938

Das Korpusmöbel nimmt im Vergleich zu der Vielzahl von Entwürfen zu Sitzmöbeln, Regalen und Büroeinrichtungen in der 1. Hälfte des 20. Jahrhunderts eine eigenartig verharrende Sonderstellung ein. Dominierten bis zum ersten Weltkrieg noch Schränke, Anrichten und Vertikos sowohl in modernen wie auch traditionell eingerichteten Wohnungen, so verliert dieser Möbeltyp für die moderne Wohnung innerhalb der Zwanziger Jahre im Zusammenhang mit dem »Neuen Bauen« zu Gunsten des raumsparenden Einbauschrankes zunehmend an Bedeutung, während er bei traditionell eingerichteten Wohnungen, bedingt durch lokale Handwerksbetriebe und »Werkstätten«-Produktionen, noch über die Jahrhundertmitte beibehalten wird.
Ein von tradierten Gestaltungsprinzipien abweichendes Korpusmöbel ist somit in dieser Zeitspanne relativ selten und nur im Bereich von luxuriösen Wohnungsausstattungen oder in Privathäusern von Architekten und Künstlern zu finden. Dies trifft auch für das nebenstehende Sideboard zu, das der Architekt Stanislas Jasinski (18.9.1901 Ixelles – 30.1.1978 Han-sur-Lesse) im Auftrag von M. et Mme. A.D. in Brüssel 1938 entwarf. Bereits ein Jahr später wurde diese Inneneinrichtung in der Augustnummer der belgischen Architekturzeitschrift »Clarté« mit der Begründung vorgestellt, »ces interieurs ne manqueront pas de les interesser par la sobrieté le leur conception et la distinction de leur modernisme.«
Jasinski zählt zu den Pionieren der neuen Architektur französischer Prägung der dreißiger Jahre. Ausgebildet an der Brüsseler Académie des Beaux Arts, war er 1920/21 im Büro von Victor Horta und arbeitete 1923/24 bei J. Maugue in Paris. Dort verkehrte er im Kreis der Architekten Gustave und Auguste Perret sowie mit Robert Mallet-Stevens und Le Corbusier, die seine Arbeit beeinflußten. Nach Belgien zurückgekehrt, arbeitete er 1927 mit Henry van de Velde zusammen. 1929/30 entwarf er den Flughafen von Antwerpen-Deurne.
Sein hier gezeigtes Möbel überrascht durch seine ungewöhnliche, plastische Formung und durch die an architektonischen Prinzipien orientierte Konstruktion. Der breitgelagerte Korpus ruht auf einer langen, querrechteckigen Sockelplatte, die an der linken Seite abgerundet ist. Ein hoher, quaderförmiger Kastenteil nimmt an der rechten Frontseite den rohrartigen Metallgong auf, während an der rechten Außenseite eine halbzylindrisch vorgewölbte Klapptüre den Barteil erschließt. Nach links führt ein horizontal gelagertes, dreiteiliges, durch Glasplatten voneinander abgesetztes Regal das Möbel fort, das durch drei horizontal angeordnete Jalousetten-Türen verschlossen werden kann. Metallrollen unter der Sockelplatte ermöglichen die Bewegung im Raum und die Metallkugel auf der Oberseite des Regalteils die zentrale Verriegelung der Möbelkonstruktion. Das Sideboard verbindet durch das Bauhaus entwickelte Konstruktionsprinzipien mit Anregungen des niederländischen Konstruktivismus und des französisch orientierten Art Déco.
Es konnte 1987 mit Zustimmung der Direktoren der staatlichen Museen und Sammlungen mit staatlichen Sondermitteln erworben werden.

F. H.

Birkenholz, Stand- und Deckenplatte sowie Einfassungen schwarz lackiert; Barteil in rotem Japanlack. Zwei Regalplatten aus Glas; Metallgong vernickelt, drei Jalousetten-Türen.
H. 110 cm u. 127 cm. B. (Standplatte) 240 cm, T. 51 cm
Hergestellt in Belgien, 1938
Inv. Nr. 257/88
Lit. u. a.: Clarté 1939, Nr. 8, August, 17–20 m. Abb. – Goyens de Heusch Serge, [Kat. Ausst.] Stanislas Jasinski. Architecte 1901–1978. Brüssel 1979 [dort weit. Lit.] – Wichmann Hans, Neu. Donationen und Neuerwerbungen 1988/89. Die Neue Sammlung. München 1990, 243 m. Abb.

Lodovico Acerbis und Giotto Stoppino
Sideboard aus dem Sheraton-Programm, 1977

Unter den Hunderten von Möbeln, die in dem Jahrzehnt zwischen 1980 und 1990 für Die Neue Sammlung erworben wurden, setzt dieses Sideboard aus mehreren Gründen einen besonderen Akzent.
Zum einen gehört es, im Vergleich zu den vielen Stühlen, Sesseln und Tischen, zu den relativ wenigen im Besitz des Museums befindlichen Korpusmöbeln, zum zweiten verkörpert es im Rahmen des italienischen Design der siebziger Jahre, die aufgrund ideologischer Auseinandersetzungen weniger fruchtbar waren, einen besonders herausragenden Entwurf. Drittens dient das Möbel – im Kontrast zu vielen gleichzeitigen Konzeptionen – ausschließlich seinem Zweck, spekuliert nicht mit kunstgewerblich-literarischen, der Form auferlegten Überlegungen, sondern bleibt ein Serienprodukt. Viertens schlägt es – obwohl durchaus ein heutiges Möbel – einerseits Verbindung zu dem Typus des »Cassone« – der breit gelagerten italienischen Renaissance-Truhe –, andererseits zu japanischen Lackmöbeln, verbindet also international zwei Welten.
Die Gestaltungshöhe erwächst aus nichts anderem als aus den edlen Proportionen und der kirschroten, spiegelnden Lackoberfläche. Einem sehr schmalen, nur 46 cm tiefen und niedrigen Korpus ist eine breit übergreifende Deckplatte, die rechts und links den Körper um 40 cm übergreift, aufgelegt. Dies verleiht dem Objekt eine ausgesprochen horizontal gerichtete, flächige, das Volumen gleichsam aufzehrende Note.
Die Platte scheint über dem Korpusteil zu schweben, der ebenfalls vom Erdboden durch optisch verdeckte Rollen abgehoben ist. Von hoher Bedeutung für die Wirkung des Möbels sind somit nicht allein die Aussenkonturen, sondern auch die Schattenfugen. Als Horizontale bilden sie sich unter Abdeckplatte und Korpus, als Vertikale genau in der Mitte – Symmetriegesetzmäßigkeiten ins Spiel bringend – zwischen den Türen. Dadurch formt sich ein doppel-T-förmiges, dunkles Lineament, dem die lichtspiegelnden Kanten antworten. So entsteht ein zartes Spiel aus Licht und Schatten, das sich mit der Bewegung des Betrachters und dem Lichteinfall verändert und das Möbel mit einer verhaltenen Bewegung überhaucht.
Um die für die Ästhetik des Möbels so wichtige, vertikale Schattenfuge zu erzielen – eben nur diese eine – mußte ein völlig neuartiges technisches Öffnungssystem für die ungewöhnlich breiten Türen entwickelt werden, das natürlich auch funktionale Vorteile mit sich bringt. Die jeweilige Tür gleitet nämlich auf einer mit kugelgelagerten Rädern versehenen Schiene und legt sich beim Öffnen durch das Scharnier an die Korpus-Außenseite. Diese Kombination von Schieben und Schwenken bewirkt eine Verkürzung der in den Raum stehenden, geöffneten Tür um 50%.
Das Werk verbindet – wie wir glauben – in schönster Weise hohe formale, sich auf nur wenige Elemente konzentrierende Sensibilität mit technischer Präzision. Vielleicht erwächst auch aus diesem Wesen die Assoziation mit japanischer Kunst.

Holz; dunkelrote Kunststofflackierung
H. 70 cm, B. (Korpus) 200 cm, B. (Platte) 280 cm
T. 46 cm
Herst.: Acerbis International, Seriate-Bergamo, Italien
Preise/Auszeichnungen u. a.: Mailand 1979: Compasso d'Oro – BIO 9 Ljubljana 1981: Goldmedaille
Inv. Nr. 744/84
Lit. u. a.: [Kat. Ausst.] Italienisches Möbel-Design 1950–1980. Stadtmuseum Köln. Rom 1980, Nr. 203, 278–279 m. Abb. – md (moebel interior design) 1981, Nr. 9, 92 m. Abb. – Moderne Klassiker. Möbel die Geschichte machen. Hamburg 1982, 76 m. Abb. – Baroni Daniele, Giotto Stoppino dall'architettura al design. Mailand 1983, 45, 76 m. Abb. – [Kat. Ausst.] Möbel aus Italien. Design-Center. Stuttgart 1983, 34 m. Abb. – Wichmann Hans, [Kat. Ausst.] Neu. Donationen und Neuerwerbungen 1984/85. Die Neue Sammlung. München 1988, 91, 118 m. Abb. – Wichmann Hans, Italien: Design 1945 bis heute. München/Basel 1988, 96 m. Abb.

Charles Pollock
Sessel »Penelope«, 1981

Kein Jahrhundert hat soviele Stuhl- und Sesselformen hervorgebracht wie das unsrige und keines hat diesem von unserer Rückseite bestimmten Möbel soviel skulpturale Kraft abzugewinnen vermocht. Überraschend ist dabei der nicht erlahmende kreative Prozeß immer neuer Formfindung. Im Rahmen dieses Reichtums fällt dieser leichte, elegante und durchaus bequeme Stahlrohrsessel besonders auf, welcher der Reihe der »Freischwinger« von Mies van der Rohe, Stam oder Breuer – über sie hinausführend – eine neue Gestalt abzugewinnen vermag.
Um dies zu erreichen, waren zahlreiche technische Vorgaben und Entwicklungen erforderlich, die in den zwanziger Jahren nicht zur Verfügung standen, beziehungsweise nicht möglich waren: so etwa ungemein leistungsfähige Stahlrohre, bestimmte Kunststoffe, Stahlgeflechte und ihre Fassung. Der Sessel führt diese Materialien und Halbzeuge an die Grenze ihrer Belastbarkeit. Aus diesem Grunde währte die Entwicklung bis zur Marktreife viele Jahre, und nur ein italienischer Hersteller war wohl in der Lage, mit zähem Willen, entsprechender Leidenschaft und technischem Können die vielfältigen Schwierigkeiten, die der Realisierung dieses Entwurfes entgegenstanden, zu überwinden.
Charles Pollock – 1930 geboren – hatte bereits auf dem Gebiet der Möbelkonstruktion durch seine Zusammenarbeit mit George Nelson und seine Entwicklungsarbeit für Knoll International reiche Erfahrung gewonnen, aber dieser Entwurf zählt wohl zu den kühnsten.
Konstituierende Elemente sind das aus zierlichen, verchromten Stahlrohren bestehende Gestell, in das der aus einem Stück bestehende Sitz- und Lehnenteil eingefügt ist. Er besteht aus einer verchromten Rahmenfassung, in die stabiles, formbeständiges, schwarzes Stahlgewebe eingespannt ist. Die bei anderen Sesseln häufig additiv erscheinenden Armstützen sind bei diesem Entwurf in das Gestell einbezogen und somit dem Linienschwung, bis hin zur Polsterung, völlig integriert.
Diese Entwicklung reduziert die Materie bis aufs Äußerste. Infolgedessen ist diesem Werk viel von der geistvollen, linearen Skizzierung des Anfangs geblieben. In diesem Anspruch lag auch die Schwierigkeit der Realisierung. Vergleicht man einen Stuhl dieser Artung etwa mit solchen der Barockzeit oder des Biedermeiers, so haben wir Grund, durchaus stolz auf kreative Äußerungen unserer Zeit sein zu können, sie deuten eine Verlagerung der Kreativität auf den Bereich der »Kunst, die sich nützlich macht« an.

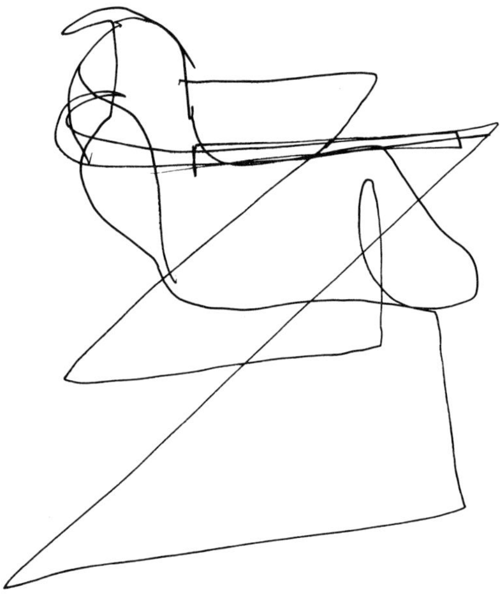

Stahlrohr, verchromt; Sitz und Lehne schwarz lakkiertes Stahlgeflecht; Armstützen mattschwarzer Kunststoff
H. 81 cm, Sitzhöhe 45 cm, B. 56 cm, T. 63 cm
Herst.: Castelli, Bologna, Italien (1983)
Inv. Nr. 832/84
Lit. u. a.: mobilia 1983, Nr. 314, 18 m. Abb. – form 1982, Nr. 8, 10 m. Abb. – La mia casa Dez. 1982, Nr. 153, 104–105 m. Abb. – Dal cucchiaio alla città nell'itinerario di 100 designers. Mailand 1983, 158–195 m. Abb. – Bauwelt Nr. 16, 29. April 1983, 622 m. Abb. – Domus (Rassegna) 1983, Nr. 14, 94–95 m. Abb. – Wichmann Hans, Industrial Design. Unikate. Serienerzeugnisse. Die Neue Sammlung. Ein neuer Museumstyp des 20. Jahrhunderts. München 1985, 210–211 m. Abb. – Wichmann Hans, [Kat. Ausst.] Neu. Donationen und Neuerwerbungen 1984/85. Die Neue Sammlung. München 1988, 119.

Otto und Gustav Lilienthal
Anker-Steinbaukasten, 1877

Das Zeitalter von Industrie und Technik hat vor der Kinderstube nicht haltgemacht.
In seinen Anfängen – am Ende des 18. und beginnenden 19. Jahrhunderts – zerriß es durch seine Arbeitsfron vor allem die Familien der Arbeiter und führte dort durch die Fabrikarbeit der Frauen zur Vernachlässigung der Kinder.
Die Reformen, mit Robert Owen 1800 beginnend, vertieft durch Pestalozzi oder Friedrich Fröbl, brachten die »Kinderbewahranstalten« später die ersten »Kindergärten« (1837) mit zum Teil neuartigen Spielzeugen mit sich.
Begünstigt durch die Pädagogik der Aufklärung, begann sich das Spielzeug zum Lernspiel zu wandeln. Unter diesem gewann der Baukasten als wichtiges kindliches »Bildungsinstrument«, begünstigt auch durch ein bemühtes Bildungsbürgertum, das in der 2. Hälfte des 19. Jahrhunderts durch die emporgeschwemmte Gründergeneration durchmischt wurde, weltweite Bedeutung.
Anfänglich aus Holz hergestellt, erfuhr der Steinbaukasten aus unterschiedlich geformten Klötzen im letzten Drittel des 19. Jahrhunderts – etwa für ein halbes Säkulum – ungemeine Beliebtheit.
Als Erfinder dieses Steinbaukastens im Jahre 1877 gelten die Gebrüder Otto und Gustav Lilienthal, bekannt als Pioniere des Flugwesens. Zu seinem Leidwesen verkaufte Gustav Lilienthal das Verfahren zur Herstellung von künstlichen Steinen und die formale Idee 1880 an den Geheimen Commercienrat Adolf Richter, der ein Vermögen damit erwarb, aber die Designer daran nicht teilnehmen ließ.
Das Verfahren war äußerst einfach: ein Gemisch aus Sand und Kreide mit entsprechenden Farbzusätzen wurde mit Firnis versetzt und als angefeuchtete Substanz verpreßt. Dann bei Temperaturen von 100 bis 150° C getrocknet (nach Patentschrift No. 13770).
1888 stellte sich bei einem Prozeß zwischen Lilientahl und Richter heraus, daß dieses Verfahren zwar älteren Ursprungs war, aber damit konnte der Siegeszug des »Anker-Steinbaukasten« – vorzüglich vermarktet – nicht mehr aufgehalten werden, war er doch bis in die zwanziger Jahre der Markenartikel unter den Systembaukästen.

Für Die Neue Sammlung ist dieser Baukastentypus – sie besitzt davon mehrere Varianten – ein Dokument eines Systemspielzeugs früher Provenienz, zugleich auch durch die Verpackung ein Zeugnis des Historismus und durch seine Geschichte ein Paradigma des Verhaltens in der Gründerzeit.

H. 5 cm, B. 35,5 cm, T. 22,5 cm
Auftraggeber: F. Adolf Richter & Cie, A. G., Rudolstadt, Deutschland (um 1910)
Preise/Auszeichnungen u. a.: Weltausstellung, Paris 1900: Goldmedaille – St. Louis 1904: hors concours
Inv. Nr. 785/86
Lit. u. a.: Zwijnenberg Peter A., Die Geschichte der Anker Steinbaukästen Richters: Hamburg/Alphen a/d Rijn 1982 – High Quality 1985, H. 3, 34–43 m. Abb. – Noschka Annette u. Günter Knerr, Bauklötze staunen. Zweihundert Jahre Geschichte der Baukästen. München 1986, 50–61 m. Abb., Taf. 11a–14a. – Leitherer Eugen u. Hans Wichmann, Reiz und Hülle. Gestaltete Warenverpackungen des 19. und 20. Jahrhunderts. Basel 1987, 123 m. Abb.

Peer Clahsen
Dreidimensionales Mühle-Spiel »3-D«, 1954

Der überwiegende Teil des in der Neuen Sammlung bewahrten Spielzeugs kann den sogenannten Lernspielen zugeordnet werden. Um mit ihnen zu spielen, bedarf es keines Partners. Es handelt sich also zumeist um Spielgut zum Bauen, Zusammenordnen, Konstruieren, zum Beobachten und Erfahren, also um Gebrauchsgegenstände des Kindes, die zur Anregung, Entwicklung und Förderung der körperlichen Geschicklichkeit, sinnlichen Wahrnehmung, geistigen Beweglichkeit und Gestaltfähigkeit dienen können. Gesellschafts- oder Bewegungsspiele bzw. Spielzeug zur Übung des Rollenspiels sind nur in kleiner Anzahl vorhanden.
Hierzu aber gehört dieses Mühlespiel, das im Rahmen einer größeren Donation Kurt Naefs, des bekannten beispielsetzenden Schweizer Spielzeugherstellers aus Zeiningen, zu uns gelangte.
Der Entwurf hat das gewöhnlich als Brettspiel geübte Mühlespiel in die dritte Dimension übertragen und damit bereits rein anschaulich ein äußerst reizvolles Gebilde konzipiert. Es wurde 1971 mit dem Bundespreis »Gute Form«, der höchsten bundesdeutschen Design-Auszeichnung, prämiert. Die Jury, der damals bekannte Design-Experten wie Mia Seeger, Margit Staber, Günter Fuchs, Jupp Ernst oder Charlotte Eiermann angehörten, begründete ihre Entscheidung wie folgt: »Geeignet für Kinder ab 8 Jahren. Fördert gutes dreidimensionales Vorstellungsvermögen, geistige Beweglichkeit und Konzentrationsfähigkeit. Auch geeignet als Spiel für Kinder mit Erwachsenen. Dem allein spielenden Kind kann es auch als Steckspiel dienen.«
Man könnte ergänzen: fördert vor allem im Spiel zu zweit die Reaktionsfähigkeit, systematisches Denken bzw. Handeln, aber sicher auch das taktile und ästhetische Empfinden. Der anschauliche Befund des weißen Trägers mit den großen roten und grünen Steckkugeln ändert sich während des Spieles ständig. Allein an diesem, an der Farbverteilung und ihren Schwerpunktbildungen, kann vieles über richtiges oder falsches Handeln abgelesen werden. Dem altbekannten Mühlespiel ist somit in mehrfachem Sinne eine weitere Dimension hinzugewachsen, eine verstärkt anschauliche nämlich auch. Sie bedingte vor allem die Aufnahme in die Bestände der Neuen Sammlung.

Gitter aus weißbeschichtetem Metall, Steckkugeln in Grün und Rot 30 × 30 × 30 cm
Herst.: Kurt Naef, Zeiningen, Schweiz (Nr. 9601)
Preise/Auszeichnungen u. a.: Bundespreis »Gute Form« 1971
Inv. Nr. 358/82
Lit. u. a.: md (moebel interior design) 1965, H. 6, 304–305 m. Abb. – form 1971, Nr. 55, 28 m. Abb. – Industrial Design (New York) 1971, H. 10, 15 m. Abb. – Wichmann Hans, Industrial Design. Unikate. Serienerzeugnisse. Die Neue Sammlung. Ein neuer Museumstyp des 20. Jahrhunderts. München 1985, 217 m. Abb. – Wichmann Hans, [Kat. Ausst.] Neu. Donationen und Neuerwerbungen 1982/83. Die Neue Sammlung. München 1986, 27, 67 m. Abb.

Braun-Design
Teile aus dem Elektronikbaukasten
»Lectron-System«, 1969

Die Erfolge des Abendlandes in der Weltbeherrschung beruhten wohl zu einem guten Teil auf der Fähigkeit, früher als andere zu systematisieren, damit zu ordnen, natürliche Systeme nachzuvollziehen; dies bisher vor allem im ökonomischen, menschlich-autonomen Sinne. Die Fähigkeit dazu wird bereits mit Hilfe des Kinderspielzeugs eingeübt, zuerst mit Bausteinen, Steck- und Fügespielen, später mit technischen System-Spielen, die bis zu komplexes technisches Wissen abverlangenden Bausätzen reichen.

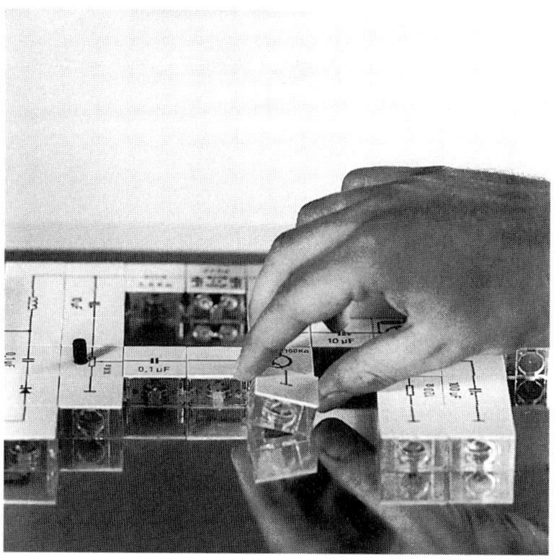

In diesen Bereich ist auch der Elektronikbaukasten der Braun AG einzuordnen, dessen Produktion 1969 begonnen wurde. Für unser Museum belegt er drei Facetten unseres Sammelinteresses: einmal repräsentiert er ein Spielzeug, zum zweiten ein System und zum dritten – in Verpackung und graphischer Charakterisierung – beispielhaftes Graphic Design.
Das Ziel dieser Entwicklung war die Produktion von Übungselementen zum Verständnis elektrischer und elektronischer Systemzusammenhänge mit hoher didaktischer Anregungskraft.

Die elektrischen Schaltelemente sind in Kunststoffgehäuse genormter Größe eingebaut und können auf großen Metallplatten durch Magnete sinngemäß immer zu neuartigen Systemketten zusammengefügt werden. Die Herstellung des Kontaktes erfolgt durch »Kontaktplättchen« an den Seitenflächen der Elemente, welche die sonst üblichen Kabelanschlüsse ersetzen und dadurch den Bau von Schaltanlagen vereinfachen.
Verschiedene Baukästen dieser Art gelangten im Rahmen der immer erneut ergänzten »Donation Braun« in unser Haus.

Kunststoff, Metall
Metallplatte: 39,5 cm × 43,5 cm
Entwurf u. Herstellung: Braun AG, Kronberg/Taunus, Deutschland
Vertrieb: Manfred Walter, Kronberg
Preise/Auszeichnungen u. a.: Goldmedaille bei der 3. Biennale in Ljubljana
Inv. Nr. 219/83; 220/83
Lit. u. a.: md (moebel interior design) 1969, H. 11, 104 m. Abb. – Werk und Zeit 19, 1970, H. 12, 4 m. Abb. – Wichmann Hans, Made in Germany, Bd. II. München 1970, 90 m. Abb. – Werk und Zeit 22, 1973, H. 7, 3 m. Abb. – Wichmann Hans, Industrial Design. Unikate. Serienerzeugnisse. Die Neue Sammlung. Ein neuer Museumstyp des 20. Jahrhunderts. München 1985, 436–437 m. Abb. – Wichmann Hans, [Kat. Ausst.] Neu. Donationen und Neuerwerbungen 1982/83. Die Neue Sammlung. München 1986, 28.

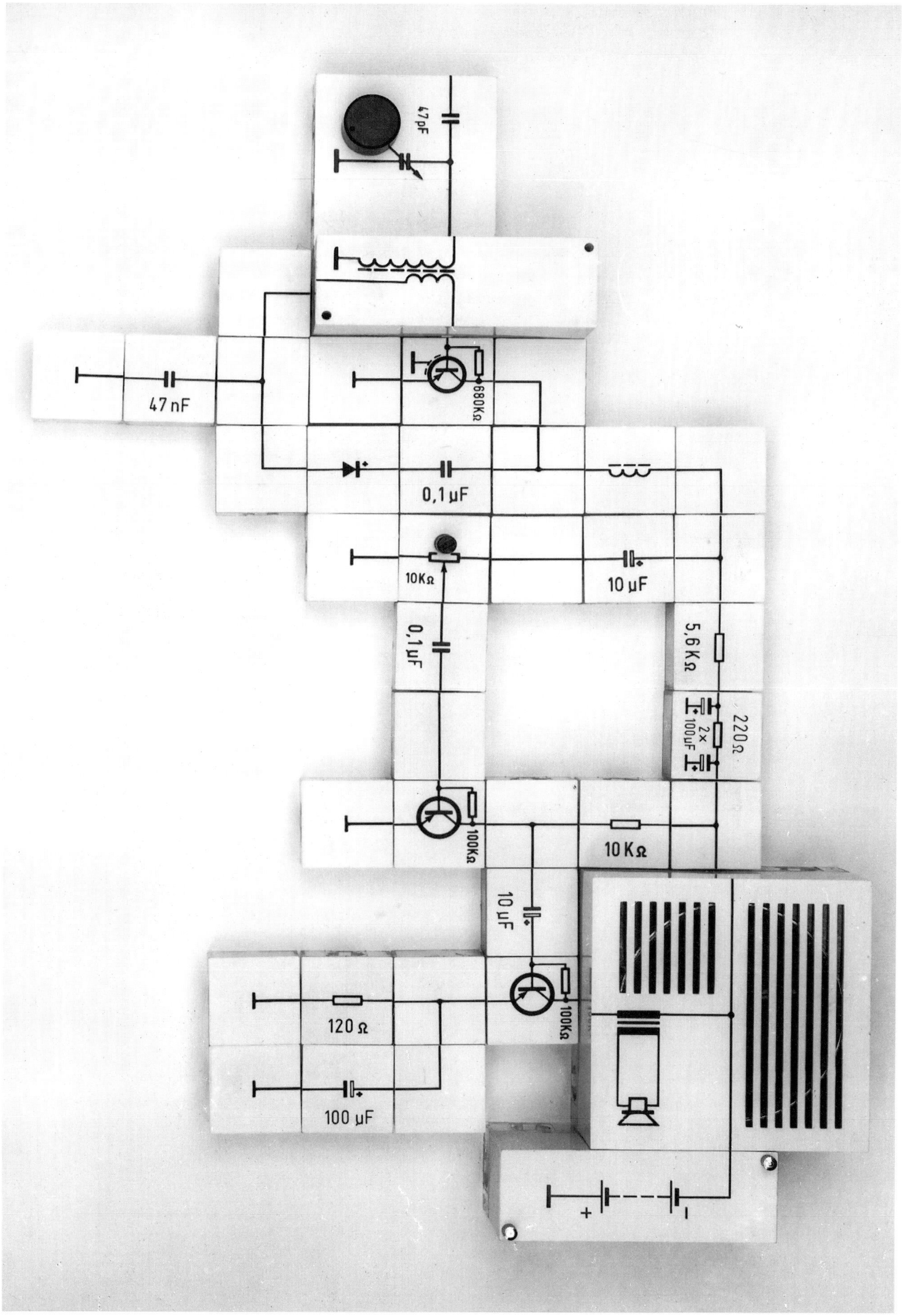
47pF
47 nF
680KΩ
0,1 µF
10KΩ
10 µF
0,1 µF
5,6 KΩ
2×
100µF
220Ω
100KΩ
10 KΩ
10 µF
120 Ω
100KΩ
100 µF
+

Walter Gropius
Türgriff, sog. »Gropius-Drücker«, 1922

Der 1922 von Walter Gropius (18.5.1883 Berlin – 5.7.1969 Boston) entworfene Türdrücker versinnbildlicht durch seine einfachen sachlichen Formen, den rechtwinklig geknickten Vierkant und den rohrartigen Griffteil so sehr die vom Bauhaus propagierte Idee der Synthese von Kunst und Technik, daß der Drücker in der Literatur schlechterdings als »Bauhaus-Klinke« geführt wird. 1988 wies Siegfried Gronert in seinem Aufsatz »1001 Gropius-Klinken« in Heft 123 der Zeitschrift »form« nach, daß der Drücker erstmals 1923 in dem Versuchshaus des Bauhauses in Weimar »Am Horn« Verwendung fand und auch daß damit 1925/26 das in Dessau errichtete Bauhausgebäude mit dem Klinkentypus ausgestattet wurde.

Der Drücker, ursprünglich von der Berliner Firma S. A. Loewy in verschiedenen Ausführungen hergestellt, fand als Symbol einer Idee bald soviele Interessenten, daß ab den dreißiger Jahren für die Herstellung nicht nur Lizenzen vergeben wurden, sondern auch zahlreiche Firmen versuchten, mit Nachahmungen, die mehr oder weniger dem Gropius'schen Entwurf verpflichtet waren, am wirtschaftlichen Erfolg dieses Produktes zu partizipieren. Wie Gronert belegt, wurde 1933 nach einem über drei Instanzen geführten Rechtsstreit vom Reichsgericht Berlin entschieden, daß die stereometrische Form der Klinke »nicht kunstschutzfähig« sei. Es ist nur folgerichtig, daß dieser scheinbar so einfache Gebrauchsgegenstand als Symbol einer geistigen Haltung auch in die politischen Auseinandersetzungen einbezogen wurde, mit denen das 1933 von den Nationalsozialisten geschlossene Bauhaus zu kämpfen hatte. So mußte sich Gropius wegen des Entwurfs und seiner Vermarktung gegenüber der politischen Korruptionsabteilung des preußischen Innenministeriums gegen den »Verdacht der Untreue und Unterschlagung« erwehren.
In der Reihe der in der Neuen Sammlung bewahrten Beschläge u. a. von Richard Riemerschmid, Bruno Paul, van de Velde, Max Burchartz, Wilhelm Wagenfeld, Max Bill, Braun-Feldweg, Vico Magistretti, Sergio Asti und Knud Holscher, die den Formenwandel auf diesem Gebiet in unserem Jahrhundert belegen, nimmt der Bauhausbeschlag auf Grund seiner Einbettung in ein ideelles Umfeld eine Sonderstellung ein, die bis zum heutigen Tag nichts an ihrer Attraktivität verloren hat, wie die »Re-Editionen« und »Hommagen« des Gropius-Drückers in unseren Tagen belegen.
1988 aus dem Kunsthandel erworben.

F. H.

Nickellegierung, gegossen; mit Stahl-Angel, dort bez. D.R.G.M. Winkelig geknickter Vierkant, gefräst und geglättet mit rundem Griffhals und abgesetztem Rosetteneinfall
L. 108 mm, ∅ Griff 19,5 mm, ∅ Griffhals 20,5 mm, Führung 17 mm, Vierkant 13,8 × 14,5 mm
Rosette: Nickellegierungsguß mit 3 zentrisch gesenkten Anschraublöchern
∅ 42,8 mm, innen 17,2 mm
Inv. Nr. 1001/89
Lit. u. a.: Gronert Siegfried, 1001 Gropius-Klinken: form 1988, H. 123, 58–61 m. Abb. [dort weit. Lit.]. – Wichmann Hans, Neu. Donationen und Neuerwerbungen 1988/89. Die Neue Sammlung. München 1990, 129 m. Abb.

Knud Holscher
Türklinke, sogenannte
Drückergarnitur »DL 001«, 1972

Für ein Design-Museum sind Beschläge von hohem Interesse, sind sie doch im täglichen Leben gleichsam der Prüfstein für taktiles Qualitätsbewußtsein von Architekt und Bauherr; denn die Artung dieser Beschläge bezeugt handgreiflich die Existenz oder Abwesenheit von Detailsensibilität, die keine bedeutsame Architektur entbehrt.
Beschläge müssen wohl als erstes funktionieren, also ihre Aufgabe erfüllen, und sie müssen sich angenehm anfassen und bewegen lassen. Bereits diese technisch und ergonomisch auf den Menschen bezogene Funktion bedingt partiell die Formung. Tür- und Fensterdrücker, Knöpfe und Griffe sollten infolgedessen gut in der Hand liegen, keine scharfen Kanten aufweisen, nicht übermäßig abstehen, eine glatte Oberfläche besitzen usw. Das klingt selbstverständlich, aber die Realität zeigt, daß die Voraussetzungen sinnvoller Beschläge relativ selten anzutreffen sind.

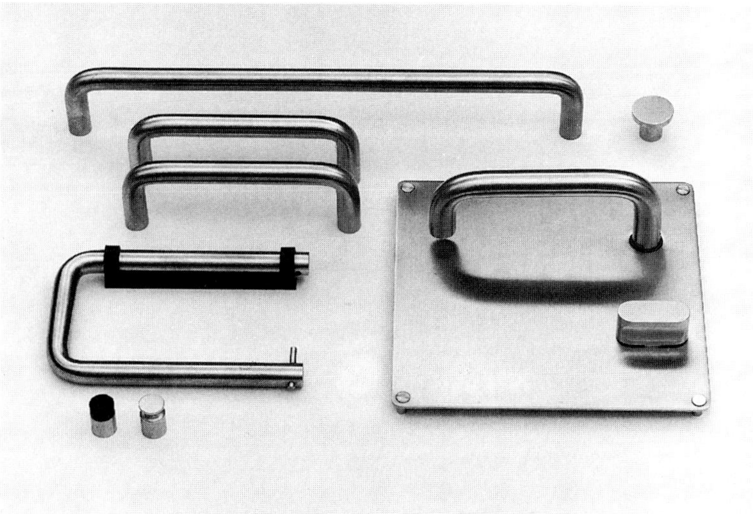

Deshalb haben gute Architekten für ihre speziellen Bauaufgaben häufig neue Beschläge entwickelt, auch der dänische Architekt und Designer Knud Holscher, der diesen Türdrücker konzipiert hat.
Holscher studierte an der Königlichen Kunstakademie in Kopenhagen und lehrte ab 1968 auch dort. 1960–64 arbeitete er mit Arne Jacobsen als leitender Architekt des Projekts St. Catherine's College in Oxford zusammen, gewann zahlreiche Architekturwettbewerbe, war aber auch als Designer tätig.
So entwarf Knud Holscher Bestecke, Beschläge und Beschläge-Systeme. Der hier gezeigte Türdrücker mit Nummer und Rosette ist ein Teil eines solchen (System »d-line«), das über 200 farblich, formal und in den Maßen aufeinander abgestimmte Beschläge, wie zum Beispiel Griffe für Türen und Fenster, für Schränke und Schubladen, Badezimmer-Armaturen, Halterungen u. a., für jeden Zweck, umfaßt, so daß jedes Gebäude mit zusammenpassenden Beschlägen ausgestattet werden kann. Als Material wählte Holscher Edelstahl in Platten und Rohren, die zumeist u- bzw. d-förmig gebogen sind. Jedes Teil dieses Systems steht durch das gleiche Material, durch verwandte Kurvierung und gleichen Durchmesser miteinander in formaler Beziehung und verleiht dadurch dem damit ausgestatteten Gebäude Einheit und Großzügigkeit.
Die Teile erfüllen ihre Aufgabe ohne visuelle Aufdringlichkeit, akzentuieren aber zugleich durch die selbstverständlich erscheinende Form den jeweiligen Träger. Sie bestechen durch ihr Understatement.
Das System wird auch im Museum of Modern Art in New York bewahrt.

Stammt aus dem Armaturenprogramm »d-line« mit Slip-Schlüsselrosette.
Edelstahl
Drücker: L. 11,5 cm, Türabstand 6,1 cm; Rosette: ∅ 5 cm
Herst.: C. F. Petersen, Valby, Kopenhagen, Dänemark
Preise/Auszeichnungen u. a.: ID Prizen 1975
Inv. Nr. 16/83
Lit. u. a.: Design from Scandinavia [o. J.], Nr. 9, 50 m. Abb. – International Design. (New York) 24, 1977, Nr. 3, 28 m. Abb. – Bernsen Jens, Design: zuerst das problem. Dänischer Designrat. Kopenhagen 1983, 42–43 m. Abb. – Wichmann Hans, Industrial Design. Unikate. Serienerzeugnisse. Die Neue Sammlung. Ein neuer Museumstyp des 20. Jahrhunderts. München 1985, 228 m. Abb.

G. A. Martin
Stehleuchte »Diffusion«, um 1930

P. Migennes schreibt 1930 im Augustheft der Zeitschrift »Art et Décoration« in seinem Artikel »Le Luminaire«, in dem er moderne Beleuchtungskörper vorstellt, über die Tischversion dieser Leuchte: »Beaucoup d'entre elles [lampes portatives] n'ont plus de lampes que le nom. Mais les trouvailles d'un Sognot, utilisant des tubes à thermomètre, d'un L. Lesage interprétant le rôle du reflecteur d'une façon décorative sont à retenir, cependant que G.-A. Martin ne sacrifie rien au rationalisme et découvre ainsi des lignes qui nous séduisent dans leur pureté mécanique.«
In der Tat unterscheidet sich der Entwurf des bis jetzt nicht näher verifizierbaren Entwerfers G. A. Martin von vielen Leuchten der Zeit vor allem dadurch, daß er nicht technische Detailformen aus ihrem ursprünglichen Zusammenhang löst und sie in neuer, dekorativer Weise zu einer Leuchte kombiniert, sondern daß er den technisch-mechanischen Vorgang offenlegt und so den der Mechanik innewohnenden Reiz für seinen Entwurf einsetzt. Bei der Leuchte griff Martin auf die nach dem italienischen Mathematiker und Arzt Hieronymus Cardanus (1501–1576) benannte Aufhängevorrichtung zurück, bei der ein Körper allseitig drehbar gelagert ist. Sie besteht aus drei Ringen, von denen jeder um jeweils eine der drei senkrecht aufeinanderstehenden Achsen im Raum beweglich ist. Der im innersten Ring aufgehängte Körper kann deshalb trotz Lageveränderung die durch seine Schwerpunktlage vorgegebene Stellung im Raum beibehalten. Diese vor allem bei Schiffs- oder Grubenkompassen verwendete kardanische Aufhängung setzt Martin als Haltevorrichtung seines Kugelreflektors ein. Dabei dreht er, da er von einem festen Standpunkt ausgehen kann, das Prinzip um und kann so, durch bloßes Drehen und Schwenken, jede beliebige Stelle eines Raumes beleuchten.
Ausgeführt wurde diese ungewöhnliche Leuchte durch die Etablissements Damon in Paris, in den dreißiger Jahren vor allem bekannt durch die Verwendung eines nach der Firma benannten Spezialglases für Beleuchtungskörper, das weitgehend blendfrei war.
Martins Entwurf zu einer Stehleuchte biedert sich weder an, noch will er durch eine dekorative Formensprache gefallen. Er dient der gestellten Aufgabe und besitzt dennoch einen ästhetischen Reiz, der in der Einfachheit und Funktionstüchtigkeit der Lösung begründet ist.
1986 aus dem Kunsthandel erworben.

F. H.

Messing und Kupfer, vernickelt; Reflektorinnenseite weiß gestrichen
H. 195 cm, ∅ (Fuß) 35 cm
Herst.: Etablissements Damon, Paris, Frankreich
Inv. Nr. 400/86
Lit. u. a.: Art et Décoration 1930, August, 108 m. Abb. [Tischleuchte] – [Kat. Ausst.] Cinquantenaire de l'exposition de 1925. Musée des Arts Décoratifs. Paris 1976, 94, Nr. 684 – Uecker Wolf, Lampen und Leuchter. Herrsching 1978, 133, Abb. 183 – [Kat. Ausst.] 1930. Quand le meuble devient sculpture. Le Louvre des Antiquaires. Paris 1981, Nr. 181 [Tischleuchte mit Glasfuß (!)] und Biographie [zum Hersteller] – [Kat. Firma] Woka Beleuchtungskörper. Wien 1985, 18 m. Abb. [Nachbau, dort irrtümlich Charles Martin zugeschrieben] – Wichmann Hans, Neu. Donationen und Neuerwerbungen 1986/87. Die Neue Sammlung. München 1989, 137 m. Abb.

George Carwardine
Arbeitsleuchte »The Anglepoise«, 1932

Der Entwurf dieser Tischlampe verdient im Rahmen der Design-Geschichte – wie mir scheint – besondere Beachtung, verkörpert sich doch in ihm die gründende, wohl später variierte, aber kaum mehr überholte und deshalb nach wie vor gültige Idee einer Arbeitslampe.
Die geniale Idee löst sich hierbei total in einer adäquaten, ästhetisch überraschenden Konstruktion und unterscheidet das Objekt von jedwedem Kunstgewerbe. Es repräsentiert industrial design par excellence; denn es will nicht schön erscheinen, sondern nur im weitesten Sinne dienlich sein. Dadurch ergibt sich eine andere ästhetische Valenz gegenüber dem Kunstgewerbe, das zuerst zum Genießen Anreiz geben möchte.
Konfrontiert man die karge, sinnfällige und sinnvolle Konstruktion, die von der Form und Funktion des menschlichen Skeletts, also der Grundlage menschlicher Gestalt abgeleitet ist, etwa mit Entwicklungen der de Stijl-Bewegung oder anderen konstruktivistisch ausgerichteten Gruppierungen, so erscheint diese Lampe frei von jeder Art des Kokettierens, wirkt sie doch in ihrer Anmutung reiner, unabsichtlicher.
Arbeitslampen unterliegen bestimmten Anforderungen. Die Lichtquelle soll – je nach der Aufgabe – unterschiedliche Tischpartien herausleuchten: einmal den unmittelbaren Arbeitsbereich, dann Zonen mit Materialien, die zum Vergleich, also zur Arbeit im sekundären Sinn benötigt werden. Der Lichteinfall muß infolgedessen einmal größer, dann wieder kleiner, ohne Blendwirkung sein und der Reflektor an einem Arm räumlich bewegbar.
Carwardine löst dies durch ein an drei Punkten bewegliches Arbeitsgelenk. Dadurch kann die Lampe einen Bereich von ca. 160 Zentimeter bestreichen und mit einer wohl 2 Meter reichenden Lichtwirkung. Das übertraf zu Beginn der dreißiger Jahre alle zuvor angebotenen Funktionsleistungen einer Arbeitsplatzleuchte, auch die des Franzosen Eduard-Wilfrid Buquet's.
Die schwedische Lampenfirma »Luxo, Jaccobsen AB«, hat die Technik dieser Lampe in den fünfziger Jahren vervollkommnet, sie in riesigen Stückzahlen produziert und weltweit vertrieben. Sie wurde nach dem Krieg als »Architektenlampe« bezeichnet und ist heute – in unterschiedlichen Orten Europas in Abwandlung hergestellt – wohl die preisgünstigste und nach wie vor funktionalste Arbeitsplatzleuchte.
Ihr Prinzip liegt auch der inzwischen ebenfalls berühmten Tischleuchte Richard Sappers »Tizio« (vgl. S. 123) zugrunde.
Carwardine, dessen Biographie und Entwicklungsweg durch die Forschung bisher nicht gehoben wurde, hat mit dieser Konzeption einen Akzent in der Design-Geschichte gesetzt und mit ihr zugleich die beispielsetzende Tradition der Industrienation England fortgeführt.
Im Rahmen der Geschichte des industrial design und ihrer Dokumentation ist dieses Objekt ein wichtiges Glied und wurde deshalb 1984 aus dem Kunsthandel für Die Neue Sammlung erworben.

Metall, schwarz lackiert; Reflektor Bakelit
Sockel: 15 cm × 15 cm, Schwenkbereich ca. 80 cm
Herst.: Herbert Terry & Sons, Redditch, England
Inv. Nr. 425/84
Lit. u. a.: Idea 54. Stuttgart 1953, 107, Abb. 323, [dort 1953 datiert] – Design (London) 1978, Nr. 349, 42–43 m. Abb. – Bayley Stephen, In Good Shape. London 1979, 142 m. Abb. [dort 1934 datiert] – Baroni Daniele, L'oggetto Lampada. Mailand 1981, 84–85 m. Abb. – MacCarthy Fiona, British Design since 1880. London 1982, 120, Abb. 134 – Wichmann Hans, Industrial Design. Unikate. Serienerzeugnisse. Die Neue Sammlung. Ein neuer Museumstyp des 20. Jahrhunderts. München 1985, 235 m. Abb. – Wichmann Hans, Neu. Donationen und Neuerwerbungen 1984/85. Die Neue Sammlung. München 1988, 114.

Gabriele d'Ali
Stehleuchte »Cobra«, Ende 1960er Jahre

Messing, verchromt
H. 160 cm; ∅ 9 cm
Herst.: Enzo Francesconi, Brescia, Italien
Inv.-Nr. 265/85
Lit. u. a.: domus 1970, Nr. 487, 41 m. Abb. – Wichmann Hans, [Kat. Ausst.] Neu. Donationen und Neuerwerbungen 1984/85. Die Neue Sammlung. München 1988, 13, 119 m. Abb. – Wichmann Hans, Italien: Design 1945 bis heute. München/Basel 1988, 163 m. Abb.

Die weitgehend unbekannt gebliebene Stehleuchte »Cobra« gehört zu einer »Linea E« benannten Leuchtenserie aus Metall, die der Leuchtenhersteller Enzo Francesconi aus Brescia Ende der sechziger Jahre produzierte. Für diese Serie waren neben Gabriele d'Ali auch Francesco Buzzi Ceriani, Claudio Dini, Umberto Riva und Toni Zuccheri tätig.
Die Stehleuchte verwendet zwar mit dem aus verchromtem Metall bestehenden Leuchtenträger und der Fadenglühlampe als Lichtquelle traditionelle Materialien – diese aber werden in ungewöhnlich origineller und dennoch funktionaler, der Aufgabenstellung dienender Weise eingesetzt.
Auf runder Standplatte erhebt sich ein hoher, zylindrischer Leuchtenträger, der in zwei kürzere Rohre von gleichem Durchmesser übergeht. Den Übergang bilden dabei jeweils einander im 90°-Winkel zugeordnete Kippgelenke, so daß die Leuchte bei festem Stand nahezu jeden Punkt im Raum beleuchten kann. Dem an der Öffnung abgeschrägten Endrohr, das als Leuchtenträger dient, ist ein drehbares, ebenfalls abgeschrägtes zweites Rohr von knapp kleinerem Durchmesser eingestellt, so daß die austretende Lichtmenge durch bloßes Drehen zusätzlich variiert werden kann. Längsschlitze entlang der Reflektorwandung verhindern einen etwaigen Hitzestau im Reflektor und geben, neben dem an der Öffnung austretenden, gerichteten, zusätzlich ein blendfreies, indirektes Licht ab.
Diese ebenso einfache wie sinnvolle Anordnung des nicht näher faßbaren Entwerfers verleiht dem Beleuchtungskörper durch die zweifache Abwinklung und durch die Abschrägung der Lichtaustrittsöffnung eine Anmutung, die an eine Schlange in Angriffsstellung mit geöffnetem Rachen erinnert und die der Leuchte ihren Namen gab.
1985 aus dem Handel erworben.

F. H.

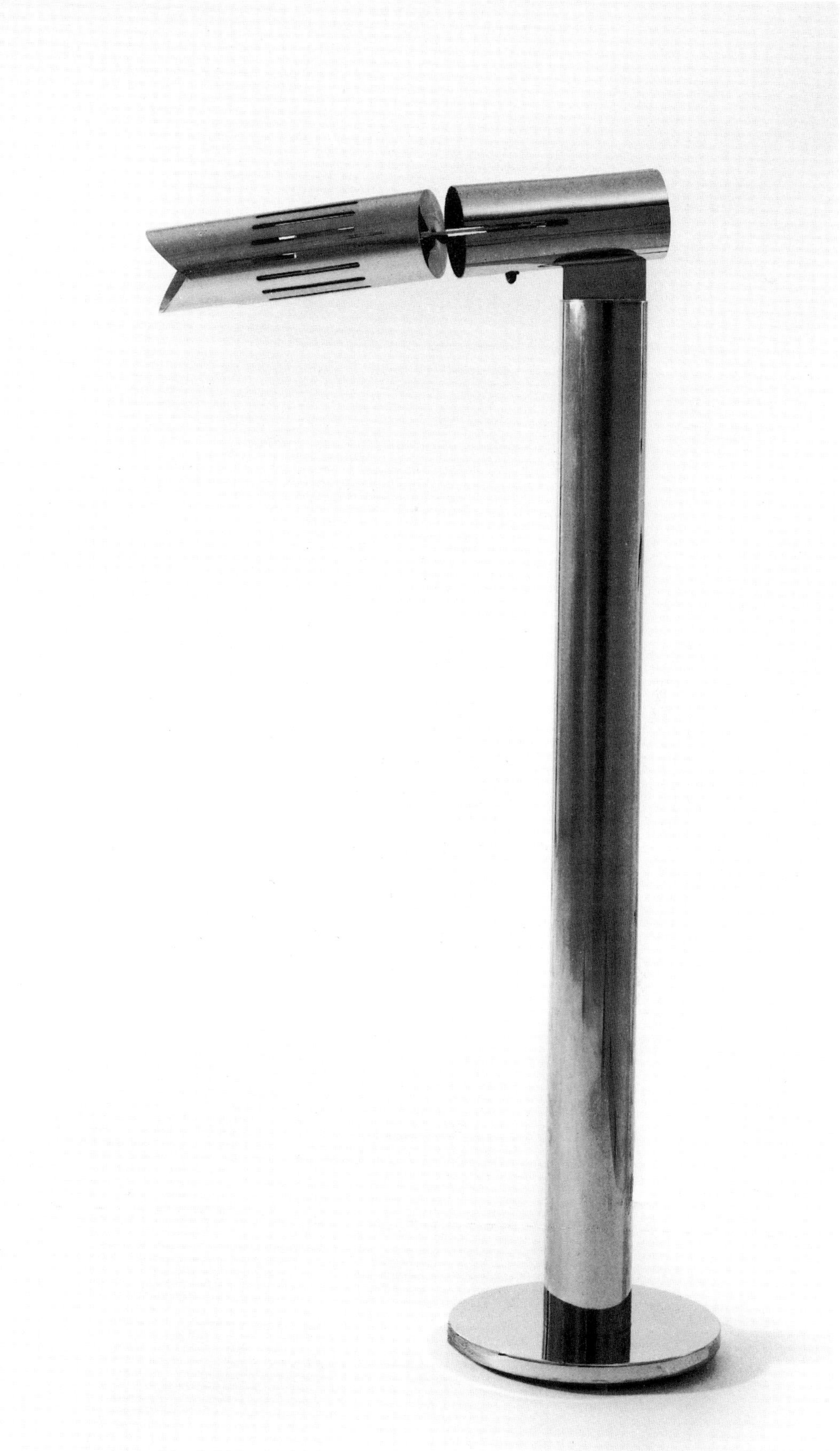

Richard Sapper
Tischleuchte »Tizio«, 1970

Die Tischleuchte »Tizio«, 1970 im Auftrag der Firma Artemide entworfen und seit 1973 in Serienproduktion, ist nicht nur heute noch die meistverkaufte Leuchte dieses Herstellers, sondern gilt auch, knapp zwei Jahrzehnte nach ihrem Entwurf, geradezu als Synonym für innovatives, modernes Design, wie zahlreiche Anzeigen und Annoncen belegen, die primär zwar für ein anderes Produkt werben, im Hintergrund aber die »Tizio«, gleichsam als Beleg für einen modernen Klassiker, aufscheinen lassen.
Dieser international hohe Bekanntheitsgrad eines Gegenstandes des täglichen Gebrauchs, zumal der gehobenen Preisklasse, ist ungewöhnlich und läßt sich nur durch den universellen Einsatz der Leuchte, ihre technische Innovation und ihre Umsetzung in formale Gestalt erklären. Die italienische Bezeichnung der Leuchte »un tizio«: »ein irgendwer«, »ein irgendeiner«, »ein irgendjemand« steht dazu heute in ironischem Kontrast.
Der Entwerfer Richard Sapper (30.5.1932 München – lebt in Mailand) studierte in München Philosophie, Graphik, Ingenieurwesen und Volkswirtschaft. 1956–58 arbeitete er bei Mercedes-Benz in der Entwurfsabteilung und zog 1958 nach Italien, wo er im Büro von G. Ponti und später für die Kaufhauskette Rinascente arbeitete. Bis 1977 war er häufig gemeinsam mit M. Zanuso tätig, entwarf u. a. Radio- und Fernsehgeräte, das berühmte zusammenklappbare Telefon »Grillo« (vgl. S. 151) sowie Möbel, Lampen und Uhren. 1970–76 arbeitete er bei Fiat und Pirelli als Berater für Versuchswagen und Autozubehör, 1980 bei IBM. Darüberhinaus gestaltete er auch Produkte für Kartell, Artemide und Alessi.
Die von ihm entworfene, durch drei Gelenke und drehbaren Sockel allseitig bewegliche Leuchte besitzt eine Ausladung von über einem Meter. Durch den Einsatz des Niedervoltsystems ergab sich die Möglichkeit, den Transformator im Sockel einzubauen und damit die Standfestigkeit der Leuchte zu erhöhen und zugleich die Reflektorgröße durch Verwendung einer Halogenleuchte zu minimieren. Das verwendete Material, ein glasfaserverstärktes Nylon, bot den Vorteil des geringen Gewichtes, das der Länge der Schwenkarme zugute kam. Darüber hinaus konnte erstmals durch die Anwendung von Schleifkontakten auf störende Kabel zwischen Transformator und Leuchte verzichtet werden.
Wie bei einem Mobile werden die beweglichen Teile durch Gegengewichte ausbalanciert und halten die Leuchte in jeder gewünschten Position im Gleichgewicht. Dabei signalisieren die segmentartigen Gewichte zugleich die Schwenkrichtungen des Armes, während die farbig abgesetzten Isolatoren an den Gelenken sowie der Schalter durch die Farbe Rot den abstrakten Begriff Energie vermitteln.
Trotz dieser funktional sinnvoll dienenden Form besitzt die Leuchte beispielgebende formale Eigenschaften, die Wolf Tegethoff 1978 im Katalog »Design-Dasein« des Museums für Kunst und Gewerbe, Hamburg, mit den Worten zusammenfaßt: »Die nahezu vollkommene Übereinstimmung von Form und Funktion und das Ineinanderwirken der Teile im Zustand des Gleichgewichts verleihen der Tizio zudem etwas Spielerisches, was gewiß nicht unerheblich zum Objektcharakter der Leuchte beiträgt.«
1982 als Geschenk des Herstellers den Sammlungen integriert; die Lampe wird auch in der Design Collection des Museum of Modern Art, New York, bewahrt.

F. H.

Metall, schwarz; Gelenkarm aus Kunststoff
H. (max.) 113 cm, Sockel ∅ 11 cm, L. (max.) 108 cm
Herst.: Artemide, Pregnana Milanese, Italien
Preise/Auszeichnungen u. a.: Targa d'Oro premio Casa Amica 1973
Inv. Nr. 254/82
Lit. u. a.: La Lampada. Mailand 1984, Nr. 21 m. Abb. = I quaderni domus Nr. 1 – Wichmann Hans, Industrial Design. Unikate. Serienerzeugnisse. Die Neue Sammlung. Ein neuer Museumstyp des 20. Jahrhunderts. München 1985, 238 m. Abb. [dort weit. Lit.] – Gramigna Giuliana, Repertorio 1950–1980. Mailand 1985, 374 m. Abb. – [Kat. Ausst.] Lumières. Centre Georges Pompidou. Paris 1985, 172 m. Abb. – [Kat. Ausst.] Design-Dasein. Museum für Kunst und Gewerbe. Hamburg 1987, 187–195 m. Abb. – Wichmann Hans, Italien: Design 1945 bis heute. München/Basel 1988, 164–165 m. Abb.

Staubsauger »Champion«, Typ OK
Niederlande, um 1930

Im Rahmen des Sammelgebietes »Technische Geräte des Haushalts« konnte in den letzten Jahren auch eine Reihe von Staubsaugern erworben werden, die heute zu den unentbehrlichen Requisiten des Haushalts gehören. Zu ihnen zählt auch dieses Gerät der Zeit um 1930, das den Auftakt der Reihe bildet.
Es handelt sich um den motorischen Teil eines Bodenstaubsaugers. Im Vergleich mit später hergestellten Geräten der gleichen »Saugerfamilie« ist dieses Gerät formal und funktional, trotz seines etwa 60jährigen Alters und gewaltigem technischen Wandel, ungemein perfekt konzipiert. Der stromlinienförmig hinten und vorn abgerundete und zugespitzte Körper ruht auf zwei Kufen. Die geschoßförmigen Kappen – auf der einen Seite mit Elektroanschluß und Luftauslaß, auf der anderen abnehmbar und mit Staubbehälter – verleiht diesem prosaischen Reinigungsgerät eine geschlossene Form, die von der Farbgebung noch unterstützt wird.
Alle Teile, bis auf den rotorange lackierten Mittelteil, sind vernickelt, und die Bedienungsteile bestehen aus schwarzem Bakelit. Die Form ist äußerst sinnvoll, besitzt doch dadurch das Gerät keine Ecken und Kanten, die häufig Auslöser von Beschädigungen an Einrichtung und Mobiliar sind. Weiterhin ist die Handhabung durch gut bedienbare Verschlüsse, kräftige Griffe und die soliden Kufen angenehm. Selbst der Name des Geräts, also das Werbeelement, – plastisch appliziert – ist graphisch akzeptabel und sitzt vorzüglich auf der roten Wandung.
Ein Gerät dieser Art – so glaubt man – hätte Schule machen müssen. Jedoch wurden und werden bis in unsere Tage Staubsauger produziert, die weder ergonomisch noch formal diesem Gerät ebenbürtig sind. Deshalb ist dieser anonyme Entwurf für unser Museum gleichsam als beispielgebende Leitform von Interesse. Obwohl heute seine Technik überholt ist, wird die formale Lösung auch für zukünftige Generationen als innovative Entwicklungsstufe Bestand haben. Auf das Zeitkontinuum projiziert, übersteigt die diesem Gerät vermittelte ästhetische Komponente bei weitem die ihm zuzuordnende technische Gebrauchsdauer. Sie ist damit zu weit größerer Nutzungsstiftung fähig als der rein physische Gebrauchswert.

Vernickeltes Metallgehäuse auf zwei Kufen; Mittelteil rot lackiert; auf Oberseite Griff; Bedienungselemente aus schwarzem Bakelit
Boden bez.: Depot Int. Nr. 8191. Fabriqué en Hollande...
H. (m. Griff) 24 cm, L. 62 cm, B. 21 cm
Inv. Nr. 330/84
Lit. u. a.: Wichmann Hans, Industrial Design. Unikate. Serienerzeugnisse. Die Neue Sammlung. Ein neuer Museumstyp des 20. Jahrhunderts. München 1985, 249 m. Abb. – Hans Wichmann, [Kat. Ausst.] Neu. Donationen und Neuerwerbungen 1984/85. Die Neue Sammlung. München 1988, 20, 109 m. Abb.

Tischwaage
Deutschland, um 1930

Technische, vor allem elektrisch betriebene Geräte sind in den Haushalten zu unentbehrlichen und selbstverständlichen Hilfsmitteln geworden. Bügeleisen, Heißwassergeräte, Küchenmaschinen, Haartrockner oder Kaffeeautomaten gehören heute innerhalb der Industrienationen zur Elementarausstattung fast jeder Wohnung. Es sind Konsumartikel, die vor dem Ersten Weltkrieg selten zu finden, aber schon zwischen den Kriegen häufiger anzutreffen waren.

Unter ihrer – vor allem nach dem Zweiten Weltkrieg – gewaltig angewachsenen Zahl weist die Waage wohl die längste Geschichte auf, in einfachsten Formen bis in das 5. vorchristliche Jahrtausend zurückreichend. Die Federwaage erscheint Ende des 17. Jahrhunderts. Dieses Prinzip liegt auch unserer hier abgebildeten Tischwaage zugrunde, die um 1930 entstanden ist. Es ist ein äußerst unprätentiöser Gegenstand, der 1984 beim Durchstreifen eines Münchner Trödelmarktes gefunden und billig erstanden wurde. Das Gehäuse des Geräts besteht aus Bakelit, diesem für die zwanziger und dreißiger Jahre so charakteristischen Kunststoff, und seine mattglänzende Oberfläche besticht durch ein sanftes, melangiertes Rot. Der auf große Stückzahl ausgelegte Produktionsvorgang erlaubte preisgünstige Herstellung und einen ebensolchen Vertrieb.

Trotz seiner dunklen, powren Herkunft besitzt dieser Gegenstand etwas Edles, Schönes, jeden Kenner – nicht nur von Bakelit, sondern von Gebrauchsformen – Erfreuendes.

Dies erwächst aus der konsequenten, kompromißlosen und zugleich selbstverständlichen Form, die das Bauhaus wohl hätte nicht besser lösen können.

Auf drei kleinen Füßen wächst der glockenförmige Körper – nur von der Anzeige durchbrochen – empor. Er mündet in einem zylindrischen Hals, den der Stutzen der leicht gewölbten, runden Waagschale übergreift. Stereometrisch bestimmte Körper fügen sich, vorzüglich abgestimmt und dimensioniert, zu einem sinnvollen Gerät zusammen, das sich nicht durch neckische Accessoires anbiedert, sondern durch Elementarformen verkörpert wird. Die noch unbekannten Entwerfer und Hersteller haben damit ein soziales Angebot unterbreitet, das im besten Sinne die Bezeichnung »ars pauperum« verdient.

Rotbraunes, leicht geflecktes Bakelit
Wiegebereich 0–500 gr.
H. ca. 20 cm, Boden ∅ 14 cm, Teller ∅ 16 cm
Inv. Nr. 840/84
Lit. u. a.: Maenz Paul, Art Deco 1920–1940. Köln 1974, Abb. 194 – Wichmann Hans, Industrial Design. Unikate. Serienerzeugnisse. Die Neue Sammlung. Ein neuer Museumstyp des 20. Jahrhunderts. München 1985, 248 m. Abb. – Wichmann Hans, [Kat. Ausst.] Neu. Donationen und Neuerwerbungen 1984/85. Die Neue Sammlung. München 1988, 17, 109 m. Abb.

GRAMM
25
20
50
50

Ezio Pirali
Tischventilator, 1954

Design des Anfangs, also der Zeit nach 1945, wurde in Italien wie ehemals in Deutschland vor dem Ersten Weltkrieg überwiegend von Architekten, Malern, Bildhauern, also Künstlern, daneben von Konstrukteuren realisiert, das heißt von Gestaltern, die im heutigen Sinne nicht fachspezifisch vorgebildet waren.
Die ästhetisch-konstruktive Befähigung war sogar in der Lage, produktionstechnische Lücken zu überspielen. Die Befruchtung durch die andere Disziplin oder aber durch das der freien Kunst zuzuordnende ganzheitliche Sehen und Gestalten führte in vielen Fällen zum Novum. So leitete beispielsweise Corradino d'Ascanio die damals völlig neuartige Radaufhängung der »Vespa« (1945) aus dem Flugzeugbau ab, die »Isetta« stellt generell eine völlig neue Konstruktion dar, und die Olivetti-Schreibmaschinen »Lexicon 80« (1948) und »Lettera 22« (1950) wurden von Marcello Nizzoli, einem Architekten und Maler, konzipiert und erregten bis hin zur Umhüllung, aufgrund neuartiger Auffassung und Konsequenz, weltweites Interesse.
Überall bewirkte die Experimentierfreudigkeit neuartige Ausdrucksformen, in Film oder Literatur in gleicher Weise wie in freier Kunst oder Design. Diese Freude am Neuen durchbrach zumindest für eine Wegstrecke eine verengende, fachspezifische Verkapselung und Verkopfung. Sie verlieh dem italienischen Design des Anfangs, ob als Kinderbuch oder technisches Objekt, eine helle, mutige Ausdrucksform, die es vom gleichzeitigen angelsächsischen oder nordeuropäischen Design absetzt.
Ein Zeugnis dafür ist dieser ab 1954 produzierte, von Ezio Pirali entwickelte Tischlüfter. Er wird auch im Museum of Modern Art, New York, bewahrt. Pirali, 1921 geboren, war als Elektroingenieur zugleich Direktor des italienischen Unternehmens Zerowatt, bei dem der Ventilator produziert wurde. Er ist infolgedessen nicht nur für das Design, sondern auch für die Technik verantwortlich, also für das Gerät im ganzheitlichen Sinne.
Ich habe mich acht Jahre bemüht, dieses kleine, so reizvolle Gerät für unser Museum zu erwerben, und schließlich 1988 Erfolg bei dieser »subtilen Jagd« gehabt. Der Grund für die zähe Suche war die Überzeugung, daß dieses Objekt im besonderen Maße geeignet ist, das Wesen dieser oben angedeuteten Anfangsphase des italienischen Design zu bestätigen, ist doch dieses technische Kleinod jenseits von jedweder Schreibtisch-Repräsentation angesiedelt. Als geistreicher Entwurf besteht es nur aus wenigen Elementen. Zwei sich kreuzende, oval gebogene, klappbare, kräftige Drahtbügel bilden das tragende Gestell für den tropfenförmigen Ventilator mit Gummiflügeln. Metallkugeln ermöglichen die Richtungsverstellung des Gestells. Das ist alles, um eine in die Designgeschichte bereits eingegangene Lösung eines Ventilators zu finden. Improvisation verbindet sich mit Eleganz, Reduktion mit überraschender Selbstverständlichkeit. Das Gerät wurde 1954 mit dem Compasso d'Oro, der entscheidenden italienischen Design-Auszeichnung, prämiiert.

Metall verchromt; Leichtmetallguß 160 V
H. 23 cm, B. 23 cm, T. 23 cm
Herst.: FER, Fabbriche Elettrotechnice Riunite, Mailand, Italien
Inv. Nr. 925/88
Preise/Auszeichnungen u. a.: Compasso d'Oro, Mailand 1954; Silbermedaille Triennale Mailand 1954
Lit. u. a.: [Kat. Ausst.] Twentieth Century Design. The Museum of Modern Art. New York 1959, 73 m. Abb. – Il design italiano degli anni '50. Mailand 1980, 268 m. Abb. – Gsöllpointner Helmuth u. a. (Hrsg.), Design ist unsichtbar. Wien 1981, 638 m. Abb. – Hiesinger Kathryn B., [Kat. Ausst.] Design since 1945. Philadelphia Museum of Art. London 1983, 91 m. Abb. – Cornaud Brigitte u. Bernard Marcadé, Les Années 50. De A à Z. Paris 1988, 95 m. Abb. – Wichmann Hans, Neu. Donationen und Neuerwerbungen 1988/89. Die Neue Sammlung. München 1990, 151 m. Abb.

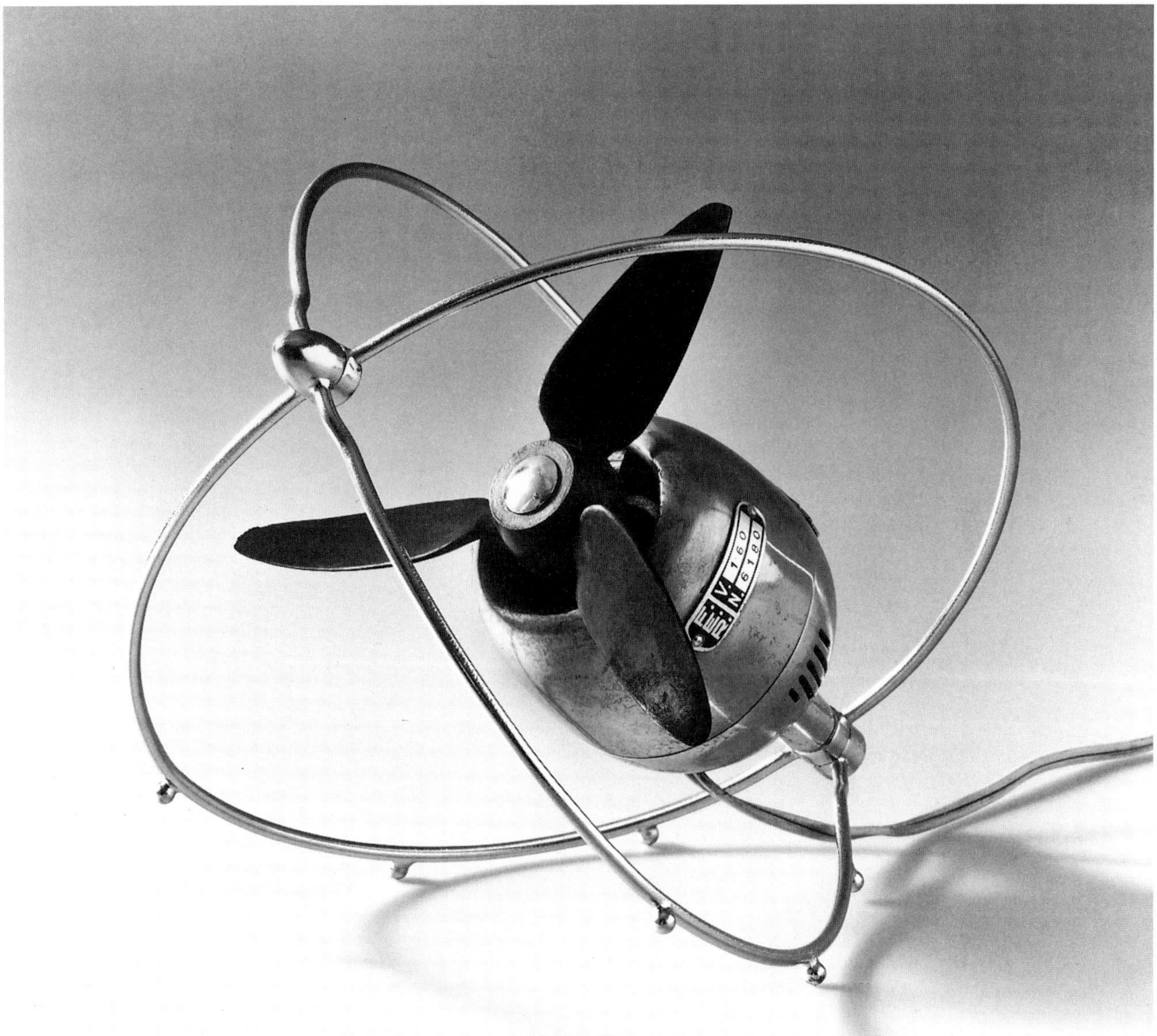
V. 160
N. 6180

Giorgetto Giugiaro (Ital-Design) Elektronische Nähmaschine »Logica 592«, 1982

Als Giorgetto Giugiaro 1984 in Mailand mit der Verleihung des »Compasso d'Oro« die wohl höchste Auszeichnung auf dem Gebiet des industrial design für sein Gesamtwerk als Entwerfer erhielt, lautete die Begründung der Jury, der u.a. die Designer Cini Boeri, Giotto Stoppino und Antti Nurmesniemi angehörten:
»Giugiaro esprime il futuro della professione dell' *industrial designer,* che si basa su una strategia interdisciplinare e sulla competenza specifica nell'integrare molte nuove tecnologie e discipline con la tradizione artigianale e la creatività intuitiva tipicamente italiane. Il livello notevolmente alto della fusione di *design engineering* in prodotti molto diversi come le automobili, le macchine per cucire e gli strumenti musicali, che sono esposti in questa stessa mostra, illustra chiaramente l'opinione della Giuria.«
Giorgetto Giurgiaro (geboren 7.8.1938 Garessio/Cuneo) – studierte technisches Zeichnen an der Accademia di Belle Arti in Turin. 1955–59 war er bei Fiat, 1959–65 als Designer bei der Carozzeria Bertone tätig. 1965–68 leitete er das Design-Studio bei Ghia und gründete 1968 mit »Ital-Design« sein eigenes Entwurfsbüro. Seither entstanden zahlreiche Fahrzeuge, u.a. für Alfa Romeo der »Alfasud« (1971), für Volkswagen der »Golf« (1974), für Fiat der »Panda« (1980) und der »Uno« (1983).
Die 1982 entworfene Nähmaschine »Logica« spiegelt im Vergleich zu der 1957 von Marcello Nizzoli für die gleiche Firma entwickelten Maschine »Mirella« eine völlig veränderte Gerätewelt wider. Lag der »Mirella« noch die Entwurfsidee zugrunde, die komplizierte und vielfältige Mechanik in einem einheitlichen Gehäuse von hoher, skulpturhafter Anmutung unterzubringen, so stand beim Entwurf der elektronisch bestimmten Logica die leichte Bedienbarkeit und die schnelle und eindeutige Ablesbarkeit der gewählten Funktionen im Vordergrund.
Die Verwendung elektronischer Elemente und die dadurch bedingte Miniaturisierung der technischen Apparatur gab dem Entwerfer die Möglichkeit, das Gerät seiner Funktion und dem damit arbeitenden Menschen anzupassen. Waren bei der »Mirella« die Bedienungselemente aufgrund ihrer mechanischen Konstruktion noch an verschiedenen Stellen des Gerätes angebracht, so faßt Giugiaro sämtliche Bedienungsteile cockpitartig zu einem einzigen Feld zusammen, das auch optisch das Gerät dominiert. Die Folientastatur vereinheitlicht die bisher so unterschiedlich behandelten Knebel und Hebel, Piktogramme und unterschiedliche Farbgebung erteilen Auskunft über die Funktion der Tasten. Dabei zeigt ein der Taste zugeordnetes Lichtsignal an, daß das Gerät die Anweisung empfangen hat und ausführt. Um Bedienung und Ablesbarkeit zu erleichtern, ist das Tastenfeld wie bei einem Lesepult auf einer schrägen Ebene angeordnet. Die Abschrägung der Bedienungsteile bot darüberhinaus die Möglichkeit, den Nähkopf vom übrigen Gerätegehäuse vorspringen zu lassen und dadurch so freizustellen, daß er von allen vier Seiten bedient werden kann.
1988 als Dedikation des Herstellers übernommen.

F.H.

Gehäuse aus Aluminiumguß, weiß lackiert, weißer und schwarzer Kunststoff, 220 V, 50 Hz, 0,6 A, 115 W-Motor, 80 W Lampe
H. 25,5 cm, B. 42 cm, T. 24,5 cm
Herst.: Necchi S.p.A., Pavia, Italien
Preise/Auszeichnungen u.a.: Mailand 1984: Compasso d'Oro
Inv. Nr. 362/88
Lit. u.a.: Hiesinger Kathryn B., [Kat. Ausst.] Design since 1945. Philadelphia Museum of Art. London 1983, 88 m. Abb. – Bush Akiko, Product Design. New York 1984, 30 m. Abb. u. 31 – Iliprandi Giancarlo und Pierluigi Molinari, Italian Industrial Designers. Fagagna (Udine) 1985, 111 m. Abb. = Omnibook 2 – [Kat. Ausst.] Compasso d'Oro 1954–1984 Mailand 1985, 236 m. Abb. – Wichmann Hans, Italien: Design 1945 bis heute. München/Basel 1988, 191 m. Abb.

LOGICA
OK
S
M
B
ON
OFF
NECCHI

Walter Dorwin Teague
Radio »Sparton«, Modell Bluebird«, 1933

Läßt man die unter Designaspekten vielleicht beachtenswerten Radiogeräte der dreißiger und vierziger Jahre Revue passieren, so fällt dieses Gerät von Teague in mehrfacher Hinsicht als ungewöhnlich auf.
Einmal löst es sich völlig von der in anderen Ländern geübten Typik; zum anderen werden in ihm andere Materialien kombiniert und zum dritten ist es ein Objekt, das den Begriff Art Déco noch verkörpert im Gegensatz zu den in Europa damals üblichen Geräten mit Bakelitgehäusen. Das äußerst seltene, 1933 produzierte Radio wurde 1986 mit Zustimmung aller Direktoren der bayerischen staatlichen Museen und Sammlungen aus dem Kunsthandel erworben.
Es trägt den Namen »Bluebird«. Seine Frontansicht wird durch zwei kreisrunde, blau verspiegelte Glasplatten bestimmt. Die eine bildet die Bodenplatte, die andere erhebt sich – leicht nach rückwärts geneigt – auf ihr, durch Glaskugeln gehalten. Diese ist der Träger des an der Rückseite befestigten, kompakt gebauten, also für die damalige Zeit äußerst kleinen Radiogeräts. Das Schalloch wird durch eine azentrisch eingeschnittene, kreisrunde Öffnung gebildet, deren Metallmontierung die Halterung des Geräts und dessen Skala trägt. Drei vernickelte, horizontale Metallstreifen durchqueren das Rund, um die wiederum runde Skala aufzunehmen. Der Kreiskontur erfährt somit zweimal seine gleichartige formale Bestätigung im Metallbeschlag. Die optische Wirkung des Gehäuses basiert auf dem metallisch erscheinenden Blau und der silberfarbenen, zu raffiniertem Dekor gewandelten Montierung.
Fragt man nach der Herkunft dieser ungewöhnlichen Form und Wirkung, so ist sie unmittelbar vom zeitgenössischen Uhrenbau ableitbar, der mit gleichen Materialien bei Wand- und Tischuhren arbeitet. So besitzt unser Museum Arbeiten der Gebrüder Adnet und von Jean Tranchant (beide Frankreich) bzw. dem Uhrenhersteller Junghans (Deutschland), die sehr verwandte Kombinationen von Glas und Metall aufweisen. Dorwin Teague – wohl einer der bedeutendsten Designer der USA des 2. Viertels unseres Jahrhunderts – hat sicher Entwicklungen dieser Art gekannt. Schon 1911 war er eigenständig tätig, um ab 1926 als Industrial Designer im neuen Atelier zu arbeiten. 1944 gründete er mit Dreyfuss und Loewy die »American Society of Industrial Designers« und 1950 verfaßte er mit Rogers das Buch »Italy at work«. Seine Entwürfe reichen von Kameras über Benzinzapfsäulen bis zu Flugzeugausstattungen. Unter dem Namen seiner Auftraggeber befinden sich große US-Unternehmen wie Kodak, Ford, NCR, Dupont, Westinghouse, Texaco, Boeing und auch Jackson (Michigan), der dieses Gerät produzierte.
Die Neue Sammlung besitzt eine Reihe dieser Entwicklungen Walter Dorwin Teague's als Dokumente amerikanischer Designleistungen.

Glasplatten, blau verspiegelt; Holz, schwarz lackiert
H. 38 cm, ∅ (Bodenplatte) 30,5 cm, ∅ (Frontseite) 36 cm
Herst.: Jackson, Michigan, USA
Inv. Nr. 925/86
Lit. u. a.: Robert Heide u. John Gilman, Dime Store Dream Parade. Popular Culture 1925–1955. [o. O. o. J.], 34 m. Abb. – [Kat. Aukt.] Plastiche di design e di uso commune dal 1930 al 1950. Gallerie Salamon Agustoni, 50. Auktion. Mailand 1985, Nr. 337 m. Abb. – Wichmann Hans, [Kat. Ausst.] Neu. Donationen und Neuerwerbungen der Jahre 1986/87. Die Neue Sammlung München 1989, 78, 79 m. Abb.

Achille, Livio und Piergiacomo Castiglioni mit Luigi Caccia Dominioni Radiogerät »Phonola«, Mod. 573, 1939

In den letztvergangenen 40 Jahren hat Italien einen ungemein raschen Wandel von einem Agrarvolk zu einem Industriestaat durchlaufen. Waren in den fünfziger Jahren noch 40% der arbeitenden Bevölkerung in der Landwirtschaft tätig, so sind es heute noch etwa 10%. 1987 gelang Italien der Durchbruch zur fünftgrößten Industriemacht der Welt.

Dieser Weg ist faszinierend und hat in seinem Gefolge einen breiten Aufschwung des industrial design mit sich gebracht, war doch italienisches Design vor 1945, bis auf wenige Ausnahmen, mit kunsthandwerklichen Arbeiten etwa von Murano, Faenza oder Florenz gleichzusetzen.

Zu den wenigen überraschenden Würfen der Vorkriegszeit gehört auch dieses 1939/40 entstandene Radiogerät, dessen Form die Gebrüder Castiglioni im Verein mit Caccia Dominioni konzipierten.

Erst wenn wir es auf die damals üblichen Radiogeräte projizieren, wird das Ungewöhnliche, die völlig neue Formdefinition bewußt; denn die Rundfunkgeräte im Ausklang der dreißiger, ja bis in die beginnenden sechziger Jahre unseres Jahrhunderts waren dominant Kastenelemente mit Holz- oder Kunststoffgehäusen. Ihr Goldleistenschmuck und ihre Lamé-Gewebe-Verkleidungen brachten das vom Besitzer gewünschte höhende »Seinselement« zum Ausdruck.

Die Castiglionis wenden sich mit ihrem Entwurf etwa eine halbe Generation, also 15 Jahre vor Erwin Braun und Hans Gugelot, von der damals tradierten Form ab und bilden ein Radio als technisch bestimmtes Kommunikationsmittel aus. Die Verwandtschaft mit dem Basisgerät des Telephonapparates, der damals bereits versachlicht war, bestätigt dies, ebenso wie die auch technisch erstaunliche kompakte Zusammenordnung der Teile.

Auf einem flachen, quadratischen Unterbau erhebt sich in ergonomisch richtigen Neigungswinkeln der Lautsprecher mit Bedienungselementen und Skala, skulptural aufgewölbt in einem Kunststoffgehäuse, dessen Material diese Ausformung preisgünstig ermöglichte. Der Lautsprecher ist bereits von einer Lochplatte abgedeckt, der für die zweite Hälfte unseres Jahrhunderts typischen Verkleidung der Lautsprecher.

Dieser ungewöhnliche Auftakt zu bewußtem italienischen industrial design war vielversprechend, beschränkte sich nicht auf Umhüllung, sondern ging von einer neuen Sicht, von einer neuartigen Betrachtung der Dinge in unserem Leben aus.

Wir haben Achille und Piergiacomo Castiglioni unter diesem Aspekt auch in den späteren Jahren zahlreiche überraschende Entwicklungen zu danken. Ihre Lampen für Flos, etwa die für »Splügen«-Bräu, die Tischlampe »Taccia« oder die Stehlampen »Toio« und »Arco« (beide 1962) zeigen die gleiche frische Sicht bei hoher Eleganz und ausgefeilter Detailbehandlung.

Hinter Entwürfen dieses Wesens, ebenso wie für die im Systemdenken entwickelte Stereoanlage »RR 126 FO/St« Brionvegas (auch in unserem Museum) – eine Art geistvoller Paraphrase auf die ehemalige, so bürgerliche Musiktruhe –, steht eine breite Bildung, waren doch die Brüder Castiglioni nicht nur auf diesem Gebiet tätig. Ihre Ausstellungsarrangements und ihre Gestaltungen der Triennalen bleiben unvergessen. Unvergessen ebenso wie der 1957 entworfene Sitz »Mezzadro«, der auch in der Neuen Sammlung bewahrt wird.

Das Fehlen dieses Radiogerätes in unseren anspruchsvollen Design-Sammlungen würde eine unverzeihliche Lücke darstellen.

Gehäuse aus rotbraunem und weißem Bakelit
H. 18,3 cm, B. 25 cm, T. 28 cm
Herst.: Phonola Radio Mailand, S. A. Fimi, Saronno, Italien
Inv. Nr. 353/88
Preise/Auszeichnungen u. a.: Mailand 1940: VII Triennale, Gran Premio

Lit. u. a.: Grassi Alfonso u. Anty Pansera, Atlante del Design Italiano 1940–1980. Mailand 1980, 114 m. Abb. – Gregotti Vittorio, Il disegno del prodotto industriale. Italia 1960–1980. Mailand 1982, 245 m. Abb. – Ferrari Paolo, Achille Castiglioni. Mailand 1984, 124–125 m. Abb. – Casciani Stefano, Dal progetto al prodotto. Mobili come Architetture. Mailand 1984, 42 m. Abb. – Grassi Alfonso u. Anty Pansera. L'Italia del Design. Casale Monferrato 1986, 15 m. Abb. – Scacchi Gracco Luca, Pensieri di plastica. Mailand 1986, 77 m. Abb. – Wichmann Hans, Italien: Design 1945 bis heute. München/Basel 1988, 138 m. Abb. – Wichmann Hans, Neu. Donationen und Neuerwerbungen 1988/89. München 1990, 145 m. Abb.

Fernsehgerät »Bush TV 22«, England 1948

Unter den Informationsmedien ist das Fernsehen die jüngste, zugleich aber auch die komplexeste Entwicklung, obwohl seine technischen Wurzelfäden, wie die meisten von uns heute als selbstverständlich benutzten technischen Voraussetzungen, bis tief in das 19. Jahrhundert zurückweisen.
Als erstes Land der Welt nahm 1935 Deutschland die Ausstrahlung regelmäßiger Fernsehprogramme auf. Ihm folgten ein Jahr später Großbritannien, 1938 Frankreich, 1939 die UdSSR und erst 1941 die USA.
Nach dem Krieg begann dann sehr rasch das Zeitalter des Fernsehens, damit wohl die stärkste Einflußnahme auf den Menschen, der täglich mehrere Stunden vor diesem Medium verbringt.
Das 1982 von der Neuen Sammlung aus dem Handel erworbene, englische Gerät entstand 1948, also nur 12 Jahre nach der Aufnahme regelmäßiger Fernsehsendungen in England.
Zieht man in Betracht, daß der Krieg die technische Entwicklung verlangsamte, so scheint die Ausformung von hohem formalen Interesse.
In jedem Fall galt und gilt es bei der Herstellung von Fernsehgeräten, die Röhre als gewichtigsten Teil mit Verstärker und akustischen Übertragungselementen kompakt zu verbinden.
Frühe Geräte zeigen bei diesen Bemühungen ein Kastengehäuse, in dem nach heutigen Angeboten das Bildfeld winzig klein war. Die Apparatur wirkte zumeist wie ein kleines Puppentheater.
Der englische Hersteller Bush beschreitet bei seinem Gerät andere, sehr zukunftsweisende Wege. Er bindet die Röhre nicht in die Frontfläche ein, sondern akzentuiert sie, ja wölbt sie aus der Oberfläche und dem tragenden Körper als das eigentliche Agens des Gerätes heraus und bindet sie gewissermaßen in ein weißes Passepartout, um sie dann erst dunkel, quadratisch, mit abgerundeten Ecken und Kanten zu rahmen. Der bisher unbekannte Entwerfer erzielt dadurch eine optische Vergrößerung der Röhre. Sicher hat sich dieser Eindruck auf den Verkauf günstig ausgewirkt.
Dieser skulptural hervorgehobene Röhrenteil ist sehr geschickt dem Körper des Gehäuses eingefügt, das die Rundung der Kanten wiederholt und sich unten in ein horizontal gerichtetes, jalousieartiges Gitterwerk auflockert. Die Bedienungselemente sind den vertikalen, tragenden Gehäuseteilen zugeordnet.
Das Ganze wirkt suggestiv, im wahrsten Sinne telegen, ist nach den jeweiligen Funktionen zusammengefaßt und körperhaft, plastisch ausgerichtet. Der Form entspricht das verformbare Material, dem in einem Vorgang preßbaren Bakelit. Ihm ist in England wohl die beste und entsprechendste Form abgewonnen worden.
40 Jahre nach der Produktion dieses Gerätes wird erneut augenfällig, wie zukunftsweisend diese Form war, knüpfen doch – wenn auch auf einer anderen technischen Ebene – jüngste Geräte wie von Braun oder Bang & Olufsen an den skulpturalen Formcharakter an. Davon leitet sich die Bedeutung des Geräts – von dem zwei Größen hergestellt wurden – für Die Neue Sammlung ab, ist es doch ein reizvoller, ästhetisch bestimmter Auftakt der in unserem Museum bewahrten Reihe von Fernsehgeräten unterschiedlichster Länder.

Gerät mit klarer Trennung von Sicht- und Bedienungseinheiten. Braunes Bakelitgehäuse
H. 39 cm, B. 39 cm, T. 39 cm
Entwurf u. Herstellung: Bush Radio Ltd., England
Inv. Nr. 1414/82
Lit. u. a.: Il disegno dei materiali industriali. Mailand 1979, 4 m. Abb. 2 = Rassegna 14 – [Kat. Ausst.] Bakeliet. Techniek, vormgeving, gebruik. Museum Boymans-van Beuningen. Rotterdam 1981, 104 m. Abb. – [Kat. Ausst.] Kunststoff-Objekte 1860–1960. Sammlung Kölsch. Folkwang Museum. Essen 1983, Nr. 9. 1432, 94 m. Abb. [Variante]. – Wichmann Hans, Industrial Design. Unikate. Serienerzeugnisse. Die Neue Sammlung. Ein neuer Museumstyp des 20. Jahrhunderts. München 1985, 267 m. Abb. – Wichmann Hans, [Kat. Ausst.] Neu. Donationen und Neuerwerbungen 1982/83. Die Neue Sammlung. München 1986, 42, 87 m. Abb.

Bush

Hans Gugelot
Radio-Empfangsgerät und Lautsprecher »G 11 – Super«, 1955

Hans Gugelot (1920–1965), als holländischer Staatsbürger in Makassar auf Celebes geboren, empfing seine Ausbildung als Architekt in der Schweiz. An der ETH-Zürich wurde er 1946 diplomiert, um, nach einigen Reisen, der Mitarbeit bei Bill und der Eröffnung eines eigenen Büros 1954 an die Hochschule für Gestaltung in Ulm berufen zu werden. Als anfänglicher Auftrag wurde ihm die Aufgabe zuteil, mit den Studenten den Innenausbau und die Möblierung des Gebäudes durchzuführen.
Im Herbst des gleichen Jahres, noch vor der Eröffnung der Ulmer Hochschule, erfolgte die erste Begegnung zwischen Erwin Braun und Hans Gugelot. Damit begann eine für die deutsche und wohl auch internationale Design-Geschichte wichtige Zusammenarbeit beispielsetzenden Charakters, welche die bis dahin tradierte Form des Radio-, Phono- und Fernsehgerätes revolutionierte.
Als erstes Gerät entstand im Winter 1954/55 der »Radio-Super TS-G«, der bereits mit der Repräsentationsattitüde der damals üblichen Geräte brach. Das geflammte, repräsentative Edelholzfurnier wurde durch schlichte, helle Hölzer ersetzt. Die Skala, die Otl Aicher entwickelte, ist großzügig über die volle Breite des Gerätes gespannt und die kaschierende Stoffbespannung von einer Holzjalousie abgelöst worden.
Das nachfolgende, nur wenige Monate später entstandene Gerät »G 11« ist jedoch weit konsequenter, im Bau architektonischer und bereits im Rahmen eines Systems konzipiert. Gemeinsam mit einem Plattenspieler und einem Fernsehgerät bildet es ein solches.
Für den »G 11« ist die »Schottenbauweise« mit eingespannten Membranen charakteristisch. Die Seitenflächen tragen die vom Boden abgehobene Chassis- und abgesenkte Abdeckplatte. In der schräg zurückweichenden Frontfläche befindet sich nun unten die lichtgraue Skala mit dunkelgrauen Bedienungsknöpfen und -tasten, oben eine weiße Metalljalousie, die auch der Kühlung des Röhrengerätes dient.
Der Wunsch zielte auf ein generell weißes Gerät, das jedoch fertigungstechnisch noch nicht hergestellt werden konnte; denn die in nur wenigen Monaten entstandene Gerätefamilie sollte in der Deutschen Rundfunk-, Fernseh- und Phono-Ausstellung in Düsseldorf vorgestellt werden.
Gugelot berichtet über diese Eröffnung 1963: »in der nacht vor der eröffnung der ausstellung haben die jungen designer unter otl aichers und meiner leitung alle ebenfalls für die ausstellung vorgesehenen alten braun-modelle verschwinden lassen, so daß am nächsten morgen bei der eröffnung zur überraschung der braun-leute ein ganz neuer stand nur mit neuen modellen aufgebaut war. dieses hell beleuchtete objekt inmitten der mit fontänen und guirlanden geschmückten stände der konkurrenz löste einen wahren schock aus. ich glaube nicht, dass es eine zeitung in deutschland gegeben hat, die nicht über diese eröffnung und die große überraschung geschrieben hätte. die modelle wurden in allen zeitungen publiziert, sogar in den provinzblättern.«
Innerhalb der formalen Entwicklungsgeschichte des Radios, ja generell von Phono-Systemen, stellt dieses Gerät einen wichtigen Schritt dar, der ein Jahr später zu dem berühmten »Phono-Super-SK 4« mit Plexiglasdeckel, dem sogenannten »Schneewittchensarg«, führen sollte.
In der Neuen Sammlung wurde 1984 die entscheidende Gugelot-Retrospektive, begleitet von der grundlegenden Monographie, durchgeführt (vgl. S. 322). Auf Grund dessen birgt dieses Museum heute wohl die reichste Dokumentation von Entwicklungen Hans Gugelots.

Gehäuse in Ahorn mit Metalljalousie. Ein Konzert- und zwei Hochton-Lautsprecher
H. 35 cm, L. 54,2 cm, T. 33,5 cm
Herst.: Braun AG, Frankfurt/M., Deutschland
Inv. Nr. 1050/84
Lit. u. a.: Wichmann Hans (Hrsg.), [Kat. Ausst.] System Design. Bahnbrecher: Hans Gugelot 1920–1965. Die Neue Sammlung. München 1984, 74–75 m. Abb. [m. weit. Lit.]. – Wichmann Hans, Industrial Design, Unikate, Serienerzeugnisse. Die Neue Sammlung. Ein neuer Museumstyp des 20. Jahrhunderts. München 1985, 268 m. Abb. – Wichmann Hans, [Kat. Ausst.]. Neu. Donationen und Neuerwerbungen 1984/85. Die Neue Sammlung. München 1988, 25, 96 m. Abb.

Dieter Rams
Phonokombination »TP 1«, 1958/59

Erst 1988 gelang die Erwerbung dieses Geräts, obwohl sich unser Augenmerk seit vielen Jahren darauf gerichtet hatte. Wichtig erschien die Entwicklung, weil sich einmal das von Hans Gugelot vorangetriebene Systemdenken auch in dieser Arbeit abzeichnet, zum anderen weil es sich um eine innovative, formal liebenswürdige Designlösung handelt, die spezifische Tendenzen der ausgehenden fünfziger Jahre dokumentiert.
Dieses heute so akklamierte Jahrzehnt unseres Jahrhunderts besaß technisch noch durchaus Unzulänglichkeiten, die uns heute erstaunlich erscheinen, und dennoch ist vieles unserer Tage in statu nascendi angelegt.
Da sind das Systemdenken und die beginnende Miniaturisierung zu beobachten oder die erwachende Mobilität und Ansätze einer gewissen Raffinesse. Alles noch ein wenig unbeholfen und improvisiert, im Falle der Braun AG formal besonders zukunftsweisend dank auch der Arbeit von Dieter Rams, der ab 1956, geschult an Hans Gugelot, im Verein mit Otl Aicher und Mitarbeitern der Braun-Produktgestaltung ein beispielhaftes Erscheinungsbild entwickelte. Es konnte in dieser Weise konzipiert werden, weil Erwin Braun die Voraussetzungen dafür geschaffen hatte.
Die abgebildete Phonokombination verbindet zwei Geräte, und zwar den Taschenempfänger »T 31«, der aufgrund der Transistor-Technik verhältnismäßig klein dimensioniert werden konnte und in Zusammenarbeit von Dieter Rams und der Hochschule für Gestaltung, Ulm, seine Form fand, weiterhin den Batterie-Plattenspieler »P1« für 17 cm-Platten. Die Platte konnte auf diesem fixiert werden, und ihre Abtastung erfolgte von unten.
Beide Geräte hat Dieter Rams mit einer äußerst sinnvollen Halterung zusammengefaßt, so daß die Kombination an einem Ledergriff auch während des Spiels getragen werden konnte. Es ist eine Kombination, die dem Wunsch der Jugend entgegenkam und Entwicklungen Bellinis (Plattenspieler »Pop«, 1968) oder aber des japanischen »Walkman« in technisch improvisierter Form vorausnahm.
Bei dieser Kombination überrascht vor allem ihre gute Dimensionierung, die selbstverständlich erscheinende Halterung, bei der jedes Detail äußerst sorgfältig durchdacht wurde, die Plattenfixierung, welche die Phonokombination optisch bestimmt, und vor allem der mit dem Schutzdeckel eine funktionale Einheit bildende Tonarm.
Taschenempfänger dieser Art wurden bei Braun nur kurze Zeit hergestellt, da dieser Marktsektor, als erster, von weit billigeren japanischen Geräten dominiert wurde. Vielleicht ist dies ein Grund für die Rarität dieser Geräte innerhalb des Antiquitäten-Marktes.
Formal wurde die Kombination durch die Entwicklung des Taschenempfängers »T4« noch perfektioniert. Wirkt bei unserer Erstkombination das Gebilde noch additiv, weil die Gehäuselochung vor dem Lautsprecher ein Quadrat bildet, so gleicht sich das Gehäuse des »T4« der Rundform der runden Plattenfixierung an.
Unabhängig davon steht jedoch diese Kombination am Anfang einer Entwicklungsreihe, die für die so erfolgreiche Komponentenentwicklung im Phonobereich Erprobungsfeld war.

Gerätegehäuse: Kunststoff (Thermoplast) hellgrau
Trageetui: Aluminiumblech, naturfarben eloxiert, Lederriemen braun
Taschenempfänger für LW u. MW, 7 Transistoren, 4 Mignonbatterien á 1,5 V
H. 8,2 cm, B. 15 cm, T. 4 cm
Plattenspieler für 17 cm/45er Platten, 4 Babyzellen á 1,5 V
L. x B. 15 × 15 cm, T. 5,5 cm
Gesamtmaße: H. 15,2 cm, B. 23,5 cm, T. 5,5 cm
Entwurf: Dieter Rams [Grundentwurf T 3] und hfg-Ulm [Wellenbereichsanzeige], 1958
Ausführung als formgleiches Gerät T 31, 1960
Herst.: Braun AG, Kronberg/Taunus, Deutschland
Inv. Nr. 1015/89
Lit. u. a.: Burkhardt François u. Inez Franksen, Design: Dieter Rams et. Berlin 1980, 109 [Empfänger], 110 [Kombination mit Entwurfszeichnung], 130, Nr. 21 [Empfänger], 131, Nr. 29 [Kombination, dort irrtümlich TP 2 abgebildet]. – Fischer Volker (Hrsg.), Design heute. München 1988, 131 m. Abb. – Braun + Design – Zeitschrift für Design Sammler 1988, H. 11, 4–11 m. Abb. – Wichmann Hans, Neu. Donationen und Neuerwerbungen 1988/89. München 1990, 157 m. Abb. [dort weit. Lit.].

Raymond Loewy
Rollfilmkamera »Purma Spezial«, 1937

Die von Raymond Loewy (1893 Paris – 14.7.1986 Monaco) im Jahre 1937 entworfene Kamera war in ihrer Zeit sowohl nach technischen als auch nach formalen Gesichtspunkten ungemein fortschrittlich. Konzipiert als Taschenkamera, besaß sie ein Gehäuse aus Kunststoff von geringem Gewicht. Um die Rutschfestigkeit zu erhöhen, erhielt die Gehäusewandung eine fein gerippte Horizontalstruktur. Die Verwendung des beliebig verformbaren Kunststoffs Bakelit bot zusätzlich die Möglichkeit, die einzelnen Bedienungselemente in das Gehäuse zu integrieren, um so in technischer Hinsicht die Gefahr einer potentiellen Beschädigung beim Transport zu verringern, und gleichzeitig im formalen Bereich ein geschlossenes Erscheinungsbild zu erzielen.
Darüberhinaus hatte sie als erste handelsübliche Kamera auch eine Kunststoff-(Acryl)-Linse. Um das Objektiv beim Transport zu schützen, konnte man es ähnlich wie bei den heutigen pocket-Kameras mit Hilfe eines Schraubdeckels und eines Federmechanismus' im Gehäuse versenken. Zusätzlich veranschaulicht das Gehäuse mit seinem rautenförmigen Grundriß auch den technischen Ablauf im Inneren der Kamera. Zwischen den abgerundeten Enden an den Schmalseiten des Gehäuses ist der Film eingespannt. Die größte Tiefe erreicht die Kamera in der Gehäusemitte, die durch den Fokus der Linse, also den Abstand von Objektiv zu Filmebene, technisch vorgegeben ist. Der Abrollvorgang des Films wird durch den Drehknopf für den Filmtransport an der rechten Schmalseite erkenntlich. So bedingen einander bei dieser Kamera, auf einem hohen gestalterischen Niveau, Material, Form und technische Funktion wechselseitig.
1981 aus dem Handel erworben.

F. H.

Schwarzes Bakelitgehäuse. Erste handelsübliche Kamera mit Acryl-Linse
Beck Anastigmat 1:6,3; 2¼''; lageabhängiger Federgewichtsverschluß (3 Zeiten)
H. 7 cm, B. 15 cm, T. 4,5 cm
Herst.: Thomas De La Rue für Purma Cameras Ltd., England
Inv. Nr. 1225/81
Lit. u. a.: Wichmann Hans, Industrial Design. Unikate. Serienerzeugnisse. Die Neue Sammlung. Ein neuer Museumstyp des 20. Jahrhunderts. München 1985, 277 m. Abb. [dort weit. Lit.]. – Schönberger Angela (Hrsg.), Raymond Loewy. Pionier des Amerikanischen Industrie-Design. München 1990, 165 m. Abb.

MADE IN ENGLAND
PURMA SPECIAL
BECK ANASTIGMAT. F-6·3 2¼"

Heinrich Janke und Hans Kurt Uellenberg
Kleinbildkamera »Leica M4-P«, 1967

Die von Heinrich Janke (geboren am 4.7.1930 Graudenz) und Hans Kurt Uellenberg (geboren am 29.4.1938) 1967 entwickelte »Leica M 4-P« wurde als Kleinbild-Systemkamera von höchster technischer Leistungsfähigkeit für den professionellen Fotografen konzipiert. Darüberhinaus besitzt diese Kamera von Typus und Namen eine bis 1913 zurückreichende Tradition, als Oskar Barnack den ersten Prototyp dieser Kamera baute, die die Geschichte der Fotografie verändern sollte und die Kamera zu einem Markenzeichen werden ließ. Beide Elemente spiegeln sich in der Gestalt des Gerätes wider. So besitzt diese Kamera nach wie vor ein Metallgehäuse, um den Belastungen des professionellen Betriebs zu genügen. Auch die Grundgestalt des querrechteckigen Gehäuses mit den abgerundeten Schmalseiten blieb bis auf geringfügige Abweichungen erhalten, war doch bereits das vor über einem halben Jahrhundert entstandene Vorgängermodell auf die technisch absolut notwendigen Abmessungen reduziert. Schließlich wurde auch die Farbe des Gehäuses beibehalten; denn die »schwarze Leica« war trotz späterer Farbvarianten zu einem Begriff für höchste Qualität im Kamerabau geworden.
Die formalen Abänderungen bei diesem Modell beschränken sich somit auf das Detail, jener so bedeutsamen Feinarbeit an der Form, die einerseits neu hinzugekommene technischen Funktionen in das Gerät integriert und es andererseits bedienungsfreundlicher und sicherer werden läßt, ohne das Erscheinungsbild grundlegend zu verändern. So sind die in höchster Präzision gefertigten Bedienungselemente und die zahlreichen Zusatzgeräte, welche die Kamera zu einem Gerätesystem werden lassen, auf das Grundgehäuse abgestimmt, in die Gesamtform integriert und nicht mehr wie früher additiv hinzugefügt. Durch ihre Gestalt weist sich die Kamera als modernes, jedoch in einer berühmten Tradition stehendes Präzisionsgerät aus.
1982 vom Hersteller erworben.

F. H.

Mattschwarz lackiertes Metallgehäuse
Objektiv: Summicron-M
H. 7,5 cm, B. 13,5 cm, T. 3,5 cm
Herst.: Leitz, Wetzlar, Deutschland
Preise/Auszeichnungen u. a.: Busse Long-Life Award, 1981
Inv. Nr. 492/82
Lit. u. a.: Wichmann Hans, [Kat. Ausst.] Neu. Donationen und Neuerwerbungen 1982/83. Die Neue Sammlung. München 1986, 42 [dort weit. Lit.], 89 m. Abb.

Erich Slany Design-Team
Microcomputergesteuerte Fernsehkamera »KCM 125«, 1985

Fernsehen, also die Aufnahme, Übertragung und Wiedergabe sichtbarer, bewegter Vorgänge mit Hilfe elektromagnetischer Wellen, zählt heute zu den modernsten Kommunikationsmitteln, besitzt aber eine Geschichte, die annähernd so alt wie unser Jahrhundert ist.
Etwa ab 1906 entstanden Bildröhren, die zur Wiedergabe von in Zeilen aufgelösten Bildern geeignet waren. 1929 begann die englische BBC bereits mit Fernsehübertragungen, und im gleichen Jahr starteten auch in Deutschland die ersten Versuchssendungen. Bis Ende 1932 waren in England bereits 10 000 Fernseh-Empfangsgeräte verkauft worden; die ersten großen Übertragungen galten im August 1936 den Olympischen Spielen.
Voraussetzung hierfür war, und dies ist charakteristisch für das 20. Jahrhundert, die Entwicklung eines Systems, das mit der Fernsehkamera am Ort des Geschehens beginnt und nach zahlreichen Zwischenstufen erst am Empfangsgerät in der Wohnung endet. Dabei muß zu jeder Zeit und an jeder Stelle innerhalb dieses Kommunikationssystems technologische Innovation problemlos integrierbar sein. Dies gilt in besonderem Maße für die Fernsehkamera, die auf kleinstem Raum, mit möglichst geringem Gewicht, möglichst viele Techniken und Funktionen vereinigt. Darüber hinaus muß sie als Arbeitsgerät dem sie bedienenden Menschen angepaßt sein. Nur eine ergonomisch richtige Placierung aller Primärbedienteile gewährleistet auch eine einwandfreie Bildführung. Schneller Zugriff zur Elektronik, leichter Objektivwechsel und die Gewährleistung eines sicheren und bequemen Transportes sind die entscheidenden Forderungen an das Produkt, die den Entwurf nachhaltig bestimmen.
Die vom Design-Team Erich Slany 1985

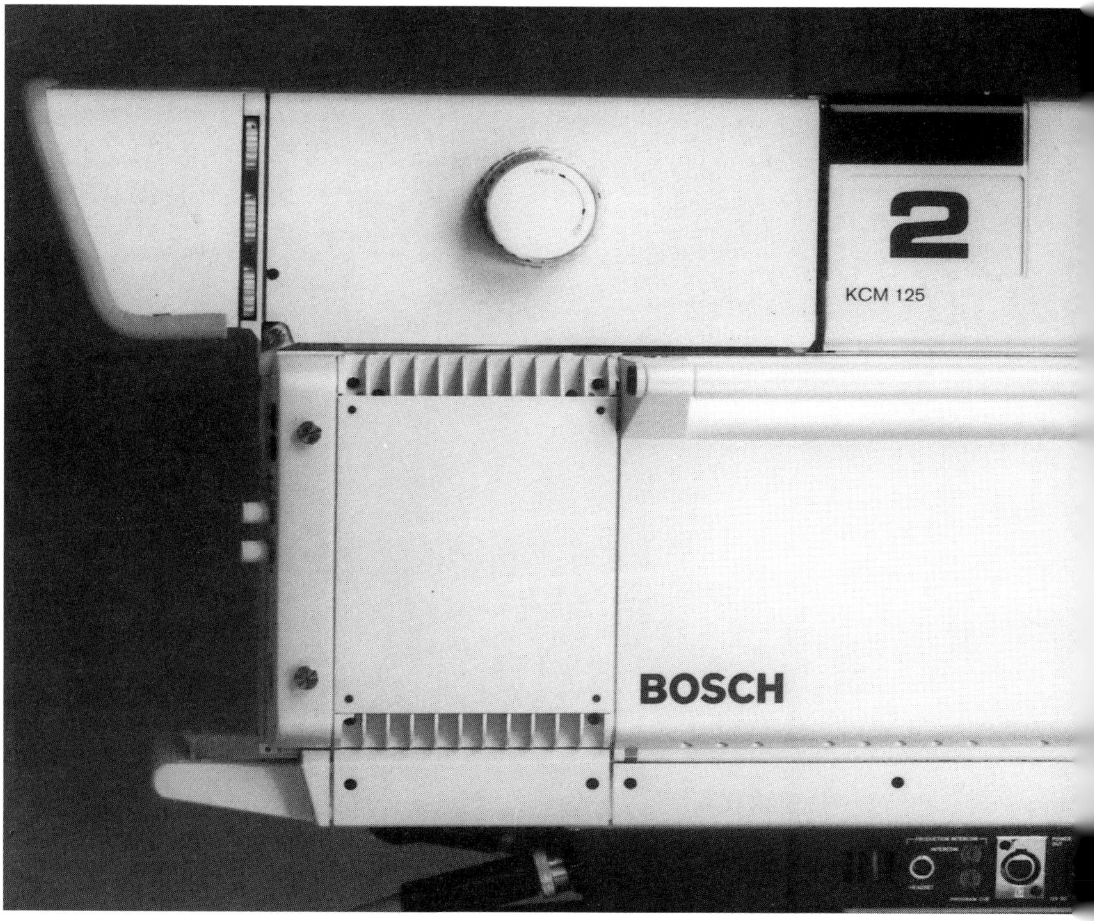

entwickelte microcomputergesteuerte Fernsehkamera »KMC 125« erfüllt diese Forderungen in guter Weise. Die Kastenbauweise des Gerätes mit separatem Kamera-, Objektiv-, Blenden- und Suchergehäuse ermöglicht nicht nur schnellen und problemlosen Wechsel der einzelnen Funktionsteile, sondern auch der Transport des in aufgebautem Zustand über 1 m langen Gerätes wird dadurch wesentlich erleichtert. Darüber hinaus können die einzelnen Teile, der technologischen Entwicklung folgend, ausgetauscht oder integriert werden. Die kompakte, blockartige Bauweise gibt dem Gehäuse auch eine gemäße Schutzfunktion, umhüllt vorspringende Teile. Die wenigen auskragenden Partien sind Bestandteil der Funktion oder der Tragekonstruktion. Selbst die Farbgebung des Gerätes nimmt auf die Funktion Rücksicht: das matte Hellgrau vermeidet in hohem Maße Lichtreflexe, die durch die umgebenden Beleuchtungskörper entstehen könnten. So erfüllt die Kamera in Aufbau und Detail Kriterien eines gestalteten Industrieprodukts.

Prototyp
Gerät in Baukastenbauweise mit separatem Kamera- und Objektivgehäuse. Metallspritzguß-Gehäuse, hellgrau, z. T. schwarz, lachsrot
Objektiv: Schneider 14,5 × 13
Gesamtlänge mit Objektiv ca. 105 cm, H. (max.) 41 cm, B. (max.) 31 cm
Herst.: BTS Broadcast Television Systems GmbH (Bosch- und Philips-Tochter), Darmstadt, Deutschland
Inv. Nr. 1055/89
Lit. u. a.: vgl. auch [Kat. Firma] 50 Jahre Fernseh 1929–1979 Robert Bosch GmbH. Stuttgart 1979, 273–275 [Entwicklung des Vorgängermodells] = Bosch Technische Berichte Bd. 6, H. 5/6 – Form 1986, H. 117, Nr. II, [s. p.] m. Abb. – Wichmann Hans, Neu. Donationen und Neuerwerbungen 1988/89. Die Neue Sammlung. München 1990, 182 m. Abb.

F. H.

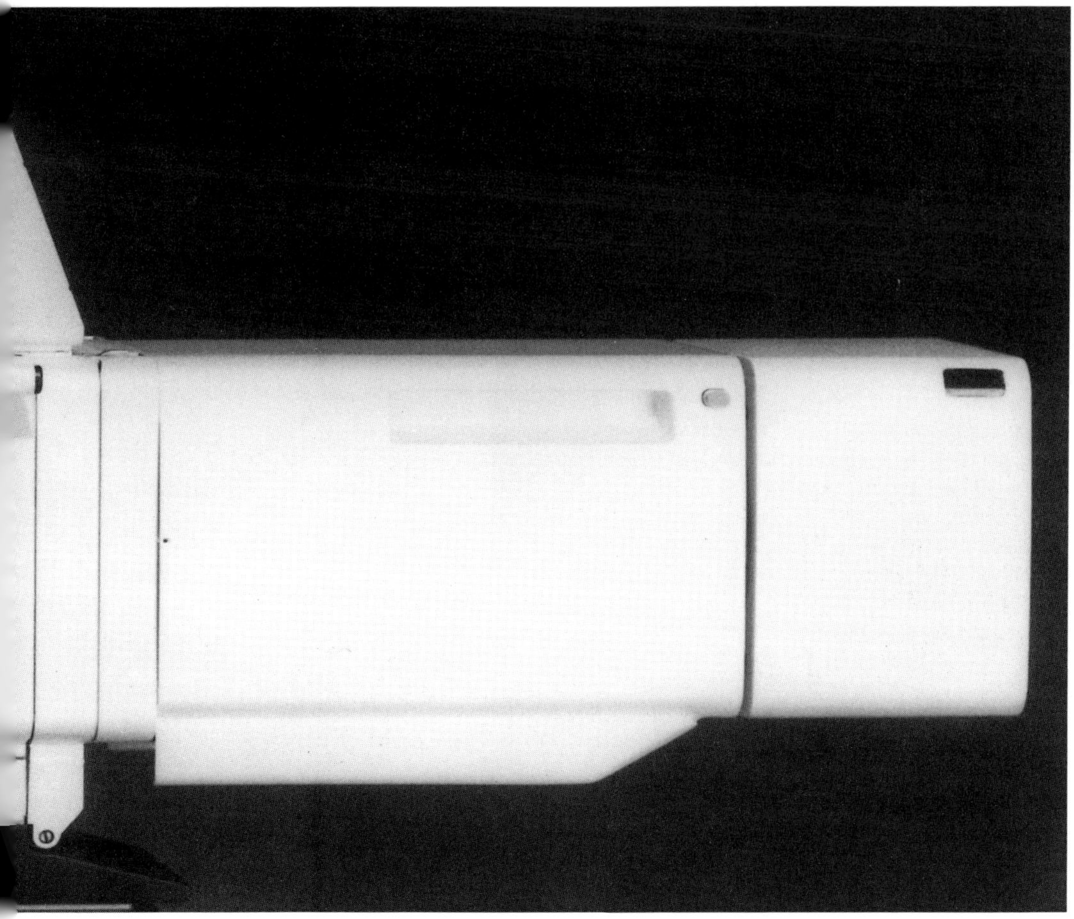

Mechanische Schreibmaschine »National«, Mod. 2, Nr. 1337, USA, 1918

Die Geschichte der Schreibmaschine – bis zum Anfang des 18. Jahrhunderts zurückreichend (H. Mill, 1714 Patent in London) – ist von zahlreichen Erfindern geschrieben worden. W. A. Burt aus Detroit (1830) und K. F. Drais Freiherr von Sauerbronn (1832), der Kreator des Fahrrads, sind ebenso daran beteiligt wie X. Progrin (Marseille 1833) oder G. Ravizza (1858) aus Novarra. Europa und die Neue Welt haben sich um diese Entwicklung verdient gemacht, die 1864 durch den Südtiroler Zimmermann Peter Mitterhofer entscheidend vorangetrieben wurde (kreisförmig abgehängte Typenhebel, Farbband u. a.). Bereits im letzten Viertel des 19. Jahrhunderts war die Schreibmaschine ein unentbehrlich gewordener Gebrauchsgegenstand, dies nicht nur, um Geschäftsbriefe auszufertigen, sondern auch bedeutende Manuskripte, wie etwa das des Romans »Krieg und Frieden«.

Nachdem sich ein Jahrzehnt vor dem Ersten Weltkrieg, vor allem in den USA, ein Standardtypus herausgebildet hatte, ging man nun daran, ein möglichst handliches, transportables Gerät zu entwickeln, ein Bemühen, das zu den berühmt gewordenen Reiseschreibmaschinen der dreißiger und fünfziger Jahre unseres Jahrhunderts führte.

Auf dem Weg dahin ist diese 1918 gefertigte, äußerst zierliche Schreibmaschine anzusiedeln. Sie gelangte durch einen sizilianischen Sammler, dem hier nochmals gedankt sein möge, in unsere Sammlung.

Die Maschine besitzt bei einer nahezu quadratischen Bodenfläche von 30 cm Kantenlänge nur eine Höhe von 16 cm. Ihr eignet geringes Gewicht, Überschaubarkeit und damit Selbstverständlichkeit.

Da ist nichts verkleidet, alles liegt offen; der Blick gleitet durch die Typenhebel wie durch ein Gitterwerk. Alles an der Maschine ist praktikabel, ergonomisch richtig. Beherrscht und zugleich optisch organisiert wird das Gerät durch das Tastenfeld mit den so charakteristischen, mit vernickeltem Rand umfaßten Knöpfen; darüber dann Farbband und Walze. Die Materialquerschnitte sind minimiert, dadurch ist das Gerät leicht und gut transportabel. Im Rahmen der zahlreichen in unserer Sammlung bewahrten Schreibmaschinen, an denen die technische Entwicklung und formale Wandlung unseres Jahrhunderts vorzüglich demonstriert werden kann, entspricht dieser in den USA hergestellte Typus aufgrund seiner Klarheit den Sammlungszielen unseres Museums in besonderer Weise. Es ist ein Gebrauchsgegenstand par excellence, der in starkem Maße instrumentalen Charakter besitzt, weil er frei von jedweden modischen Anleihen ist. Der Name des Herstellers in Versalien einer klassischen Antiqua verbindet sich darüberhinaus in besonders glücklicher Weise mit der straffen Form der Maschine, die ein Pendant mit arabischen Buchstaben in unseren Sammlungen besitzt.

Metallgehäuse, schwarz lackiert
Frontseite beschr.: (gold) NATIONAL sowie NATIONAL TYPEWRITER N°. 2; Rückseite: MADE IN USA; Boden gepr.: PAT APLD FOR 1337
H. 16 cm, B. (Wagen) 30 cm, T. 27 cm
Herst.: Rex Typewrite Corporation, USA
Inv. Nr. 803/86
Lit. u. a.: Beeching Wilfred A., Century of the Typewriter. London 1974, 259, Nr. 8, 125 m. Abb. – Wichmann Hans, [Kat. Ausst.] Neu. Donationen und Neuerwerbungen 1986/87. Die Neue Sammlung. München 1989, 74 m. Abb.

NATIONAL
FIG
CAP
NATIONAL TYPEWRITER N°2

Richard Sapper und Marco Zanuso
Klappbarer Telephon-Apparat »Grillo«, 1966

Es gibt eine Reihe von Dokumenten in der Designgeschichte, welche die Bezeichnung »Zimelie« verdienen, obwohl sie kaum etwas mit der üblichen Erfüllung des Begriffes zu tun haben, sind sie doch häufig weder kostbar noch teuer, noch stellen sie eine Rarität dar. Sie definieren lediglich ein Gebrauchsding in neuer Weise. Das Besondere an ihnen wird jedoch nur bewußt, wenn man mit der Formentwicklung des jeweiligen Gegenstandes vertraut ist. Es liegt also in der Form oder in einer neuen Technik, der eine neue Form von ästhetischem Reiz zu folgen vermag und die mit einer bisher üblichen bricht.

Italien hat der Welt wiederholt Lösungen dieser Art beschert, auch im sogenannten industrial design, obwohl diese, bedingt durch zahlreiche Determinanten, weit schwieriger zu erzielen sind als in anderen Designgebieten.

Bereits aber 1939 – gewissermaßen im Vorfeld des italienischen Design – gelang den Brüdern Castiglioni im Verein mit Caccia Dominioni die Entwicklung eines formal völlig neuartigen Radios (vgl. S. 135), dem überraschende Konzeptionen in unterschiedlichen Produktbereichen folgen sollten. Zu ihnen gehört auch das 1966 von Richard Sapper und Marco Zanuso entworfene Telephon »Grillo«, das 1983 als Donation des Hauses Siemens in unsere Sammlungen gelangte.

Von dem tradierten Tisch-Handapparat, der sich aus Hör-Sprechteil, Apparat mit Wählscheibe und Auflage zusammensetzt, sondert sich »Grillo« völlig ab. Deshalb wurde der bis heute produzierte Apparat auch als sensationelle Neuheit empfunden. Er findet in einer Hand Platz. Hör-, Sprech- und Wählteil sind durch ein Gelenk miteinander verbunden und zusammenklappbar.

Die kleinen Dimensionen, das geringe Gewicht, die Miniaturisierung der Elemente, ihre elegante Verbindung, die geschlossene, taktile Gesamtform, der alle Details antworten, um eine der Hand adaequate Gestalt zu erzeugen, haben diesem Gerät einen gewissen Nimbus, einen Platz etwa im Rahmen der hundert Besten oder Originellsten verliehen.

Dabei repräsentiert es Design im originalen Sinne als ein Bemühen, den Massenbedarf für den Menschen erträglich zu machen, also zwischen der Apparatewelt und der Gestalt des Menschen zu vermitteln.

Sicher hat dieses kleine Telephon nicht alle Märkte erobert oder gar den tradierten Apparat verdrängt, aber das in seine Form eingeflossene intelligente, von Esprit beflügelte Novum hat zweifelsohne dazu beigetragen, dem Design-Thema »Telephon« in den vergangenen 20 Jahren vielfältige Variationen abzugewinnen.

Eine formal verwandte Entwicklung – nur in zwei Teilen – wurde in den USA im »Bell Trimline Telephone« konzipiert (vgl. Doblin Jay, One Hundred Great Product Designs. New York [u. a.] 1970, 125–125 m. Abb.)
Kunststoffgehäuse
H. 6,5 cm, L. 17 cm, B. 75 cm.
Herst.: Società Italiana Telecomunicazioni Siemens, S. p. A., Mailand, Italien
Preise/Auszeichnungen u. a.: Compasso d'Oro, Mailand 1967
Inv. Nr. 161/83
Lit. u. a.: Wichmann Hans, [Kat. Ausst.] Beispiele. Möbel und Geräte der Wohnung unserer Zeit. Stadtmuseum. München 1968, 59 – Design (London) 1969, Nr. 236, 61 m. Abb. – form 1968, Nr. 41, 44 m. Abb. – mobilia 1968, Nr. 154/155 m. Abb. – [Kat.] The Design Collection. Selected Objects. Museum of Modern Art. New York 1970 m. Abb. – Dorfles Gillo, Marco Zanuso. Rom 1971, 80–81 m. Abb. – [Kat. Ausst.] design israel museum. [Tel Aviv] 1973, Nr. 04.3/1 m. Abb. – Bayley Stephen, In Good Shape. Style in Industrial Products 1900 to 1960. London 1979, 213 m. Abb. [dort irrtümlicherweise 1968 datiert] – Grassi Alfonso/ Anty Pansera, Atlante del design italiano 1940/1980. Mailand 1980, 108 m. Abb. – Gregotti Vittorio, Il disegno del prodotto industriale. Italia 1860–1980. Mailand 1982, 412, Abb. 707 – Hiesinger Kathryn B., [Kat. Ausst.] Design since 1945. Philadelphia Museum of Art. London 1983, 59, 96 m. Abb. – Wichmann Hans, Industrial Design. Unikate. Serienerzeugnisse. Die Neue Sammlung. Ein neuer Museumstyp des 20. Jahrhunderts. München 1985, 290 m. Abb. – Wichmann Hans, Italien: Design 1945 bis heute. München/Basel 1988, 156–157 m. Abb.

3 2 1
4 0
5 9
6 7 8

Mario Bellini
Elektronischer und elektromechanischer Buchungs- und Rechenautomat »P 203«, 1967

Unter den zahlreichen Büro- und Informationsmaschinen, die unser Museum von Olivetti besitzt, verdient dieser elektronische und mechanische Rechen- und Buchungsautomat – wie ich meine – besondere Beachtung.
1967 produziert, verkörpert er eine Phase des anbrechenden elektronischen, zentralgesteuerten Informationszeitalters.
Das Gerät gestaltete Mario Bellini, der schon 1965 die Form des weltweit ersten freiprogrammierbaren Tisch-Computers von Olivetti, den Typ »Programma 101«, konzipiert hatte. Dieser war von der NASA für die kartographischen Planungen der Mondlandung eingesetzt worden und befindet sich ebenfalls in unseren Sammlungen.
Formale und technische Elemente dieses Geräts tauchen auch in dem Rechner »P 203« auf, der einen kompakten Arbeitsplatz verkörpert. Die Tastaturen dieses Accounting- und Invoicing-Gerätes bilden ein maschinelles Arbeitsfeld, das nur auf der rechten Seite einen Unterbau für elektronisch-elektrische Einschübe und Vorrichtungen besitzt, während das Haupttastaturfeld mit der Schreib- und Buchungsmaschine frei nach links überragt und nur unten von einer Fußplatte begleitet wird.
Technisch verkörpert dieses Gerät eine Kombination von noch mechanischen, jedoch in breiten Bereichen bereits elektronisch gesteuerten Maschinen. Sein Volumen und sein Gewicht sind so umfangreich bzw. groß, daß die vielfältigen Aufgaben nicht in einem transportablen, also tragbaren Objekt zusammengefaßt werden konnten, sondern einen autonomen Arbeitsplatz, in den der Mensch einbezogen wird, bilden.
Wie aber löste Bellini, der bedeutende italienische Designer, diese additive, äußerst schwierige, ja undankbare Aufgabe? So gut, daß der Automat viele Jahrzehnte später nach wie vor von großem Reiz ist, trotz technischer Überholtheit. Bellini formt eine einheitliche, durchaus skulptural aufgefaßte Tastaturzone, eine Art Landschaft mit Tälern und Hügeln, mit Formen, die auseinander hervorwachsen und zueinander überleiten. In diese sind nun die Tastenfelder, vorzüglich ergonomisch durchgearbeitet und farbig in Petrol, Rot und Grautönen variiert, im wahrsten Sinne des Wortes eingebettet, so daß die Aufsicht bereits unabhängig von der Funktion eine ausgewogene, ästhetisch anregende Integration von Teilen zu einem geschlossenen Ganzen zeigt. Diese Einheit zeichnet sich ebenso in der Frontansicht ab. Es ist wohl die einzige komplexe Maschine, die eine Bearbeitung in dieser originellen, der Gestalt des Menschen zumindest formal entsprechenden Form gefunden hat. Deshalb bedeutet ihr Besitz mehr als nur Dokumentation des beginnenden elektronischen Zeitalters. Es ist vielmehr eines der wenigen Beispiele dafür, auf welche Weise ein sensibler Designer Technik durch Gestaltung erträglich machen, ja zu einem ästhetischen Objekt verwandeln kann.
Die Maschine ist eine Donation von Manfred Ludewig, dem Berliner Design-Sammler.

Metall, Kunststoff, hellgrau und eierschalenfarben, Sitzöffnung z. T. mit grauem Teppich bezogen
H. 93 cm, B. 92 cm, T. 55 cm
Herst.: Olivetti S. p. A., Ivrea, Italien
Preise/Auszeichnungen u. a.: Mailand 1970: Compasso d'Oro
Inv. Nr. 1012/88
Lit. u. a.: [Kat. Ausst.] Design Process Olivetti 1908–1978. Frederick S. Wight Art Gallery. University of California Los Angeles. Ivrea 1979, 11 m. Abb. – Design Process Olivetti 1908–1983. Ivrea 1983, 113 m. Abb. [dort weit. Lit.] – Wichmann Hans, [Kat. Ausst.] Neu. Donationen und Neuerwerbungen 1986/87. Die Neue Sammlung. München 1989, 93 m. Abb.

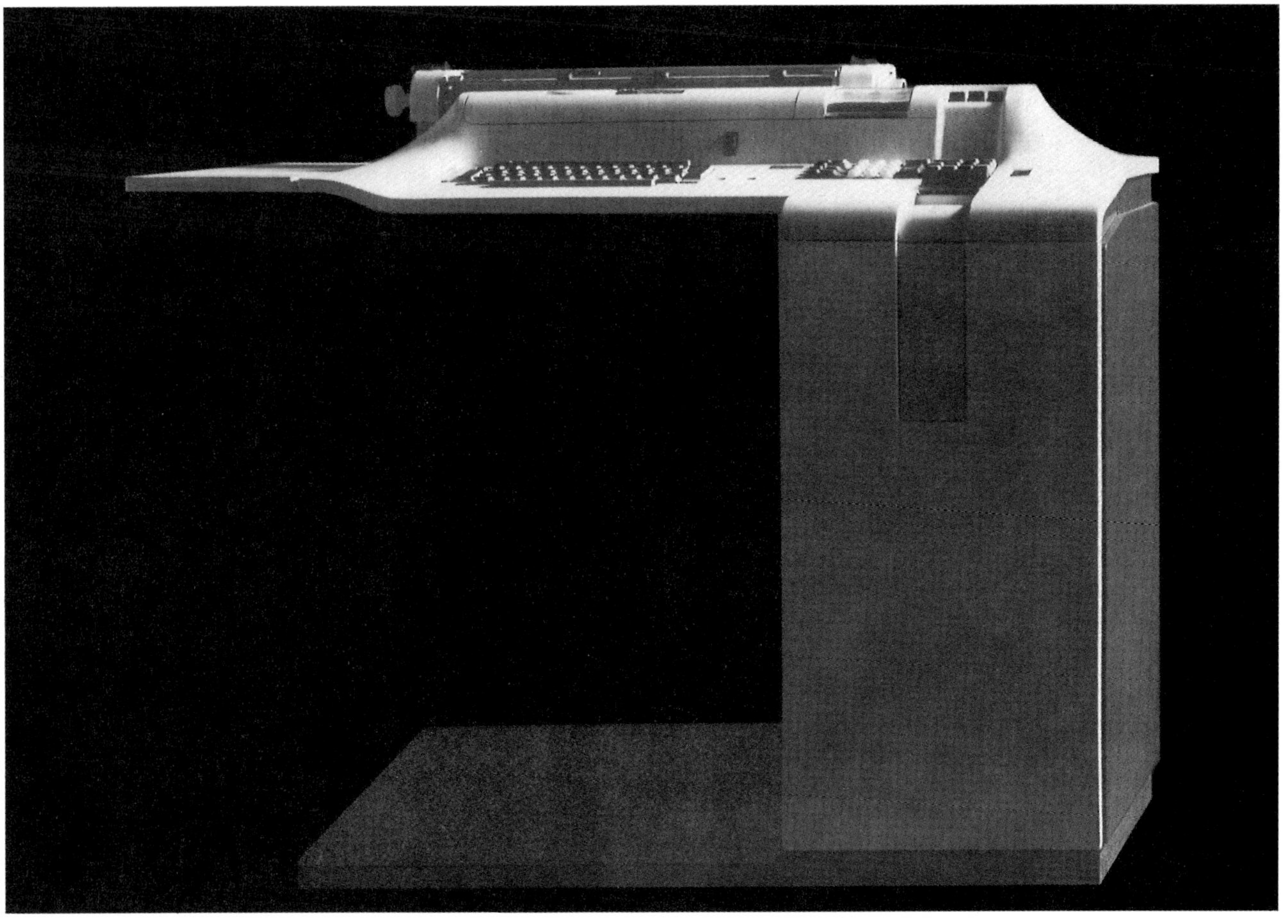

Mario Bellini, Antonio Macchi Cassia und Sandro Pasqui
Elektronischer Taschenrechner »Divisumma 18«, 1973

Als ich im Jahr 1982 versuchte, dieses Gerät zu erwerben, das sicher in der Entwicklung des europäischen Design ein wichtiges Dokument ist, war dies so gut wie unmöglich, obwohl dieser Rechner nur neun Jahre zuvor, 1973, zu produzieren begonnen worden war.
Erst im Verein mit Olivetti und der mächtigen Organisation dieses Unternehmens fand man schließlich noch einige vergessene Stücke in Spanien.
Dieser Vorgang bestätigt, daß technisch bestimmtes Design sehr rasch, selbst bei einer Auflage von Tausenden, ja Millionen von Stücken, verloren gehen kann, einfach deshalb, weil es von der nächsten Innovation weggespült wird. Dieses Objekt erschien mir – ebenso wie sein Geschwister, die etwas größere »Divisumma 28«, die sich ebenfalls in unserer Sammlung befindet – bedeutsam, weil es an einer hochinteressanten Nahtstelle angesiedelt ist, in dem Bereich beginnender Elektronik nämlich.

Häufig klagten die Designer vor dieser neuartigen technischen Phase darüber, daß der Mechanik die Form und Gestaltung angepaßt werden mußten und damit der Formgebung Grenzen gesetzt seien.
Durch die Miniaturisierung der elektronischen Bauelemente fielen diese Einschränkungen jedoch weg, und der Designer war frei. Nur mehr der Mensch und seine Gestalt bedeuteten nun das Gegenüber, und in diesem Feld eines sich öffnenden Freiraums begann mehr als zuvor die Ergonomie, also das physische und psychische Verhältnis zwischen Mensch und Maschine, eine Rolle zu spielen.
Ein elektronisch bestimmtes Gerät reagiert bereits auf Berührung und benötigt nicht mehr den Tastendruck, das Gerät konnte zusammenschrumpfen, war jedoch dann nicht mehr bedienbar, die Kontrolle durch Druck oder Tastgefühl nicht mehr erlebbar. Infolgedessen mußten haptische oder optische Mechanismen eingesetzt werden, jedenfalls bewirkte die neue Technik eine Vielzahl neuartiger Probleme.
Mario Bellini, der promovierte italienische Designer, der heute – nach Ettore Sottsass – die Gestaltungsabteilung Olivettis leitet, daneben Chefredakteur der italienischen Kulturzeitschrift »Domus« ist, hat in der »Divisumma 18« die damals auftauchenden, ergonomischen Probleme und Vorstellungen ablesbar gemacht, stellt sie doch einen der ersten Versuche dar, die Auslösefunktionen eines elektronisch bestimmten Gerätes haptisch zu akzentuieren.
Um dies zu erzielen, wurde das Gerät mit einer Kunststoffhaut überzogen. Für die damalige Zeit sind Rechner und Drucker ungewöhnlich klein und in bester Weise in der Hand transportabel. Die Anordnung der erhabenen, sich scharf abzeichnenden, zugleich gut bedien- und erfühlbaren Tasten zeigt die für Bellini und seine Mitarbeiter charakteristische Fähigkeit, Bedienungsfelder ästhetisch und ergonomisch in bester Weise zu organisieren, und die Abrundung der Längskanten unterstützt die Anschmiegsamkeit des Geräts.
Im Verein mit der »Divisumma 28« (vgl. Abb. links), deren Oberfläche, Form und Neigungswinkel unter gleichen ergonomischen Prämissen stehen, ist dieser Rechner nicht nur ein Dokument eines neuartigen technischen Schrittes, sondern zugleich eine formale und ästhetische Antwort auf damit ausgelöste Probleme.

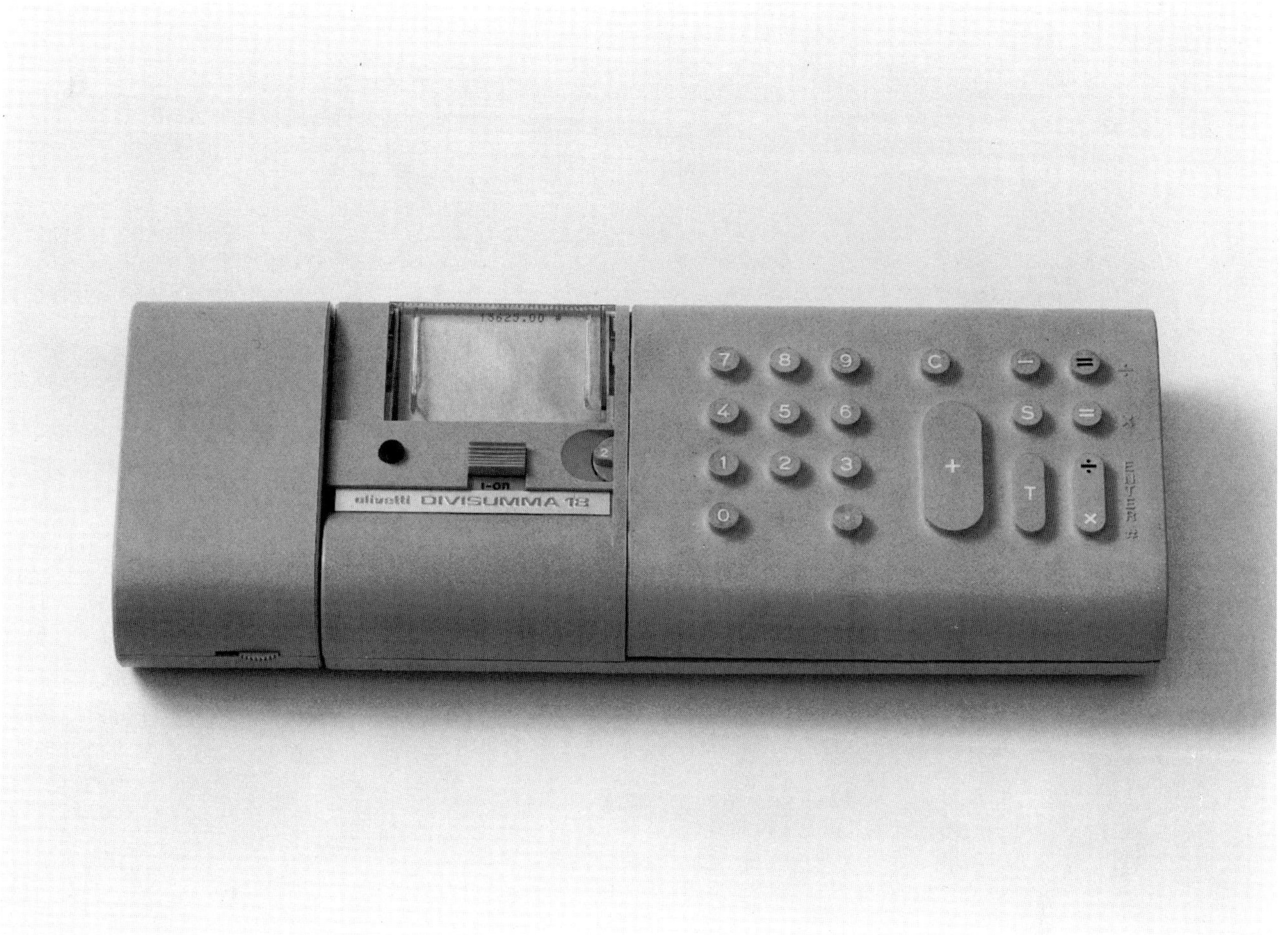

Ockersandfarbener Kunststoff; Bedienungsteil mit gleichfarbigem Gummiüberzug
H. 4,5 cm, B. (mit Akkuteil) 30 cm, T. 12 cm
Herst.: Olivetti S. p. A., Ivrea, Italien
Inv. Nr. 916/84
Lit. u. a.: domus 1973, Nr. 529, 36–37 m. Abb. – form 1973, Nr. 63, 72 m. Abb. – md (moebel interior design) 1974, Nr. 4, 47 m. Abb. – Industrial Design, (New York) 1974, Nr. 6, 58 m. Abb. – Schmittel Wolfgang, design-concept-realisation. Zürich 1975, 140 m. Abb. – [Kat. Ausst.] Design Process Olivetti 1908–1978. Frederick S. Wight Art Galery, Los Angeles. Ivrea 1979, 188 m. Abb. – Garner Philippe, Contemporary Decorative Arts. New York 1980, 176 m. Abb. – Grassi Alfonso u. Anty Pansera, Atlante del design Italiano 1940–1980. Mailand 1980, 221, Abb. 7 – Gregotti Vittori, Il disegno del prodotto industriale. Italia 1860–1980. Mailand 1982, 384, Abb. 651 – Hiesinger Kathryn B., [Kat. Ausst.] Design since 1945. Philadelphia Museum of Art. London 1983 – [Kat. Ausst.] Design Process Olivetti 1908–1983. Ivrea 1983, 198 m. Abb. – Bellini Mario (Hrsg.), Album II, Annual of Design and material culture. Mailand 1983, 170 m. Abb. – [Kat. Ausst.] Von der Mechanik zur Elektronik. Die Neue Sammlung/Deutsches Museum. München 1984, 46 m. Abb. – Un'industria per il design. Mailand 1984, 109 m. Abb. – [Kat. Ausst.] Donation Olivetti. Die Neue Sammlung, München/Frankfurt a. M. 1986, 26 m. Abb. – Wichmann Hans, Italien: Design 1945 bis heute. München/Basel 1988, 173 m. Abb. = industrial design-graphic design 4.

Bill Moggridge, Stephan Hobson, Glenn Edens
Portable Computer »Compass«, 1981

Industrial design ist heute dominant elektronisch bestimmt. Ein Museum, das der Designentwicklung folgen will, muß deshalb in dieses Feld neuartiger Technologie hinüberwechseln, muß dem Objekt folgen. Erstaunlich ist der rasche formale Wandel der Dinge in diesem Bereich, der aus der Veränderung der Technik erwächst.
Dennoch gibt es in dieser raschen Stufenfolge mit immer kleiner werdenden Objekten, deren Miniaturisierung nur durch die Ergonomie Grenzen gesetzt werden, spezielle, die Entwicklung bestimmende Konstanten.
Eine solche verkörpert dieser transportable Tischrechner, der 1981 von einer Gruppe junger englisch-amerikanischer Designer gestaltet wurde und am Beginn der achtziger Jahre aufgrund seiner kompakten Technik, aber auch durch seine Form große Beachtung fand.
Das Museum of Modern Art besaß das Gerät sehr früh. Ich habe mich etwa fünf Jahre bemüht, es für unser Museum zu erhalten, was schließlich dank der Aufgeschlossenheit des Präsidenten des herstellenden Unternehmens 1987 gelang.
Das ehemals materiell teure Gerät, das auch bei den Weltraumflügen der NASA eingesetzt wurde und selbst die verunglückte Raumfähre begleitete, besticht durch seine gediegene Exaktheit und spiegelt darin gewissermaßen den Inhalt. Sein Gehäuse besteht aus Magnesiumdruckguß, ein besonders leichtes, widerstandsfähiges und edles Material mit mattschwarzer Oberfläche. Die Form entspricht einem flachen, langgestreckten, in seinen Dimensionen sorgfältig ausgewogenen Quader mit leicht gerundeten Ecken und Kanten. Das Äußere gliedert ein Lineament von Fugen, die wiederum einzelne Funktionsteile umschreiben. Diese Linien und eingefügten Bedienungselemente sind sorgfältig durchgearbeitet und artikulieren den Gerätekörper ebenso wie im aufgeklappten Zustand die Tastatur, die nicht skulptural aufgefaßt ist, sondern die graphisch bestimmte Lineatur aufnimmt. Die jeweiligen Tasten sind nur konkav eingewölbt und werden ästhetisch von ihrem Kontur bestimmt, so daß das Tastenfeld durch kräftige, horizontale Schattenfugen und vertikale Gratlinien charakterisiert wird.
Die auf Bildschirm und Sichtfeld abrufbaren Systeme unterliegen als Software dem gleichen sorgfältig konzipierten Graphik Design.
Sicher entspricht in einigen Jahren die Technik des Gerätes nicht mehr dem Standard, aber seine sublime, hohe Sensibilität offenbarende Gestalt wird Bestand haben. Damit hat es für alle weiteren portable computer einen Maßstab gesetzt, an dem sich zukünftige Entwicklungen beurteilen lassen können. Aus diesem Grunde wurde dieser Grid-Computer unseren Sammlungen integriert.

Programmiert mit dem NASA Space Shuttle-Programm zur Positionsbestimmung der Raumfähre.
Druckgußgehäuse aus Magnesiumlegierung, mattschwarz
256 K RAM und 16 bit Rechnungs- u. Speicherkapazität
Klappbarer, superflacher, 6 mm tiefer, flackerfreier Graphik-Bildschirm. Auflösungsvermögen 320 × 250 Punkte
H. 5 cm, B. 29 cm, T. 38 cm
Herst.: Grid Systems Corporation, Mountain View, California, USA
Inv. Nr. 400/87
Preise/Auszeichnungen u. a.: IDSA Industrial Design Excellence Award 1982
Lit. u. a.: form 1982, Nr. 99, H. 3, 42 m. Abb. – Hiesinger Kathryn B., [Kat. Ausst.] Design since 1945. Philadelphia Museum of Art. London 1983, 89 m. Abb. – Bush Akiko, Product Design. New York 1984, 156 m. Abb. – ID. Industrial Design, (New York) 1984, Nr. 4, 93 m. Abb. – Hunter Sam, The Museum of Modern Art, New York. The History and the Collection. London 1984, 454 m. Abb. – [Kat. Ausst.] Caravelles. Quadriennale internationale de design. Centre national d'art contemporain. Grenoble 1986, 124 m. Abb. – Wichmann Hans, Neu. [Kat. Ausst.] Donationen und Neuerwerbungen 1986/87. Die Neue Sammlung. München 1989, 97–98 m. Abb.

GRiD
Compass Computer
1109
SEDDON★GRIGGS★HOFFMAN

Theodolit
England, 1. Hälfte 19. Jahrhundert

Optischer Repetitionstheodolit Nr. 1102
TEANT Fabr. Nr. 358608
H. 25 cm, B. 16 cm, T. 10 cm
Entwurf u. Herstellung: F. W. Breithaupt & Sohn, Kassel, Deutschland
Inv. Nr. 1419/82
Lit. u. a.: Wichmann Hans, Industrial Design. Unikate. Serienerzeugnisse. Die Neue Sammlung. Ein neuer Museumstyp des 20. Jahrhunderts. München 1985, 311 m. Abb. – Wichmann Hans, [Kat. Ausst.] Neu. Donationen und Neuerwerbungen 1982/83. Die Neue Sammlung. München 1986, 38 m. Abb.

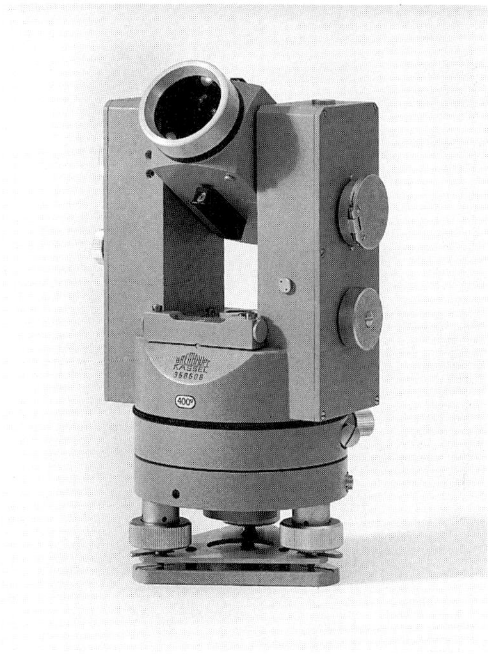

Die Veränderung unserer Dingwelt wird besonders eindringlich durch den Vergleich von Instrumenten gleicher Funktion, deren Entstehen 100 oder 150 Jahre auseinanderliegt, verdeutlicht. Diese Konfrontation vermag überzeugender als Worte den Wandel, ja das andere, ebenso wie Gewinn und Verlust zu dokumentieren.

Instrumente und Werkzeuge werden in der Neuen Sammlung nicht etwa unter dem Aspekt, die Geschichte der Daseinsbewältigung des Menschen zu belegen, gesammelt, auch nicht, um die sich darin abzeichnende technisch-ingeniöse Leistung zu zeigen, sondern um den speziellen Gestalttypus von Instrumenten und Werkzeugen zu demonstrieren und an ihm das formbildende, damit geistige Element als Niederschlag gestaltender, ordnender Kraft offen zu legen. Zu den Neuerwerbungen der achtziger Jahre gehören auch zahlreiche Meßinstrumente, so auch Theodolite und Nivelliere, die sich heute vom optisch-mechanischen Instrument zum elektronisch bestimmten gewandelt haben.
Unter ihnen zeigen zwei Theodolite, die etwa 150 Jahre auseinanderliegen, in vorzüglicher Weise die oben angesprochene technische und formale Veränderung. Während an dem frühen, in der ersten Hälfte des 19. Jahrhunderts entstandenen Gerät noch die Funktion abgelesen und der Aufbau Teil für Teil durch die Abtastung des Auges nachvollzogen werden kann, verbirgt sich in dem 1971 entstandenen Instrument die Funktion in weit stärkerem Maße.
Aber nicht allein dies wird einsichtig, sondern generell das völlig andere Verhältnis des Menschen zum Ding, speziell zu diesem Instrument. Es wirkt weit mehr als Preziose denn als Gebrauchsobjekt, trotz seiner etwas schwerfälligen, rein additiven Bauweise. Jedes der Teile zeugt jedoch von sorgfältiger Handwerklichkeit, von liebevoller Bearbeitung. Etwas von dem Wesen der Hand, die Kant einst als das äußere Gehirn des Menschen bezeichnete, ist zweifellos in die Gestalt des Instruments eingeflossen. Die Rändelung der Triebe, die eingelegten Silberstreifen und ihre Bezifferung, die Zahnkränze, Halteschellen und Schrauben, die Paßgenauigkeit sind wohl am besten mit der Goldschmiedetechnik vergleichbar, erwecken Vertrauen, bieten Zugang und zeigen in den Details Design von höchster Qualität. Das Additive des Aufbaus gibt darüberhinaus Auskunft über die noch durchaus partielle Weltvorstellung, die trotz Galilei und Newton den damaligen Menschen von totaler Inbesitznahme der Erde trennte. Ein Blick auf den Charakter des heutigen, funktional gleichen Gerätes vermag dies zu bestätigen. Beide Theodolite sind Dokumente und Zeugnisse einer nicht nur technisch, sondern grundsätzlich geänderten Welt, die sich in der Einstellung zum Material, zur Form, zum Ding schlechthin spiegelt.

Theodolit, 1. Hälfte 19. Jahrhundert
Auch als Nivellier verwendbar; in typisch englischer Bauweise; runder Sockel mit vier Justierschrauben zur Horizontaleinstellung; freiliegender Horizontalkreis in Silber eingelegt, mit zwei Libellen; 0°–360°, in Intervalle von 30′ geteilt; Ablesegenauigkeit Nonius 1′; freiliegender Vertikalkreis in Silber eingelegt, 0°–90° und 0°–40° in Intervalle von 30′ geteilt; Ablesegenauigkeit 1′; wälzbares Fernrohr mit Libelle; Fokussierung über Zahnstange durch Fernrohr; Wälzringe des Fernrohrs und Achse des Vertikalkreises aus Bronze
Messing, poliert (nachträglich), Silber und Bronze; dreiteilig, in Holzkasten
H. 26 cm, L. (Fernrohr min.) 35,5 cm, ∅ ca. 14 cm
Herst.: Lambeth, London, England
Inv. Nr. 1403/82
Lit. u. a.: Wichmann Hans, Industrial Design. Unikate. Serienerzeugnisse. Die Neue Sammlung. Ein neuer Museumstyp des 20. Jahrhunderts. München 1985, 298–299 m. Abb. – Wichmann Hans, [Kat. Ausst.] Neu. Donationen und Neuerwerbungen 1982/83. Die Neue Sammlung. München 1986, 37, 82 m. Abb.

Mikroskop »Mikrobenjäger«, um 1953

Die Leistungsfähigkeit des wissenschaftlichen Instrumentariums ist die Voraussetzung für technische Innovation. Deshalb sind Instrumente und ihre ständige Fortentwicklung eine unentbehrliche Bedingung unseres von Technik und Industrie beherrschten Zeitalters.
An der technischen und zugleich damit bedingten formalen Wandlung des Instrumentariums ist der Weg unseres Jahrhunderts wie wohl in keinem anderen Dingbereich ablesbar. Deshalb hat Die Neue Sammlung diesem Sektor ihres Dingarsenals besondere Aufmerksamkeit gewidmet.
Im Gegensatz zu rein technisch ausgerichteten Museen richtet sich der Blick nur sekundär auf die technische Leistung. Sie ist im Rahmen ganzheitlicher Betrachtung nur ein Teilaspekt einer Form, die auf die menschliche Gestalt bezogen ist. Da der Wechselbezug zwischen Zweck, Dingform und Gestalt beim Instrumentarium in historischen Vergleichsreihen besonders augenfällig wird, haben wir – wie etwa beim Mikroskop – diese formalen, historischen Entwicklungsstufen von der Jahrhundertwende an zusammengetragen.
Im Rahmen dieser Reihe erschien uns das abgebildete Mikroskop wichtig. Meine Enttäuschung war deshalb groß, als nach einer Anfrage im Jahr 1982 die abschlägige Antwort mit dem Vermerk: »vergriffen« eintraf. Um so größer war jedoch die Freude, durch eine viele Monate später erfolgte Nachricht zu erfahren, daß man im Herstellerwerk noch ein Stativ gefunden habe und bereit sei, die anderen erforderlichen Teile nachzubauen.
Das etwa 1953 in den eigenen Konstruktionsabteilungen der 1879 in Berlin gegründeten optisch-mechanischen Fabrik Steindorff & Co. konzipierte Forschungsmikroskop »Mikrobenjäger« ist in seiner Formung ein Beleg für das innovative Design der fünfziger Jahre, und zwar in doppelter Hinsicht. Obwohl seine Form funktional motiviert ist, ist es doch zugleich von dem damaligen Stil, der mit ausladenden Kurvierungen arbeitet, die wir etwa auch bei Nogushi finden, geprägt.
Signifikant, die Erscheinung des Instruments bestimmend, ist das breit ausschwingende Stativ, das zum erstenmal Fuß, Bügel und Tubus aufnimmt. Der Leichtmetall-Hohlguß ermöglichte diese formale Lösung bei normalem Gewicht.
Der neue Werkstoff gab auch Anregung zur Vereinfachung der Konstruktion. So ermöglicht die starre Bauweise die Ausstattung mit zusätzlichen Geräten. Die ausgreifenden Bügel öffnen das Arbeitsfeld und erleichtern die Hantierungen. Alle Triebknöpfe sind vorn in der Nähe des Objekttisches konzentriert und liegen nur gering über der Fußzone, so daß sie die Hand abgestützt, ohne zu ermüden, bedienen kann. Für diese damals beispielhafte Formung nach ergonomischen Gesichtspunkten wurde das Instrument 1954 während der X. Triennale in Mailand mit einem »Diplome d'honneur« ausgezeichnet. Seine Technik ist im Rahmen elektronischer Bauteile partiell überholt, seine Form ist jedoch nach wie vor aktuell geblieben.

Leichtmetallguß, hellgrau; Arbeitsplatte schwarz, Bedienungselemente Edelstahl
H. 43 cm, B. (max.) 20,5 cm, T. (max.) 34 cm
Herst.: Steindorff, Berlin, Deutschland
Preise/Auszeichnungen u.a.: Triennale Mailand, 1954: Diplome d'honneur
Inv. Nr. 1074/84
Lit. u.a.: Read Herbert, Kunst und Industrie. Stuttgart [o.J.], 139 m. Abb. – Braun-Feldweg Wilhelm, Normen und Formen industrieller Produktion. Ravensburg 1954, 92–93 m. Abb. – [Kat. Ausst.] X. Triennale di Milano. Deutscher Beitrag. [o.O.] 1954, Abb. 18 [Faltblatt] – Stile industria 1955, Nr. 3, 6–7 m. Abb. – Werk und Zeit 1955, Nr. 4, 3–4 – Wichmann Hans, Industrial Design. Unikate. Serienerzeugnisse. Die Neue Sammlung. Ein neuer Museumstyp des 20. Jahrhunderts. München 1985, 306 m. Abb. – Wichmann Hans, [Kat. Ausst.] Neu. Donationen und Neuerwerbungen 1984/85. Die Neue Sammlung. München 1988, 41, 98 m. Abb.

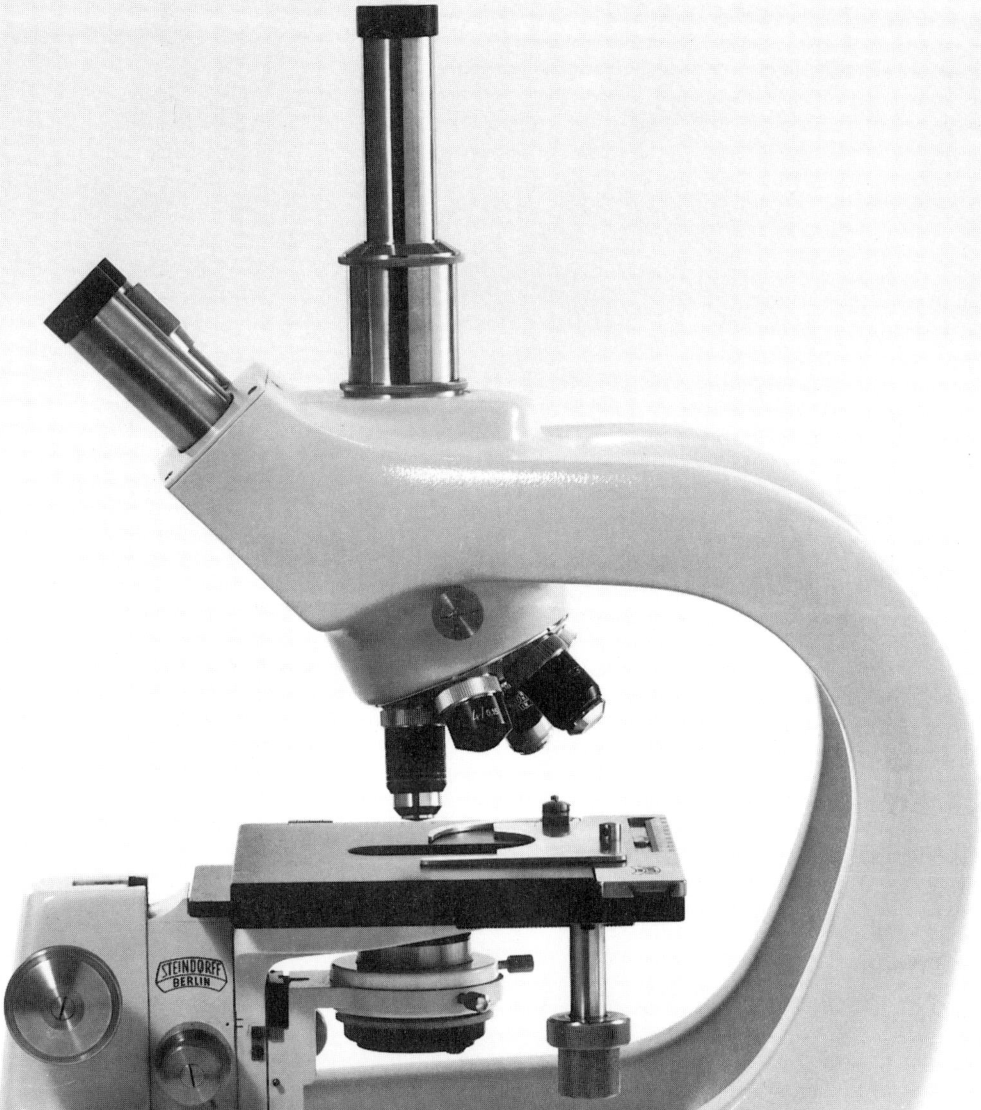
STEINDORFF
BERLIN

Poul Due Jensen
Unterwasserpumpe »4 SP 10 pump«, um 1966

Instrumente, Werkzeuge und Motoren nehmen innerhalb der industrial design-Sammlungen des Staatlichen Museums für angewandte Kunst, München eine besondere Position ein. Wie kein anderer Gerätetypus hat sich diese Gruppe in der 2. Hälfte des 20. Jahrhunderts auf Grund der immer differenzierter werdenden Herstellungs- und Fertigungsmethoden in unserer Arbeitswelt in ihrer rein numerischen Anzahl enorm vervielfacht. Dennoch bleiben sie dem Auge der meisten Menschen verborgen, da nur das fertige Produkt bzw. das Ergebnis des Einsatzes von Instrumenten und Werkzeugen für den Verbraucher von Interesse ist. Dies bedingt, daß sich die Gestalt dieser ausschließlich professionell eingesetzten Geräte in weitaus höherem Maße an technisch funktionalen und ergonomischen Bedingungen orientiert als die derjenigen, die jedermann zur Hand nimmt und die sich schon aus Wettbewerbsgründen, den Zielgruppen entsprechend, an modisch zeitbedingten Strömungen orientieren.
Die von dem dänischen Ingenieur Poul Due Jensen (1912–17. 11. 1977 Dänemark) um 1966 in seiner eigenen Firma konstruierte und gestaltete Unterwasserpumpe ist während ihrer Inbetriebnahme sogar gänzlich dem menschlichen Auge entzogen und ist dennoch ein herausragendes Beispiel für hohe Gestaltungsqualität eines rein technisch bestimmten Gegenstandes.
Entwurfsziel dieser für den harten Einsatz auf Baustellen und Bohrungen konzipierten Unterwasserpumpe war es, eine Form für das Gerät zu finden, die es vor mechanischen Einflüssen von außen sichert, zugleich aber minimalen Platz beansprucht, leicht montierbar sowie ohne großen technischen Aufwand an den Einsatzort zu bringen ist.
Die technische Folgerung aus diesen Forderungen war u. a., daß Motorwelle, Kupplung und Pumpenwelle geradlinig angeordnet wurden und auf einer Ebene liegen. Die formal daraus entwickelte schlanke, zylindrische Gestalt bot zugleich den Vorteil, daß das Gerät problemlos mit Tiefbohrern in Rohrschächten in das Erdreich eingebracht werden konnte, um etwa das dort vorhandene Grundwasser abzupumpen. Die hohe Pumpleistung, die bis in eine Tiefe von 200–250 m reicht, wurde durch eine auch von außen erkenntliche Reihung von beliebig hintereinander schaltbaren, identischen Turbinenmoduln bewirkt, die an der Außenseite durch vier Bänder zusammengehalten werden. Die, bis auf den Motor, ausschließliche Verwendung von Edelstahl bei der Ausführung bewirkt, neben einer hohen mechanischen, auch eine große Widerstandsfähigkeit gegenüber chemischen Einflüssen und erweitert somit die Einsatzfähigkeit des Gerätes. Die Unterwasserpumpe wurde 1967 für ihre ungewöhnliche Gesamtform und ihre wohlüberlegten und aufeinanderabgestimmten Detailelemente mit dem ID-prisen des Dänischen Designrates, Kopenhagen, ausgezeichnet.
1984 als Donation des Herstellers in die Bestände aufgenommen.

F. H.

Zylindrisches Gehäuse aus Chrom-Nickel-Stahl
L. 89 cm, ∅ 9,5 cm
Herst.: Grundfos AS, Bjerringbro, Dänemark
Preise/Auszeichnungen u. a.: ID-prisen 1967 (Dänischer Design-Preis)
Inv. Nr. 1006/84

Lit. u. a.: Bernsen Jens (Hrsg.), 100 + 3 Great Danish Industrial Designs. ID-prisen 1965–85. Danish Design Council. Kopenhagen 1985, 34–35 m. Abb. – Wichmann Hans, Industrial Design. Unikate. Serienerzeugnisse. Die Neue Sammlung. Ein neuer Museumstyp des 20. Jahrhunderts. München 1985, 312 m. Abb. – Wichmann Hans, [Kat. Ausst.] Neu. Donationen und Neuerwerbungen 1984/85. Die Neue Sammlung. München 1988, 42 m. Abb., 98.

Siemens-Design
Zahnturbine »Sirona System 4000«, 1979

Bereits 1970 widmete Die Neue Sammlung dem Instrumentarium unter dem Titel »Wissenschaftliche und technische Instrumente als Beispiele guter Gestaltung« eine eigene Ausstellung und baute diesen Bereich ab 1980 zu einer eigenen, für ein Museum für Gestaltung unabdingbaren Abteilung konsequent aus.
Wie kein anderes Gerät ist das Instrument frei von jeglichem Repräsentationsanspruch; es veranschaulicht einen Gestalttyp, der, wie im Katalog zu obengenannter Ausstellung formuliert wurde, mit den Begriffen »Logik, Präzision, Deutlichkeit, Ordnung und Knappheit« umschrieben werden kann. Neben dem komplexen Bereich der Meßinstrumente, die durch die rasche Entwicklung von Forschung und Technik immer verschlüsselter und abstrakter geworden sind, hat das medizinische Handgerät, das die Feinnervigkeit der menschlichen Hand ergänzt, in vielen Fällen seine Grundform über Jahrzehnte, trotz starker Detailwandlung, bewahrt.
Dennoch wurde schon früh begonnen, auch diese Instrumentengruppe zu technisieren. So ist aus dem Jahre 1908 ein elektrischer Zahnbohrapparat bekannt, den der Architekt Peter Behrens gestaltete. Der Schritt von diesem noch martialisch anmutenden Instrument zur Turbinengeneration »Sironaturbine« und weiter zu den Präparationsinstrumenten »System 4000« markiert nicht nur die technische Entwicklung, sondern zugleich den tiefgreifenden formalen Wandel. Die vor dem Ersten Weltkrieg entstandene Instrumentenapparatur ist rein additiv mit Wandbefestigung, Ausleger, Umlenkrollen, Elektroschnur, Motor und schließlich dem eigenen Bohrstab aufgebaut. Dabei dominieren die Betriebsaggregate nicht nur im Volumen, sondern auch im formalen Anspruch das eigentliche Instrument. Das moderne Präzisionsinstrument tritt dagegen nur noch im reinen Funktionsbereich formal in Erscheinung. Eingebaut in ein System, ist das Instrument nunmehr austauschbar, variabel und damit anpassungsfähig in der Anwendung.
Das Instrumentensystem ist trotz seiner hohen Komplexität ergonomisch bestimmt und dadurch äußerst handlich. Zwar sind die Facetten aus fertigungstechnischen Gründen erforderlich, sie verhindern die sonst beim Fräsen unvermeidlichen Bearbeitungsspuren wie Rillen und Riefen und machen eine Nachbearbeitung bei der Fertigung überflüssig. Aber sie sorgen zugleich für die erforderliche Griffigkeit, die durch eine Saphir-Beschichtung noch verstärkt wird. Die Forderung nach einfacher Sterilisierbarkeit und Hygiene verlangte ein entsprechendes Material. Deshalb wurde verchromter Velournickel verwendet.
Das Sirona-System wird mit unterschiedlichen Antriebsaggregaten von 400 bis ca. 360 000 U/min. geliefert bzw. mit Iso-Kupplung für Hand- und Winkelstücke und Beleuchtungsmöglichkeiten etc.
Sachliche Farbgebung und sinnvolle, dem Zweck entsprechende Materialien ergänzen und konstituieren den in sich geschlossenen Formcharakter. Dadurch erhalten die Instrumente über die rein technisch konstruktive Bestimmung hinaus einen ästhetischen Wert, der Voraussetzung für die Aufnahme in unsere Sammlungen war.

Veloursnickel, verchromt; saphirbeschichtet
L. ca. 16,5 cm; Turbinenköpfe ∅ ca. 9,5 mm
Herst.: Siemens AG, München, Deutschland
Markteinführung 1982
Inv. Nr. 326/88
Preise/Auszeichnungen u. a.: Deutsche Auswahl 1983. Design Center Stuttgart
Lit. u. a.: [Kat. Ausst.] Deutsche Auswahl. Design Center. Stuttgart 1983, 462 m. Abb. – Edwards Sandra, Product Design 2. New York 1987, 200 m. Abb. – Wichmann Hans (Hrsg.), Donation Siemens. Die Neue Sammlung. München 1987, 90–93 m. Abb.

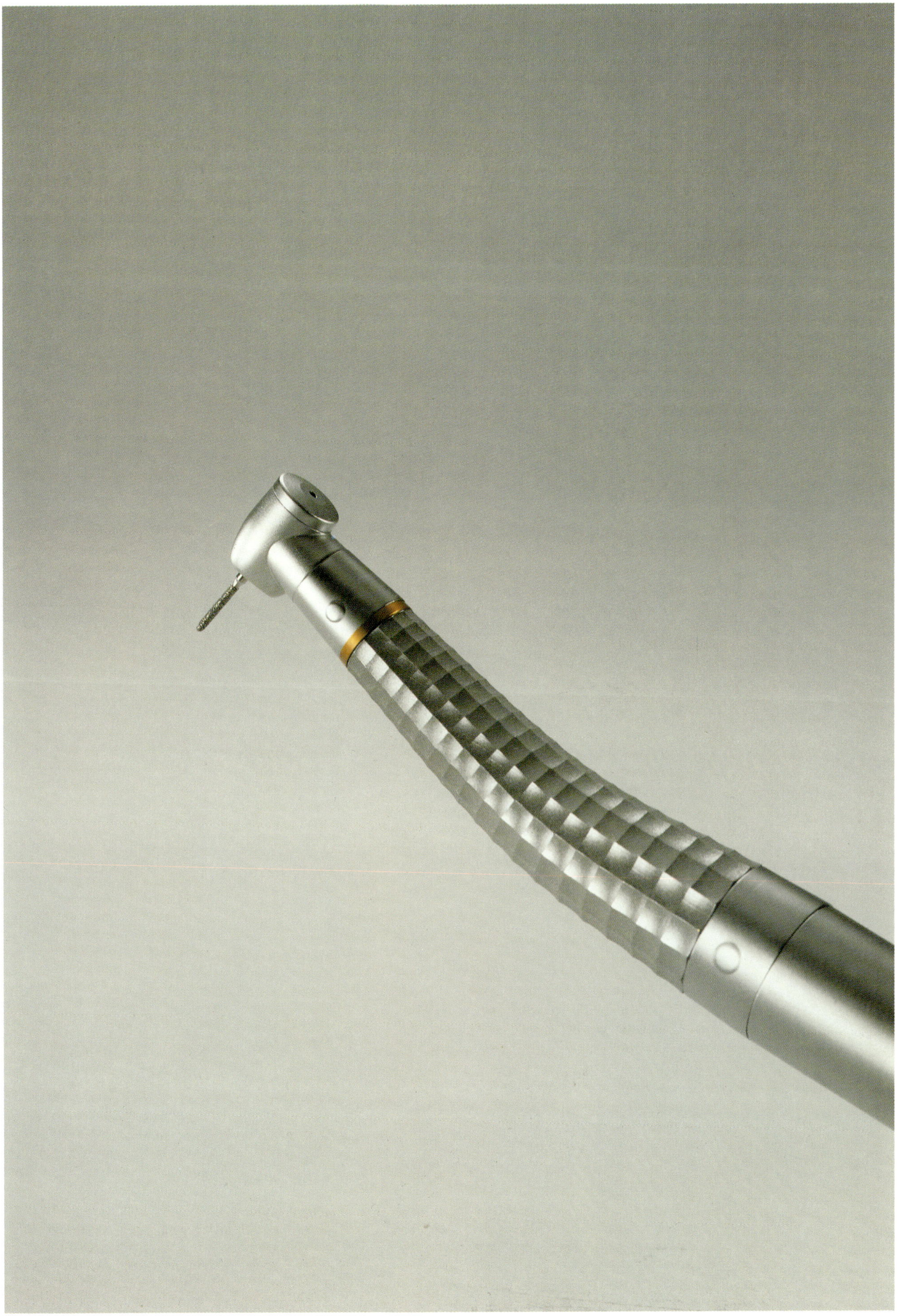

W. J. Hoskin, D. Pierse und C. W. Balch
Ophthalmologische Instrumente
»MAS Titanium«, ca. 1984

In dem breiten Feld von unterschiedlichsten Instrumenten, die in ihrer Gesamtheit von der Encyclopaedia Britannica als »Geräte angewandter Wissenschaft« definiert werden, gibt es heute als Exponenten zwei sich stark voneinander unterscheidende Gruppen: einmal das elektronisch bestimmte Instrumentarium, zum anderen die Handinstrumente.
Letztere sind Instrumente, die den Werkzeugen in traditionellem Sinne näherstehen, die Hilfsmittel der Hand sind und infolgedessen die Geschicklichkeit derselben unterstützen. Ihre Form hat sich in einer langen Erfahrungskette herausgebildet. Dazu zählen eine Reihe von technisch-mathematischen Zeichen-, vor allem aber medizinische Handinstrumente. Ihre Grundform ist trotz starker Detailwandlung sehr häufig über Jahrhunderte die gleiche geblieben. Natürlich hat auch hier die wissenschaftliche Weiterentwicklung einen Wandel erwirkt, der sich besonders bei außerordentlich präzisen und feingliedrigen Instrumenten der Mikrochirurgie und der Opthalmologie abzeichnet.
Zu dieser Kategorie zählt auch das hier gezeigte, 1986 durch den Hersteller unserem Museum dedizierte Instrumentarium, das sich von den tradierten medizinischen Geräten in vielfältiger Weise absondert. Zum ersten durch das Material, das bei außerordentlicher Zuspitzung die formale Präzision ermöglicht, handelt es sich doch um Titan-Instrumente, deren Spitzen einen nochmals härtenden Wolfram-Carbon-Überzug aufweisen. Zum zweiten weicht ihre Form stark von den üblichen chirurgischen Scheren, Klammern oder Pinzetten ab. Generell sind sie kürzer und verringern damit die Distanz zwischen Hand und Operationsfeld, sind erstaunlich leicht, zierlich und zugleich durch starke Riefelung der Außenseite rutschsicher. Weiterhin ist der Metallkörper flexibel ausgebildet, federartig gespannt, so daß durch den Widerstand der jeweilige Eingriff aufs Feinste dosiert werden kann. Starr und fest sind jedoch die überaus feinen Spitzen. Zum dritten besitzt das Instrumentarium keine blinkend metallische Oberfläche, sondern erscheint stumpf, ist violettblau eloxiert, um während der Arbeit störende Lichteffekte, am Mikroskop oder durch Kopflampen zu vermeiden.
Somit wurde eine neue Form ausschließlich aus der Analyse von Funktionsanforderungen abgeleitet, und es ergibt sich überraschend Gestalt von hoher ästhetischer Qualität, denn Ästhetik meint nicht allein das Schöne, sondern das ihr zugrundeliegende Sinnfällige.
Dieses 1985 mit dem englischen Design Council Award ausgezeichnete Instrumentarium ist ein Beispiel nicht nur für die hohe technische Leistungsfähigkeit unserer Zeit, sondern für eine reine, aus der Funktion gewonnene Form.

Instrumente aus Titan, violettblau eloxiert; Spitze der Instrumente mit Wolfram-Carbon-Überzug
Pinzette, Nr. A 30 WB: L. 10,7 cm
Pinzette, Nr. A 303 W: L. 13,7 cm
Schere: L. 10,2 cm
Pinzette: L. 8,5 cm
Pinzette R 221 W: L. 8,2 cm
Pinzette R 306 W: L. 11,0 cm
Pinzette: L. 10,0 cm
Herst.: Microsurgical Administrative Services Ltd., Luton/Bedfordshire, England
Inv. Nr. 300/86 1–7
Preise/Auszeichnungen u. a.: Design Council Award 1985, London
Lit. u. a.: design (London) 1985, Nr. 436, 37 m. Abb. – Wichmann Hans, [Kat. Ausst.] Neu. Donationen und Neuerwerbungen 1986/87. Die Neue Sammlung. München 1989, 112 m. Abb.

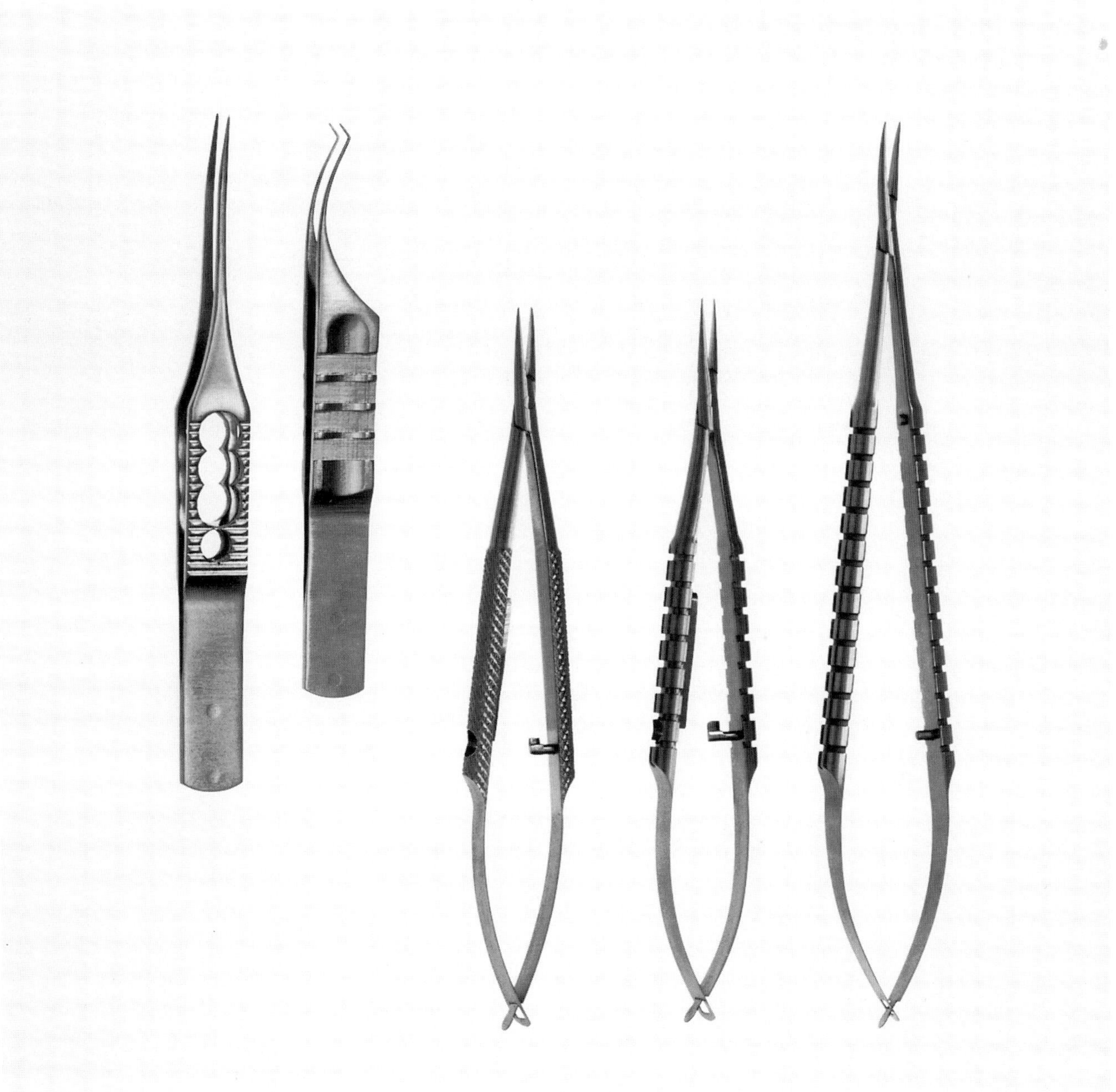

Otto Baumberger
Plakat für PKZ, 1923

Zu den großen Plakaten unseres Jahrhunderts gehört dieser Entwurf Otto Baumbergers. Man zählt ihn zu den Sach- oder Warenplakaten, wirbt er doch für einen warmen Mantel – damals nach dem Ersten Weltkrieg, selbst in der Schweiz, – ein Wunschtraum vieler im Sinne Gogols. Die sich in Baumbergers Arbeit dokumentierende, neue, zukunftsweisende Plakatform wurde von professionellen Entwerfern konzipiert und gelangte in den zwanziger Jahren vor allem in Deutschland, in Frankreich und der Schweiz zur vollen Entfaltung. In der Schweiz hatte sich das Sachplakat jedoch nicht nur in den zwanziger Jahren, sondern in den zwei Jahrzehnten zwischen den Weltkriegen zu einem hohen Standard entwickelt. H. Spielmann hat sicher recht, wenn er feststellt: »Eigentlich hat (es) auf Jahrzehnte hin nur die Schweiz verstanden, die vorgegebene Realität der Plakatreklame zu einer ästhetischen Realität unserer Umwelt zu machen« [Kat. Ausst.] Internationale Plakate. München 1971, Einleitung s. p.).
Dazu hat Otto Baumberger beigetragen, der 1889 in Zürich-Altstetten geboren wurde und nach Studienjahren in München, Paris und London ab 1911 in Zürich für Wolfensberger tätig war, später dann an der dortigen Kunstgewerbeschule und ab 1932 an der ETH dozierte. Sein Plakatwerk entstand vor allem zwischen 1911 und 1930 und »findet dann Anfang der zwanziger Jahre zu einem Stil lapidarer Sachlichkeit. Der Mantel für PKZ ist mit photographischer Genauigkeit gezeichnet, jedoch in der extremen Nahsicht und seiner Ausschnittwahl zu einem Konzentrat des ›Mantelhaften‹ überhaupt geworden, aus dem das Firmenzeichen wie ein Signet herausragt« (Popitz K., Plakate der zwanziger Jahre. Berlin 1977, 44).
Man könnte ergänzen: dieses »Konzentrat«, dieser Überrealismus, der den Mantel, dessen seidiges Schulter- und wolliges Innenfutter mit der Präzision einer Photolinse darstellt, die schärfer artikuliert als das menschliche Auge, ist ein Vorläufer des um 1970 populär werdenden Photorealismus, einer sich aus der Pop Art entwickelnden Kunstrichtung. Nach der Definition von Karin Thomas ». . . überträgt sie die Möglichkeit der fototechnischen Manifestation der Wirklichkeitserscheinung auf die Leinwandmalerei« (Bis heute. Köln 1975).
Die bisher immer im Schlepptau der zweckenthobenen freien Kunst befindliche angewandte Kunstäußerung wird damit zum Protagonisten und Wegweiser eines etwa ein halbes Jahrhundert später auftretenden Kunststils. Der Mantel Baumbergers ist für diesen bemerkenswerten Vorgang ein Dokument par excellence.
Versetzt man sich in die soziale Situation der zwanziger Jahre, so ist der Hyperrealismus Baumbergers noch völlig ohne Kritik, da keine Übersättigung sie hätte rechtfertigen können. Vielmehr ist sie erfüllt von der Akklamation des sehnsüchtigen Wunsches, den nur der Frierende nachzuvollziehen vermag. Baumberger macht uns in diesem Plakat mit der Wirklichkeit der Illusion bekannt; denn nur der Schein trügt nicht.

Lithographie (mehrfarbig), 128,0 × 90,5 cm
Beschr.: Marque PKZ; Bez.: B
Auftraggeber: PKZ-Burger-Kehl u. Co. AG, Zürich
Druck: Wolfsberg, Zürich
Inv.-Nr. 474/81
Lit. u. a.: Müller-Brockmann Josef u. Shizuko, Geschichte des Plakates. Zürich 1971, 128 m. Abb. – Popitz Klaus, Plakate der Zwanziger Jahre. Berlin 1977, 63 m. Abb. Nr. 55 – Wichmann Hans, [Kat. Ausst.] Neu. Donationen und Neuerwerbungen 1980/81. Die Neue Sammlung. München 1982, 28–29 – Margadant Bruno, Das Schweizer Plakat 1900–1983. Basel 1983, 179, Nr. 312 m. Abb. – [Kat. Ausst.] Otto Baumberger 1989–1961. Museum für Gestaltung. Zürich 1988, 32–33 m. Abb.

B

„WOLFSBERG“ ZÜRICH

Raymond Savignac
Monsavon au lait, 1948

Raymond Pierre Guillaume Savignac wird am 6. November 1907 in der Rue de la Glacière in Paris, dem Viertel der kleinen Brauereien und Färbereien, geboren. Seine aus der Auvergne stammenden Eltern betrieben dort ein kleines Restaurant, ein Bistro. Er besucht das Lavoisier-Gymnasium und will Radrennfahrer werden. 1922 beginnen seine Anfänge als Graphiker, zwischen 1935 und 1938 arbeitet er bei Cassandre im Atelier Allicance Graphique. 1949 erfolgt sein Durchbruch mit diesem Plakat. Es ist das gefeiertste von Savignac, wurde zuerst von seinem Auftraggeber Schueller zurückgewiesen, aber nach der Ausstellung Villemont/Savignac gedruckt. Der Entwerfer schreibt darüber: »Ich wurde im Alter von einundvierzig Jahren geboren – aus den Eutern der Kuh ›Monsavon‹. Diese fast mythologische Geburt schleuderte mich an das so lange gesuchte Licht, in die Klarheit des Ausdrucks und auf den rauhen Pfad der Unabhängigkeit. Ich konnte endlich wie auf dem alten Urodonal-Plakat meine Krücken zerbrechen und ohne Hilfe gehen. Ganz allein. Diese milchige Geburt, spektakulär durch den Anschlag des Plakats auf der Straße und in der Métro proklamiert, ereignete sich nicht auf einen Schlag. Sie war das Ende einer langen unterirdischen Wanderung, die nicht ohne Angst, aber auch nicht ohne Reiz verlief...« (S. 9).
An einer anderen Stelle seines Buches »Savignac affichiste« (Paris 1975) berichtet er weiterhin über das Plakat: »Ich brauchte Zeit, mich nicht mit der guten Idee zu begnügen, die darin bestand, eine Kuh neben einem Stück Seife darzustellen und damit den Leuten zu zeigen, daß die Seife Milch enthält. Diese gute Idee hätte sogar eine gute graphische Komposition abgeben und dank der Zeichnung amüsant werden können. Aber das wäre ein totes Bild, das keine innere Bewegung auslöst. Eine Kuh hingegen, die selbst die Seife erzeugt, ist ein lebendiges, dynamisches Bild... Diese Kuh vermittelte nur eine weitere wichtige Entdeckung. Bis dahin ging ich immer vom Komplizierten zum Einfachen... Ich stilisierte... Ich ging völlig primitiv von meinem eingeübten Schema aus. Es zeigte sich aber als kalt und elementar... Aber ich merkte, daß der Rohentwurf, wenn man nur das gewisse Etwas hinzufügte, zu einer bewegenden und lebendigen Idee werden konnte. Alles lag daran, dieses bestimmte Fingerspitzengefühl für den springenden Funken zu erhalten. Dies ist die Begründung dafür, wie und warum ich jetzt sehr schnell denke, während ich früher im Überlegen sehr schwerfällig war. Sofort sehe ich die großen Linien. Den Rest meiner Zeit und meiner Kraft konzentriere ich auf die Suche nach dem Detail...« (S. 105–106).
Der Beitrag Savignacs zur Entwicklung oder Wandlung des internationalen Plakates liegt vor allem in der Absonderung von der großen Schweizer bzw. französischen Plakatprägung – etwa in der Art Baumbergers, Stoecklins oder Cassandres –, in der vor allem das Warenplakat mit dem groß ins Bild gesetzten, überraschend gesehenen Produkt arbeitet. Savignac erzählt vielmehr in seinen Plakaten eine Geschichte, verbindet Mensch, Produkt und Anwendung, hebt diesen der Erzählung zugrunde liegenden Gedanken in einen gleichsam schwerelosen, heiteren Raum und kondensiert anschaulich die Pointe. Damit gewinnt er dem Plakat eine neue Ausdrucksmöglichkeit ab, die in das Herz des Betrachters trifft.

Lithographie (mehrfarbig), 149 cm × 100 cm
Bez. l. o.: »savignac«
Auftragg.: Procter & Gamble, Paris
Druck: Bedos & Cie., Impr., Paris
Inv. Nr. 439/81
Lit. u. a.: [Kat. Ausst.] Meister der Plakatkunst. Kunstgewerbemuseum. Zürich 1959, Nr. 171 m. Abb. – [Kat. Ausst.] Industrial Design. Graphik. Documenta III. Werkkunstschule. Kassel 1964, 79–80, Nr. 5 m. Abb. – Spielmann Heinz, [Kat. Ausst.] Internationale Plakate 1871–1971. Haus der Kunst. München 1971, Nr. 539 – Wichmann Hans, [Kat. Ausst.] Warenplakate. Die Neue Sammlung. München 1981, 26 – [Kat. Ausst.] Savignac. Musée de l'Affiche. Paris 1982, 13, Nr. 4 m. Abb. – Wichmann Hans, [Kat. Ausst.] Savignac. Die Neue Sammlung. München 1982, 14 m. Abb. [m. weit. Lit.] – Bony Anne, Les Années 50. Paris 1982, 374 m. Farbabb. – Wichmann Hans, Industrial Design. Unikate. Serienerzeugnisse. Die Neue Sammlung. Ein neuer Museumstyp des 20. Jahrhunderts. München 1985, 337 m. Abb.

savignac
MONSAVON
au lait

Pablo Picasso
Plakat »Vallauris 1956 Exposition«, 1956

Zu den wichtigen Eindrücken, die Pablo Picasso (1881–1973) um 1900 in Paris erfuhr, gehört die Bekanntschaft mit den Werken von Henri de Toulouse-Lautrec; sie spiegelt sich u. a. in dem Gemälde »Das blaue Zimmer« (1901) wieder, das im Hintergrund eines weiblichen Aktes zitathaft Toulouse-Lautrecs Plakat »May Milton« von 1895 zeigt.
Mehr als 45 Jahre später beschäftigte sich Picasso von neuem mit dem Medium Plakat. Auf der Suche nach neuen Ausdrucksmöglichkeiten entdeckte er im Winter 1945/46 in der Druckerei von Fernand Mourlot, Paris, erneut die Lithographie. 1947 begann er auch auf dem Gebiet der Keramik, in der Werkstatt Madoura in Vallauris, zu arbeiten. Für eine der dortigen Keramik-Ausstellungen schuf Picasso 1948 sein erstes Plakat: in drei Varianten im Bestreben, Bildmotiv und Text harmonisch zu verbinden. Bis 1966 entstanden über fünfzig weitere Plakate. Anfangs wählte Picasso die ihm bereits vertraute Technik der Lithographie und ließ bei Mourlot in Paris drucken. Später, ab 1951, wandte er auch den Linolschnitt an. Dieser gestattete einerseits flächenwirksamere Farbgebungen als die Lithographie, andererseits ein spontaneres Arbeiten. Außerdem konnten die Linoldrucke direkt in Vallauris, von dem ortsansässigen Drucker Arnéra, auf der Handpresse vervielfältigt werden.
Diese Künstlerplakate – also originalgraphische Plakate, die sowohl im Entwurf von Bildmotiv und Schrift als auch in der Ausarbeitung auf der Druckplatte vom Künstler selbst geschaffen und unter seiner Aufsicht gedruckt wurden – zählen innerhalb der Plakatkunst zu den Raritäten. Das von Picasso handschriftlich signierte Vallauris-Plakat von 1956 gehört zu diesen.
Picasso variiert hier das Motiv des im Kontur angedeuteten Faungesichts, das er schon bei den oben erwähnten Vallauris-Plakaten von 1948 verwendet hatte. Nun jedoch tritt die Schrift in knapper Vereinfachung zugunsten des Bildmotivs zurück: lediglich Ortsbezeichnung und Jahr sowie die Mitteilung »Ausstellung« rahmen als Schriftleisten oben und unten die figürliche Darstellung. Das oblonge Mittelfeld wird von einem gehörnten Queroval dominiert, dem in der Mitte eine Enface-Ansicht, seitlich zwei Profil-Ansichten menschlicher Gesichter eingeschrieben sind. Vexierbildhaft erinnert die gehörnte Form an die häufig anthropomorphisierten Keramikplatten Picassos und an Faun und Stier/Minotaurus – die Leitmotive im Œuvre des Künstlers.
Unterstützt wird der bildmäßige Aufbau durch die aus der Plakatmitte nach oben versetzte Position der Druckplatte, so daß das weiße Trägerpapier den Druck gleichsam als Passepartout rahmend hervorhebt.
Zeichnung und Schrift – aufgrund der Negativschnitt-Technik derselben Ebene angehörend –, Komposition, Flächenaufteilung und Farbe bilden eine unlösbare Einheit von hoher Intensität, die auf lapidarer Einfachheit basiert.
Innerhalb der Plakatbestände der Neuen Sammlung setzt dieses Plakat einen Akzent in der Sparte des Künstlerplakats, die mit Toulouse-Lautrec begann und in den fünfziger Jahren, vor allem in Frankreich mit Picasso, Dufy, Matisse und Miró, eine neue Blüte erlebte.
Erworben 1987 aus dem Kunsthandel.

C. R.

Etwa gleichzeitig mit dem Plakat entstand eine reliefierte, farbig bemalte Keramikplatte, welche dieselbe Darstellung – jedoch in modifizierter Farbigkeit – aufweist. Picasso entwarf die Platte vermutlich speziell für die Ausstellung, trägt sie doch die inhaltlich gleiche, variiert gestaltete Beschriftung wie das Plakat.
Linolschnitt (mehrfarbig) auf Arches-Bütten
79 cm × 61 cm
Bez. r. u.: Picasso; r. unterhalb des Druckfeldes handschriftl. sig.: Picasso
Auflage: 200 (nach anderen Angaben 175) Exemplare
Inv. Nr. 442(87
Lit. u. a.: Foster Joseph K., Posters of Picasso. New York 1957, 29 m. Abb. 23 – Mourlot Fernand, Kunst im Plakat. Paris 1959, 80 m. Abb. – Cassou Jean u. Heinz Peters, Pablo Picasso-Plakate. Düsseldorf 1963, 10 m. Abb. – Czwicklitzer Christoph, [Kat. Ausst.] Pablo Picasso Plakate. Düsseldorf 1963, Farbabb. 10 – Czwicklitzer Christoph, Pablo Picasso. Plakate 1923–1973. München 1981, Farbabb. 19, Nr. 19 – Ramié Alain, Picasso. Catalogue de l'œuvre céramique édité 1947–1971. Vallauris 1988, Nr. 330–331 m. Abb. [Keramik] – Wichmann Hans, [Kat. Ausst.] Neu. Donationen und Neuerwerbungen 1986/87. Die Neue Sammlung. München 1989, 180–181 m. Abb.

VALLAURIS-1952
EXPOSITION

Georges Braque
Ausstellungsplakat, 1960

»Braque hat meine Druckerei vor allem in den Jahren 1942–1945 besucht... Damals brauchte man freilich keine künstlerischen Plakate, aber man arbeitete doch an Lithographien... Das ziemlich ungewöhnliche Innere unserer alten Druckerei und der Besuch bei Druckern überhaupt gefielen Braque, der ohne Zögern ganz Paris durchquerte, um einige Retuschen zu machen. Seither verwendete Braque für seine lithographischen Plakate vor allem Umdruckpapier; er ließ sich die Probedrucke vorlegen und gab die Erlaubnis zum Druck oft erst nach zahlreichen Korrekturen. Das Problem des Plakats hat Braque immer lebhaft interessiert. Trotz sorgfältigster Vorbereitung hat er mehrmals seine Zeichnungen selbst auf den Stein übertragen«, berichtet Fernand Mourlot in seiner 1959 in Paris erschienenen Publikation »Kunst im Plakat«, in der er seine Eindrücke über die Arbeitsweise von Braque, Chagall, Dufy, Léger, Matisse, Miró und Picasso in seinem Drukkereibetrieb wiedergibt.
Braque (13.5.1882 Argenteuil – 31.8.1963 Paris) beschäftigte sich erst verstärkt in den 1940er Jahren – ermutigt durch den Galeristen Aimé Maeght – mit der Lithographie. In dieser Technik sah er vor allem die Möglichkeit, Farbe direkt zu drucken und so die unmittelbare Wirkung des Farbtones zur Geltung zu bringen. Durch die oben geschilderten wiederholten Korrekturen und durch das Übereinanderdrucken mehrerer Farben war es möglich, den Grundton zu bereichern und feinste Nuancierungen zu erzielen. Nach 1945 greift Braque das Thema der Vögel auf, das er bis zu seinem Lebensende immer wieder variiert. So wählte er das Thema für die 1952 ausgeführten Plafondbilder des Louvre oder für die 1954/60 geschaffenen Glasfenster der Kirche in Varengeville-sur-Mer, das Motiv kehrt wieder auf Mosaiken, Keramiken und Lithographien. Folgt man Braques Worten »il n'y a jamais aucun symbole dans ma peinture«, so liegt in diesem Motiv keine direkte, unmittelbare Symbolik zu Grunde, vielmehr ist es wohl »gemalte Phantasie«, die in der Darstellung des freien Fluges des Vogels durch den Raum, zwischen Himmel und Erde, formale Gestalt annimmt.
Dieses Leitmotiv seiner späten Arbeiten wählte er auch für das Plakat einer monographischen Ausstellung seiner Arbeiten in der Kunsthalle Basel. Das Motiv »Oiseau bleu et jaune« entstand zur gleichen Zeit als Lithographie in einer Auflage von 75 numerierten und signierten Exemplaren auf Rives und 30 numerierten und signierten Exemplaren auf Japon nacré bei der Pariser Galerie Maeght.
Für das in 500 Exemplaren auf Velin gedruckte Plakat übernahm Braque die Bildplatte und erweiterte das Motiv um die notwendige Schriftinformation. Um die Geschlossenheit des Eindrucks zu wahren, wurde als Malmittel für Bild und Schrift einheitlich ein Pinsel mit breitem Strich verwendet. Der Geschlossenheit dient auch die Schrift und Bild verbindende Arabeske sowie das teilweise Übereinanderdrucken von Bildmotiv und Schrift.
Das bei der Lithographie notwendige unmittelbare Malen auf den »Stein« wird durch den in der Bildmitte in Spiegelschrift erscheinenden Schriftzug deutlich, da das Motiv bei dieser Technik ja eigentlich spiegelbildlich auf die Druckplatte aufgetragen werden müßte.
Geschaffen von einem bedeutenden Maler des 20. Jahrhunderts, spiegelt das Plakat nicht nur auf hohem gestalterischen Niveau den unmittelbaren, spontanen Umgang eines Künstlers mit den graphischen Medien, sondern ist zugleich Bindeglied zwischen der freien und zweckbehafteten Kunst.
1987 aus dem Kunsthandel erworben.

F. H.

Lithographie (mehrfarbig), 127,5 cm × 90 cm
Auftragg.: Kunsthalle, Basel, Schweiz
Druck: Wassermann AG, Basel
Inv. Nr. 448/87
Lit. u. a.: [Kat. Ausst.] Georges Braque. Kunsthalle. Basel 1960, Titelblatt m. Abb. – [Kat. Ausst.] Georges Braque. Das lithographische Werk. Galerie Wünsche. Bonn 1971, 83A – [Kat.] Künstler-Plakate, Nr. 3. H. F. Lempert. Bonn 1983, Nr. 359 – id., Nr. 4, 1986, Nr. 331 – [Kat. Ausst.] Georges Braque. Das druckgraphische Werk. Akademie der bildenden Künste. Wien 1987, 22, 23 – Wichmann Hans, Neu. Donationen und Neuerwerbungen 1986/87. Die Neue Sammlung. München 1989, 186–187 m. Abb.

KUNSTHALLE
BASEL
G. BRAQUE
9 APRIL - 29 MAI
WASSERMANN A.G. BASEL

Paul Rand
Plakat für IBM, 1980

Zu den wenigen großen Graphic Designern unserer Tage gehört Paul Rand. Das hier gezeigte Plakat vermag seine ungewöhnliche Begabung für Graphic Design zu bestätigen, zu dem Ivan Chermayeff feststellt: »Viele haben die naive Meinung, daß Graphic Design, das sich oberflächlich betrachtet wie gute Kunst irgendeiner Ausprägung darbietet, auch gutes Graphic Design sein muß. Falsch: Schlimmer noch ist die Annahme, daß Graphic Design, das den Betrachter am ehesten an die allgemein anerkannte Form von Gemälden, Zeichnungen oder Skulpturen erinnert, das beste Graphic Design sein muß. Auch falsch. Graphic Design befaßt sich in erster Linie mit Kommunikation. Es verlangt nach Aufmerksamkeit und löst die Betrachtung über ein Thema aus ... Der Auftrag des Graphic Designers besteht nicht darin, eine Richtung zu ändern oder etwas Willkürliches oder Irrelevantes zu erfinden. Graphic Design bedeutet, das Problem des Kunden im Kern zu erkennen und dieses Wesentliche dann dem entsprechenden Publikum zu präsentieren und seine Aufmerksamkeit zu gewinnen.« (Graphic Design Mendell & Oberer. Die Neue Sammlung. München 1987, 8.)
In Variation zu Chermayeff könnte man nun fortfahren: Die erstaunliche Qualität der Arbeit Paul Rands liegt darin, daß seine Design-Lösungen ungemein einfach erscheinen. Immer gelingt es ihm, das Wesentliche zu treffen und zu präsentieren, ohne sich selbst im Wege zu stehen. Hinter dieser Fähigkeit, das visuell Packende eines Themas herauszuarbeiten, verbirgt sich Suche, Intelligenz und Talent, die Voraussetzungen für diese Einfachheit sind.
Das 1980 entstandene Plakat, das Die Neue Sammlung mit einer Reihe anderer Arbeiten von Paul Rand 1983 dediziert erhielt, offenbart diese Eigenschaften in schönster Weise. Das Überraschende an ihm liegt in der Idee, die phonetischen Elemente der englisch ausgesprochenen Buchstaben »IBM« (International Business Machines Corp.) dinglich und damit in geistvoller Weise verfremdend umzusetzen. »I« steht für Auge, »B« für Biene, während »M« als Abkürzung »Machines« bestehen bleibt. Eine weitere Verblüffung erfolgt – ausgehend von der Idee – durch die verbale, unten links aufgeführte, das Spiel nochmals weiterführende Interpretation der Verdinglichung. Da diese in der Wiedergabe nicht mehr lesbar sind, sollen sie hier zitiert werden: »an Eye for perception, insight, vision; a Bee for industriousness, dedication, perseverance; an »M« for motivation, merit, moral strength.«
Wie aber setzt Rand diese Idee graphisch um? Auf schwarzem Grund sind die Dingelemente äußerst reduziert als Bildzeichen, als Pictogramme, horizontal gereiht – unten auf einer gemeinsamen Ebene, oben frei schwingend –, jedoch leitet ein Zeichen zum anderen über. So kehrt das Kreiselement des Auges bei der Biene wieder und die horizontalen Streifen der Biene gliedern das »M«. Keine Farbe wiederholt sich. Das Ablesen von links nach rechts wird durch die nach rechts abnehmende Lichthaltigkeit der Farbe unterstützt. Sie selbst fungiert nur an zwei Stellen als Dingfarbe und spielt frei, abstrakt mit dem Thema. Wie nun diese Pictogramme in die Gesamtfläche gesetzt sind, welche ungemein sorgfältige Abwägung zwischen ihnen und dem Träger besteht, ist das Ergebnis genauester Auswägung.
Der Auftraggeber lehnte 1980 ab, das Plakat breit zu streuen, weil er eine Verunklärung des Logotyp »IBM« befürchtete. Es wurde deshalb nur in kleiner Zahl gedruckt, zählt unabhängig davon aber zu den bedeutendsten Graphic-Design-Plakaten unseres Jahrhunderts.
Paul Rand wurde 1914 in New York geboren, studierte am Pratt Institute, an dem er später wiederum dozierte. Seine Lehrtätigkeit setzte er ab 1974 an der Yale University fort. Viele seiner Arbeiten wurden ausgezeichnet.

Offset (mehrfarbig), 91,5 cm × 61 cm
Bez. r. u.: Paul Rand
Auftragg.: IBM
Inv. Nr. 556/83
Lit. u. a.: Beal Glen, Colorado '81. Zweite Int. Plakatausstellung in Colorado: Graphis 220, 1982, 52–53, Farbabb. 17 – Johnson J. Stewart, [Kat. Ausst.] The Modern American Poster. Kyoto/New York 1983, 80, Abb. 100 [dort 1982 datiert] – Wichmann Hans, Industrial Design. Unikate. Serienerzeugnisse. Die Neue Sammlung. Ein neuer Museumstyp des 20. Jahrhunderts. München 1985, 351 m. Abb. – Rand Paul, A Designers Art. New Haven/London 1985, 135 m. Abb. – Wichmann Hans, [Kat. Ausst.] Neu. Donationen und Neuerwerbungen 1982/83. Die Neue Sammlung. München 1986, 45.

an Eye for perception, insight, vision.
a Bee for industriousness, dedication, perseverance.
an "M" for motivation, merit, moral strength.
A somewhat unusual perspective of the familiar IBM logotype, and a light reminder of some of the fundamental qualities that have come to characterize the outstanding men and women who have built, and who continue to build, the success of the IBM company.

Kiyoshi Awazu
Plakat »NOH«, 1981

Japan gehört heute neben Polen zu den großen Plakatnationen. Deshalb wurde in dem letztvergangenen Jahrzehnt innerhalb unserer Plakatsammlung eine japanische Abteilung angelegt, aus der ein Teil in der 1988 erschienenen Buchpublikation »Japanische Plakate«, verbunden mit einer Ausstellung, veröffentlicht werden konnte.
Aus der Vielzahl soll hier ein Plakat – diese wichtige Plakatabteilung belegend – herausgegriffen werden. Es könnte ebenso gut ein anderes sein, aber vielleicht vermag diese Arbeit von Kiyoshi Awazu die so phantastisch anmutende, fremde und zugleich anziehende Atmosphäre des japanischen Plakats zu dokumentieren.
Awazu – 1929 in Tokio geboren – war bereits unmittelbar nach dem Zweiten Weltkrieg als Entwerfer tätig und gehört heute zu den großen Graphikern Japans. Neben der Gestaltung von Plakaten, Büchern, Skulpturen, von Film- und Theaterausstattungen entwarf er auch die Eisentüren des Verwaltungshauses des Izumo-Taisha-Schreins. Wiederholt wurden ihm hohe internationale Auszeichnungen zuteil.
Awazu spiegelt in seinen Entwürfen typische Elemente des japanischen Plakats. Dieses ist hinterlegt von Anregungen der eigenen Kunstgeschichte, ist durchwirkt von westlichen Impulsen und gründet auf der großartigen japanischen Kalligraphie.
Alle diese Elemente vereinigt auch dieses, im Auftrag der Universität von Kalifornien (Los Angeles) 1981 entstandene Plakat in sich.
Es ist dem Nô, dem klassischen japanischen Theater, gewidmet. Im Zentrum der Komposition steht infolgedessen die Maske, hier in Schwarz, ungemein lebendig wirkend – dies durch die farbig verfremdeten Augen und den sprechenden Mund. Gebettet in eine geologisch anmutende Schichtenwelt, die sich wie lavadurchtränkt vor dominant blaugrünen, horizontal gegliederten Zonen aufwölbt. Diese geologisch, mikroskopisch-biologisch geprägten Strukturen bestimmen die meisten Arbeiten Awazus der Zeit um 1980. In dem Nô-Plakat wird ihre bildparallele Bewegung an den vertikalen Rändern durch Streifenbänder, die die Farben aufnehmen, aufgefangen und straff gefaßt. Die Maske, Sinnbild für personale Löschung und somit Typus und Objektivierung des Subjektiven, erhält dadurch Rahmung und parallele Abstützung in den brodelnden, unfixierten Strömen, eigenartig bannend, spöttisch blickend.
Die Entstehung eines Plakats dieser Art ist im Westen unvorstellbar. Sein Wesen beruht auf anderen mentalen Voraussetzungen, die für den westlichen Betrachter von hoher Faszination sind. Durch diese formal eigenständige, von hoher Ästhetik bestimmten Leistung wächst dem internationalen Plakat nicht nur eine neue Facette des Ausdrucks, sondern ein neues Gewicht, eine neuartige Qualität zu.

Für eine Veranstaltungsreihe traditioneller japanischer darstellender Künste in den USA; hier für Nô, das klassische japanische Schauspiel
Die Nô-Maske ist ähnlich einem Brahmā-Ei (Brahmānda) dem kosmisch geschichteten Raum eingefügt und erinnert an eine Miniatur der Pahavi-Schule, um 1730, die im Bharat Kala Bhavan Museum in Varanasi bewahrt wird (vgl. Russek René, Hinduismus. München 1986, 179 m. Abb.)
Offset (mehrfarbig), 103 × 72,8 cm
Bez. M. u.: DESIGN = KIYOSHI AWAZU
Auftraggeber: Asian Performing Arts Institute, University of California, Los Angeles, USA
Druck: Toppan Printing Co. Ltd.
Inv. Nr. 279/82
Lit. u. a.: Herdeg Walter (Hrsg.), Graphis Posters 83. Zürich 1983, Abb. 274 – [Kat. Ausst.] Lahti V. Poster Biennale. Lahti 1983, m. Abb. – Wichmann, Hans, Industrial Design, Unikate, Serienerzeugnisse. Die Neue Sammlung. Ein neuer Museumstyp des 20. Jahrhunderts. München 1985, 422 m. Abb. – Wichmann Hans, [Kat. Ausst.] Neu. Donationen und Neuerwerbungen 1982/83. Die Neue Sammlung. München 1986, 35 – Wichmann Hans, Japanische Plakate. München/Basel 1988, 56–57 m. Abb. = industrial design – graphic design 5.

NOH
UCLA Asian Performing Arts Institute 1981 Los Angeles · Washington, D.C. · New York

Roman Cieślewicz
Plakat für das Theaterstück »Yvonne, princesse de Bourgogne« von Gombrowicz, 1982

Polen hat sich nach dem Zweiten Weltkrieg zu einem herausragenden, eigenständigen Land des Plakats entwickelt und damit entscheidend dazu beigetragen, dem Plakat innerhalb der künstlerischen Äußerung unseres Jahrhunderts eine wichtige Position einzuräumen. Im Vergleich mit dem internationalen Plakat europäisch-westlicher Prägung ist das polnische im Durchschnitt mehr geistiger Botschaftsträger als Wettbewerbsinstrument.

Die Neue Sammlung hat in den achtziger Jahren, durch Warschauer Unterstützung, Plakate wohl aller bedeutenden polnischen Entwerfer gesammelt und – wie ich meine – eine vorzügliche Sammlung dieser Provenienz zusammengetragen. (Ein Teil davon wurde 1985 ausgestellt und publiziert. Vgl. S. 278/279)

Wir wollen hier ein Plakat von Roman Cieślewicz, einem markanten Repräsentanten des polnischen Plakats, das uns liebenswürdigerweise vom Künstler mit zahlreichen anderen Arbeiten dediziert wurde, abbilden.

Es ist ein Theaterplakat zu dem 1938 von Witold Gombrowicz verfaßten Drama mit parodistischen Zügen »Iwona, Księżniczka Burgunda« (deutsch 1964 unter dem Titel »Yvonne«), das im Mai und Juni 1982 im Pariser Odeon (Théâtre National) aufgeführt wurde.

Im allgemeinen wird das polnische Plakat als symbolisch, poetisch, bisweilen als satirisch oder aber als eine Symbiose des Grotesken und Dramatischen charakterisiert. Andere wieder sehen die polnische Plakatkunst duchsetzt von intellektuellen und formalen Zügen mit dem Bemühen, Deutungen anzubieten. Ich habe dies in dem Katalog »Polnische Plakate« zu umschreiben versucht.

In diesem Sinne ist dieses Plakat durchaus ein polnisches, obwohl es 1982 in Paris entstand, wo Roman Cieślewicz seit 1963 lebt. Geboren in Lemberg (1930), ausgebildet in Krakau, leitet er seit 1975 die Graphische Abteilung der Ecole Supérieure d'Arts Graphiques in Paris.

Er ist ein Meister der Collage, die in den letzten Jahrzehnten Grundlage seines Schaffens war und die durch die Verfremdung Verbindung zu der großen Linie der Photomontage, ausgehend von den Arbeiten der Dadaisten der zwanziger Jahre, schlägt.

Mit intellektuellem Witz, der frei von ideologischer Beengung ist, aber erfüllt von dem Erkennen des Phantastischen innerhalb unserer aufgestapelten Bildwelt vorgeordneter Jahrhunderte, formt er neue Wirklichkeiten. Sie sind durchtränkt von Geschichte, lassen diese in Abbrüchen und als Stückwerk mit ihrem nach innen gerichteten Wesen auf heutige Öffnung und Entblößung treffen und erzeugen Aufmerksamkeit, begünstigen Vergleich und neues Erleben.

Die Welt von Cieślewicz ist vielschichtig. Ein Theaterplakat wie dieses beschließt sich nicht in der Ankündigung eines Stücks, sondern umschreibt es, bannt den Blick, erinnert an die Bildwelt von Burgund, den »Hennin«, die Kartause von Champmol oder an die Brille von John Lennon. Alles sind Zeichen mit einer verrätselten Stimmung – die Sprache des neuen Plakats artikulierend.

Offset (mehrfarbig; Fond schwarz), 118 × 78 cm
Bez. r. u.: R. CIEŚLEWICZ
Auftragg.: Odéon, Paris
Druck: Imprimerie Landais, Noisy-le-Grand
Inv. Nr. 487/84
Lit. u. a.: [Kat. Ausst.] 9/10th International Poster Biennale. Warsaw 1984, 54 m. Abb. – [Kat. Ausst.] Roman Cieślewicz. Kunsthalle. Darmstadt 1984, 77 m. Abb. – Wichmann Hans (Hrsg.), [Kat. Ausst.] Polnische Plakate der Nachkriegszeit. Die Neue Sammlung. München 1984, 14 – Graphis 41, 1985, Nr. 235, 17 m. Abb. – Wichmann Hans, [Kat. Ausst.] Neu. Donationen und Neuerwerbungen 1984/85. Die Neue Sammlung. München 1988, 116.

ODEON
THEATRE NATIONAL
direction : Jacques Toja
Saison 1981/82
avec :
Annie Ducaux
Catherine Samie
Jacques Destoop
Paule Noëlle
Claire Vernet
Patrice Kerbrat
Jean Le Poulain
Marco Béhar
Natalie Nerval
Guy Michel
Joël Demarty
France Rousselle
Jean Philippe Puymartin
et Nathalie Bécue dans le rôle d'Yvonne
mise en scène : Jacques Rosner
décors et costumes : Max Schoendorff
du 5 mai 1982
au 6 juin 1982
éclairages : Bruno Boyer
en co-réalisation avec la Comédie-Française
illustration sonore : André Serré
Yvonne, princesse de Bourgogne
de Witold Gombrowicz
traduction : K.A. Jelenski et Geneviève Serreau
location ouverte 2 semaines à l'avance jour pour jour de 11 h à 18 h 30. tél. : 325 70 32
prix des places : 79 f, 60 f, 44 f, 29 f, 18 f. étudiants 29 f

Emil Orlik
Schmuck des Buches »Kokoro«, 1905

Dieses Buch hat Lafcadio Hearn geschrieben, der 1850 als Sohn griechisch-irischer Eltern geboren wurde, in großer Armut aufwuchs und 1869 in die Vereinigten Staaten ging. Seit 1890 lebte er unter dem Namen Yakumo Koizumi in Japan und lehrte zuletzt an der Universität Tokio englische Literatur. Er starb dort 1904.
Seine Werke sind von tiefer Neigung zu seiner Wahlheimat erfüllt, auch dieses 1896 entstandene Buch mit dem Titel »Kokoro«, zu dem Hugo von Hofmannsthal im Vorwort zu dieser 1905 erschienenen deutschen Ausgabe schreibt: »Unerschöpflich sind diese Bücher. Wie ich sie aufblättere, ist es mir beinahe unbegreiflich zu denken, daß sie wirklich unter den Deutschen noch fast unbekannt sein sollen. Da stehen sie nebeneinander: ›Gleanings from Buddha fields‹ und ›Glimpses of unfamiliar Japan‹ und das liebe Buch ›Kokoro‹, vielleicht das schönste von allen. Die Blätter, aus denen sich dieser Band zusammensetzt, handeln mehr von dem inneren als dem äußeren Leben Japans – dies ist der Grund, weshalb sie unter dem Titel ›Kokoro‹ (Herz) verbunden wurden. Mit japanischen Charakteren geschrieben, bedeutet das Wort zugleich ›Sinn‹, ›Geist‹, ›Mut‹, ›Entschluß‹, ›Gefühl‹, ›Neigung‹ und ›innere Bedeutung‹ – so wie wir im Deutschen sagen: ›Das Herz der Dinge‹. Ja, wahrhaftig, das Herz der Dinge ist in diesen fünfzehn Kapiteln...«
Für den Buchschmuck konnte wohl kaum ein geeigneterer Künstler gewonnen werden als Emil Orlik, der ebenso wie Hearn Japan liebte und neben Carl Thiemann als der Graphiker gilt, der in Deutschland japanische Flächenkunst, den japanischen Vielfarbenholzschnitt, ja, japanische Lebensformen in seinem Werk veranschaulicht hat.
Zum erstenmal bereiste er zwischen 1900 und 1901 Japan und erlebte japanisches Leben und die Kunst Nippons; 1911 und 1921 vertiefte er seine Eindrücke.
Der Schmuck dieses Buches legt seine Neigung und seine Berührung mit japanischen Ornamentformen offen. Der in Gold und Schwarz geprägte Einband schlägt unübersehbar das Thema mit einem im Rechteck organisierten, stilisierten Blütengrund an, um auf dem Vorsatzpapier bei gleicher, dem Schriftblock eigenen asymmetrischer Anordnung das Thema mit Wellen, Vogelmotiven und Emblemen auf goldgetupftem Grund zu vertiefen. Der Schmuck des Haupttitels, die Kapitelanfänge und eingestreute Ornamentleisten begleiten dann den Leser in diesem Buch, ihn immer von neuem optisch einstimmend.
Das Buch bereichert unsere Buchkunst-Abteilung mit einem Zeugnis des Japonismus und ergänzt zugleich die bei uns bewahrten Arbeiten Emil Orliks.

Hearn Lafcadio, Kokoro. Mit Vorwort von Hugo von Hofmannsthal. Übersetzung aus d. Engl. von Berta Franzos. Frankfurt a. M.: Rütten & Loening 1905. 290 S. m. Ill. u. Schmuckleisten – 21 cm × 14,5 cm – [Ppbd. m. goldschwarzem Prägedruck; Goldschnitt; golden-schwarz bedrucktes Vorsatzpapier]
Inv. Nr. 172/80
Lit. u. a.: [Kat. Ausst.] Stilkunst um 1900 in Deutschland. Staatl. Museen. Berlin (Ost) 1972, 155, 232, Nr. 332, Abb. 130 [m. weit. Lit.] – vgl. auch [Kat. Ausst.] Vom Jugendstil zum Bauhaus. Deutsche Buchkunst 1895–1930. Westfälisches Landesmuseum. Münster 1981, 74 Nr. 41 – Wichmann Hans, Industrial Design. Unikate. Serienerzeugnisse. Die Neue Sammlung. Ein neuer Museumstyp des 20. Jahrhunderts. München 1985, 354 m. Abb.

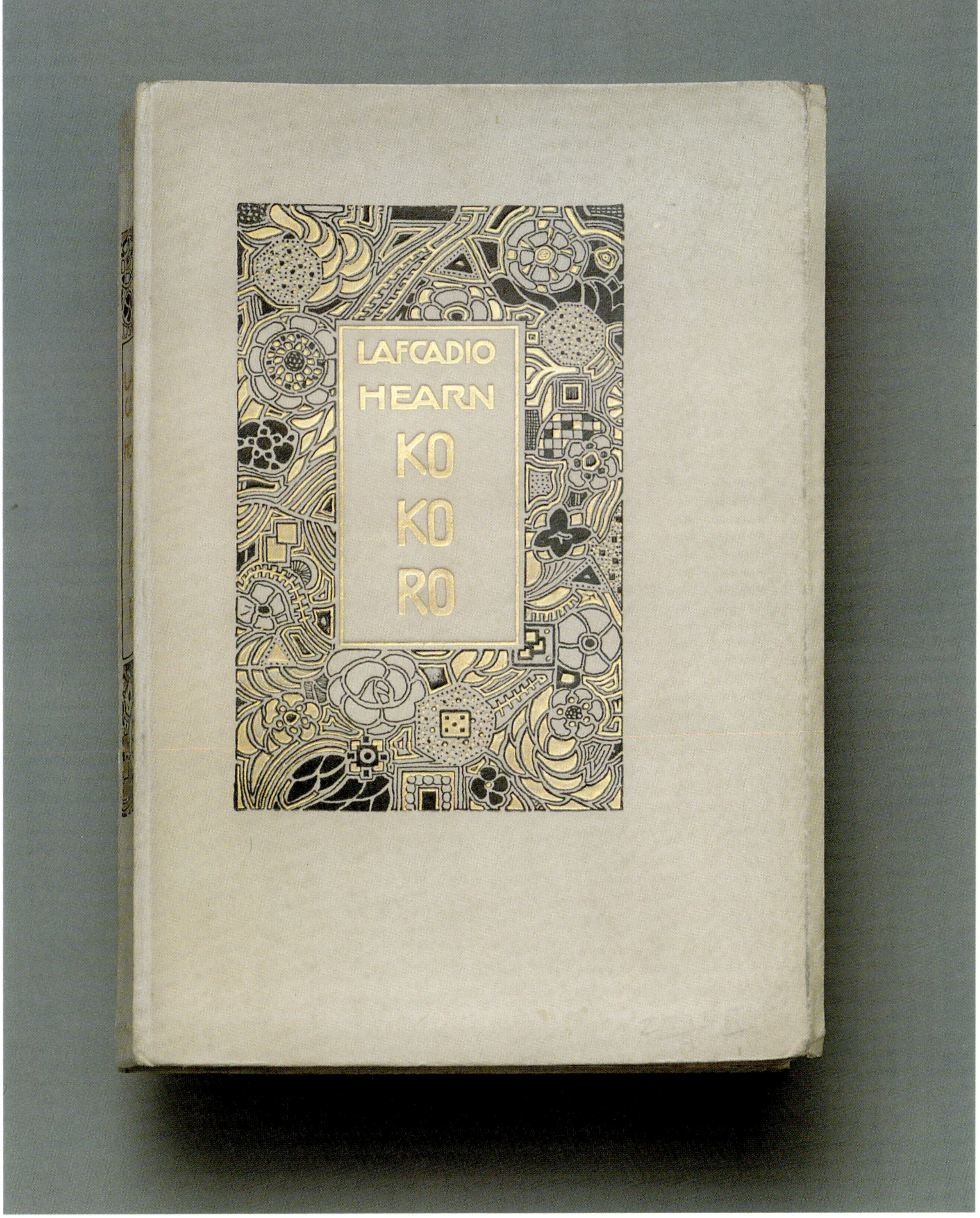
LAFCADIO
HEARN
KO
KO
RO

Henry van de Velde (Einbandentwurf, Gestaltung)
Vorzugsausgabe eines Rilke-Buches, 1913

Noch im ersten Jahr meiner Tätigkeit in der Neuen Sammlung – während der Ausstellung »Textilien, Silbergeräte, Bücher. Eine Auswahl aus den verborgenen Depots« im September 1980 – gelang diese Erwerbung.
Wie so häufig werden durch spezifische Ausstellungsthemen Quellen erschlossen, so auch in diesem Fall, wurden mir doch damals mehrere edle Bände gleichzeitig angeboten, die aus der Buchsammlung von Hildegard Diehn, dieser äußerst kultivierten Sammlerin, stammten.
Leider konnte ich damals nicht alle erwerben, aber diesen kleinen Rilke-Band wollte ich in unserem Museum wissen, zumal Neigung und Verehrung sich auf Verfasser und Gestalter richten.
Es ist ein Werk des Insel-Verlages, den 1904 Anton Kippenberg in wirtschaftlicher Gefährdung übernahm. Er wollte, wie er sich äußerte »der Weltliteratur im Goethe'schen Sinne dienen, dem Gehalt des Buches die Form anpassen, den Sinn für Buchkunst und auch für Buchluxus immer mehr heben...«
Dies ist ihm wohl in schönster Weise gelungen; denn wie Annemarie Meiner feststellte: »besaß der alte Insel-Verlag ein literarisches Gesicht mit ausgeprägten Zügen, nicht nur auf dem Gebiet der Buchkunst hat er eine Art Tradition ausgebildet.« (Die Anfänge des Insel-Verlages: Imprimatur IX, 1939/40).
»Den Ehrentitel ›Hausdichter‹ der Insel, dem Verlegerehepaar Kippenberg in persönlicher Freundschaft eng verbunden, darf Rainer Maria Rilke für sich in Anspruch nehmen. Sein Werk wurde daher mit besonderer Liebe ediert. Von fast jedem seiner Gedichtbände erschienen limitierte, in Leder oder Pergament gebundene Einzelausgaben.« (Eyssen J., Buchkunst in Deutschland. Hannover 1980, 119).
Dies gilt auch für diesen Band, »Das Marienleben«, gebunden in blauem Maroquin mit zarter Goldprägung, ein erlesener Band von Henry van de Velde, entstanden und ausgeführt in der von ihm geleiteten Kunstgewerbeschule in Weimar, der damaligen Pflegestätte deutscher Buchkunst.
Van de Velde berichtet über seine Arbeit mit Kippenberg wie folgt: »Zum Verleger meines Buches ›Vom Neuen Stil‹, Anton Kippenberg, und seiner Frau Katharina, die zu meinen eifrigsten Anhängern gehörten, trat ich in enge freundschaftliche Beziehungen, die bis zum Tode der beiden prachtvollen Menschen – Prof. Kippenberg starb 1950 in Luzern – lebendig blieben. Zwischen dem Insel-Verlag und der Weimarer Kunstgewerbeschule war eine fruchtbare Zusammenarbeit entstanden, die vor allem die Werkstätten für Buchkunst und Buchbinderei sowie mein Privatatelier betraf. Ich lieferte Maquetten, typographische Ornamente und Einbandentwürfe...« (Geschichte meines Lebens. München 1962, 306).
Der 1913 entstandene, zierliche Band ist ungemein edel und schlicht zugleich. Kippenberg hat auch mit ihm seine Maxime: »dem Gehalt des Buches die Form anzupassen« eingelöst. Für Die Neue Sammlung bedeutet diese Erwerbung eine Erweiterung der vielen in unserem Museum bewahrten Arbeiten van de Veldes, zugleich aber die Bereicherung unserer Buchkunstabteilung mit einem Werk von internationaler Bedeutung.

Rilke Rainer Maria, Das Marien-Leben. Leipzig: W. Drugulin für den Insel-Verlag [o. J.; 1913]. 28 S. – 19,5 cm × 12,5 cm – [blaues Maroquin m. Goldprägung; Goldschnitt; Buntpapiervorsatz; Büttenpapier] = Vorzugsausgabe von Insel-Bücherei Nr. 43; Nr. 43 vom 200 auf Bütten abgezogenen Expl., davon Nr. 1–50 mit Handeinband der Kunstgewerbeschule Weimar (gold. Prägestempel) – Ex Libris Hildegard Diehn
Inv. Nr. 144/80
Lit. u. a.: Schauer Georg Kurt, Deutsche Buchkunst 1890–1960, Bd. 2. Hamburg 1963, 16 m. Abb. – Sarkowski Heinz (Hrsg.), Der Insel-Verlag. Eine Bibliographie 1899–1969. Frankfurt a. M. 1970, 283, Nr. 1351 – Wichmann Hans, [Kat. Ausst.] Textilien, Silbergeräte, Bücher. Die Neue Sammlung. München 1980, 31 – Wichmann Hans, Industrial Design. Unikate. Serienerzeugnisse. Die Neue Sammlung. Ein neuer Museumstyp des 20. Jahrhunderts. München 1985, 355 m. Abb.

R. M. RILKE
DAS
MARIEN-
LEBEN

Mechthild Lobisch (Einband), 1986
André Lanskoy (Radierungen), vor 1960
Buch »Dédale«

Buchkunst ist eine exklusive Angelegenheit. Sie wird von zwei Seiten ermöglicht: einmal durch einen besessenen Verleger, der den Mut besitzt, hervorragend gestaltete Bücher zu erzeugen, zum anderen von dem bibliophilen Sammler. Ihrer Symbiose verdanken wir die kostbaren Buchreihen unseres Jahrhunderts unter Einbeziehung der freien Kunst. Die Werke erscheinen in kleinen Auflagen für einen elitären Kreis, der in der Lage ist, Inhalt und Gestaltung in gleicher Weise zu verstehen und zu lieben.

Buchkunst markiert deshalb in einem Museum von zweckbehafteten Dingen eine Randzone. Sie löst sich vom Nützlichen im trivialen Sinne; denn sie unterliegt keiner leiblichen Notwendigkeit und schlägt darin eine Brücke zur freien Kunst, mit der sie eine nahtlose Verbindung einzugehen vermag, zugleich aber auch zum Handwerk, auf dessen Basis sie ruht.

Das nebenstehend wiedergegebene Buch wurde vor allem wegen seines Einbandes erworben. Mechthild Lobisch, 1940 im schlesischen Hirschberg geboren, hat ihn konzipiert und gearbeitet.

Die 1985 mit dem Kunstpreis der Stadt München ausgezeichnete Entwerferin erfuhr ihre Ausbildung in Deutschland und Frankreich, studierte in Paris auch Literatur und Kunstgeschichte und lebt und arbeitet heute im Süden von München. 1985/86 wurde sie von Pierre Lecuire (geboren 1922) beauftragt, zwei Bände seines 1960 im Eigenverlag erschienenen Buches »Dédale« zu binden. Beide Bände erhielten bis auf geringe Nuancen den gleichen Habitus. Es handelt sich um Franzbände in weißem Maroquin, deren Deckel mit Büttenpapier überzogen sind. Der Rücken trägt jeweils den geprägten Titel. Zu dem Buch gehören eine Lederchemise unter Verwendung des Originalschutzumschlages mit einer Radierung von André Lanskoy und ein erlesen gearbeiteter Kartonschuber.

Mechthild Lobisch schrieb 1985 zu ihrer Arbeit: »In den letzten Jahren mache ich mehr und mehr Halbfranzbände, die dreiseitig eingefaßt sind. Die Deckelflächen sind innen und außen ›bord à bord‹ mit bearbeiteten Papieren überzogen. Die Bearbeitung der Papiere wird, was die Einfärbung betrifft, vor dem Verarbeiten vorgenommen. Die Anwendung buchbinderischer Techniken wie Vergolden oder Folienhanddruck erfolgt am fertigen Buch. Diese buchbinderische Bearbeitung ist wichtig für die Oberflächenqualität. Die Art, wie Rücken, Deckel und Leder schon von der Rohform her bearbeitet sind, so wie die Übergänge von Leder und Papier, ist bestimmend für die Form.

Zu jedem Einband gehören ein Schutzumschlag (Chemise) und ein Schuber. Sie sind Bestandteile des Ensembles und – über ihre Schutzfunktionen... hinaus – eine Einleitung zum Thema.« ([Kat. Ausst.] Kunstpreisträger '85. Villa Stuck. München 1985, Bl. 5).

Die sich auch um diesen Einband gruppierende Trias: Buch-Chemise-Schuber lebt vor allem von der Ausdruckswirkung des Materials, von der sich zwischen verhaltenem Weiß und Lichtbraun dehnenden Farbskala und von der meisterhaften Verarbeitung. Unterstapelnd dient auf diese Weise das Ensemble dem Inhalt, hebt das Werk und spiegelt es zugleich. Der Einband harmoniert mit dem Papier, mit dem Satz und den stillen abstrakten Radierungen Lanskoys, dem 1902 in Moskau geborenen und seit 1921 in Paris lebenden Maler.

Das Werk ist innerhalb der Abteilung »Buchkunst« unseres Museums ein vorzügliches Beispiel für Buchkunst unserer Tage, und zwar im umfassenden Sinne.

Lecuire Pierre, Dédale. Paris 1960.
[unpag.] 64 Bll. m. 21 Originalradierungen
34 × 18,5 cm [in franz. Sprache]
Expl. Nr. 78, handschriftl. sign.: Pierre Lecuire/Lanskoy
Dreiseitig eingefaßter Franzband in weißem Maroquin, Überzüge der Deckel Büttenpapier, Rücken geprägt »DÉDALE...«. Leder-Chemise unter Verwendung des Originalschutzumschlages mit einer Radierung von Lanskoy gearbeitet.
In Kartonschuber, mit mattbraun handgefärbtem Papier kaschiert, Öffnungskanten mit Leder eingefaßt.
Bez. hinterer Deckel innen, u. M.: 1986 MECHTILD LOBISCH (geprägt)
Inv. Nr. 82/87
Lit. u. a.: Wichmann Hans, [Kat. Ausst.] Neu. Donationen und Neuerwerbungen 1986/87. Die Neue Sammlung. München 1979, 70–71 m. Abb.

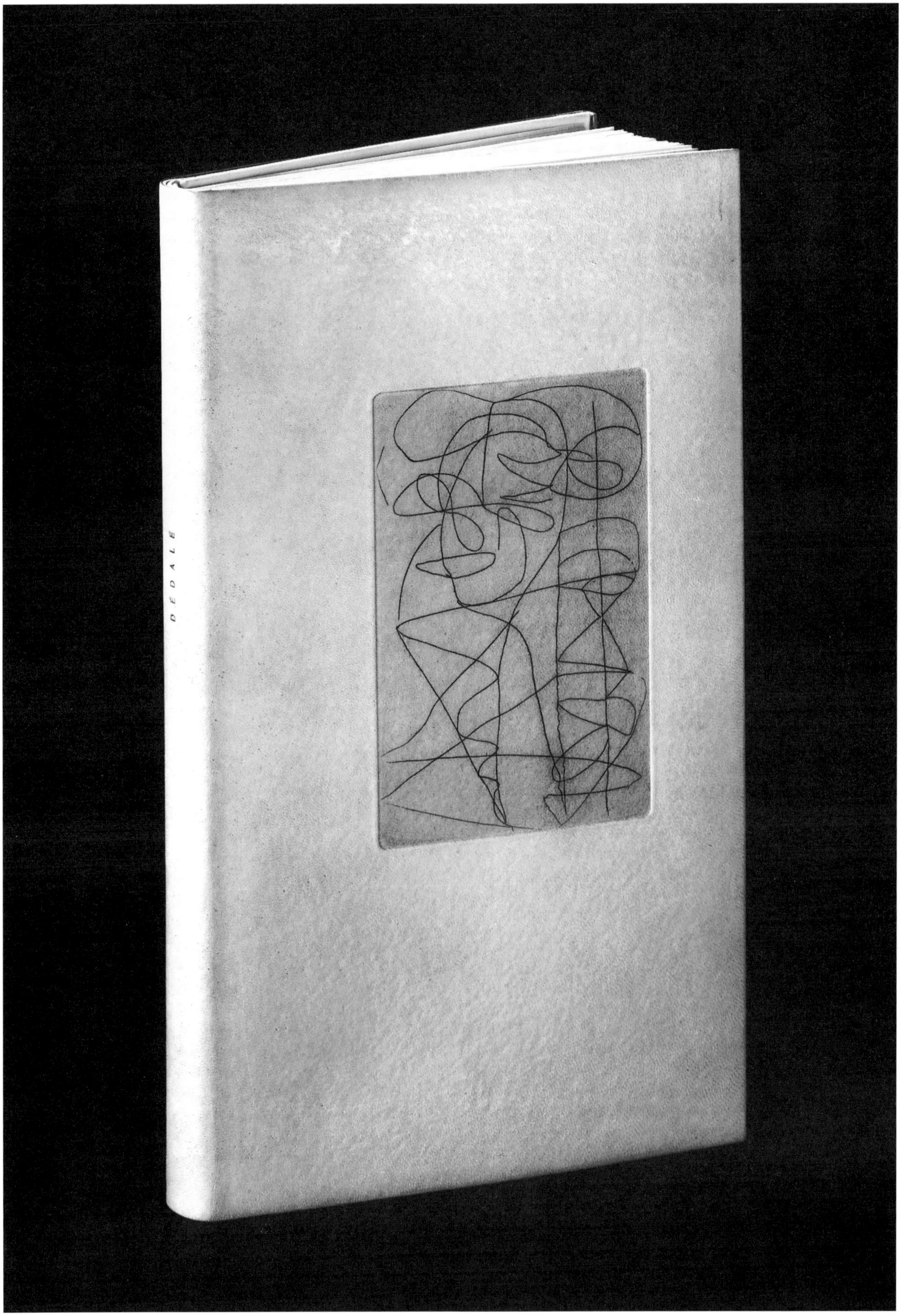
DÉDALE

In dem Jahrzehnt zwischen 1980 und 1990 wurde mit besonderer Aufmerksamkeit und Sorgfalt die Abteilung »Gestaltete Warenverpackungen« ausgebaut, ja, im eigentlichen Sinne erst konstituiert. Sie bildet ein wichtiges Verbindungsglied zwischen industrial und graphic design und ergänzt in vielen Fällen vorzüglich die Plakatsammlung des Museums. Zwar fand man 1980 einige Verpackungen – besonders von Fritz Hellmut Ehmcke – vor, aber die etwa 50 Exemplare bildeten lediglich einen Ausgangspunkt.
Heute umfaßt die Abteilung mehrere tausend wissenschaftlich bearbeitete Objekte, die vor allem durch die Erwerbung der Sammlung Professor Leitherers (1987) zu der wohl weltweit bedeutendsten Abteilung ihrer Art, innerhalb eines Museums, ausgebaut werden konnte. Ein Teil davon wurde 1987/88 in der Ausstellung »Reiz und Hülle« gezeigt und in der begleitenden Buchpublikation veröffentlicht.
Aus der Sammlung Leitherer stammen vor allem Gefäße aus Glas und Keramik, so auch diese vier Weinflaschen des 18. Jahrhunderts, deren Herstellung in der Enzyklopädie Diderots von 1763 durch Stiche veranschaulicht wird.
Der Farbton der Flaschen changiert in einem zum Braun hin leicht gebrochenen, variablen Grün. Alle besitzen einen hochgestochenen Boden und eine relativ kurze und ausladende Körperform, die noch nicht den Gesichtspunkten des ökonomischen Versands angepaßt war. An diesen Glasbehältern wird der Beginn eines später genormten, formal noch vielfältigen »Verpackungs-Produktes« demonstriert, zugleich auch – pars pro toto – der tief ins 18. Jahrhundert zurückreichende Entwicklungsweg seriell erzeugter Objekte.

Von links nach rechts:
Schlegelförmige Weinflasche (»mallet«),
Mitte 18. Jh.
Glas, grün, H. 25,0 cm
Sog. cheat-bottle (engl. cheat = Betrug). Stark hochgezogener Boden. Es ist aber weniger anzunehmen, daß hierdurch der Käufer des Weines bezüglich der Menge getäuscht werden sollte. Eine traditionelle Erklärung: In die Höhlung wurde ein feuchtheißes Tuch gestopft, um den Inhalt vorzuwärmen. Ende 18. Jh.
Glas, grün, H. 25,7 cm
Englische Form, um 1720. Fundort Amsterdam, nach Glasfarbe und Abriß aber in Norddeutschland hergestellt. Zwiebelförmig
(»Onion«)
Glas, grün, H. 14,8 cm
Holländisch, Anfang 18. Jh. Für Holland typische, weit verbreitete Form der Zeit
Glas, grün, H. 22,2 cm
Inv. Nr. 1–4/89
Lit. u. a.: Leitherer Eugen u. Hans Wichmann, Reiz und Hülle. Gestaltete Warenverpackungen des 19. und 20. Jahrhunderts. Basel 1987, 32 m. Abb. = Sammlungskat. Bd. 2.

Kugelhals-Flasche, um 1850

Glasbehälter für Heilmittel – besser gesagt für solche Mixturen, denen man Heilkraft zuschrieb – spielten eine wichtige Rolle im Rahmen der Entwicklung zur modernen Verpackung. Die Entstehung dieser abgepackten Heilmittel ist vor dem Hintergrund der medizinischen Versorgung im 19. Jahrhundert und der öffentlichen Hygiene zu sehen. Insbesondere die schnell anwachsenden Großstädte brachten ungeheure Gesundheitsprobleme mit sich. Sie quollen über von Unrat und Abfällen. In Deutschland wurden beispielsweise erst in den sechziger Jahren des vorigen Jahrhunderts Wasserwerke errichtet. Es ergab sich infolgedessen eine große Nachfrage nach medizinischen Produkten, und dafür entstand eine breite Gruppe von Behältern.

Diejenigen unter ihnen, die mit Giften versetzt waren, wurden formal besonders gekennzeichnet, etwa mit Noppen, Streifen oder Kugelhälsen versehen. Die Form gewährte somit auch im Dunkeln eine Orientierung bei der Betastung der Flasche, und dies war bei der noch fehlenden Elektrifizierung fast lebenswichtig. (Nach Leitherer s. Lit.)

Die sogenannten Kugelhalsflaschen stellen einen besonders in Deutschland häufig anzutreffenden Typus einer Packung für Apotheken-Arzneien dar, auch für Heilwässer. Das hier gezeigte, aus der Sammlung Leitherer stammende, grüne Exemplar war für »Franz Wilhelm ... Schneeberg-Kräuter« vorgesehen und repräsentiert ein besonders schönes Exemplar seiner Gattung. Vorzüglich proportioniert, gelingt eine organische, selbstverständlich wirkende Überführung vom quaderförmigen Körper zu dem sich nach oben leicht erweiternden Hals, der durch die »Kugel« artikuliert wird und in einer breit ausklingenden Lippe schließt.

Die Flasche ist ein Höhepunkt des frühindustriellen Behälter-Design in Deutschland und ein gesuchtes Sammelstück.

Glas, dunkelgrün, H. 18,5 cm
Lit. u. a.: Leitherer Eugen u. Hans Wichmann, Reiz und Hülle. Gestaltete Warenverpackungen des 19. und 20. Jahrhunderts. Basel 1987, 89 m. Abb. = Sammlungskatalog 2.

HAUPT DEPOT

Ginger-Beer-Flaschen, um 1850/60

»Ingwer-Bier ist ein auf dem Kontinent so gut wie nicht verbreitetes Getränk. Es war in England heimisch. Der Rohstoff, zingiber officinale, kommt vor allem in Westindien vor, weiterhin in China, im tropischen Afrika und an der Küste Westafrikas. Die Wurzel, der verschiedene Heilwirkungen zugeschrieben werden, wird frisch eingelegt oder getrocknet seit dem 18. Jahrhundert verwendet.
Innerhalb des britischen Empire existiert somit eine Rohstoffbasis. Dies war wohl der Hauptgrund dafür, daß das teuer zu importierende Gewächs in Deutschland nicht zum Grundstoff eines Getränke-Markenartikels werden konnte. In England dürfte sich Ginger-Beer seit etwa 1800 verbreitet haben und wurde Mitte des 19. Jahrhunderts zu einem billigen Volksgetränk. Auf manchen Verpackungen ist noch der Preis angegeben: ein Penny. Im Jahre 1842 soll es allein in London 1200 Straßenverkäufer für dieses Getränk gegeben haben; 1864 etwa 1500, die in London knapp fünf Millionen Flaschen des Getränks verkauften. Dazu kam noch die große Menge unabgepackten Ingwerbiers.
Das Getränk wird ähnlich wie Bier gebraut, hat aber nur einen sehr geringen Alkoholgehalt von etwa 2%.
Der Lebenszyklus dieses Getränks und seiner Verpackung ging mit dem »Health and Hygiene Bill« von 1938 zu Ende, das sich mit der schwierigen Reinigung der typischen Stone-ware-Bottles befaßte. Weitere Faktoren waren der Kostenanstieg für die keramische Produktion und die Tatsache – wie auch schon früher bei deutschen Mineralwasserflaschen –, daß man standardisierte Behälter verlangte. Die letzten derartigen Verpackungen dürften 1949 hergestellt worden sein.« (Leitherer s. u.)

Die gezeigten frühen, als Siegel-Flaschen gesuchten Behälter bestechen durch ihre formale Ausgewogenheit. Der zylindrische Körper – geschmückt durch die stattlichen Siegel – wird an der straffen, lineargeführten Schulter kegelförmig, leicht geschwungen verjüngt, um in einem bekrönenden Wulstring zu enden. Das Siegel kennzeichnet die Marke, es vertritt das Etikett, das sich in dem Verkaufswagen wohl abgelöst hätte.
Trotz Massenauflagen offenbart jedes Stück die manuelle Produktion. Der Massenbedarf wurde mit diesen Steingutgefäßen, die vor allem in Stoke-on-Trent gefertigt wurden, in einer heute nicht mehr erreichten, noblen Form befriedigt.

Links: PETER KELLERT PRESTON TRADE MARK, Plattensiegel, Emblem eines Pferdes, England (Lancashire), 1860er Jahre
Steinzeug, hellgrau, H. 17,1 cm
Lit. u. a.: Green Roger, A Treasury of British Bottles. Bridgnorth/Shropshire 1982, 73 m. Abb.
Rechts: H. ASPDEN PRESTON TRADE MARK, Plattensiegel (slab seal), Emblem eines Lammes mit Wimpel (Wappen des Hauses Preston), England (Lancashire), Mitte 19. Jh.
Steinzeug, grau, 17,0 cm
Lit. u. a.: Leitherer Eugen u. Hans Wichmann, Reiz und Hülle. Gestaltete Warenverpackungen des 19. und 20. Jahrhunderts. Basel 1987, 67 m. Abb. = Sammlungskat. 2.

PRESTON

Alfred Runge und Eduard Scotland
Blechdosen für Kaffee Hag,
um 1910 ff.

Durch Ludwig Roselius wurde ein Verfahren zum Coffeeinentzug des Kaffees entwickelt und ab 1906 im Rahmen der Kaffee-Handels-Aktiengesellschaft, Bremen, praktiziert.
Die Vermarktung des neuen Produkts »Kaffee Hag« (Hag als Abkürzung für Handels-Aktiengesellschaft) erfolgte auch mit neuartigen Werbe- und Verkaufsmethoden, handelte es sich doch um den ersten Markenkaffee, der fertig verpackt, in einheitlicher Aufmachung, gestützt durch ein verwandtes Werberepertoire, zu einem festen Preis international angeboten wurde. Im Zentrum der Werbekampagnen stand das Packungsbild, das von Eduard Scotland, einem Architekten und Freund von Roselius, entworfen worden war.
Die Kaffee-Handels-Aktiengesellschaft, Bremen, zählt zu denjenigen Unternehmen, die historisch früh ein weltweit einheitliches visuelles Erscheinungsbild auf der Basis einer gewissen Systematisierung entwickelte und mehr als ein halbes Jahrhundert durchhielt.
Erst 1961 erfolgte die Ablösung der ehrwürdigen, im Laufe der Geschichte nur gering variierten Packung, die den bis dahin allgemein üblichen Tütenverkauf von Kaffee zu ersetzen begonnen hatte.
Die Elemente dieses Erscheinungsbildes waren folgende:
1. Zeichen: Ein Rettungsring, eingeschrieben in einen Rhombus mit Schriftzug (Schutzmarke), auf Packungen bzw. ein Herz auf Inseraten und dreidimensionalen Objekten. Sie signalisierten Rettung und Schonung vor der negativen Wirkung des Coffeins.
2. Die Farben: Rot und Schwarz. Rot für die Zeichen, Schwarz für Schrift und Akzidenzformen.
3. Einheitliche Schrift und entsprechendes Rastersystem, die relativ konsequent auf den Pappverpackungen durchgehalten wurden.
4. Eine das Produkt »Kaffee« begleitende, assistierende Objektgruppe mit gleichen graphischen Elementen (Zuckerverpackungen, Kaffeegeschirre, Kaffeemaschinen, Informationsschriften etc.).
Diese Elemente konstituierten ein überall in der Welt verstandenes und wirkungsvolles Erscheinungsbild, an dem neben Eduard Scotland, der den Auftrag zur Entwicklung des Erscheinungsbildes erhielt, und Alfred Runge auch Lucian Bernhard, Herman Roth, Louis Oppenheim, Ludwig Hohlwein, E. Leo Stahl – die Elemente verwendend – mitwirkten.

Lit. u. a.: Int. Zs. »Die Böttcherstraße« 1, 1928, H. 8 – Bongard Willi, Fetische des Konsums. Hamburg 1964, 40–49 m. Abb. – Wichmann Hans, Industrial Design. Unikate. Serienerzeugnisse. München 1985, 452–453 m. Abb. – [Kat. Ausst.] Email-Reklame-Schilder. Kunstgewerbemuseum. Zürich 1987, 264, 265 m. Abb. – Leitherer Eugen u. Hans Wichmann, Reiz und Hülle. Gestaltete Warenverpackungen des 19. und 20. Jahrhunderts. Basel 1987, 248–249 m. Abb. = Sammlungskat. 2.

Links: Zylindrische Dose mit Stülpdeckel, farbig bedruckt. Wandung: Auf grünlich-schwarzem Fond vier weiße, hochrechteckige Felder. Diese in Schwarz und Rot mit »Hag«-Signet bedruckt. Umlaufender, vertikaler Streifendekor in Schwarz auf Weiß an Ober- und Unterkante.
H. 25,5 cm, ∅ 23,5 cm
Rechts: Im Querschnitt querrechteckige Dose mit abgerundeten Schmalseiten. Fond gelbweiß lackiert; an der Breitseite »Hag«-Signet mit Rettungsring, an den Schmalseiten »Hag«-Signet mit Herz.
H. 20,5 cm, B. 20,5 cm, T. 10,5 cm
Inv. Nr. 603/85; 641/85

Josef Emanuel Margold
Keksdose (Zick-Zack-Luxusdose),
Größe Nr. 5, um 1917

Art Nouveau der Jahrhundertwende nahm von England ihren Ausgang, von Großbritannien wohl deshalb, weil dort schon eine Generation früher als auf dem europäischen Festland die industrielle Revolution begonnen hatte. Die Verfechter der Reform glaubten damals, in der Kunst ein Mittel zur Heilung, zur Zusammenführung der in Spezialisierung auseinandergetretenen Lebensform gefunden zu haben. Durch sie sollte neuartige Integration erfolgen, sollte das Gesamtkunstwerk »Leben« in besserer Form möglich werden.

Auch die Hülle der Ware, die Verpackung, trat damals erstmals in den Blickkreis des Künstlers, und kein geringerer als Henry van de Velde entwarf bereits 1897/98 für die Tropon-Werke in Mülheim-Ruhr Verpackungen, denen zu Beginn des neuen Jahrhunderts überall in Deutschland Nachfolge beschert war. In gleicher Weise wie sich im Werkbund Künstler und Industrie verbanden, um die Qualität der Gewerbearbeit zu fördern, konnte auch im Bereich der Verpackung nur durch die gleiche Kooperation ein Standard gefunden werden, aus dem sich Anreiz und Beispiel herausbildeten. Der »Aufbruch zur neuen Verpakkung« wäre ohne die Aufgeschlossenheit einer wenn auch kleinen Zahl von Industriellen kaum möglich gewesen.

Zu ihnen zählte auch Hermann Bahlsen (Hannover), der kurz vor dem Ausbruch des Ersten Weltkrieges in eine enge Zusammenarbeit mit Josef Emanuel Margold trat. Kontrastiert man dessen österreichische, von Wien her bestimmte Handschrift mit der damaligen in Deutschland geübten geometrisierenden Form, so dominiert der verbindliche, liebenswürdige Dekorationsstil.

Der ehemalige Assistent Josef Hoffmanns überträgt die geschmeidige, lebensbejahende Dekorfreude der Wiener Werkstätte, für die er ebenfalls tätig war, auf die Geschenkpackung der Bahlsen-Kekse und verwandelt simples Blech und Papier in leuchtend farbige Schmuckverpackungen, die heute zu gesuchten Sammelstücken geworden sind. Mit dieser phantasievollen Umhüllung deutet er bereits auf die zwanziger Jahre hin, deren Vorreiter er vor allem durch die Zick-Zack-Dekorform werden sollte, die auch diese Verpackung trägt.

Gerade darin liegt – unabhängig von der vorzüglichen Lösung der Aufgabe – die Bedeutung des Objekts für Die Neue Sammlung als Museum für angewandte Kunst, wird doch eine Kekspackung gleichsam zum »Trendsetter« für eine Formenwelt, die im starken Maße das nachfolgende Jahrzehnt bestimmt.

Würfelförmig, mit 4 Füßen und flachem, leicht überstehenden Einsatzdeckel mit Knauf. Auf schwarz-weißem Grund mit Zick-Zack-Muster und goldenen Sternen: buntfarbige Rosen mit zackigen Blättern (Rottöne, türkis, gelb, violett, Grautöne). Deckel und Füße gold und schwarzweiß gemustert.
Beschriftung Boden, geprägt: H. BAHLSENS KEKS-FABRIK HANNOVER KÖNIGL. PREUSS. STAATS-MEDAILLE WELTAUSSTELLUNGEN 1904, 1910... BALTISCHE AUSSTELLUNG MALMÖ 1914 DIE KÖNIGL. MEDAILLE
H. 20,5 cm, B. 18,5 cm, T. 18,5 cm
Auftraggeber: H. Bahlsens Keks-Fabrik, Hannover, Deutschland
Inv. Nr. 485/84
Lit. u. a.: Das Plakat, Sept. 1920, 396 m. Abb. – The Studio Year-Book 1926. London 1926, 181 m. Abb. – Buccellati Graziella (Hrsg.), Biscuits. Mailand 1982, 28 m. Abb. [hier 1915–16 datiert] – Wichmann Hans, Industrial Design. Unikate. Serienerzeugnisse. Die Neue Sammlung. Ein neuer Museumstyp des 20. Jahrhunderts. München 1985, 368 m. Abb. – Leitherer Eugen u. Hans Wichmann, Reiz und Hülle. Gestaltete Warenverpackungen des 19. und 20. Jahrhunderts. Basel 1987, 174 m. Abb. = Sammlungskat. 2.

Verpackungen für Puder, USA und Frankreich, 1920er Jahre und um 1930

Links oben: René Lalique
Schachtel für »Le Jade«-Puder, 1920er Jahre
Quadratische Kartonschachtel mit Stülpdeckel, Papierkaschierung. Deckel mit lindgrünen Paradiesvögeln und schwarz/goldfarben ornamentiertem Grund.
Beschriftung Wandung (geprägt): LE JADE ROGER ET GALLET PARIS
Deckelinnenseiten: GRAND PRIX... PARIS 1900...
innere Puderumhüllung: le JADE ROGER ET GALLET PARIS; Boden: OCRE ROSÉE
Bez. am unteren Rand des Deckels (Prägung): R. Lalique
H. 4,2 cm, Grundfläche 7,7 × 7,7 cm
Auftraggeber: Roger et Gallet, Paris, Frankreich
Lit. u. a.: Dawes Nicholas M., Lalique Glass. Harmondsworth 1986, 61 m. Abb.

Innerhalb seiner Sammlung gestalteter Verpackungen besitzt das Staatliche Museum für angewandte Kunst auch eine große Zahl von Kosmetika, besonders auch von Puderschachteln der Jahre zwischen den Kriegen. Zum Teil noch mit Puder gefüllt, dokumentieren sie einen besonders liebenswürdigen, den homo ludens offenlegenden Bereich, der jenseits des existentiell Notwendigen angesiedelt ist.
An ihnen läßt sich auch der formale Einfluß der freien Kunst auf die Dinge der Alltagswelt eindringlich ablesen, der etwa mit einer Verzögerung von einem halben bis zu einem Jahrzehnt auf Verpackungen sichtbar wird. Besonders Matisse scheint – wie die Dosen der zumeist französischen Entwerfer zeigen – eine starke Beeindrukkung ausgeübt zu haben.
Die hier aus einer Vielzahl herausgegriffenen Packungen demonstrieren die seltene rechteckige Form neben der üblichen runden, zugleich aber die dem Schmuck verwandte Verdichtung einer kleinteiligen Dekorwelt. Es sind Motive, die ohne Anstrengung gefallen, daneben aber ästhetischen Reiz und eine gewisse repräsentative Aussage besitzen müssen. Besonders delikat verwirklicht diese Ansprüche wohl die mit lindgrünen Paradiesvögeln geschmückte Dose (oben links), welche die Hand eines erfahrenen Entwerfers verrät, die René Lalique's nämlich (vgl. auch S. 47), der wohl zu den geschmackvollsten Art-Déco-Künstlern zählt.
Schmuck, Glas, Flakons – eine der Haute Couture nahestehende Objektwelt – erhielt durch seine Arbeit in der Zeit um 1930 besondere Akzente.

Rechts Mitte: Puderdose für Lérys, Frankreich, um 1930
Runde Dose mit Stülpdeckel; Karton mit Papier kaschiert; Aufdruck von Blatt- und Blütenornament in Schwarz, Weiß und Gelb; an der Wandung vertikale Streifen mit Blüten und Blättern; Deckel mit goldfarbener, eingeprägter Wortmarke
Beschriftung: Lérys PARIS...
H. 4 cm, ∅ 7 cm
Auftraggeber: Lérys, Paris, Frankreich

Links unten: Döschen für »Three Flowers«-Puder, USA; 1920er Jahre
Flache, runde Dose mit Stülpdeckel. Karton mit Papier kaschiert. Kanten golden. Deckel: sich pudernde Dame mit Zofe (Weiß, Schwarz, Grau) vor orangefarbenem, goldgemustertem Grund, goldgrün-weißer Rahmen. Boden mit Blüten auf Orange. Schrift schwarz.
Beschriftung Wandung: THREE FLOWERS BOUDOIR COMPACT [und Signet] RHR
Boden:... RACHEL... THREE FLOWERS BOUDOIR COMPACT POWDER REFILLER...
H. 1,5 cm, ∅ 6,7 cm
Auftraggeber: Richard Hudnut, New York, USA
Inv. Nr. 433/86; 1393/82; 435/86
Lit. u. a.: Kimura Katsu, Art Deco Package Collection. [Japan] 1985, 17 [Variante von »Three Flowers«] – Leitherer Eugen u. Hans Wichmann, Reiz und Hülle. Gestaltete Warenverpackungen des 19. und 20. Jahrhunderts. Basel 1987, 208 m. Abb.

THREE FLOWERS
BOUDOIR COMPACT

Edward Quinn
Photographie von Pablo Picasso,
Anfang 1950er Jahre

Unter den zahlreichen neu erworbenen Photographien des letzten Jahrzehnts nimmt die Portraitaufnahme von Edward Quinn schon aufgrund ihrer Thematik eine besondere Stellung ein. Dargestellt ist Pablo Picasso, der große Künstler unseres Jahrhunderts.
Der Fotograf Quinn (lebt in Nizza) schreibt dazu: »Während des Zweiten Weltkrieges war Picasso in Paris geblieben, ohne daß er die Möglichkeiten hatte, den Sommer an der Côte d'Azur zu verbringen, wie er es gewohnt war. Daher reiste er nach der Befreiung von der deutschen Besetzung, sobald er konnte, mit Françoise Gilot in den Süden Frankreichs und ließ sich in Juan-les-Pins nieder. Von dort kam er eines Tages auch einmal nach Vallauris, einer kleinen Stadt in der Nähe, wo er die Keramiker zehn Jahre zuvor arbeiten gesehen hatte. Er begegnete Georges und Suzanne Ramié, die die Ateliers Madoura besaßen, ...
Genau ein Jahr später kam er wieder mit einem Karton voller Zeichnungen. ›An diesem Tag‹, schrieb Georges Ramié, ›nahm Picasso seinen Platz in unserem Atelier ein, das mehrere Jahrhunderte alt ist und in dem zahlreiche Generationen von Töpfern mit dem guten Ton von Vallauris Tausende von Gegenständen des täglichen Bedarfs geformt hatten.‹ Er war derart beeindruckt von den Möglichkeiten der Keramik, daß er eine Villa, La Galloise, auf den Hügeln über der Stadt kaufte. Dort lebte er mit Françoise Gilot und den gemeinsamen Kindern Claude und Paloma, und dort bin ich ihm zum erstenmal begegnet.
Ich durfte mit Picasso bei Madoura einige Stunden lang ungestört arbeiten. Natürlich wirkte diese Atmosphäre – die faszinierende Gegenwart Picassos – erregend auf mich. Die Vorstellung, daß ich wahrhaftig an entscheidenden Augenblicken seines Schaffens teilhatte, spornte mich an. Ich versuchte, die flüchtigen Momente festzuhalten, in denen etwas Wichtiges passierte.«
Edward Quinn folgte Picasso seit 1951 bis zu dessen Tod 1973 von Jahr zu Jahr, von Wohnsitz zu Wohnsitz, von Atelier zu Atelier. Er hatte das Privileg freien Zutritts, nur seiner Kamera vertraute Picasso sich an. Die Freundschaft zwischen den beiden Männern erlaubte Quinn die Näherung an das vielschichtige Wesen Picassos und war Grundlage für ein ungehindertes Arbeiten mit der Kamera. Nach Picassos Tod erinnert sich Quinn: »Ich konnte machen, was ich wollte, solange Picasso machen konnte, was er wollte.«
Zur Entstehung der nebenstehenden Fotografie schreibt Quinn: »Manchmal nahm Picasso eine Vase, bevor der Hals hart geworden war. Er preßte und modellierte sie in die Form einer Frau oder einer Taube. ›Um ihr Leben zu geben‹, sagte er einmal, ›muß ich ihr den Hals umdrehen.‹«
Diese unmittelbare, dokumentarische Authentizität, die das Wesentliche aus dem Zufälligen herausschält, erzielte der Fotograf unter konsequenter Vermeidung jeglichen Arrangements und – wie es scheint – sogar unter dem Verzicht auf künstliches Licht. So vermittelt diese Aufnahme exemplarisch die Aufgabe der Portraitfotografie, die das bloße Ablichten eines Gegenstandes weit hinter sich läßt.

F. H.

Papierabzug; 59,8 × 49,9 cm
r. u. signiert: Edward Quinn
Rückseite r. u. signiert: Edward Quinn
Stempel: PHOTOGRAPH COPYRIGHT / EDWARD QUINN / PAMADOR COTTAGE / 151, BOULEVARD DE L'OBSERVATORE / Télépohone 53998 NICE
Herst.: Edward Quinn, Nizza, Frankreich
Diese Aufnahme diente auch als Bildmotiv für das 1965 entstandene Ausstellungsplakat »Picasso à l'Œuvre – étude photographique par Edward Quinn« der Galerie Madoura in Cannes.
Inv. Nr. 60/90
Lit. u. a.: Czwiklitzer Christoph, Pablo Picasso. Plakate 1923–1973. München 1981, Nr. 267 m. Abb. – Quinn Edward u. Pierre Daix, Picasso. Mensch und Bild. Stuttgart 1987, 46 m. Abb.

Regi Relang
Modeaufnahme: »Kaftan mit Henri Rousseau«, 1976

Ausgelöst durch einen ausufernden Bildjournalismus, hat in der 2. Hälfte des 20. Jahrhunderts die Photographie eine ungewöhnliche Popularisierung und damit eine ebensolche Trivialisierung erfahren. Bemühte sich die Photographie noch in der Mitte des 19. Jahrhunderts in einer Reihe von Gerichtsprozessen, als »Kunst« und nicht als »Handwerk« anerkannt zu werden, so trat die »Kunstphotographie« nach dem 2. Weltkrieg immer stärker in den Hintergrund. Die »Authentizität«, die »Ablichtung« einer möglichst aktuellen »Realität« wurde zum mißverstandenen Maßstab für Qualität.
Neben diesen Reportageaufnahmen und der sogenannten freien Photographie entwickelte sich vor allem in der Zeit nach dem 2. Weltkrieg mit der Werbephotographie eine Sparte, die sich in ihren Spitzenleistungen nicht nur auf die bloße Reproduktion des Gegenstandes beschränkte, sondern die durch die individuelle Sicht des Photographen die spezifischen Eigenschaften des abgebildeten Gegenstandes verstärkte. Diese zweckgebundenen Aufnahmen, etwa aus dem Bereich der Mode, spiegeln zwar reale Gegenstände, aber zugleich auch Wunschvorstellungen wieder.
Regina Relang (1906 Stuttgart – 1989 München) zählt zu den Photographen, die sich insbesondere diesem Metier widmeten. Nach einem Akademiestudium in Stuttgart und Berlin ging sie für einige Jahre nach Paris und begann als Autodidaktin zu photographieren. Dort entstanden die ersten Modeaufnahmen für »Vogue« und »Dame«. Nach 1949 ließ sie sich in München nieder und gründete 1962 ein eigenes Studio für Mode- und Werbephotographie.
Die 1976 entstandene Aufnahme »Kaftan mit Henri Rousseau« ist charakteristisch für ihre exzeptionellen Modearrangements, die sich durch sublime Farbbehandlung, Doppelbelichtungen, Einbeziehung von Illustrationen und durch das Verwischen von Realität und Imagination auszeichnen.
Mitte der 1970er Jahre propagierten die Couturiers, nach »Maxi« und »Midi«, die »Folklore aus aller Welt«, und jeder überraschte die Modewelt mit eigenen Variationen: Saint Laurent begann den Modereigen mit slawischen Bauernröcken, der Vordere Orient und der Ferne Osten brachten Haremshosen und die Pracht des indischen Subkontinents in die Mode ein, Folklore aus Schottland, Bayern und Tirol bevölkerten die Laufstege, und 1976 präsentierte Saint Laurent seine Kollektion »Les Ballets russes«, um wenig später spanische Torerokostüme und Flamenco-Kleider vorzustellen. Regi Relangs Aufnahme entstand in jener farbenprächtigen und phantasievollen Modewelle.
Die Photographin stellt ihr Modell, angetan mit einem Kaftan und einem turbanartig um den Kopf geschlungenen Tuch, inmitten einer sich auf verschiedenen Ebenen abspielenden Traumwelt des Malers Rousseau dar. Die naiv-realistische Malweise mit ihrem lyrisch poetischen Gehalt bindet dabei Kleid und Modell vollkommen in das Bild ein und läßt sie wie ein Fabelwesen in dieser Welt aufscheinen.
Innerhalb des Photodepartements unseres Museums ist diese Aufnahme ein exemplarisches Beispiel für den seit 1980 neu aufgebauten Bereich zweckgebundener Photographie, eine Abteilung, die die seriell bestimmten graphischen Sammlungsgebiete des Hauses auf das vorzüglichste ergänzt.
Gelangte 1989 als Geschenk Regi Relangs in unsere Sammlungen.

F. H.

Farbabzug, mattglänzend
Beschr. r.: Copyright FOTO RELANG
Bez. (Rücks.): pendant zu ›Djellaba mit Henri Rousseau‹... (eigenhändig, blaue Tinte u. a.)
30 cm × 30 cm (kein Rand)
Herst.: Regi Relang, München, Deutschland
Inv. Nr. 614/89.

Reinhart Wolf
Photographie: Fuller Building New York, 1979

Durchblättert man Jahresbände der Photographie, so wirkt das meiste angestrengt, affektiert, geschmacklos, geprägt vom Aktuellen der Stunde. Um so angenehmer ist die Beschäftigung mit Arbeiten von Reinhart Wolf. Sie sind nicht schnell geworfen, sondern erarbeitet. Das Spezifische des Gegenstandes tritt dem Betrachter in einer neuartigen Wirklichkeitsqualität entgegen, und zwar im Porträt des Menschen ebenso wie in dem des Dinges oder Bauwerks. Diese Realität besitzt Eindringlichkeit, Direktheit, aber zugleich Distanz, sie gibt das Essentielle.
Reinhart Wolf (Berlin 1930 – Hamburg 1988) studierte Geisteswissenschaften und bestand 1956 auch seine Photo-Meisterprüfung in München. 1969 gründete er ein Studio für Werbefilmproduktion in Hamburg, erhielt im gleichen Jahr von Europhot den Titel »Europäischer Meister der Photographie« und begann mit einer 18 × 24-Zentimeter-Kamera zu photographieren. Seine Bildserie »Faces of Buildings«, die er 1976 während der »Photokina« zeigte, erregte Aufsehen und führte zu Aufträgen und Reisen durch die USA, als deren Summe das 1979 erschienene Buch »Gesichter von Gebäuden« anzusehen ist.
1979 entstanden auch die Aufnahmen der Wolkenkratzer New Yorks, denen das Bild des Fuller Building angehört. Auch dieses wurde mit einer 18 × 24-Zentimeter-Kamera aufgenommen und ist, wie Georg Ramseger feststellt, als »lautloser Protest gegen die Inflation des Schnappschusses, als Demonstration gegen den Zufall und für das überlegt gebaute Bild, für die durchdachte Komposition, gegen den Lärm und für die Stille« anzusehen.
Wolf begründete die Benutzung der Großkamera wie folgt: »Das Bild auf der Mattscheibe des Großformats tritt mir ernsthafter und bewußter entgegen als in der einäugigen Kleinbildkamera. Der erste Blick auf mein vorgeplantes Bild, in der Antwort der Mattscheibe, ist der Augenblick der Wahrheit. Das Bild, das ich vorher definiert habe, definiert nun mich.« (Zitate aus: New York in Photographien von R. W. Hamburg 1980). Auf der nebenstehenden Photographie sind die höchsten Geschosse des Fuller Building wiedergegeben, die sich wie eine Zikkurat aufgipfeln. Das Gebäude wurde 1928/29 an der 57th Street, Ecke Madison Avenue von Walker und Gillette errichtet. Es besitzt mit seinen 42 Stockwerken eine Höhe von knapp 150 Metern. Die Oberflächen der letzten, gestuften Geschosse sind mit schwarzen und weißen Kacheln belegt, die in der Sonne golden aufflammen.
Hinterlegt ist hier dieser Art-Déco-Skyscraper von dem 1969 erbauten, weit höheren General Motors Building, das sich an der Fifth Avenue, zwischen 58th und 59th Street, erhebt. Seine Marmorrippung bildet die Folie der bizarren, tempelartigen Spitze des Fuller Building.
Nur das Auge des Photographen vermochte mit seiner Kamera diesen Blick, den zuvor kein Mensch in dieser Form sah, festzuhalten und damit als Vision der Wirklichkeit zu bewahren.

Farbabzug, Hochglanz
50,5 cm × 59,8 cm (kein Rand)
Herst.: Reinhart Wolf, Hamburg, Deutschland
Inv. Nr. 899/84
Lit. u. a.: New York in Fotografien von Reinhart Wolf. Hamburg 1980 m. Abb. – Wichmann Hans, [Kat. Ausst.] Neu. Donationen und Neuerwerbungen 1984/85. Die Neue Sammlung. München 1988, 105.

Wilhelm Bertsch
Trinkbrunnen der Stadt München, um 1910

Städtische Straßen und Plätze waren von jeher zu unterschiedlichen Zwecken ausgestaltet worden und erst damit in vielfacher Weise funktionsfähig. Poller, Verkaufsstände, Halterungen, Sitze, Bänke, Brunnen oder Wassertröge »möblierten« deshalb diese öffentlichen Räume oder fungierten als Sekundärarchitektur. Ihre wohl schönste Ausformung erhielten sie im Laufe der Jahrhunderte in Italien. Wer erinnert sich nicht an die Plätze Sienas, Venedigs, Veronas oder Roms, wenn er den beispielhaften Zusammenklang aller Teile, die erst einen Platz bilden, beschreiben will!
Über Jahrhunderte waren die Ansprüche an diese Objektwelt gleich geblieben. Erst mit der Epoche von Industrie und Technik begann sich – vor allem im 19. Jahrhundert – die Sekundärarchitektur mehr und mehr zu ändern und zugleich zu vervielfachen. An Stelle von Holz und Stein treten nun Stahl und Eisenguß als ihr Material. In dieser Möblierung der öffentlichen Räume dokumentiert sich ein neues Gefühl sicher gewordenen Zusammenlebens. Die einkerkernden Stadtmauern und -gräben fallen, und an ihre Stelle treten Boulevards, die zum Flanieren einladen, verbunden mit einer neuartigen Qualität des öffentlichen Lebens – auch nördlich der Alpen. Litfaßsäulen, Zeitungs- und Imbißkioske, Bänke, Musikpavillons und »Vespasienne« antworten diesem freier gewordenen Leben und bilden es zugleich.
An Stelle von kümmerlicher Petroleumbeleuchtung tritt das helle – Sicherheit auch in der Nacht gewährende – Gaslicht, später der elektrifizierte Kandelaber, und mit dem Einbau der Kanalisation, im Verein mit der Verbesserung der allgemeinen Wasserversorgung, wird der öffentliche Raum der Städte allenthalben erst im eigentlichen Sinne bewohnbar.
Dazu tragen auch die ehemals überall zu findenden öffentlichen Trinkbrunnen bei. Sie waren ein soziales Angebot, dokumentierten Sauberkeit, ja, Gastlichkeit mit ihrer Spende an kühlem Trinkwasser. So schenkte Sir Richard Wallace einen von Genien geschmückten Brunnen, der während der Pariser Weltausstellung 1889 gezeigt wurde, der französischen Metropole zur Aufstellung in sämtlichen Quartieren. Diesem gegenüber ist der ebenfalls in Eisenguß ausgeführte Münchner Trinkbrunnen von etwa 1910 verhalten und schlicht, aber formal besonders reizvoll. Er bringt als Serienprodukt sehr wohl zum Ausdruck, was er ist, ohne in formale Trockenheit abzusinken. Gegenüber dem Münchner Eisengußbrunnen der Zeit um 1890, von dem Die Neue Sammlung ebenfalls eine Ausformung besitzt, die noch durchaus den Pumpbrunnen nachvollzieht, folgt dieser Trinkbrunnen einer neuartigen Idee. Das Wasser strömt von oben in ein kleines Becken. Über zwei Träger, die eine baldachinartige Rundung tragen, wird das Wasser nach oben geführt. Das Becken ruht auf einem kräftigen, widerstandsfähigen Sockel. Sparsame Ornamentierung verleiht dem Brunnen Gliederung und Liebenswürdigkeit. Auch an die Tränkung der vierbeinigen Begleiter ist gedacht, befindet sich doch im Sockel eine kleine, formal gut eingefügte Hundetränke.
Dieses angenehme, inzwischen aus dem Münchner Stadtbild verschwundene Objekt wurde von Wilhelm Bertsch (1865–1916) entworfen, der als Architekt und Bauamtmann in der Nachfolge Theodor Fischers tätig war und sich besonders bei der Ausführung seines preisgekrönten Entwurfs der Münchner Ausstellung 1908 verdient gemacht hat.
Den Brunnen erhielt Die Neue Sammlung von den Wasserwerken Münchens dediziert.

Grauguß, grün gestrichen; Becken weiß
H. 162 cm, Becken ∅ 41 cm
Modelliert von Ernst Pfeifer, München
Herst.: Eisengießerei F. S. Kustermann, München
Inv. Nr. 700/81

Lit. u. a.: Bistritzki Otto Josef, Brunnen in München. Lebendiges Wasser in einer großen Stadt. München 1974, 171, Nr. 382 m. Abb. [dort 1925 datiert] – Wichmann Hans, [Kat. Ausst.] Neu. Donationen und Neuerwerbungen 1980/81. Die Neue Sammlung. München 1982, 13 – Wichmann Hans, Industrial Design. Unikate. Serienerzeugnisse. Die Neue Sammlung. Ein neuer Museumstyp des 20. Jahrhunderts. München 1985, 388 m. Abb.

Sir Giles Gilbert Scott
Telephonzelle der Staatlichen Britischen Telephongesellschaften, Modell K 6, 1935

Die rote englische Telephonzelle hatte einst für den die Inseln besuchenden Festlandseuropäer eine Erinnerungsqualität wie etwa die Tower-Bridge oder die automatisiert erscheinenden Wachsoldaten mit ihren Bärenfellmützen. Sie stellte gewissermaßen eine Institution der Straße dar. Dabei war ihr Alter nicht einmal ehrwürdig; denn nur ein halbes Jahrhundert hatten sie ihren Dienst getan. Der Grundtypus wurde 1935 von Sir Giles Gilbert Scott, einem englischen Architekten, entworfen. Er errichtete u.a. das mächtige Kraftwerk an der Themse, Battersea Power Leisure, den größten Ziegelbau der Welt (1983 stillgelegt und unter Denkmalschutz gestellt), und war als Kirchenbauer und -restaurator tätig. Seine Telephonzelle kannte jedoch die Welt jenseits der Fachkreise.
Die Auslieferung der ersten Exemplare erfolgte 1936, im Jahre der Thronbesteigung Georg VI., und erhielt daraufhin die Bezeichnung »Jubilee Kiosk«.
Sicher hätte dieses Objekt der Sekundärarchitektur nicht dieses Renommée erlangt, wenn es nicht eine exemplarische Lösung der Aufgabe darstellen würde, besitzen doch alle anderen Industrienationen ebenfalls öffentliche Telephonzellen, denen jedoch keine ähnliche Aufmerksamkeit zuteil geworden ist. Vielleicht liegt es partiell daran, daß die Gußeisenkonstruktion noch durchaus an die große Tradition städtischer Straßen- und Platzmöblierung des 19. Jahrhunderts anschließt.
Unabhängig davon ist jedoch die gestellte Aufgabe architektonisch vorzüglich gelöst. Ein quadratischer Sockel trägt auf Eckstützen einen Baldachin, dem Symbol und Beschriftung in englischer, traditionsgemäß guter Typographie eingefügt sind. Drei der zwischen Sockel- und Kopfzone eingespannten Wandflächen tragen Versprossung und Verglasung. Sie ermöglichen Ein- und Ausblick, verleihen aber zugleich der Telephonzelle einen körperhaften Charakter. Alle Details sind kräftig, funktional, beanspruchungsfähig ausgelegt, wirken aber zugleich differenziert und sorgfältig gestaltet. So ist etwa der Bogen des beschließenden Kuppelsegments von edler, ausgeglichener Wölbung; das Traufblech über der Tür äußerst präzise geformt; die Versprossung rhythmisiert; der Beschlag knapp, flächig dem Körper auferlegt, oder die Kanten sind leicht profiliert und abgerundet.

Der etwa 250 cm hohe Körper besitzt durchaus eine eigenständige, der Aufgabe entsprechende Ausdruckswirkung: er ist kein Häuschen, auch kein Pavillon oder gar eine Hütte oder Laube, sondern der anschaulich gewordene Inbegriff einer Telephonzelle, die noch kein Apparat geworden, sondern von gestalthafter Architektur bestimmt ist.
Die jeweilige Ausformung des auswechselbaren Krönchens unter dem Scheitel des Segmentbogens signalisierte nicht nur staatliche Obhut, sondern ermöglicht die Datierung des Objekts. Das in der Neuen Sammlung befindliche gehört dem Modell »K 6« an. In den achtziger Jahren wurden diese Zellen, die etwa ein Gewicht von einer Tonne besitzen, verschrottet bzw. verkauft.

Grauguß, rot lackiert
H. ca. 250 cm, Grundfläche 94 cm × 94 cm
Hergestellt in England, um 1936
Inv. Nr. 427/84
Lit. u. a. [Kat. Ausst.] Gloag John, Industrial Art Explained. London 1946, Abb. 15 – [Kat. Ausst.] Thirties. British Art and Design before the War. Hayward Gallery/Victoria & Albert Museum. London 1979, 202, Kat. Nr. 13. 5 m. Abb. – Lucie-Smith Edward, A History of Industrial Design. Oxford 1983, 203 m. Abb. – Wichmann Hans, Industrial Design. Unikate. Serienerzeugnisse. Die Neue Sammlung. Ein neuer Museumstyp des 20. Jahrhunderts. München 1985, 392 m. Abb.

TELEPHONE
PULL

Siemens-Design
Hochspannungsleistungsschalter SF_6, Typ 3 AS/2, 1962

Auf einer quadratischen, nur 45 cm messenden Edelstahlplatte steht seit Frühjahr 1985 im Foyer der Neuen Sammlung ein Hochspannungsleistungsschalter. Hinterlegt von einer lunettenartig sich beschließenden Wand, ist dieses etwa 5 m hohe und tonnenschwere Artefakt in Kreuzform, dessen Verankerung das Kellergeschoß durchgreift, zum Wahrzeichen dieses Museums geworden.
Das Gerät repräsentiert einen Sammlungsgegenstand der Abteilung »Sekundärarchitektur/Street Furniture«.
Rein physisch besteht dieses Werk aus einer Reihe von dunkelbraunen, vertikal und horizontal durch Metallverbindungen aneinander gereihten Keramikkörpern. Letztere besitzen die Form gerippter Zylinder von höchst exakter Ausprägung. Diese Exaktheit der Keramik- und Metallteile, der rhythmische Wechsel von sich gleichenden, schimmernden Stahl- und Keramikelementen verleihen dem Objekt ästhetische Qualität, die sich erst in Museumsräumen voll entfaltet. Sie wird verstärkt durch eine in der realen Anwendung nicht anzutreffende, verfremdete Ausdruckswirkung, auf die schon Marcel Duchamp im ersten Viertel unseres Jahrhunderts durch seine »Ready-Mades« hinwies.
Unabhängig davon überzeugt das Werk durch seine rein funktionale, objektivierte Form, die kein Kokettieren mit stilistisch geprägten Aussagen zuläßt. Gerade dieses Faktum bewirkt – ebenso wie die vom Zweck bestimmte Form eines Flugzeugs – den Eindruck lapidarer Unbestechlichkeit. Der Hochspannungsleistungsschalter ist somit ein Beispiel für eine Objektgattung unseres Alltagslebens, deren Form – im Sinne von Sullivan – der Funktion folgt.

Ob einzeln oder gruppiert, ist dieses aus Präzisionselementen bestehende Gerät mit seinem kreuzförmigen Aufbau gleichsam ein Zeichen für den abstrakten Begriff Energie innerhalb der westlichen Industrienationen geworden. Es ist weiterhin ein Exempel dafür, daß eine rein technische Konstruktion aus leistungsfähigen Materialien nicht nur ein formal-ästhetisch bestechendes Gerät sein kann, sondern zugleich ein skulpturales, unsere Industrielandschaft bestimmendes Zeichen.

Das Gerät besteht aus den Grundbausteinen Unterbrechereinheit mit Doppeldüsensystem und elektrohydraulischem Antrieb; dreiteilige Stützensäule, mit braunglasierten Porzellanrippen ummantelt; in den ebenfalls braunglasierten, porzellanummantelten Armen Unterbrechereinheit und Steuerkondensator mit Löschdüse, Schaltkontakt, Filter, Blaszylinder und Kolben; Zwischengetriebe im Kopf der Stützsäule; im Fuß Steuereinheit, Meldeschalter und Schaltstellenanzeiger, Hydraulik-Antrieb mit Dichtungen und Schaltstange
H. ca. 480 cm, B. ca. 340 cm, ∅ ca. 48 cm
Herst.: Siemens AG, Berlin/München, Deutschland (Produktion ab 1976)
Inv. Nr. 1402/84

Lit. u. a.: Beier Helmut, Harro Lührmann u. Heiner Marin, Entwicklung der SF_6-Leistungsschalter bei Siemens: Siemens Energietechnik 3, 1981, 24–32 m. Abb. – Olsen Willi u. Franz Rimpp, SF_6 ... Stand und Entwicklungstendenzen: ebda 32–38 m. Abb. – Buttkau Arno, Joachim Pfeiffer u. Bodo Sojka, Siemens-SF_6 ... für den Einsatz bei tiefen Temperaturen: Siemens Energietechnik 5, 1983, H. 6, 338–343 m. Abb. – Wichmann Hans, Industrial Design. Unikate. Serienerzeugnisse. Die Neue Sammlung. Ein neuer Museumstyp des 20. Jahrhunderts. München 1985, 391 m. Abb. – Wichmann Hans (Hrsg.), Donation Siemens. Die Neue Sammlung. München 1987, 36–41 m. Abb.

Giuseppe Guzzi
Marcello Nizzoli
Lichtzeichen und Zapfsäule von »Agip«, 1950–1952

Als ich im Jahre 1984 die »Antenna« und die Zapfsäule von Nizzoli zum erstenmal in der Neuen Sammlung und damit in einem Museum ausstellte, wurde ich von der Presse angegriffen. Man prophezeite Verfall und Niedergang; denn dies seien profanste Dinge, die in einem Museum nichts zu suchen hätten. Vor einem Dreivierteljahrhundert erregte Marcel Duchamp Aufsehen mit seinen »Ready-mades«, mit in die Kunstsphäre erhobenen Trivialobjekten. Er unterlief damit im dialektischen Sinne die geübte, hierarchisch gesetzte Ordnung menschlicher Dingwelt.
Am Ende unseres Jahrhunderts bedürfen wir dieser »Kunstgriffe« nicht mehr, um auf Eigenart und Form von Objekten hinzuweisen, die pars pro toto unser Leben bestimmen. Auch diese haben sich emanzipiert.
Lichtzeichen und Zapfsäule wurden der Sammlungsabteilung »Sekundärarchitektur/Street furniture« integriert und gehören beide den beginnenden fünfziger Jahren an. Sie sind markante Zeichen dieser Zeit; denn wer erinnert sich nicht bei früheren Reisen an den die Ausfallstraßen Italiens beherrschenden sechsbeinigen Hund.
Beide Objekte wurden nach umfangreichen Suchaktionen des Unternehmens Agip 1983 in Lugano (Zapfsäule) bzw. in Landau in Niederbayern (Lichtzeichen) aufgefunden.
Das Lichtzeichen besitzt die respektablen Ausmaße von zwei Metern Breite und einem Meter Höhe und ist an einem annähernd sechs Meter hohen Mast befestigt. Es signalisiert dem Autofahrer Tankstelle wie Kraftstoffmarke. Dem sechsbeinigen Hund mit der aus dem Rachen fahrenden Feuerlohe lag ein Plakatentwurf Giuseppe Guzzis zugrunde, der, im Zuge einer Neuschöpfung von Marke und Erscheinungsbild von Agip, Anfang der 50er Jahre als Symbol eingeführt wurde. Dieses Lichtzeichen wurde zwischen 1952 und 1978 verwendet. Charakteristisch an dem aus Kunststoff gefertigten Zeichen ist der plastische Hund.
Die Zapfsäule entwarf Marcello Nizzoli, der große, bahnbrechende Designer Italiens, für Agip mit dem Ziel, erstmals ein einheitliches Erscheinungsbild der verschiedenen Zapfsäulen zu erreichen. Technische Weiterentwicklungen mit automatischer Rückstellung lösten diesen Typus Mitte der 60er Jahre ab.

Beide Objekte wurden zu einem Environment auf einer mit Edelstahl überzogenen Sockelplatte zusammengeordnet und gelangten 1984 im Rahmen einer großen Donation des Unternehmens Agip in unsere Sammlungen.
Sie dokumentieren in der Sektion »Sekundärarchitektur« unter vielen anderen Lichtzeichen unterschiedlicher Unternehmen einen Zeichentypus, der bei Dunkelheit unsere Städte bestimmt und beherrscht und als Orientierungsmittel aus dem Leben des endenden 20. Jahrhunderts nicht mehr fortzudenken ist. Zugleich bestechen diese Objekte durch die geistvolle Idee des jeweiligen Entwurfs und die Konzentration ihrer Gestalt.

»Antenna« mit Agip-Hund, Typ »Germania«, 1951/52
Innenbeleuchtetes Schild; Acrylglasrelief, innen lackiert; 217,5 cm × 92,6 cm
Mast aus Baustahl: H. 582 cm, ∅ (dreifach verjüngt) 15,9–7 cm
Herst.: Fa. Lamperti, Ora, Trient, u. a.: für Agip, San Donato Milanese, Italien
Inv. Nr. 1059/84

Elektromechanische Zapfsäule »Nizzoli«, 1950/52
Gehäuse aus emailliertem Blech. Mechanisches Zählwerk, elektrohydraulische Förderpumpe
H. 126 cm, B. 70 cm, T. 43 cm
Herst.: SNAM S.p.A., Talamona; später Nuova Pignone S.p.A., Florenz: für Agip, wie oben
Inv. Nr. 1077/84
Lit. u. a.: Dorfles Gillo, Die gute Industrieform und ihre Ästhetik. München 1964, Abb. 228 – Gregotti Vittorio, Il disegno del prodotto industriale. Italia 1860–1980. Milano 1982, 330, Abb. 525 [dort irrtümlicherweise 1963 datiert] – Bode Peter M. u. Dirk J. E. Severin, [Kat. Ausst.] Donation AGIP. Die Neue Sammlung. München 1984 m. Abb. – Wichmann Hans, Italien: Design 1945 bis heute. Basel 1988, 144–145 m. Abb.

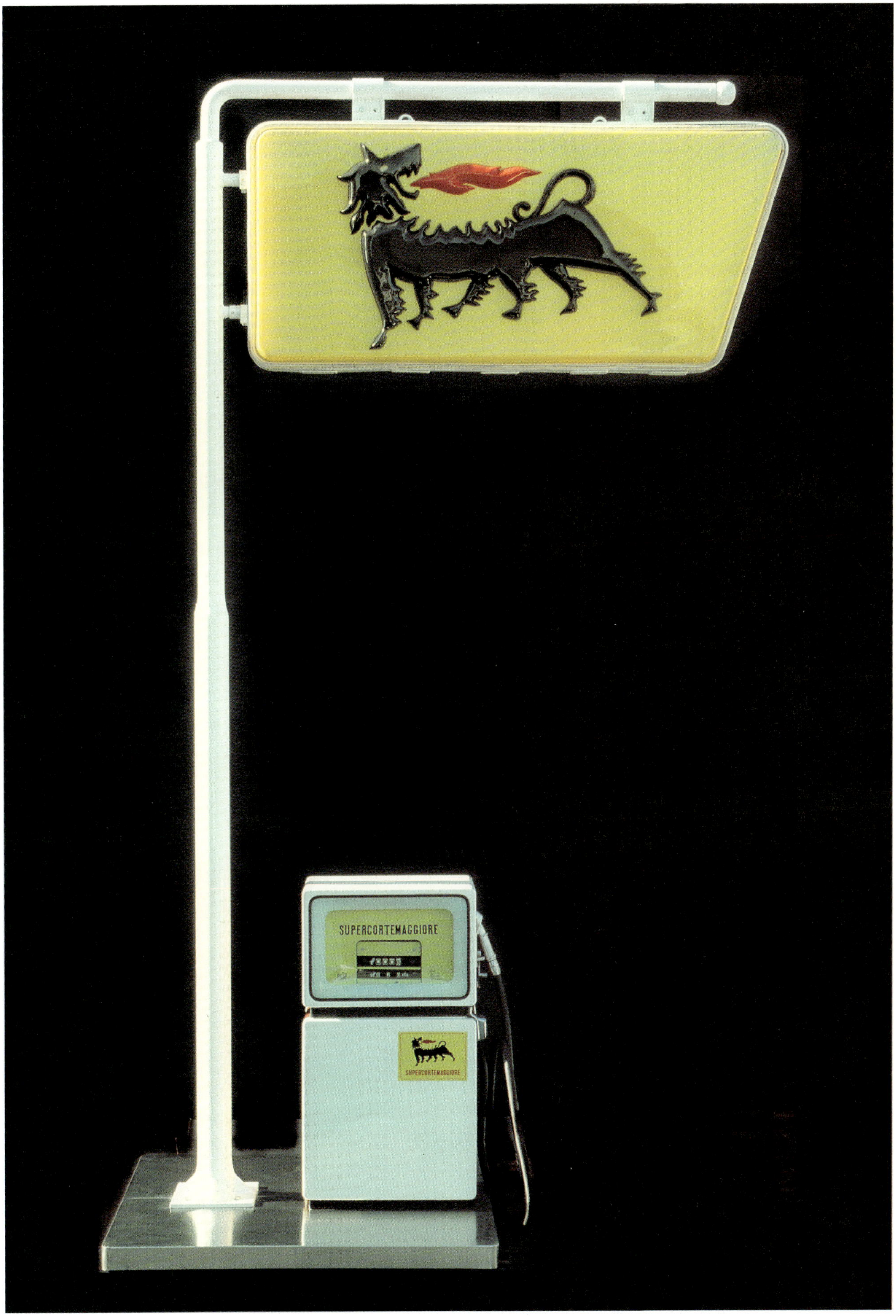
SUPERCORTEMAGGIORE
SUPERCORTEMAGGIORE

Siemens-Design und Hans Maurer
Modell der Erdfunkstelle Raisting 4/5, 1979/81

Unter den 1980 innerhalb der Neuen Sammlung neu konstituierten Sammlungsabteilungen befinden sich auch zwei, die erstmals einem Museum angewandter Kunst integriert wurden: einmal ein Department für Sekundärarchitektur, zum anderen eine Abteilung für Systeme.
Mit dem in dem letzten Jahrzehnt eingebürgerten Begriff »Sekundärarchitektur« wird im allgemeinen die Möblierung des öffentlichen Raumes gekennzeichnet. In der englischen Sprache belegt dasselbe das Wort »street furniture«. Damit sind all die für die allgemeine Benutzung in Straßen, Plätzen oder Parkanlagen aufgestellten Objekte gemeint. Daneben aber auch Anlagen unterschiedlicher Dienste oder solche, die der Sicherheit und der Regelung des Verkehrs dienen, beispielsweise Kraftstoffzapfsäulen oder Beleuchtungen, spezielle Anlagen etc. Ihre Qualität und ihr Aussehen bestimmen in starkem Maße auch die Qualität und das Aussehen des öffentlichen Raumes oder gar der Landschaft.
Die Antenne 4 bzw. 5 der Erdfunkstelle in Raisting und ihr verkleinertes Abbild als Modell hat ihren Platz in beiden Abteilungen, verkörpert sie doch sowohl den optisch-haptisch faßbaren Teil eines komplexen Systems als auch ein Objekt der Sekundärarchitektur ausgeprägt ingeniösen Charakters. Zwar ist die Antennenanlage ortsfest, jedoch in sich auf der Basis besonderer Ingenieurkunst in feinster Weise beweglich. Die Anwendung des Begriffs »Architektur« ist infolgedessen nur eine Umschreibung, die dem Inhalt von »Sekundärarchitektur« entgegenkommt. Dies spürte wahrscheinlich auch der Bund Deutscher Architekten in Bayern, der 1971 die architektonische Mitarbeit des Münchner Architekten Hans Maurer an »Raisting 2«, außerhalb der Wertung des »BDA-Preises«, als besonders »eigenständige Leistung« anerkannte. Weiterhin ist, wie die Reihe der Antennenanlagen »Raisting 2–5« oder die Nachfolgebauten in Fuchsstadt zeigen, die Form der Anlagen nicht jeweils neu gewonnen, sondern seriell weitergetragen worden, ausgehend von dem Grundentwurf (statische Elemente) Hans Maurers. Hier wurde in Kooperation von Ingenieuren und Architekt der Inhalt der Aufgabe »mit den Mitteln der Technik und mit angemessenen Materialien zu einer unverwechselbaren Gestalt gebracht« (Lachenmann G., Ingenieurbaukunst. In: [Kat. Ausst.] Industriebau. Stuttgart 1984, 154). Aufgrund dieser Tatsache erhält das Modell, ergänzt durch entsprechende Dokumentationen, Bedeutung für Die Neue Sammlung, nicht etwa durch seine technische Leistung, die in einem technischen Museum expliziert werden müßte.
Diese Gestalt bedingt auch, daß sich diese Anlagen in guter Weise der oberbayerischen, bäuerlichen Landschaft verbinden, ja, ihr – ähnlich einer Ansammlung von Windmühlen, wie man sie noch etwa in Portugal zu finden vermag, oder aber von großen orientalischen Wasserschöpfrädern (vgl. [Kat. Ausst.] Architektur der Vergänglichkeit. Lehmbauten der Dritten Welt. Die Neue Sammlung. München 1984, 106/107 m. Abb.) – einen Akzent verleihen. Sie alle sind gestalthafte technische Bauten, getrennt nur durch Hunderte, gar Tausende Jahre technischer Entwicklung.

Karton, mattweiß gespritzt
H. ca. 130 cm, B. ca. 90 × 90 cm
Autragg.: Deutsche Bundespost 1979
In. Nr. 329/89
Lit. u. a.: Wichmann Hans (Hrsg.), Donation Siemens. Die Neue Sammlung. München 1987, 98–107 m. Abb. [dort weit. Lit.] – Wichmann Hans, Neu. Donationen und Neuerwerbungen 1988/89. Die Neue Sammlung. München 1990, 173 m. Abb.

Sulky, Deutschland
Nach italienischem Modell der Zeit um 1900

Ausgehend von der 1980/81 durchgeführten Ausstellung »Der Sport formt sein Gerät«, begann Die Neue Sammlung ihr Augenmerk auch auf dieses Gebiet zu lenken. Diese Abteilung ist weltweit die erste ihrer Art innerhalb eines Museums für angewandte Kunst. Ihr unterliegen dadurch zwangsläufig auch andere Auswahlkriterien, als ein Spezialmuseum von Sportgeräten sie anlegen würde. Während dort das Sportgerät in seiner Entwicklung dokumentiert und komplexiv gesammelt werden muß, ist in der Neuen Sammlung das Prinzip der Akzession von Sportgeräten rein selektiv ausgerichtet und zielt ausschließlich auf den Erwerb von Geräten, die gestalthaft geprägt sind.
Zu den Erwerbungen der ersten Stunde gehört auch dieses Sulky, ein leichter, einspänniger, zweirädriger Wagen für Trabrennen mit zwei Scherbäumen und luftbereiften Rädern. Der Sitz ist weit nach hinten verlagert.
Sulkyrennen werden von speziell gezüchteten, im Trab laufenden Pferden von Berufsfahrern oder Amateuren mit Lizenz ausgetragen. Das Tempo liegt bei etwa 60 km/h. Das Pferd muß während des Rennens sauber traben, d. h. mit den diagonal gegenüberliegenden Beinen gleichzeitig und raumgreifend ohne Doppelgang ausschreiten. Es trägt Geschirr, offenen Zaum, Trabertrense, Zügelleinen mit Schlaufenden, Spielkette und Scheckgebiß. Es wird fliegend, meist hinter einem Startauto gestartet.
Das 1980 von Rudolf Thalhammer, München, speziell für Die Neue Sammlung gebaute Sulky gehört zu den letzten Geräten seiner Art, die von Metallkonstruktionen mehr und mehr verdrängt werden, sind doch letztere weit stabiler und sicherer, jedoch auch schwerer.
Die Werkstätte ist die einzige in Deutschland, neben einer italienischen, die noch die Tradition des Ganzholzrahmens weiterträgt. Die Konstruktion ist ungemein elegant und materiell aufs Äußerste reduziert. Herzstück der Konstruktion, die sich die Bugholz-Technik Michael Thonets zu eigen macht, ist der lyraförmige Rahmen, der den Sitz trägt und in die Scherbäume ausläuft. Mit Hilfe metallverstärkter, hölzerner Stützelemente ist dieses Bugholzteil den Rädern verbunden. Es ist eine Form, die rein aus der Funktion gewonnen wurde: leicht, transparent, einsichtig, ja man könnte sie edel nennen, dem Pferd gewissermaßen auf den Leib geschrieben. Vergleicht man diese in Italien entwickelte Gestalt mit heutigen Metall-Sulkys, so ist ein weitgehender Formverlust feststellbar. Aber die empfindlichen Geräte waren äußerst verletzlich. Ein Metall-Sulky ist in diesem Punkt der Holzkonstruktion weit überlegen.
Das in der Neuen Sammlung bewahrte Gefährt ist inzwischen, unabhängig von seiner formalen Schönheit, ein Dokument der Sportgeschichte.

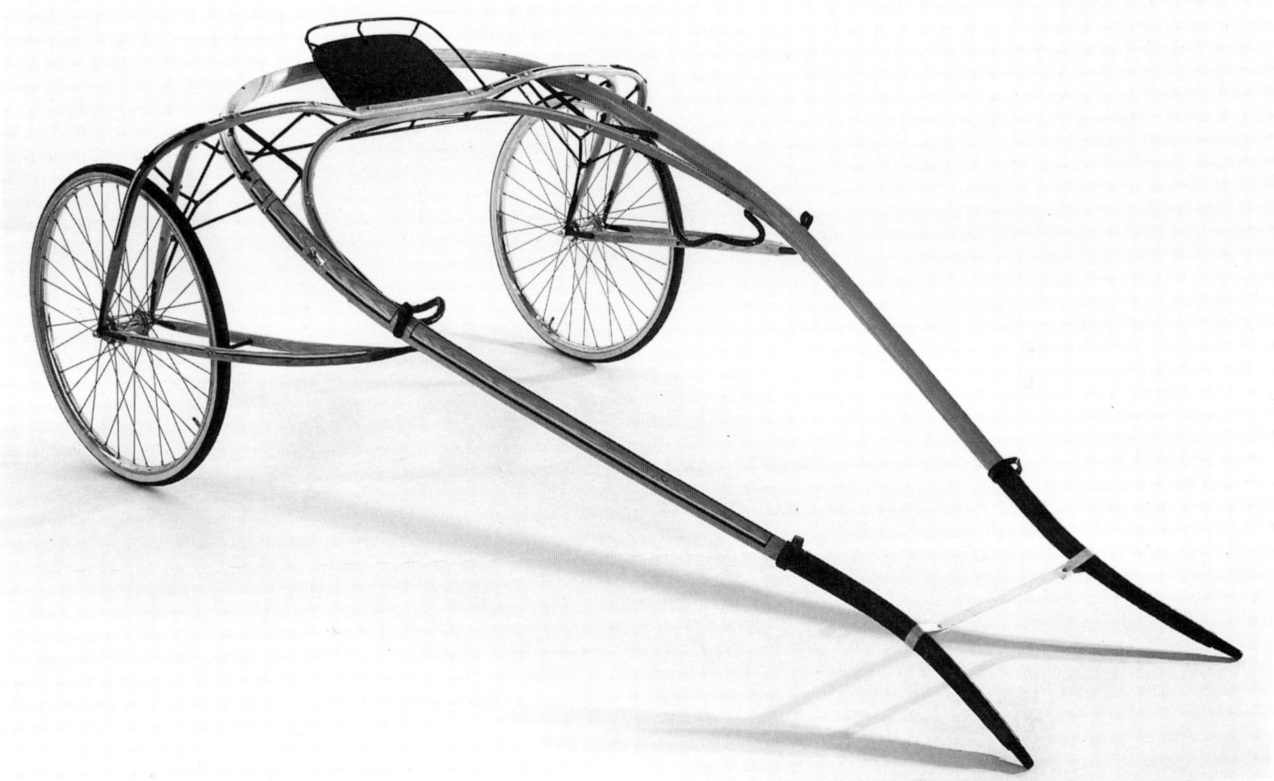

Ganzholzrahmen, Metallverstrebungen, Fahrradreifen
H. 85 cm, L. 250 cm, B. 153 cm; Lyra: L. 233 cm, B. 125 cm
Herst.: Rudolf Thalhammer, München, Deutschland, 1980
Inv. Nr. 513/81
Lit. u. a.: Schaefer Herwin, Nineteenth Century Modern. The functional tradition in Victorian design. New York 1970, 193 m. Abb. [verwandtes Modell] – Wichmann Hans, [Kat. Ausst.] Der Sport formt sein Gerät. Die Neue Sammlung. München 1980, 17 – Wichmann Hans, [Kat. Ausst.] Neu. Donationen und Neuerwerbungen 1980/81. Die Neue Sammlung. München 1982, 26 – Wichmann Hans, Industrial Design. Unikate. Serienerzeugnisse. Die Neue Sammlung. Ein neuer Museumstyp des 20. Jahrhunderts. München 1985, 398 m. Abb.

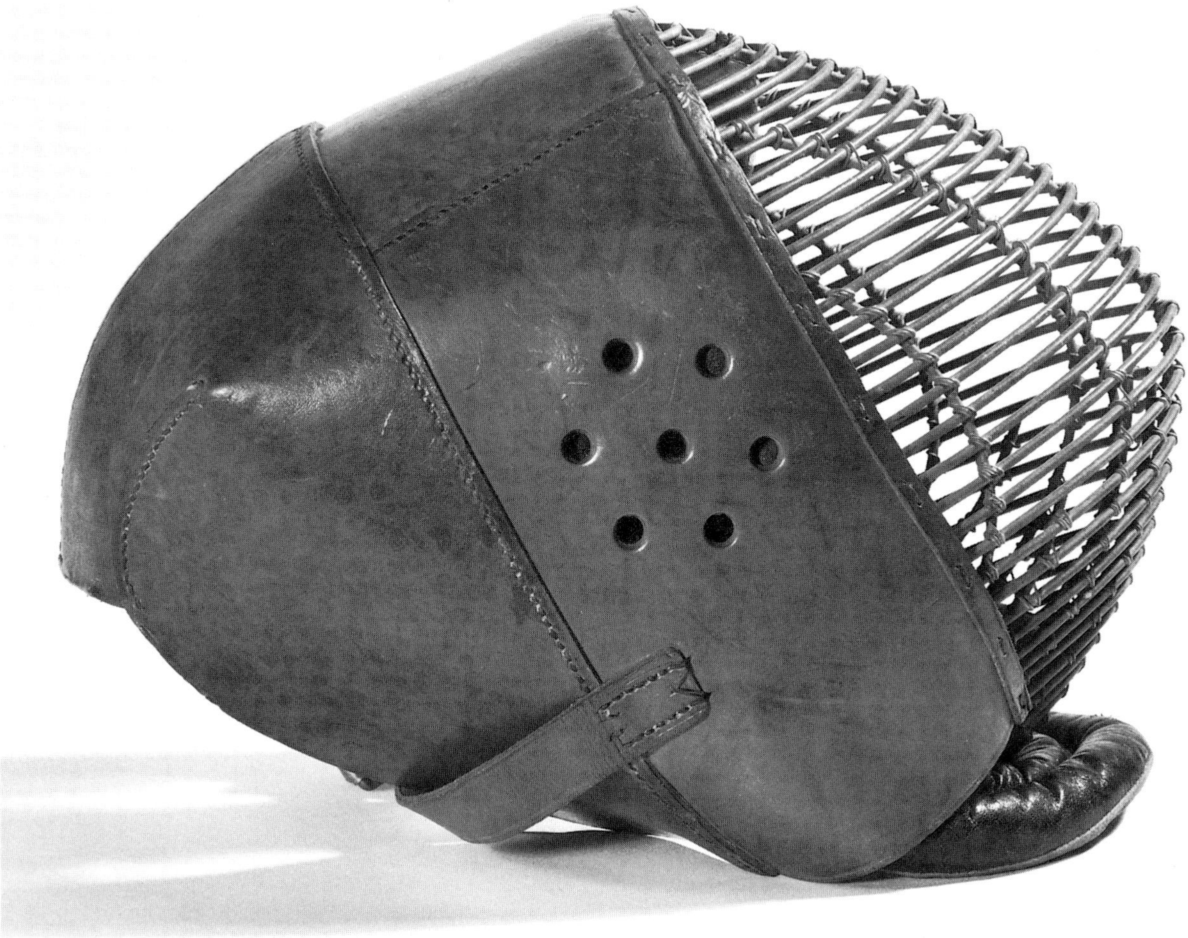

Drahthelm mit gepolstertem Halsansatz und Innenpolster; aufgenähtes Rindskernlederstück zur Schlagmilderung
H. 40 cm
Hergestellt in Japan, nach traditionellem Vorbild
Inv. Nr. 518/81
Lit. u. a.: Wichmann Hans, [Kat. Ausst.] Neu. Donationen und Neuerwerbungen 1980/81. Die Neue Sammlung. München 1982, 27, 51 m. Abb. – Wichmann Hans, Industrial Design. Unikate. Serienerzeugnisse. Die Neue Sammlung. Ein neuer Museumstyp des 20. Jahrhunderts. München 1985, 400 m. Abb.

Kendo-Maske, Japan, um 1920

Kendo war ursprünglich die Fechtkunst der Samurai mit scharfen Schwertern und ohne Schutzpanzer. Es gilt als die älteste der japanischen Budo-Künste, die insbesondere von den gehobenen Gesellschaftsschichten Japans gepflegt wurde. Nach einer Zeit des Vergessens erlebte Kendo im ausgehenden 19. Jahrhundert erneut eine weite Verbreitung. 1871 wurde diese Sportart Pflichtfach in allen öffentlichen und privaten Schulen. 1911 erfolgte schließlich der Zusammenschluß verschiedener Kendo-Schulen, ebenso die Kodifizierung der Regeln, um heute ein von Millionen geübter Sport zu sein.
Kendo wird nach genau festgelegten Angriffsbewegungen und Paraden mit einem Bambusfechtstock ausgeübt. Hiebe und Stiche werden voll ausgeführt. Deshalb trägt der Kendo-Kämpfer, der Kendoka, eine Schutzausrüstung, die aus einem schwarzen Hosenrock (Hakama), Schutzpanzer, Lendenschutz, gepolsterten Handschuhen und dem Spangenhelm besteht. Es darf nur nach den geschützten Partien geschlagen werden. Der Angreifer ruft seinem Gegner zu, wohin er zu schlagen beabsichtigt, um Gelegenheit zur Verteidigung zu geben, und schlägt sofort vehement zu. Die in der Neuen Sammlung befindliche Schutzmaske, Teil der 1980 eingerichteten Abteilung von gestalteten Sportgeräten, entspricht in ihrem robusten Bau diesem Kampfsport. Im Vergleich zu der europäischen Fechtmaske sind alle Teile aus äußerst festem Material. Dicker Eisendraht bildet das stark gewölbte Visier, starkes Kernleder die Ummantelung, die Innen- und Halspolsterung sind widerstandsfähig. Bei aller Konzentration auf das Notwendige und die Funktion weist dennoch die Maske formale Sensibilität auf, die sich von der menschlichen Gestalt ableitet. Zugleich besitzt der Helm eine hohe plastische Kraft. Die formale Reduktion auf das absolut Erforderliche, der hinter dem Objekt stehende, lange, historische Prozeß des Weglassens, der sich auch in der lapidaren, fast ornamentalen Anordnung der Schallöcher abzeichnet, gibt dem Objekt skulpturale Kraft und Aussage. Der Vergleich mit modernen Sporthelmen bestätigt diesen Charakter und zeigt auch in diesem Bereich das Anwachsen des Apparathaften, das am Ende unseres Jahrhunderts die technisch bestimmte Objektwelt vermehrt durchdringt.

Freipistolen
Oben: MC 55-1, UdSSR, um 1970
Unten: »Hämmerli 150«, Schweiz, 1972

Gewehr, Pistole, Bogen und Armbrust sind die Grundgeräte des Sportschießens.
Im Gegensatz zu fast allen anderen Sportarten, die sich in Bewegung vollziehen, ist die Bewegung der größte Feind des Sportschützen. Alles, was Beunruhigung und daraus ableitbare Körperreaktion bedingen könnte, muß bei dieser Sportart möglichst ausgeschaltet werden. Dies bedeutet im visuellen Bereich: Beseitigung von Reflexen und Spiegelungen, im akustischen: die Dämpfung des Lärms, im taktilen: Aufhebung von Glätte, weiterhin das Niederhalten innerer Erregung und ihrer Äußerung.
Das Primärgerät, die Waffe also, weist infolgedessen keine reflektierenden Teile auf. Sämtliche Metallflächen sind glanzlos, schwarz oder grauschwarz umhüllt, auch die Visiereinrichtungen, und das Holz von Kolben und Griffen ist stumpf gehalten.
Die technische Entwicklung zielt ebenfalls auf Dämpfung aller abrupten Bewegungsvorgänge (Abfangen des Rückstoßes, gleitende Abzüge usw.). Dicke, wattierte Schießjacken und -handschuhe geben nicht allein dem Schützen Halt, sondern saugen die Vibration innerer Erregung ebenso wie den Rückstoß auf; Ohrenschützer schirmen gegen den Knall der explodierenden Treibladung ab; Mützen mit langem Schirm und Klappen sind nicht allein ein Blendschutz, sondern isolieren auch gegenüber den Vorgängen der Außenwelt. Spezielle Schießbrillen konzentrieren den Blick auf das Ziel; rauhe Stoffe, rutschfeste Schuhe sichern gegenüber unkontrollierten Bewegungen.
Diese ehemals derben Ausrüstungsgegenstände paßte man in den letzten Jahrzehnten unter ergonomischen Bedingungen verstärkt dem Körper des Schützen an. Sie zeigen infolgedessen eine formale Entwicklung, die sich in gleicher Weise auch bei den Waffen abzeichnet. Diese durchlaufen, unabhängig von konstruktionstechnischen Änderungen, eine bemerkenswerte Wandlung ihrer Erscheinung, wird doch ihre Form verstärkt auf die anatomischen Voraussetzungen des Schützen abgestimmt. Bei den Pistolen weisen die Freipistolen die formal interessanteste Entwicklung auf.
Wie die beiden 1981 aus dem Handel erworbenen Freipistolen zeigen, wird hier der Griff der Bildung der menschlichen Hand fast handschuhartig angeglichen und damit das Gerät gestalthaft verändert.
Diese Bemühungen gingen, wie das Modell »MC 55-1« dokumentiert, von der UdSSR aus, denen dann die westeuropäischen Länder, beginnend mit der Schweiz, folgten, ohne jedoch den Wurf der Sowjet-Union bisher zu übertreffen. Zwar ist die Verarbeitung der Schweizer Freipistole exakter, aber die Grifform zugleich starrer und mechanistischer. Die ästhetische Anmutung der Russen-Pistole erscheint ausgewogener, die optischen Gewichte besser verteilt, der Zusammenhang der Teile organischer. Sie wurde deshalb in den beginnenden achtziger Jahren von 70% der Freipistolenschützen benutzt. Dies ist wohl ein Zeichen dafür, daß der visuelle Eindruck des Geräts Ausdruck seiner Eigenschaft ist.

Freie Sportpistole MC 55-1, UdSSR, um 1970
Eine der ersten Pistolen mit einem der Handform angepaßten Griff
Mit Fallblocksystem, kürzestem Schlagbolzenweg, Lauf aus Spezialstahl, auf höchste Präzision gezogen. Übersetzter Stecher mit Feinregulierung. Visierlänge durch Verschieben des Visiers veränderbar. Das Abzugsgewicht kann von 10 auf 100 g verstellt werden. Abzug nach allen Seiten drehbar. Nußbaumgriff mit verstellbarer, gepolsterter Handballenauflage
Kaliber: 22 lfB; Lauf-L. 285 mm, Visier-L. 398 mm, Ges. L. 420 mm, H. 170 mm; Gewicht 1250 g
Inv. Nr. 328/81
Lit. u. a.: Wichmann Hans, [Kat. Ausst.] Der Sport formt sein Gerät. Die Neue Sammlung. München 1980, 36, 40 m. Abb. – ders., [Kat. Ausst.] Neu. Donationen und Neuerwerbungen 1980/81. Die Neue Sammlung. München 1982, 27, 50 m. Abb. – ders., Industrial Design. Unikate. Serienerzeugnisse. Die Neue Sammlung. Ein neuer Museumstyp des 20. Jahrhunderts. München 1985, 405 m. Abb.

Freie Sportpistole/Matchpistole »Hämmerli 150«, Schweiz, 1972
Auch im Museum of Modern Art, New York.
Stecher-Abzugssystem. Verstellbereich des Abzugsystems 5 bis 100 g. Martini-Blockverschluß mit verkürzter Zündung. Freischwingender Präzisionslauf. Schußbild 10 Schuß 50 m ab Maschine. Anatomisch verstellbare Griffschalen aus Nußbaumholz.
Kal.: 22 long rifle. Ges. L. 430 mm, Gewicht 1300 g, mit Zusatzgewicht bis 1470 g
Entwurf u. Herstellung: Hämmerli AG Jagd- und Sportwaffenfabrik, Lenzburg, Schweiz
Inv. Nr. 261/81
Lit. u. a.: mobilia 1978, Nr. 270/271, 58 m. Abb. – Wichmann Hans, [Kat. Ausst.] Der Sport formt sein Gerät. Die Neue Sammlung. München 1980, 35, 36, 40 m. Abb. – Aicher Otl, [Kat. Ausst.] Sport und Design. Baden-Baden 1981, 40, 42, 140 m. Zchng. – [Kat. Ausst.] Neu. Donationen und Neuerwerbungen 1980/81. Die Neue Sammlung. München 1982, 26–27, 50 m. Abb. – ders., Industrial Design. Unikate. Serienerzeugnisse. Die Neue Sammlung. Ein neuer Museumstyp des 20. Jahrhunderts. München 1985, 405 m. Abb.

Straßenrennrad, Deutschland, 1981

Die Neue Sammlung besitzt ein Rennrad, das, obwohl aus Serienteilen konstruiert, in dieser Ausformung nur einmal existiert und wohl weltweit zu den schönsten seiner Art gehört.
Sein Entstehen erwuchs aus dem Wunsch, innerhalb der damals neu konstituierten Sektion Sportgeräte ein Rennrad zu besitzen. Sämtliche besichtigten und überprüften Geräte, selbst das berühmte des italienischen Unternehmens Lamborghini, zeigten jeweils in Einzelbereichen gewisse formale Mängel.
Infolgedessen wurde mit technischen Experten der Versuch unternommen, die am besten geformten, technisch besonders guten am Markt erhältlichen Einzelteile zu einem voll funktionsfähigen Rennrad zu kombinieren.
So stammen Rahmen und Naben aus Frankreich, Radsatz und Felgen aus der Schweiz; Pedale, Schaltung und ovale Speichen aus Japan; Seidenreifen, Zahnkranz und Sattel aus Italien etc. Einzelne Hebel wurden sogar nach Entwürfen neu angefertigt.
Wie das Ergebnis zeigt, ist dieser Versuch gelungen, entstand doch ein Rennrad von durchgängig edlem formalen Charakter, verbunden mit allen damals möglichen technischen Errungenschaften.
Der elegante Sattel und die Proportionen des Rahmens klingen ebenso zusammen wie das Verhältnis der Räder zu dessen Dimensionen, die Präzision und die perfekte Verarbeitung des Tretlagers in gleicher Weise wie die spezifische Krümmung des Lenkers mit seinen Bremshebeln, bis hin zum Detail der Felgenbremsen.
Es ist eine Art Prototyp entstanden, der seine Spezies besonders auszeichnet.
Immer noch vertritt das Gerät in dieser Form die Entwicklungskette, die von der Erfindung des Freiherrn von Drais, einem zweirädrigen Laufrad 1817, ihren Ausgang nahm und durch G. Mylius (1844), P. Michaux (1861), W. A. Cowper (1870), H. J. Lawson (1879), J. B. Dunlop (1888) u. a. stetig weitergeführt wurde.
Die große, in Verbindung mit der Konzeption des Fahrrades in die Geschichte eingegangene Zahl von Namen zeigt, wie wichtig der Menschheit gerade die Vervollkommnung eines individuell benutzbaren Fortbewegungs- und Transportmittels gewesen sein muß.
Es bescherte dem Benutzer einen Bereich an Freiheit, der im Vergleich zu dem durch das Auto gewonnenen zwar klein, aber noch frei ist von den mit ihm heraufbeschworenen Nachteilen.
Das Rennrad der Neuen Sammlung belegt den Typus dieses Fortbewegungsmittels, eines für das Zeitalter von Technik und Industrie wichtigen Objektes. Sein Aufbau und seine Konstruktion sind noch durchaus überschau- und nachvollziehbar.
Heute beginnen neuartige, besonders leichte und widerstandsfähige Materialien die Verkleidungen zu bestimmen, und andere Neigungswinkel und daraus abgeleitete unterschiedliche Radgrößen ermöglichen, die tradierte Form des Rennrades zu verändern.

Mit Aluminiumrahmen: Vitus Al (Frankreich); Steuersatz, Kurbeln und Lager: Assos (Schweiz); Radsatz mit Assos-Aero-Felgen (Schweiz), Pelissier-Naben (Frankreich) und im Querschnitt ovalen Speichen (Japan); Seidenreifen: Clement Seta extra (Italien); Schaltung mit Werfer: Sun Tour Cyclone Aero (Japan); Hebel: Campagnolo (Italien); Zahnkranz und Kette: Everest (Italien); Bremsen: Aero Gran Compe (Japan); Sattel: San Marco, Sattelstütze: 3 TTT (beide Italien); Pedale: Sun Tour Superbe Pro (Japan). Haken, Ale, Riemen: Binda (beide Italien); Bügel und Vorbau: 3 TTT Superlegg. bzw. 3 TTT (Italien)
Rahmen-H. 53 cm, Rad-L. 162 cm.
Zusammengebaut und komplettiert von Konrad Altmann, München, Deutschland, exklusiv für Die Neue Sammlung, München
Inv. Nr. 1283/81
Lit. u. a.: Wichmann, Hans, [Kat. Ausst.] Neu. Donationen und Neuerwerbungen 1980/81. Die Neue Sammlung. München 1982, 27–28, 49 m. Abb. – Wichmann Hans, Industrial Design. Unikate. Serienerzeugnisse. Die Neue Sammlung. Ein neuer Museumstyp des 20. Jahrhunderts. München 1985, 403 m. Abb.

Rudi Scheib
Schwingrodel, 1983

Wenn wir auch heute wissen, daß nicht alle Facetten der Kultur im Spiel ihren Ursprung haben, so ist doch der Homo ludens Auslöser für ein riesiges Dingarsenal, auch für das Sportgerät.
Die meisten von ihnen hatten zwar ihren Ursprung in der Arbeitswelt, lösten sich aber aus ihr, um dem Spiel und Sport Vehikel und Hilfsmittel zu werden. Dazu gehört auch der Schlitten, der – wie das Lexikon berichtet – auf eine 7000jährige Geschichte zurückgeführt werden kann. Er hat sich in vielen Varianten ausgeprägt, als Sportgerät vor allem als Kufenschlitten mit niedrigem Ständeraufbau, der in seinem verbreitetsten Typus »Rodel« genannt wird, im Leistungssport zu Sonderformen fortentwickelt wurde und auch als Rodel unterschiedlichst geformt sein kann.
Der von Rudi Scheib entwickelte Schwingrodel ist die jüngste und originellste Variante, die 1984 mit der höchsten deutschen Design-Auszeichnung: dem Bundespreis »Gute Form« prämiiert wurde.
Kufen, Ständeraufbau und Sitz sind bei diesem Gefährt beweglich montiert. Dadurch kann durch Gewichtsverlagerung der Sitz in schwingende Bewegung versetzt und somit der Fahrtverlauf gesteuert werden.
Die das innovative Funktionsprinzip bedingenden Elemente sind formal zu einem liebenswürdigen Ganzen zusammengefügt. Äußerst sinnvoll wurden aus Buchenschichtholz bestehende Brettkufen mit den breiten Sitzlatten durch Kunststoffträger verbunden. Mit Hilfe der an dem hinteren Träger befestigten Griffe kann mit den Händen das Steuern unterstützt werden.
Dem Rodel eignen vorzügliche Proportionen. Sitz- und Kufenschwünge, die Dimensionierung der Hölzer und jedes Detail hat der Entwerfer sorgfältig konzipiert und aufeinander abgestimmt. Dies gilt in gleicher Weise für die Metallbeschläge wie für Kunststoff- und Holzelemente, die eine vorzügliche Oberflächenvergütung aufweisen.
Es entstand somit ein Schlitten, der noch durchaus an die tradierte, vertraute Form anknüpft, zugleich aber durch die Integrierung weniger Teile neuartige Funktionen ermöglicht, die dem Rodelsport zusätzliches Vergnügen abgewinnen lassen.

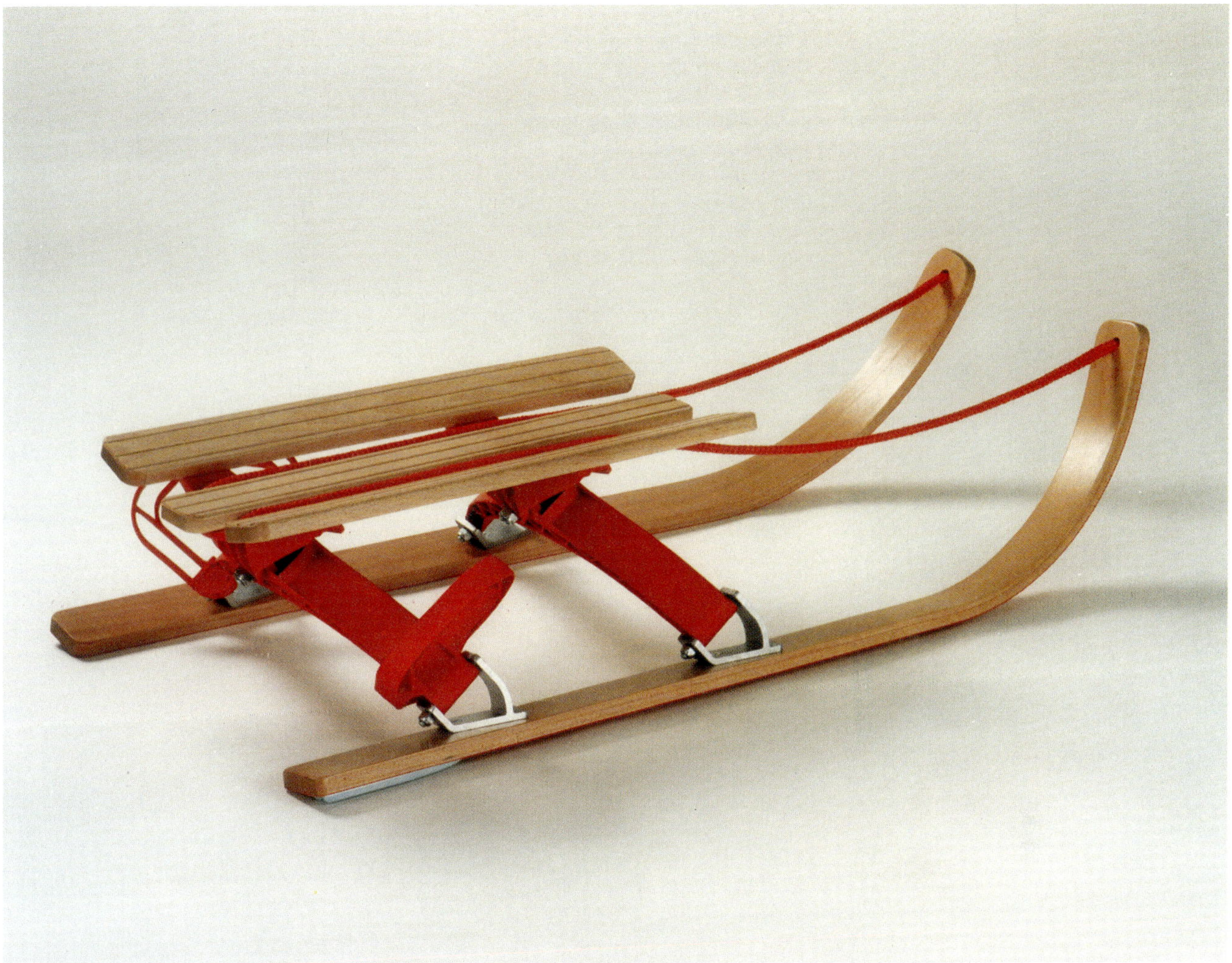

Buche, massiv und als Schichtholz; Kunststoff rot; Metall
H. 24 cm, B. 45 cm, L. 100 cm
Herst.: Rudisport, Ulm, Deutschland
Inv. Nr. 190/87
Preise/Auszeichnungen u. a.: Bundespreis Gute Form 1984 – Deutsche Auswahl 1985.
Design Center, Stuttgart
Inv. Nr. 190/87
Lit. u. a.: [Kat. Ausst.] Bundespreis Gute Form. Rat für Formgebung. Darmstadt 1984, 20–21 m. Abb. – [Kat. Ausst.] Deutsche Auswahl 1985. Design Center. Stuttgart 1985, 463 m. Abb. – [Kat.] Ständige Produktschau Jahrbuch 1986. Haus Industrieform. Essen 1986, 191 m. Abb. – Wichmann Hans, [Kat. Ausst.] Neu. Donationen und Neuerwerbungen 1986/87. Die Neue Sammlung. München 1989, 105 m. Abb.

Kleinbildkamera »Olympus XA 2« mit integriertem Elektronenblitz »flash A 11«, Japan, 1979

Der uralte Traum der Menschheit, den flüchtigen Augenblick in einem Bild festzuhalten, wurde 1839 durch den Ankauf des Niepce' und Daguerre'schen Verfahrens durch den französischen Staat Wirklichkeit. Die Fotokamera aber erlebte ihren Durchbruch als Gerät erst Ende des 19. Jahrhunderts mit der Einführung des Rollfilms, als es auf Grund dieser chemisch-technischen Erfindung möglich wurde, kleinere tragbare Geräte für den Amateurphotographen zu bauen.
Dieses Prinzip einer einfachen und kompakten Kamera, einer »Bildmaschine«, brachte George Eastman auf die einfache Formulierung »you do the picture – we do the rest«. Auf die Verkleinerung des Bildformates und damit einhergehend auf die Miniaturisierung des Kameragehäuses konzentrierte sich seither die Entwicklung. 1912 konstruierte der Amerikaner P. Smith die erste Kamera mit dem noch heute gebräuchlichsten Negativformat von 36 × 24 mm, dem sogenannten Kleinbild. Die seither stetig steigende Qualität und Empfindlichkeit der Schwarz-Weiß-Filme, die Einführung von Farbfilmen, Kodachrome 1935 und Agfacolor 1936, und ihre Perfektionierung nach dem 2. Weltkrieg hatten wesentlichen Anteil am Erfolg des Typus' der kleinen, kompakten Kleinbildkamera.
Auch die 1979 in den Design-Büros der Firma Olympus in Japan entworfene Kleinbildkamera »Olympus XA 2« greift die Kompaktbauweise wieder auf. Das kleine, modular aufgebaute Gehäuse aus schwarzem Kunststoff ist trotz des Kleinbild-Vollformats nicht größer als eine Spielkarte und mit 200 Gramm extrem leicht. Der seitlich angesetzte Blitzteil war seinerzeit der kleinste Elektronenblitz der Welt. Der Schutzschieber an der Frontseite deckt alle empfindlichen Teile der elektronisch gesteuerten Automatik-Kamera ab. Sie benötigt daher beim Transport weder eine Tasche, noch einen eigenen Beutel. Eine Taschenkamera, die nicht nur wegen ihrer Funktion besticht.
Innerhalb der Japan gewidmeten Abteilung unseres Museums dokumentiert dieses Gerät beispielhaft, wie durch überlegte Gestaltung bei hohen formalen Qualitäten der materielle Aufwand minimiert, die Schutzfunktion des Gehäuses erhöht und damit letztendlich auch die Einsatzfähigkeit des Geräts vergrößert wird.
1981 als Geschenk des Herstellers in die Bestände aufgenommen.

F. H.

Das Objektiv wird durch gewölbte, manuell schiebbare Schalen geschützt.
Mattschwarzes Kunststoffgehäuse. Objektiv: 1:3,5; 3 Scharfeinstellungsbereiche; Blende 3,5-14; 1/750-2 sec.
H. 6,5 cm, B. 10,2 cm, T. 4 cm, Gewicht 200 g
Entwurf u. Herstellung: Olympus, Tokio, Japan
Inv. Nr. 692/81
Lit. u. a.: Design (London) 1980, Nr. 384, 37 m. Abb. – md (moebel interior design) 1981, H. 12, 73 m. Abb. – Wichmann Hans, [Kat. Ausst.] Neu. Donationen und Neuerwerbungen 1980/81. Die Neue Sammlung. München 1982, 35–36, 56 m. Abb. – Lucie-Smith Edward, A History of Design. Oxford 1983, 196, Abb. 356 – Katz Sylvia, Classic Plastics. London 1984, 122 m. Abb. – Wichmann Hans, Industrial Design. Unikate. Serienerzeugnisse. Die Neue Sammlung. Ein neuer Museumstyp des 20. Jahrhunderts. München 1985, 431 m. Abb.

OLYMPUS
ASA
100
Electronic
Flash
A11

Vollautomatischer Plattenspieler Technics »SL 10«, 1979
Phasenlinearer Lautsprecher »SB-F1«, Japan, 1981

Phasenlineare Lautsprecherboxen »SB-F 11«, 1981
Bei der hohen Leistung von 60 Watt kleinste Abmessungen und höchste formale Detailgenauigkeit. Aluminium-Druckguß-Gehäuse; Lautsprecheröffnungen mit schwarzem Lochblech verkleidet
H. 21,5 cm, B. 12 cm, T. 12 cm
Herst.: Matsushita (Technics) Electric Corp., Osaka, Japan
Inv. Nr. 585/83-2a/b.

Im Jahr 1983 erhielt die Neue Sammlung eine umfangreiche Donation des in Osaka ansässigen, großen japanischen Elektro-Unternehmens Matsushita.
Bei den Objekten, die liebenswürdigerweise von Kunio Funatsu unter technischen und formalen Gesichtspunkten ausgewählt worden waren, befanden sich die damaligen Spitzenerzeugnisse des Konzerns.
Alle bestachen durch ihre ungewöhnliche Präzision. Sie wurden im Frühjahr 1986 in der zweiten Ausstellung von Donationen und Neuerwerbungen gezeigt. Diese Ausstellung war verbunden mit einer zweiten, in der Dutzende von Olivetti-Geräten dokumentiert wurden, die ebenfalls in generöser Weise der Neuen Sammlung übereignet worden waren (vgl. S. 25–27). Der unmittelbare Vergleich der japanischen und italienischen Gerätegruppen, die beide dem elektronischen Feld angehörten, verdeutlichte den Unterschied zwischen der Formauffassung dieser beiden großen Design-Nationen. Während die italienischen Entwicklungen durchgängig skulptural aufgefaßt und geformt waren, dominierte bei den japanischen Objekten die Fläche. Das bedeutet weniger subjektive Setzung, dafür größere Verhaltenheit und ästhetische Auswägung.
Beispielhaft wird dies durch die beiden aus der Matsushita-Donation herausgegriffenen Geräte verdeutlicht.
Die sich technisch ergänzenden Objekte sind im Verhältnis zu ihrer Leistung äußerst kompakt gebaut. Ihre Leistungsfähigkeit wird durch diese Miniaturisierung noch unterstrichen. Ausgestattet mit allen technischen Möglichkeiten der Zeit um 1980 – noch heute innovativ –, spiegelt sich diese Leistung auch in einem technisch bestimmten Äußeren. Metallisch silbern, in Aluminium-Druckgußgehäusen, verbunden mit Schwarz an den Schall- und Sichtöffnungen, suggerieren die Formen der Geräte diese technische Perfektion. Dabei sind die Dimensionen vorzüglich abgestimmt, jedes Detail ausgefeilt und der Gesamtform integriert. Nur das erfahrene Auge vermag zu ermessen, welche Kette von Variationen erforderlich war, um diese selbstverständlich erscheinende Detailgenauigkeit zu erzielen, etwa die für das Sichtfenster, den Neigungswinkel der vorderen Bedienungsleiste, die Abwägung der Scharniere am Plattenspieler oder die Radien und Winkel der Kantenrundungen der Lautsprecher, die durch die leichte Herauswölbung der oberen Schallöffnung in so schöner, verhaltener Weise artikuliert wurden. Daneben überrascht die Paßgenauigkeit der einzelnen Teile.
Für eine Design-Sammlung wie die unsere sind Objekte dieser Art nicht nur Dokumente, die den Standard der beginnenden achtziger Jahre belegen. Sie sind vielmehr Zeugnis eines rationalen Konstruktivismus, der sich variiert, als eine tragende Konstante durch unser Jahrhundert zieht und in seiner dienenden Grundhaltung Halt und Maß aller anderen, subjektivistischen, nach Aufmerksamkeit haschenden Darstellungen und Stilrichtungen ist.

Vollautomatischer Plattenspieler »Technics SL 10«, 1979
Mikrocomputergesteuerter Tonarm mit optoelektronischem Sensor; phasenstarre Quarzregelung. Aluminium-Druckgußgehäuse, von einem Fenster durchbrochene Deckelklappe
H. 8,8 cm, L. 31,5 cm, T. 31,5 cm
Herst.: Matsushita (Technics) Electric Corp., Osaka, Japan
Preise/Auszeichnungen u. a.: Japan Industrial Design Promotion Organization (JIDPO) 1980: Prädikat »G«
Inv. Nr. 585/83
Lit. u. a.: md (moebel interior design) 1981, H. 2, 64 m. Abb. – Wichmann Hans, Industrial Design. Unikate. Serienerzeugnisse. Die Neue Sammlung. Ein neuer Museumstyp des 20. Jahrhunderts. München 1985, 428–429 m. Abb. – Wichmann Hans, [Kat. Ausst.] Neu. Donationen und Neuerwerbungen 1982/83. Die Neue Sammlung. München 1986, 34, 73 m. Abb.

Technics QUARTZ
Direct Drive Automatic Turntable System
SL-10
speed
repeat
cueing
start
stop

Zwei Speisebehälter, Japan, 1980 und 1981

Ein typisches Produkt der »Industriekultur« ist ein Gefäß, in dem vor allem der Arbeiter des 19. und beginnenden 20. Jahrhunderts sein Essen mit sich führte. Diese Gefäße wurden auf einer Heizstelle, vielleicht einem »Kanonenofen«, erwärmt und besaßen einen Henkel. Von diesem leitet sich auch die volkstümliche Bezeichnung »Henkelmann« ab. In Weiterentwicklung des militärischen Kochgeschirrs, das nur aus zwei Teilen bestand, hatte der komfortablere, fortentwickelte Henkelmann mehrere Einsätze, um seinem Herrn unter Umständen ein Menü von mehreren Gängen bieten zu können. Diese Speisebehälter waren insbesondere eine Domäne der Fach- und Vorarbeiter der dreißiger Jahre kurz vor der allgemeinen Einführung der Kantine. In bürgerlichen Haushalten des Mittelstandes waren Behälter dieser Art kaum anzutreffen.
In Japan jedoch gehörte der mehrteilige Speisebehälter, oft in prachtvoller Lackarbeit, auch als Picknickbehälter insbesondere den Oberschichten.
An diese Tradition knüpfen die beiden japanischen »Lunch-Boxes«, die um 1980 entstanden, an. Sie bestehen zwar nicht mehr wie ehemals aus leichtem, gut getrocknetem Holz mit veredelnder Lackoberfläche, sondern sind aus Kunststoff gepreßt und lackiert. Damit sind sie ein wenig schwerer als die einstigen hölzernen, jedoch nach wie vor sehr reizvoll, vor allem im Vergleich zu den »Henkelmännern«. Sie repräsentieren auch Industriekultur, jedoch eine von oben kommende.
Beide Gefäße sind in der Form gleich. Man könnte sie als lampionartig beschreiben. Ein Fußring und ein bekrönender Reif beschließen jeweils einen Körper, der von horizontalen Rillen gegliedert wird. Dieser Körper kann in vier Elemente zerlegt werden, die Schalen oder mit zierlichen Deckeln verschließbare Kabaretts repräsentieren, in denen Fisch und Soßen oder andere Speisen Platz finden. Die eine Box ist in ihrer Oberfläche schwarz, die andere bräunlich-orange, entfernt an den taisha-nuri (»Braunlack«) und – durch das leicht irisierende Schimmern – an das nashi-ji (»Birnengrund«) erinnernd.
Historische Vorbilder haben diese Gefäße inspiriert, aber sie wurden in ein Material unserer Tage übersetzt und dadurch demokratisiert. So entstanden japanische Gebrauchsformen für jedermann; erschwinglich, funktional, ästhetisch. In ihrer Reduktion auf Grundformen, in ihrer perfekten Fertigung und ungespreizten Selbstverständlichkeit ergibt sich eine entfernte Verbindung zum Wesen abendländischer, vielleicht wegweisender Designobjekte, in denen zugunsten serieller Anonymität eine Tilgung der Spuren subjektiver Hervorbringung angestrebt wurde.

Nach traditionellen Vorbildern entwickeltes Stapelgeschirr, bestehend aus vier Elementen, die – ineinandergesetzt – die geschlossene, einheitliche Gesamtform bilden.
Kunststoff, farbig lackiert in Rotbrauntönen und Schwarz
H. 17 cm, ∅ 14 cm
Herst.: Chatani, Tokio, Japan
Inv. Nr. 323/81; 499/81
Lit. u. a.: Wichmann Hans, [Kat. Ausst.] Neu. Donationen und Neuerwerbungen 1980/81. Die Neue Sammlung. München 1982, 19 – Wichmann Hans, Industrial Design. Unikate. Serienerzeugnisse. Die Neue Sammlung. Ein neuer Museumstyp des 20. Jahrhunderts. München 1985, 446 m. Abb.

Hanjiro Mizuno
Große Schale mit Zweifarbenglasur, 1983

Die Bestände der Neuen Sammlung sind nach Sachgebieten geordnet, nicht nach Ländern oder Nationalitäten. Die einzige Abteilung, die diesen Rahmen sprengt, ist japanischem Design gewidmet. Dies erfolgte deshalb, weil Japan vor allem nach dem Zweiten Weltkrieg als erstes ostasiatisches Land mit der westlichen Welt in allen Designbereichen, im handwerklich bestimmten in gleicher Weise wie im industriellen oder graphischen, in einen Dialog getreten ist. Dieser hat sich äußerst fruchtbar – mehr gebend als nehmend – auch auf dem Feld keramischer Produktion ausgewirkt. Hier wurden die großen japanischen Keramiker zu wichtigen Anregern. Deshalb hat Die Neue Sammlung stetig Arbeiten von ihnen erworben. Unter ihnen verdient vor allem aufgrund ihrer schönen Glasur die große, 1983 entstandene Schale von Hanjiro Mizuno Aufmerksamkeit.
Ihr Entwerfer wurde 1926 in Seto – berühmt durch seinen weißen Ton – geboren und stammt aus einer alteingesessenen Keramikerfamilie. Er studierte anfänglich Jurisprudenz, um sich ab 1949 der Tätigkeit seiner Väter zu widmen. Zu seiner Arbeit bemerkt er 1983: »In meiner Kindheit reichte die Zahl der Ofen-Kammern für unseren Bedarf nicht aus. Wir hatten keinen Platz für den Anbau weiterer Kammern, weil der Ofen schon vom Fuß bis zum Kamm des Berges verlief. Jemand hat dann vorgeschlagen, den Berg mit Erde aufzuschütten, um weiter anbauen zu können.
Da die Öfen 10–12 Meter breit waren, mußten die yakite (die Brennspezialisten) Holz von beiden Seiten mit großer Zielsicherheit hineinwerfen. Das Brennen war ein harter Kampf mit dem Feuer, der oft über die Kräfte der Menschen ging. Nur so war es damals möglich, so einmalige Keramiken zu schaffen.
Der Ofen, den ich heute benutze, ist geradezu klein im Vergleich zu den Öfen meiner Vorfahren, die oft bis zu 14 Kammern hatten. Unser nobori-gama ist besonders gut für das Brennen großer Schalen und Gefäße geeignet. Ich bevorzuge solche großen Stücke und setze mich ständig mit ihnen auseinander, denn sie entsprechen der Kraft des Ofens. Ich finde auch, daß in ihnen die Schönheit der Seto-Hongyoyaki (Keramik aus Seto-Ton) besonders zur Geltung kommt. Wir brennen Schalen von ca. 60 cm Durchmesser. Dabei werden vier oder fünf Schalen ineinandergestapelt, und, um das Zusammenschmelzen zu verhindern, feuerfeste Tonscheiben dazwischengelegt. Diese Methode gibt es nur in Seto. Ich möchte sie an meine Nachkommen weitergeben.« (zitiert nach: Jahn G. u. A. Petersen-Brandhorst, Erde und Feuer. München 1984, 221).
Die 1985 erworbene Schale unterlag einem Brennvorgang dieser Art und überrascht durch die Form der Glasur, deren Ornament in Gestalt sich zuspitzender Strahlen in die Mitte des flachen Gefäßes fällt. Ein zum Braun tastendes Gelb und ein von den Rändern zur Mitte hin verblauendes Grün wechseln sich ab, rhythmisieren das Rund, zentrieren zugleich und dringen zur Mitte vor, sich dort vereinend. Der weiße Seto-Ton läßt die Glasur emailhaft aufleuchten.
Auch hier atmet – wie in so vielen bewegenden manuellen japanischen Arbeiten – das Gefäß einen feilenden, verschleifenden, sublimierenden Entwicklungsprozeß. Hinter ihm steht Einfühlung, Zurücknahme des Ichs, Erkennen durch Betrachten, Wahrnehmen durch Hören, Kontemplation. Alles dies mußte zu einer Form führen, die nicht wie bei den Europäern durch einen »Willensakt« gesetzt, sondern auf einem langwierigen Wege zu imagohafter Eindringlichkeit verdichtet wurde, und zwar unter langsamer Löschung der Spuren individueller Hervorbringung. So entsteht Form nicht als Anspruch und Verdrängung, sondern als Einfügung. Mentale Eigenschaften dieser Art tendieren zur Flächenkunst.

Feiner, weißgelblicher Seto-Ton; Glasur mit leichtem Craquelé
H. 9 cm, ∅ 36,5 cm
Inv. Nr. 760/85
Lit. u. a.: Jahn Gisela u. Anette Petersen-Brandhorst, [Kat. Ausst.] Erde und Feuer. Traditionelle japanische Keramik der Gegenwart. Deutsches Museum. München 1984. Abb. 34, 221–224 [Vita]. – [Kat. Ausst.] Mizuno Hanjiro. Galerie Fred Jahn. München 1986, 43 m. Abb.

Fritz Haller
Möbelsystem »USM-Haller«, 1962

Produktsysteme passen sich unterschiedlichen Anforderungen an und formen sich variabel aus. Zwei Grundtypen sind vor allem anzutreffen. Einmal Systeme aus Elementarteilen, die durch Zusammenfügen erst ein Ganzes, eine Gestalt bilden, zum anderen können bereits an sich funktionsfähige Einheiten (»units«) durch Hinzufügen weiterer Teile zu einem leistungsfähigen System ausgebaut werden. Beide Systemgruppen sind kombinierbar. Diese Systemwelt reicht von einfachem Hotelgeschirr bis zur komplexen Nachrichtenkette und findet auch im Möbelbereich, vor allem beim Kastenmöbelbau Anwendung. Hier hat sich die Systematisierung durchgesetzt; denn der ehemalige Wandschrank ist heute weitgehend durch die systembestimmte Schrankwand verdrängt worden.

Unter den verschiedenen Systemen stellen die sich von üblicher Holzbauweise lösenden Metall-Element-Systeme die zur Zeit am weitesten entwickelten Systemformen dar. Sie leiten sich von der modernen Stahl-Skelettbauweise ab. Verbindungselemente, tragende Stäbe und Füllflächen ermöglichen die Konstruktion von Kastenelementen, Tischen und Regalen. Sie knüpfen auf einer neuen Stufe an den Geist des Bauhauses an.

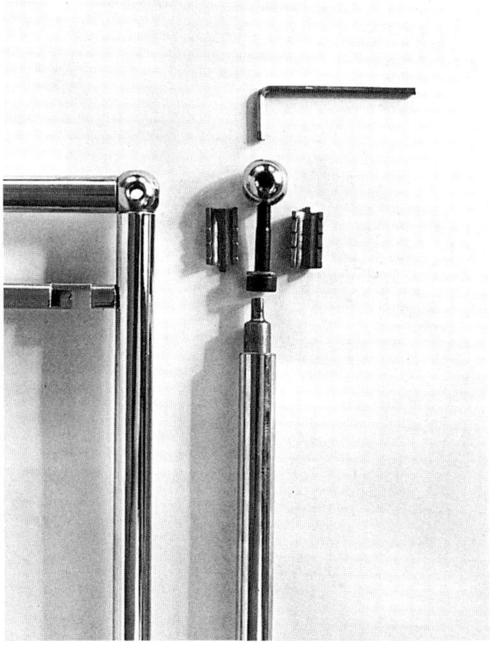

Die wohl ästhetisch ansprechendste Entwicklung in dieser Gruppe stammt von Fritz Haller.

Die sein System konstituierenden Elemente teilen sich in zwei Hauptgruppen. Es sind einmal solche, die die zentrale Aufgabe haben, die tragende Struktur herzustellen, zum anderen solche, die ergänzende Aufgaben besitzen und als Füllflächen und Funktionsglieder fungieren.

Durch die Elemente der ersten Gruppe wird die formale Struktur, das geistige Prinzip des Entwurfs, also sein ästhetischer Grundgehalt bestimmt. Diese Struktur läßt sich aus nichts anderem als einem immer gleichartigen Verbindungsknoten und 11 verschieden langen Stahlrohren, die einem Maßsystem unterworfen sind, bilden. Aus diesen 12 verchromten Elementen können vielfältige, ungemein standfeste, unterschiedlichsten menschlichen Anforderungen entsprechende Gitterstrukturen zusammengefügt werden. Dabei sind die Rundstäbe – aus hochbelastbaren Stählen – äußerst zierlich. Auch der Verbindungsknoten überschreitet nur geringfügig den äußeren Durchmesser der Rohre, so daß die Raumstruktur in allen Fällen äußerst exakt, linear bestimmt wirkt, nicht knotig akzentuiert ist. Der lineare Ausdruck der Gitterstruktur wird daneben durch das unmittelbare Zusammenstoßen von Knoten und Rohr begünstigt. Um diese Wirkung zu gewinnen, mußte eine verdeckte Lösung der Verbindung zwischen Rohr und Knoten gefunden werden.

Diese subtilen Abmessungen und Zusammenfügungen sind von hoher Bedeutung für die ästhetische Gesamterscheinung der Raumgitterstrukturen.

In sie werden nun metallene Trage- und Verschlußflächen in Form von Böden, Klappen oder Zügen eingefügt, ohne die Struktur zu verkleiden. Sie fügen sich der Raumgitterstruktur membranartig ein. Erstmalig gelang es mit diesem Möbel-System, die ästhetische Divergenz zwischen Innen und Außen, zwischen Struktur und Schale, total aufzuheben. Bedingt durch die Zierlichkeit der Elemente und durch den Kunstgriff, das statische Prinzip des tradierten Möbelbaus nach außen zu kehren, wirken die Korpusmöbel – trotz hoher Stabilität – außerordentlich leicht. Der Eindruck wird auch durch die Wahl des Rund-

rohrs und des kugelförmigen Verbindungsgliedes, ferner durch den Reflex der Verchromung verstärkt.
Haller knüpft – jedoch auf einer anderen historischen Stufe – erneut das geistige Band zu innovativen Leistungen der zwanziger Jahre. Sein Möbel-System kann sich rangmäßig durchaus mit Stahlrohrmöbeln Mies van der Rohes, Le Corbusiers oder Marcel Breuers messen. Deshalb wurde es auch den Beständen der Neuen Sammlung eingefügt.

Variables Elementsystem, dessen Teile sich in die Baugruppen Tragegerüste, Verkleidungselemente, Einbauelemente, Tische, Stellwände und – als Ergänzung zum Möbelsystem – Elektroinstallationen und Beleuchtungen gliedern. Mit den Einzelteilen lassen sich unterschiedliche Strukturen errichten, z. B. Korpusse, Aktenschränke, Büchergestelle, »Rollboys«, Ausstellungswände, Empfangstheken usw.

Stahlrohr verchromt; Metallblech-Platten, schwarz thermolackiert
Herst.: U. Schärer Söhne GmbH, Bühl-Baden, Deutschland (1982)
Inv. Nr. 130/82
Lit. u. a.: md (moebel interior design) 1966, H. 4, 82–83 m. Abb. – Design (London) 1968, Nr. 230, 46–49 m. Abb. – domus 1970, Nr. 491, 34 m. Abb. – New Furniture, Bd. 11, Stuttgart 1973, 83 m. Abb. – md (Moebel interior design) 1977, H. 4, 39–41 m. Abb. – mobilia 1978, Nr. 270/271, 21 m. Abb. – Blaser Werner, Architecture 70/80 in Switzerland. Basel/Boston/Stuttgart 1981, 41 m. Abb. – Moderne Klassiker. Möbel die Geschichte machen. Hamburg 1982, 152 m. Abb. – Wichmann Hans, [Kat. Ausst.] Neu. Donationen und Neuerwerbungen 1980/81. Die Neue Sammlung. München 1982, 20–21 – Emery Marc, Furniture by Architects. New York 1983, 134 m. Abb. – md (moebel interior design) 1983, H. 4, 42–45 m. Abb. – Blaser Werner, Element · System · Möbel. Stuttgart 1984, 50–51 m. Abb. – Wichmann Hans, Industrial Design. Unikate. Serienerzeugnisse. Die Neue Sammlung. Ein neuer Museumstyp des 20. Jahrhunderts. München 1985, 441 m. Abb. – Wichmann Hans (Hrsg.), System-Design: Fritz Haller. Basel/München 1989, 153–163 m. Abb.

Peter Hartwein und Dieter Rams HiFi-Components (units) »Atelier 1«, 1980

Die in Kronberg/Taunus ansässige Elektrofirma Braun begann relativ früh, bereits Mitte der 1950er Jahre, ihre Radio-/Phonogeräte als Systeme auszuformen. So waren die 1955 von Hans Gugelot entwickelten Kompakt-Geräte – Radioempfänger »G 11 Super«, Plattenspieler »G 12« und Fernseher »FS-6« – als units in Elementbauweise konzipiert und in Grundmaßeinheiten und entsprechenden Ordnungsprinzipien aufeinander abgestimmt. 1962 entwarf Dieter Rams (geb. 20.5.1932 Wiesbaden) ebenfalls für Braun mit dem »audio 1« ein umfassendes System von Wiedergabe-Bausteinen, von dem allerdings nur Teile in die Produktion aufgenommen wurden. Spitzenprodukt in den achtziger Jahren waren die 1980 von Dieter Rams und Peter Hartwein zunächst für Braun entworfenen und seit 1987 von der Firma »a/d/s« (analog und digital systeme) produzierten HiFi Komponenten »Atelier«. Sie bilden ein umfassendes audiovisuelles System in einheitlicher Gestalt. Die Anlage umfaßt heute fernbedienbare Plattenspieler, Recorder, Control Center, Power Amplifier, zwei verschiedene Compact Disc-Spieler, Cassettenrecorder mit einer Serie von Lautsprechern sowie Fernseher und Videorecorder. Die einzelnen Komponenten sind dabei beliebig kombinierbar und jeweils nach dem neuesten Stand der Technik austausch- und erweiterbar.
Die Elemente der Anlage können aufeinander gestapelt oder in Reihe gelegt, als Geräteblock mit eigenem Standfuß oder mit Geräteschränken für Compact Discs, Cassetten etc. kombiniert werden. Kabel werden weitgehend ersetzt bzw. auf der Rückseite der Geräte hinter abnehmbaren Blenden verstaut oder in einem Kunststoffschlauch integriert. An der Frontseite der in Schwarz oder Grau gehaltenen Kunststoffgehäuse erscheinen nur die Bedienungselemente mit Primärfunktionen. Alle nur selten benötigten Einstell-Elemente sind hinter Klappen oder auf ausfahrbaren Bedienpulten untergebracht, um so das Auffinden der Funktionen eindeutiger zu gestalten und damit die Bedienung des Gerätes zu erleichtern. Gleiches gilt für die Anzeige-Elemente. Hier ersetzen Leuchtdioden die herkömmlichen Zeigerinstrumente. Sie sind robuster, präziser und leichter ablesbar.
1987 formulierte Dieter Rams die Grundidee seiner Entwurfstätigkeit wie folgt: »Gebrauchsgeräte sind Werkzeuge und sollen es bleiben. Sie sollen zurücktreten, wenn sie nicht gebraucht werden, und dem Menschen Platz lassen für eine individuelle, selbstbestimmte und lebendige Gestaltung seiner Umwelt. Sie sind weder Kunstwerk noch Kultobjekt, weder Statussymbol noch Staffage.«
Die Anlage besticht nicht nur durch ihre technischen Leistungsdaten: vor allem die ruhige, zurückhaltende, sich nicht laut in den Vordergrund drängende Gestaltung der Einzelelemente, die Vielseitigkeit ihres Gesamterscheinungsbildes und die Anpassungsfähigkeit an den umgebenden Raum sowie die überlegten, bedienungsfreundlichen Details machen das System zu einem ungewöhnlichen, beispielsetzenden technischen Gerät.
1982 als Donation der Firma in die Bestände integriert.

F. H.

Alle Geräte mit mattschwarz lackiertem Metallgehäuse; transparente Abdeckung des Plattenspielers.
Alle Geräte: H. 7 cm–11,5 cm, B. 44,5 cm, T. 36,2 bis 37,5 cm
Herst.: Braun AG, Kronberg/Ts., Deutschland
Inv. Nr. 71/82
Lit. u. a.: form 1976, Nr. 75, 44 m. Abb. – form 1980, Nr. 91, 52 m. Abb. – [Kat. Ausst.] Design: Dieter Rams. Berlin 1980, Nr. 140, 140 m. Abb. – Wichmann Hans, [Kat. Ausst.] Neu. Donationen und Neuerwerbungen 1980/81. Die Neue Sammlung. München 1982, 35, 55 m. Abb. – Wichmann Hans, Industrial Design. Unikate. Serienerzeugnisse. Die Neue Sammlung. München 1985, 450 m. Abb. [dort weit. Lit.]. – Fuchs Heinz u. François Burkhardt, Produkt Form Geschichte. 150 Jahre deutsches Design. Berlin 1985, 324 m. Abb. – Selle Gerd, Design-Geschichte in Deutschland. Köln 1987, 288, Abb. 186 – [Kat. Ausst.] Design Dasein. Ausgewählte Objekte zum Sitzen, Stellen und Leben. Museum für Kunst und Gewerbe. Hamburg 1987, 89 m. Abb. – Fischer Volker (Hrsg.), Design Heute. Maßstäbe: Formgebung zwischen Industrie und Kunst-Stück. München 1988, 144, Abb. 307.

P1
T1
A1
C1

Hans von Klier
Modellstudie eines zukünftigen Arbeitsplatzes »Pitty«, 1984

Dieser mobile und multifunktionale Arbeitsplatz gehört dem 1981 konstituierten Sammlungsbereich »Systeme« an, stellt er doch ein kompaktes »Unit-System« dar. Die Studie wurde als ein originalgroßes Modell konzipiert und gelangte als Donation der Wirus-Werke, welche die Entwicklung veranlaßt hatten, in unsere Sammlungen.
Autor ist Hans von Klier, der 1934 in Teschen geboren wurde. Er studierte an der Hochschule für Gestaltung in Ulm, war zwischen 1960 und 1968 Mitarbeiter von Ettore Sottsass, ist seit 1969 im Unternehmen Olivetti als Verantwortlicher für Industrial Design, kulturelle Beziehungen und Werbung tätig und führt daneben ein eigenes Design-Büro in Mailand.
Zu seinem Entwurf schrieb er 1984: »Mein Vorschlag zum Thema visionäres Büromöbel basiert auf der drastischen Entwicklung im Bereich von Daten-, Text-, Bild- und Sprachverarbeitungsgeräten. Ich bin davon ausgegangen, daß sich der Maschinenpark um den Sachbearbeiter sowie aber auch um den Manager wesentlich vergrößern wird.
Es bleibt die Tastatur, der Bildschirm (dünner und quadratisch), der ›digital reader‹, der ›page printer‹, der ›local mass storage‹, die ›vocal speech synthesis‹ und ›speech recognition‹ sowie das Telefon.
Um all diese Geräte bewältigen zu können, gibt es nur die Lösung der Kompaktierung. Das meine ich nicht nur im Sinne der Geräte, sondern in der weiteren Integration der Schreib- und Ablagefläche sowie einem kleinen, aber notwendigen Archivs und einer Software Library in eine einzige Einheit. Es entsteht so ein neuartiges Gebilde, ein Microcosmos, der auch entfernt vom üblichen Büro seine Funktionen ausüben kann.
Experimente einiger Firmen zeigen, daß es schon heute möglich ist, komplizierte Aufgaben von zu Hause aus zu bewältigen. Meine Aufgabe sah ich also nicht nur darin, ein neues Büromöbel zu entwerfen, sondern einen Arbeitsplatz, der auch in einer Wohnumgebung akzeptiert werden kann...« (Form 1984, Nr. 106, 22–23).

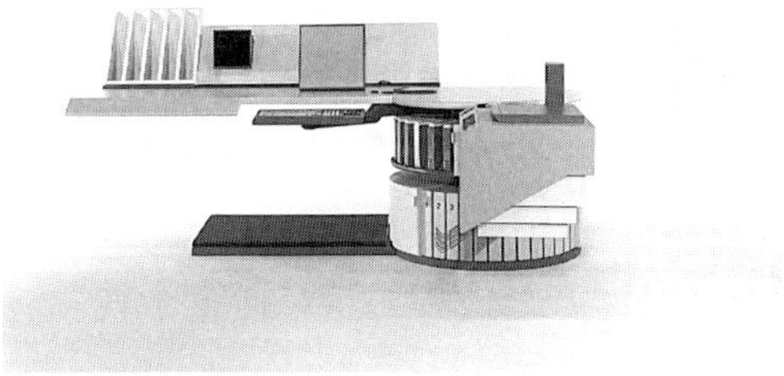

Max. B. 245 cm, T. 110 cm–230 cm; variable Arbeitshöhe
Auftragg.: Wirus-Werke, W. Ruhenstroth GmbH, Gütersloh, Deutschland
Inv. Nr. 1404/84
Lit. u. a.: form 1984, Nr. 106, 22–23 m. Abb. – md (moebel interior design) 1984, H. 6, 52–55 m. Abb. – Wichmann Hans, Industrial Design. Unikate. Serienerzeugnisse. Die Neue Sammlung. Ein neuer Museumstyp des 20. Jahrhunderts. München 1985, 451 m. Abb. – Wichmann Hans, Italien: Design 1945 bis heute. München/Basel 1988, 106–107 m. Abb. [dort weit. Lit.].

System aus tischförmiger Schreib- und Ablagefläche mit Diskettenfächern, flexiblem Service-Monitor und schwenkbarem Flach-Bildschirm; daran anschließend drehbare Aufbewahrungssäule für Aktenordner und Software Library. Um die Achse dieses Elements schwenkbare Eingabetastatur und der Multifunktionscontainer mit den Geräten zur Sprach-, Daten-, Textver- und -bearbeitung (Telefon, Drucker, Computer, Diskettenlaufwerk usw.).

Massimo Vignelli und Bob Noorda
Manual eines Zeichensystems der New Yorker Untergrundbahn, 1966 und Karte des U-Bahn-Systems, 1970

Die wohl entscheidendste Wandlung unseres Säkulums gegenüber vorausgegangenen Jahrhunderten und zugleich die Öffnung zum 21. Jahrhundert liegt nicht in der partiell neuartigen Objektwelt und auch nicht in der industriellen Produktionsform, sondern in der Ablösung des ganzheitlichen, in sich geschlossenen einzelnen Dinges durch in Systeme verbundene drei- oder zweidimensionale Objektgruppen. Nur mehr Systeme sind heute in der Lage, Massenverkehr, Massenkommunikation, Massenkonsum, massenhafte Teilnahme an den kulturellen und zivilisatorischen Errungenschaften zu ermöglichen und zu steuern. Produktsysteme passen sich den unterschiedlichen Anforderungen an und formen sich variabel aus.
Eine Entsprechung finden diese in graphischen Systemen, den sogenannten visuellen Erscheinungsbildern oder der corporate identity. Die Grundlagen für diese Systeme bilden »manuals«, in denen die Anwendung kodiert niedergelegt ist. In diesen graphic systems verzahnen sich Image und Sachinformation, je nach der Aufgabe das Gewicht verlagernd. Bei Verkehrsmitteln dominiert zweifellos der versachlichte Informationsgehalt.
Ein Beispiel dafür ist das von Massimo Vignelli im Rahmen des von ihm mitbegründeten Unternehmens »Unimark« entwickelte Zeichensystem für die New Yorker Untergrundbahn. Liebenswürdigerweise haben mir Lella und Massimo Vignelli 1988 das heute äußerst selten anzutreffende »manual« im Rahmen einer größeren Donation ihrer Entwicklungen zur Verfügung gestellt.
Massimo Vignelli schreibt über dieses und die Karte:
»In 1966 we (as Unimark International) were asked to design a graphic system for the subway signs. Bob Noorda, a partner at that time, made a meticulous analysis of the traffic flow in several stations to determine the points of decision and the nature of the information to be conveyed. This provided us with the background necessary for proceeding to the next step, the design of the graphic system of signs. There were four categories of signs: 1) line identification, 2) directional messages, 3) informational messages, 4) station identification. Previously, signs had been made to order. Ours were designed to be prefabricated and assembled like movable type to form sentences. An incredibly easy way to solve a problem characterized by inefficiency and as old as the subway itself. But, alas, bureaucratic crudeness and a situation of unskilled management and labor never could implement the program as well as was specified by a very accurate manual.
In 1970 we were asked to design a new map for the New York subway. The design was organized on a 45° and 90° grid in which lines and land followed the basic structure. Every line had a coded color. Every stop had a dot. Every station was listed. A dot on the line meant that the train would stop at that station. No dot, no stop. Simple as that. The map resulted in a beautiful design. Too good, however, for many, for it was decided to make it obsolete in 1979 and to replace it with a messy new one.« (Design: Vignelli. New York 1981, Nr. 19, 20 m. Abb.).

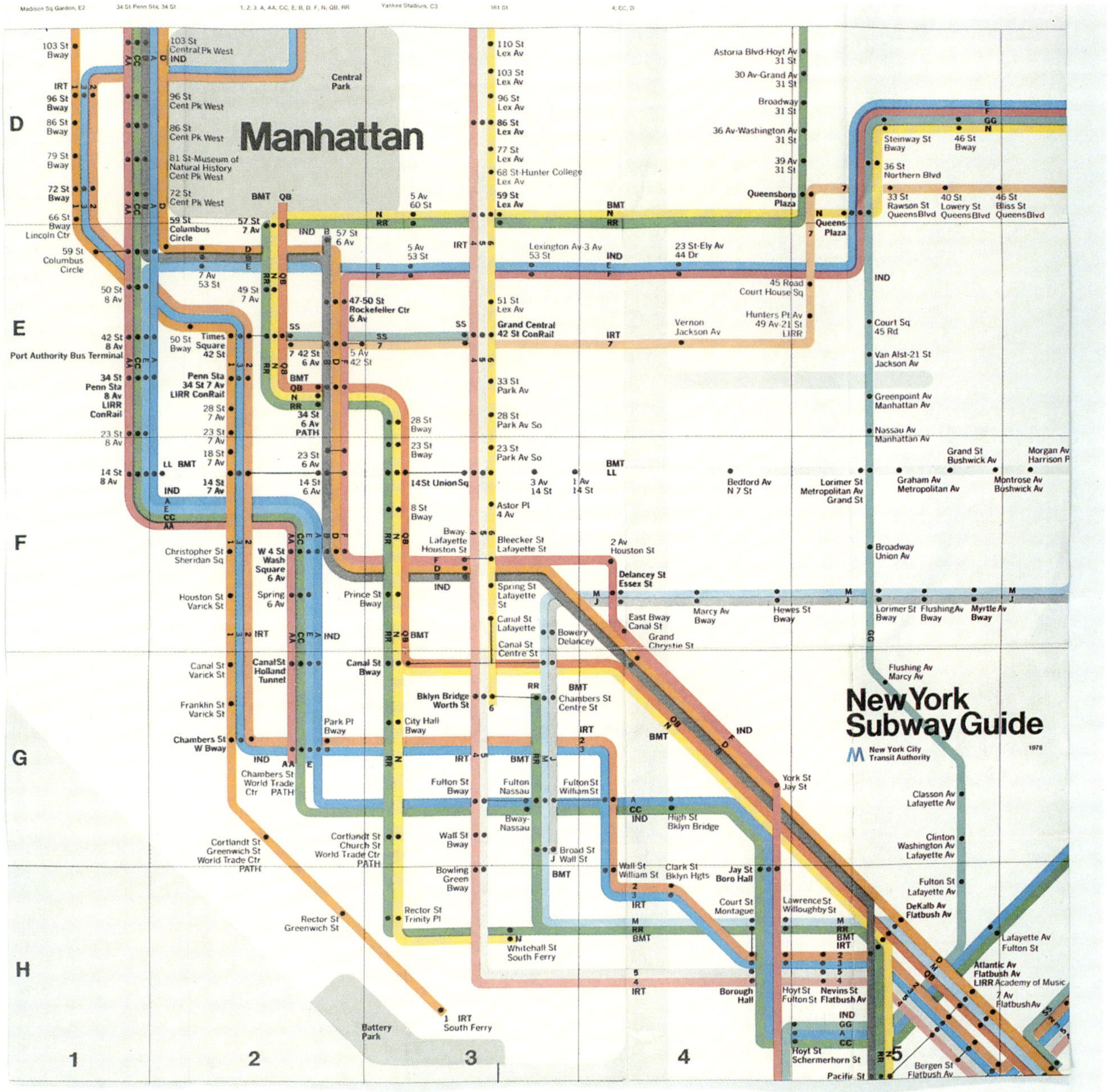

Manhattan
Central Park
New York Subway Guide
New York City Transit Authority
1978
D
E
F
G
H
1
2
3
4
5
103 St Bway
96 St Bway
86 St Bway
79 St Bway
72 St Bway
66 St Bway Lincoln Ctr
59 St Columbus Circle
50 St 8 Av
42 St 8 Av
Port Authority Bus Terminal
34 St Penn Sta 8 Av LIRR ConRail
23 St 8 Av
14 St 8 Av
103 St Central Pk West
96 St Cent Pk West
86 St Cent Pk West
81 St-Museum of Natural History Cent Pk West
72 St Cent Pk West
59 St Columbus Circle
57 St 7 Av
7 Av 53 St
49 St 7 Av
50 St Bway
Times Square 42 St
Penn Sta 34 St 7 Av LIRR ConRail
28 St 7 Av
23 St 7 Av
18 St 7 Av
14 St 7 Av
Christopher St Sheridan Sq
W 4 St Wash Square 6 Av
Houston St Varick St
Spring 6 Av
Canal St Varick St
Canal St Holland Tunnel
Franklin St Varick St
Chambers St W Bway
Chambers St World Trade Ctr PATH
Cortlandt St Greenwich St World Trade Ctr PATH
Rector St Greenwich St
1 IRT South Ferry
Battery Park
57 St 6 Av
5 Av 53 St
5 Av 60 St
47-50 St Rockefeller Ctr 6 Av
7 42 St 6 Av
5 Av 42 St
34 St 6 Av PATH
28 St Bway
23 St 6 Av
23 St Bway
14 St 6 Av
14 St Union Sq
8 St Bway
Prince St Bway
Canal St Bway
Bway-Lafayette Houston St
Bklyn Bridge Worth St
City Hall Bway
Park Pl Bway
Cortlandt St Church St World Trade Ctr PATH
Fulton St Bway
Wall St Bway
Bowling Green Bway
Rector St Trinity Pl
Whitehall St South Ferry
110 St Lex Av
103 St Lex Av
96 St Lex Av
86 St Lex Av
77 St Lex Av
68 St-Hunter College Lex Av
59 St Lex Av
Lexington Av-3 Av 53 St
51 St Lex Av
Grand Central 42 St ConRail
33 St Park Av
28 St Park Av So
23 St Park Av So
Astor Pl 4 Av
Bleecker St Lafayette St
Spring St Lafayette St
Canal St Lafayette St
Canal St Centre St
Chambers St Centre St
Fulton Nassau
Fulton St William St
Bway-Nassau
Broad St Wall St
Bowery Delancey
3 Av 14 St
1 Av 14 St
2 Av Houston St
Delancey St Essex St
East Bway Canal St
Grand Chrystie St
Marcy Av Bway
Hewes St Bway
Wall St William St
Clark St Bklyn Hgts
High St Bklyn Bridge
Jay St Boro Hall
York St Jay St
Court St Montague
Borough Hall
Lawrence St Willoughby St
Hoyt St Fulton St
Nevins St Flatbush Av
Hoyt St Schermerhorn St
Pacific St
Bergen St Flatbush Av
Astoria Blvd-Hoyt Av 31 St
30 Av-Grand Av 31 St
Broadway 31 St
36 Av-Washington Av 31 St
39 Av 31 St
Queensboro Plaza
Queens Plaza
Steinway St Bway
46 St Bway
36 St Northern Blvd
33 St Rawson St QueensBlvd
40 St Lowery St Queens Blvd
46 St Bliss St QueensBlvd
23 St-Ely Av 44 Dr
45 Road Court House Sq
Hunters Pt Av 49 Av-21 St LIRR
Vernon Jackson Av
Court Sq 45 Rd
Van Alst-21 St Jackson Av
Greenpoint Av Manhattan Av
Nassau Av Manhattan Av
Bedford Av N 7 St
Lorimer St Metropolitan Av Grand St
Graham Av Metropolitan Av
Grand St Bushwick Av
Montrose Av Bushwick Av
Morgan Av Harrison Pl
Broadway Union Av
Lorimer St Bway
Flushing Av Bway
Myrtle Av Bway
Flushing Av Marcy Av
Classon Av Lafayette Av
Clinton Washington Av Lafayette Av
Fulton St Lafayette Av
DeKalb Av Flatbush Av
Lafayette Av Fulton St
Atlantic Av Flatbush Av LIRR
Academy of Music
7 Av Flatbush Av
IRT
IND
BMT

Ferdinand Porsche
Volkswagen »Käfer«, Typ VW 1200,
Mitte 1930er Jahre
(Ausführungsmodell 1985)

»In der Gesellschaft von Morgen wird jeder sein Fahrzeug haben. Man wird vermutlich weniger damit fahren als heute. Und es werden die kleineren Autos sein, die man benutzt. Das Zeitalter des Prestige-Autos wird zu Ende gehen. Das Auto, das am nachhaltigsten diese Entwicklung bestimmt hat, war der Volkswagen, der VW Käfer von Ferdinand Porsche, gebaut vor 50 Jahren und noch immer... in Produktion«. So schreibt der Graphik-Designer Otl Aicher in seinem 1984 erschienenen Buch »Kritik am Auto« über das erfolgreichste Nachkriegsfahrzeug der Welt.
Die Entwicklung des »VW-Käfer« reicht jedoch bis in die Anfänge der 1930er Jahre zurück. 1931/32 entwarf Ferdinand Porsche für die Firma Zündapp ein Fahrzeug, das bereits die charakteristische Buckelform aufwies. Nach verschiedenen Zwischenstationen entstand 1937/38 mit dem KdF-Wagen VW 38 (Porsche Typ 60) jenes Fahrzeug, das privaten Käufern, kriegsbedingt, erst ab 1945 zur Verfügung stand. In verschiedenen Varianten, bei stets gleicher Grundform, wurde das legendäre Fahrzeug bis zum 18. Januar 1978 in 16255500 Exemplaren in Deutschland produziert. Seine unverwechselbare Gestalt machte das Fahrzeug zur Leitform des deutschen Nachkriegsautos. Bis Ende Juli 1985 wurden in Puebla, Mexiko, produzierte Limousinen noch nach Europa exportiert. Das vorliegende Fahrzeug gehört der letzten Lieferung an. Danach wurde der »Käfer« noch in Brasilien für den südamerikanischen und in Nigeria für den afrikanischen Markt produziert. Verfolgt man die Entwicklungs- und Formgeschichte dieses Wagens, so ist es die Abwandlung des Details, bis jede Einzelform sich dem Gesamtentwurf des Autos annäherte, die dem »Käfer« seine unverwechselbare Gestalt gab. Erst durch die jahrzehntelange Detailverbesserung und Angleichung an die Gesamtform wuchs der »Käfer« zu einer in sich homogenen Form heran, die im Grunde aus einer Vielzahl formgleicher oder formverwandter Details bestand. Innerhalb des schnellebigen, aktuellen Modeströmungen unterworfenen Automobildesign bildet der »Käfer« damit eine einzigartige Formkonstante, die sich über Jahrzehnte weltweit bewährt hat. Dies macht das Fahrzeug zum klassischen Sammlungsgut der Neuen Sammlung.

1987 als Geschenk des Vorstandsvorsitzenden Carl Hahn erhalten.
Technische Daten:
Luftgekühlter Vierzylinder-Ottomotor; Heckmotor u. -antrieb; 1184 ccm Hubraum; Leistung KW bei min^{-1}: K 25/3800; max. 115 km/h; Reifengröße 155 SR 15; Fahrzeug Ident. Nr. WVW2ZZ 11ZGM 0022 70
H. 1500 mm; L. 4030 mm; Br. 1550 mm
Herst.: VAG, Volkswagenwerk Wolfsburg, Deutschland
Ausführung VW Mexiko, Puebla 1985
Inv. Nr. 1000/87
Lit. u. a.: Oswald Werner, Deutsche Autos 1920–1945. Stuttgart 1983. 380–383 m. Abb. – ders., Deutsche Autos 1945–1975. Stuttgart 1984, 8–39 m. Abb. – Aicher Otl, Kritik am Auto. München 1984, 30–31 m. Abb. – Fuchs Heinz u. François Burkhardt, Produkt-Form-Geschichte. 150 Jahre deutsches Design. Berlin 1985, 254 m. Abb. – Borgeson Griffith, Volkswagen Käfer. München 1986 – Wichmann Hans, [Kat. Ausst.] Neu. Donationen und Neuerwerbungen 1986/87. Die Neue Sammlung. München 1989, 80 m. Abb.

F. H.

Flaminio Bertoni mit Franchiset und Léon Renault
Personenkraftwagen »Citroën« Modell »DS 21«, Grundmodell »DS 19«, 1945 ff.

»Sicherlich sind die Konstrukteure des Citroën vorzügliche Techniker. Sicher haben sie mit Bedacht konstruiert, ebenso sicher aber scheint es mir, daß sie ein Gefühl für den Tanz der Linien hatten. Diese Kurven und Linien sind aufeinander bezogen, ergänzen sich, spielen miteinander, lösen sich auf. Hier ist ein Fließen, ein Schwingen, ein Musizieren fern aller Streamline-Mode. Hier hat die Funktion vollendet formalen Ausdruck gefunden, sichtbar, tastbar, so daß die Kriterien technischer Schönheit erfüllt sind.«
Diese enthusiastischen Worte schrieb Jupp Ernst 1958 über den »Citroën DS 19« in der Design-Zeitschrift form, H. 2. Heute, in einer Zeit, in der der Karosseriebau vorwiegend vom Fetisch des C_W-Wertes geprägt ist und sich die von Giorgetto Giugiaro geforderte »Linie der Vernunft« weitgehend durchgesetzt hat, fällt es schwer, sich den vom amerikanischen Geschmack geprägten Automobilbau der 1950er Jahre mit den hypertrophen Heckflossen und den bis zur Karikatur entstellten Frontpartien ins Gedächtnis zu rufen, mit dem dieser Citroën kontrastierte.
Bei seiner ersten öffentlichen Vorstellung auf dem Pariser Automobilsalon 1955 – die Entwicklungen gehen bis auf 1945 zurück – galt er als Sensation. Man sprach von einer neuen Ära in der Geschichte des Automobils: »Es scheint, daß nach 80 Jahren Automobilbau jetzt erst die Formen entstehen, die diesem Fortbewegungsmittel gemäß sind. Der Citroën ist eine Hoffnung.« (Jupp Ernst a. a. O.).
Nahezu alles, sowohl bei Konstruktion wie auch beim Erscheinungsbild, war bei diesem Fahrzeug neu. Der Verzicht auf Chrom, die glatten Flächen, die tief herabgezogene Motorhaube, die integrierten Stoßstangen, das abgerundete Heck und der verkleidete Unterboden brachten nicht nur formale Neuerungen, sondern boten durch den geringen Luftwiderstand hohe Geschwindigkeiten bei relativ niedrigem Benzinverbrauch. Erst 1967 erzielte der NSU Ro 80 wieder einen vergleichbaren C_W-Wert. Technische und konstruktive Neuerungen waren die hydropneumatische Federung mit automatischem Niveauausgleich, die Scheibenbremsen und die Wartungsfreundlichkeit des Fahrzeugs.
Innerhalb der Fahrzeugabteilung des Staatlichen Museums für angewandte Kunst stellt der Citroën so ein exemplarisches Beispiel dafür dar, auf welche Weise neue Technologien in eine neue, beispielgebende Form umgesetzt werden können, die lange Zeit nicht einholbar ist. Der italienische Architekt und Designer Gio Ponti brachte die revolutionären Neuerungen des Citroën in einem 1957 in Paris erschienenen Artikel in der Zeitschrift Institute d'Esthétique Industrielle auf einen Nenner: »Dieser Wagen hat den Mut, eine ehrliche Maschine zu sein. Er versucht nicht, wie die Produkte der amerikanischen Schule, den Käufer durch abscheulich farbige Zierate und überdimensionierte Chromteile zu verführen. Die europäische Schule versteht es, auf die Technik zu hören.«
Geschenk von Hans Wichmann.

F. H.

Karosserie weiß lackiert; Innenraum rot gepolstert; hydraulische Federung; automatische Kupplung; hydraulisches Getriebe; Leistung 104 PS bei 5500 U/min; Hubraum: 2175 cm^3; max. 178 km/h; Radstand 313 cm, Gesamtlänge 484 cm
Entwurf u. Herstellung: S.A.A. Citroën, Frankreich (Baujahr 1971)
Preise/Auszeichnungen u. a.: XI. Triennale Mailand 1957: Grand Prix
Inv. Nr. 1298/81
Lit. u. a.: Wichmann Hans, Industrial Design. Unikate. Serienerzeugnisse. Die Neue Sammlung. Ein neuer Museumstyp des 20. Jahrhunderts. München 1985, 461 m. Abb. [dort weit. Lit.] – Puiboube Daniel, La DS Citroën. Paris 1986 [mit Entwurfs- und Konstruktionszeichnungen].

Ing. Gobini und Ermenegildo Preti
Isetta »Standard« 1953/54

Die 1986 im Rahmen der Schrader-Motor-Chronik München erschienene Monographie über die »Isetta und ihre Konkurrenten« bemerkt in der Einleitung über dieses Fahrzeug: »Die Isetta aber steckte voller neuer Ideen und Lösungen und stellte aus diesem Grund einen wirklich neuen Fahrzeugtyp dar, der an Originalität kaum übertroffen wurde. Diese seltsame Konstruktion zwischen Roller und Auto mit dem schmalen Heck und der Fronttür erhob übrigens nie den Anspruch, ein Kleinwagen zu sein, sondern trug die klangvolle Bezeichnung ›Motocoupé‹, was immer man sich darunter vorstellen mochte.«
Der Basisentwurf zu diesem Fahrzeug entstand 1951 durch den Ingenieur Gobini und wurde von Ermenegildo Preti bei Iso S.p.A. in Bresso/Mailand zur Serienreife gebracht. 1953 wurde das Fahrzeug erstmals der Öffentlichkeit auf dem Turiner Automobilsalon gezeigt. 1954 erwarb das Unternehmen BMW die Lizenz für den Bau der Isetta, das den Kleinwagen weiterentwickelte und das Fahrzeug Ostern 1955 in Rottach-Egern der Presse vorstellte. Der Erfolg war enorm, bereits Mitte November 1955 lief in München die 10000ste Isetta vom Band. 1956 kam ein variiertes Modell als Isetta Export mit Schiebefenstern und weiteren technischen Veränderungen auf den Markt, und 1958 folgte die große Isetta als »Typ 600« mit Raum für vier Personen. Das Fahrzeug wurde aber nicht nur in Italien (bis 1958) und Deutschland produziert, sondern auch in Lizenz von Velam in Surèsnes, Frankreich, von Borgward-Iso Espagnola in Spanien, von Iso-Romi in Brasilien sowie in England. Allein in Deutschland wurden zwischen 1955 und 1962 über 160000 Einheiten dieses Fahrzeuges in allen Varianten produziert.
Die Isetta stellt unter den zahlreichen Klein- und Minifahrzeugen, die aus der Not der Nachkriegszeit geboren wurden, sowohl formal als auch funktional die originellste Lösung dar. Mit einem Verkaufspreis von DM 2850 im Jahre 1955 war sie zudem preisgünstig.
Das Fahrzeug ist ein auf Raumoptimierung angelegter, zweisitziger Kabinenroller mit damals völlig neuartiger Konzeption. Über einem geschweißten Chassisrahmen von dreieckförmigem Grundriß erhebt sich eine Kabine mit kuppelartig verglastem Oberteil aus Kunstglas. An der zurückfliehenden Vorderfront findet sich die einzige Tür, an deren Innenseite Lenksäule und Instrumentarium schwenkbar befestigt sind und so ein problemloses Ein- und Aussteigen ermöglichen. Ein Faltdach an der Fahrzeugoberseite bot für den Notfall zusätzliche Fluchtmöglichkeit. Als Antrieb wurde ein Viertakt-Einzylinder-Motor gewählt, der sich bereits bei dem BMW R-25-Motorrad seit geraumer Zeit bewährt hatte.
Innerhalb der bewußt nur wenige, jedoch beispielhaft gestaltete Fahrzeuge umfassenden Abteilung der Neuen Sammlung steht die Isetta als Beispiel für eine innovativ bahnbrechende Lösung im Kleinwagenbereich, die die technischen, ergonomischen und ökonomisch-ökologischen Bedingungen ihrer Zeit in einer zweckdienlichen, exemplarischen Gestalt erfüllt.

F.H.

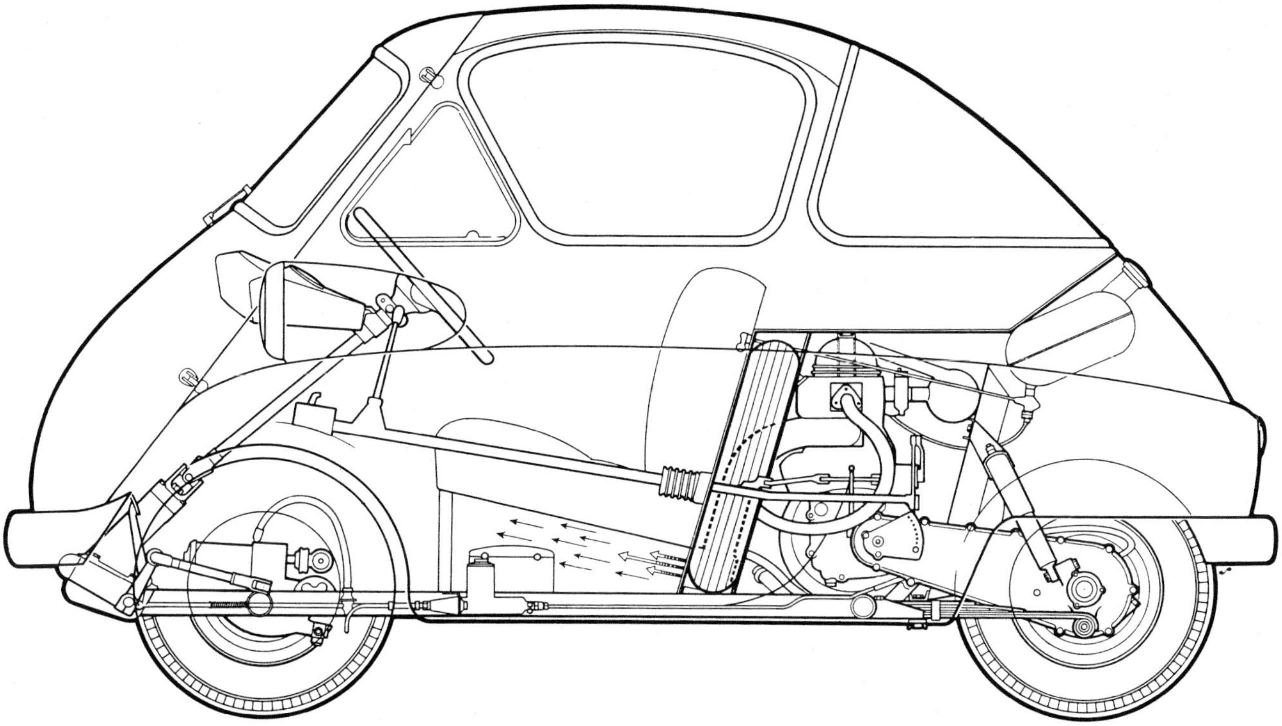

Motor: Viertakt-Einzylinder, Bohrung × Hub 68 × 68 mm, Hubraum 245 ccm, Leistung 12 PS bei 5800 U/min
Fahrgestell-Nr. 414499, Farbe hellblau
H. 134 cm, B. 138 cm, L. 228,5 cm
Herst.: BMW, Bayer. Motorenwerke AG, München
Baujahr 1955, Tag der Zulassung 20. 2. 1956
Inv. Nr. 1067/88
Lit. u. a.: Wichmann Hans, Industrial Design. Unikate. Serienerzeugnisse. Die Neue Sammlung. Ein neuer Museumstyp des 20. Jahrhunderts. München 1985, 463 m. Abb. [dort weit. Lit.] – Wichmann Hans, Italien: Design 1945 bis heute. München/Basel 1988, 141 m. Abb. [dort weit. Lit.] – Zeichner Walter, BMW Isetta und ihre Konkurrenten 1955–62. München 1986 [dort weit. Lit.] = Schrader-Motor-Chronik.

Ferdinand Alexander Porsche
Sportwagen »Porsche 911«, 1962
(Ausführungsmodell »SC«, 1986)

Ferdinand Alexander Porsche (11.12.1935 – lebt in Zell am See/Österreich), der Enkel des VW-Käfer-Konstrukteurs, entwarf mit dem »Porsche 911« den erfolgreichsten Sportwagen der Welt.
Nach einem kurzen Studium an der HfG Ulm war F.A. Porsche in der Design-Abteilung der Stuttgarter Bosch-Werke tätig, ehe er in die Firma seiner Familie überwechselte, wo er zwölf Jahre die Design-Abteilung leitete. 1972 gründete er mit dem Porsche-Design-Studio in Stuttgart seine eigene Firma, die 1975 nach Zell am See/Österreich übersiedelte. Das mehrere Mitarbeiter umfassende Designbüro entwarf seither u.a. Motorräder, Mehrzweckfahrzeuge, Flugzeuge, Surfboards, Motorradhelme, Kameras, Meßgeräte, Brillen und Uhren.
Der Porsche 911 wurde der Öffentlichkeit erstmals 1963 auf der Frankfurter Automobilausstellung als Prototyp 901 vorgestellt. Seither, also seit einem Vierteljahrhundert, wird das Fahrzeug in seiner Grundform unverändert weitergebaut und gilt mit seiner schlanken, windschnittigen Form geradezu als Inbegriff des Sportwagens. Dabei ist die Form dieses Fahrzeugs nicht von technischen Notwendigkeiten, sondern von formalen Werten geprägt, die in eine elegante, fließende Form umgesetzt wurden. Die langgestreckte, schlanke und niedrig gehaltene Karosserie mit der tiefen, auf Reifenhöhe gelegten Gürtellinie suggeriert hohe Geschwindigkeit, die das Fahrzeug auch erzielt – dank der ungewöhnlichen Motorleistung. Die »windschnittige« Form aber hat, einer 1984 von Otl Aicher veröffentlichten Studie zufolge, einen schlechteren Luftwiderstandsbeiwert (C_w-Wert) als die bereits 1955 entwickelte Reiselimousine Citroën DS 19 oder der 1983 von Giorgetto Giugiaro gestaltete Fiat Uno. Ähnlich verhält es sich mit der langgestreckten, tief herabgezogenen Vorderseite, unter der sich, traditionellen Vorstellungen zufolge, der Motor verbirgt – während der Porsche einen kompakten Heckmotor besitzt, ähnlich heutigen Rennfahrzeugen, und die langgezogene Vorderfront nur als Gepäckraum dient.
F.A. Porsche transponierte bei der Gestaltung des 911 die kompakte Zusammenfassung, die geschlossene Form, die geringe Höhe, die sachliche, strapazierfähige Innenausstattung, ja, bis zur Farbgebung den visuellen Grundcharakter und die Anmutung eines Rennfahrzeuges in freier Anwendung auf ein Serienmodell. Diese, in beispielgebende Form umgesetzte Wechselbeziehung zwischen Motorsport und sportlich akzentuiertem Serienfahrzeug macht den Porsche 911 zum klassischen Sammlungsgegenstand des Staatlichen Museums für angewandte Kunst in München.
1987 von der Porsche AG, Stuttgart, übernommen.

F.H.

6 Zylinder Otto-Motor; 3125 ccm Hubraum; Leistung kW bei min^{-1}: K 170/5900
Lackierung: Silbermetallic, Nr. S7 S7/CE-Kl blau
Innenausstattung: Leder, schwarz
Fahrgestell-Nr.: 91ZGS10 2517
Motor-Nr.: 63 G 03890
L. 4291 mm; B. 1652 mm; H. 1320 mm
Hersteller: Dr. Ing. h.c. F. Porsche AG, Stuttgart, Deutschland
Baujahr 1986
Inv. Nr. 1000/88
Lit. u.a.: Wichmann Hans, Industrial Design. Unikate. Serienerzeugnisse. Die Neue Sammlung. Ein neuer Museumstyp des 20. Jahrhunderts. München 1985, 165 [dort weit. Lit.] – Wichmann Hans (Hrsg.), [Kat. Ausst.] Design Process Auto. Die Neue Sammlung, München/Basel 1986, 164 – Wichmann Hans, Neu. Donationen und Neuerwerbungen 1988/89. München 1990, 162–163 m. Abb.

S JR 3613

Claus Luthe
Personenwagen NSU RO 80, 1963/67

Nur selten verbinden sich technische Innovation und formale Gestaltung so beispielhaft wie bei der Entwicklung des RO 80, der, im September 1967 auf der Frankfurter Automobilausstellung vorgestellt, zur Autosensation des Jahres wurde. Die technische Entwicklung des Fahrzeugs, das seinen Namen von der neuartigen Motorkonstruktion des Rotationskolbens erhielt, reicht bis an das Ende der 1950er Jahre zurück. Bereits 1957 stellte der Ingenieur Felix Wankel seinen ersten Drehkolbenmotor vor, der im Gegensatz zum traditionellen Hubkolbenmotor mit weniger Bauteilen, also auch mit geringerem Baugewicht, weniger Aufwand zur Kontrolle bewegter Massen bei vergleichsweise hoher Leistung und geringem Laufgeräusch auskam. Weitere richtungsweisende Konstruktionselemente dieses ungewöhnlichen Fahrzeuges waren Frontantrieb, Kraftübertragung durch hydraulische Drehmomentwandler mit elektropneumatischer Kupplung, Zweikreis-Scheibenbremsen und Einzelradaufhängung.
Die formspezifische Entwicklung der ungewöhnlichen, beispielgebenden Karosserie lag bei der hauseigenen Entwurfsabteilung unter Federführung des früher bei Fiat tätigen Designers Claus Luthe und geht bis 1963 zurück.
Die Presse sprach bei der Vorstellung des RO 80 von »völlig neuen Formen«, »vom erstaunlichsten Auto, das seit Professor Porsches Käfer je auf die Räder gestellt worden sei« und stellte fest: »Man steht nicht gleichgültig vor diesem Auto. Einmal weil es keine Zylinder hat, keine Pleuel und keine Kurbelwelle. Zum anderen wegen der Form. Man kann ein beifälliges oder bedenkliches Gesicht machen – auf jeden Fall aber fordert der NSU zur Stellungnahme heraus. Er weicht ab vom zur Zeit gültigen Formklischee.« In der Tat war das äußere Erscheinungsbild des Fahrzeuges ungewöhnlich, fehlte der Karosserie doch jeglicher »Zierat«, mit dem man üblicherweise die Fahrzeuge schneller, dynamischer oder nur gefälliger erscheinen zu lassen pflegte. Gestaltbestimmend waren die niedrige, tief herabgezogene Fronthaube, die durch die geringe Bauhöhe des Wan-

kelmotors ermöglicht wurde, und die ansteigende sogenannte Gürtellinie mit dem leicht angehobenen Heck: Formen also, die nicht nur in freier Phantasie am Reißbrett entstanden, sondern die auf die spezifischen technischen Vorgaben eingingen, die auch Ergebnisse aus dem Windkanal miteinbezogen und sie in Gestaltqualität umsetzten. So entstanden durch formale Gestaltung nicht nur ein neues Erscheinungssbild, das bis in die neunziger Jahre beispielhaft blieb, sondern auch nachprüfbare technische Verbesserungen, wie die ungewöhnlich günstigen Strömungsverhältnisse des Fahrzeugs beweisen. Otl Aicher faßt in seiner Publikation »Kritik am Auto« die Formqualitäten des Fahrzeuges zusammen: »Der RO 80 war der Wegbereiter der Keilform. Mit diesem Wagen wurde eine neue Epoche des Automobildesigns eröffnet und zugleich eine alte beerdigt. ... [das Fahrzeug] hat die Keilform salonfähig gemacht und den technischen Fortschritt auch ästhetisch zur Erscheinung gebracht.«

Vollständige Neuentwicklung mit Zwischenscheiben-Wankelmotor, Frontantrieb, halbautomatische Kraftübertragung und Vierrad-Scheibenbremsen mit Zweikreis-Hydraulik. Selbsttragende Karosserie; Höchstgeschwindigkeit 181 km/h
Motor: 497,5 ccm Kammerinhalt, 115 PS (85 KW) bei 5500 U/min., 0–100 km/h 14 sec; Reifen 175 SR 14
L. 478 cm, B. 176 cm, H. 141 cm
Herst.: NSU, Neckarsulm, Deutschland (Baujahr 1974/75)
Inv. Nr. 1281/89
Lit. u. a.: ADAC Motorwelt 1967, Nr. 5, 66 – auto, motor & sport 1967, Nr. 14, 7; 1973, Nr. 10–12, 52; 1975, Nr. 8, 44; 1976, Nr. 5, 7; 1982, Nr. 19, 64 – Die Zeit 1968, Nr. 21–24, 26 – Wichmann Hans, Made in Germany, Bd. II. München 1970, 203 m. Abb. – Oswald Werner, Deutsche Autos 1945–1975. Stuttgart 1976, 357–359 m. Abb. – Automobil Revue (Schweiz) 1976, Nr. 47, 3 – Sportauto 1977, (August), 97 – von Mende Hans-Ulrich, Styling. Stuttgart 1979, 62–63 – Eckermann Erik, Vom Dampfwagen zum Auto. [o. O.] 1981, 193 – form 1982, Nr. 99/III, 19 – Aicher Otl, Kritik am Auto. München 1984, 40–41 m. Abb. – Wichmann Hans, Industrial Design. Unikate. Serienerzeugnisse. Die Neue Sammlung. Ein neuer Museumstyp des 20. Jahrhunderts. München 1985, 465 m. Abb. – Myhr Claus, NSU RO 80 + Wankel Spider 1964–77. München 1989 = Schrader-Motor-Chronik – Wichmann Hans, [Kat. Ausst.] Neu. Donationen und Neuerwerbungen 1988/89. Die Neue Sammlung. München 1990, 164 m. Abb.

Die Ausstellungen

Bis 1980 war Die Neue Sammlung ein kleines, von Kennern geschätztes Ausstellungsinstitut, in dem oft große Themen, ein wenig verkürzt zwar, jedoch ästhetisch ansprechend, dargeboten wurden. Das Spektrum war breit, dehnte sich von »Buntpapier« über »Profitopolis« bis zu der »Stadt der Menschen«.[43] Es wurde zumeist über anderes berichtet, wenig über das eigene Haus, so daß nur wenige wußten, daß Die Neue Sammlung ihren Namen aufgrund einer dort verwahrten Sammlung zu Recht trug.

Mit dem Entschluß, ausgehend von diesen Beständen ein Museum des 20. Jahrhunderts zu entwickeln, mußte sich zwangsläufig auch der Stellenwert der Ausstellungen im Rahmen eines sich verlagernden Aufgabenfeldes verändern. Sie hatten neben der Museumsarbeit nur mehr nachgeordnete Bedeutung, aber im Rahmen dieser Tätigkeit eine durchaus wichtige Aufgabe. Damit entstand ein Wandel ihrer Valenz.[44] Das spektakuläre, schaustellerische Element wurde der Ausstellung seit Sommer 1980 entzogen. Dennoch blieb sie das Fenster der Neuen Sammlung zur Öffentlichkeit, mit deren Hilfe diese über den Wandel und die Fortschritte des Museums unterrichtet wurde. Die Ausstellungseröffnungen entwickelten sich zu festlichen, oft von 500 Menschen besuchten Veranstaltungen.

Aufgabe der Ausstellung war es von nun an vor allem, dem Auf- und Ausbau der Sammlungen oder ihrer Explikation zu dienen. Dies erfolgte auf unterschiedlichen Ebenen. Zum einen war die Ausstellung Rekrutierungsfeld der Sammlung, zum zweiten Darstellung der Erwerbungen und drittens Anlaß zur wissenschaftlichen Durchdringung des Bestandes. Der rasche, sich verschleißende Durchlauf von Ausstellungen wurde zugunsten konzentrierter Museumsarbeit verlangsamt.

Seit 1980 erfolgten deshalb in jedem Jahr, in dem die Ausstellungsräume zur Verfügung standen, drei Ausstellungen, insgesamt 27. Zählt man die Ausstellungen der großen Donationen hinzu, so waren es 31 Ausstellungen auf der voll genutzten Fläche von etwa 350 Quadratmetern.

Die jeweilige Thematik folgte nicht der Aktualität der Stunde, sondern behandelte Probleme, die für ein zukünftiges Museum des 20. Jahrhunderts von Bedeutung sein mußten. So beschäftigten sich zwei mit dem Bestand, acht zeigten unterschiedliche Felder des industrial design, vier befaßten sich mit architektonischen Themen, drei mit graphic design und zwei mit kunsthandwerklich-künstlerischen Arbeiten. Schließlich waren acht Ausstellungen Neuerwerbungen gewidmet, das heißt, achtmal stellte sich das Haus dem prüfenden Blick der Kenner, um die Sammelpolitik, ihre Ergebnisse und ihr Niveau öffentlich überprüfbar darzulegen. Schlüsselt man diese Ausstellungen von Donationen und Neuerwerbungen nochmals auf, so zeigten fünf einen Überblick über jeweils zwei Jahre Sammeltätigkeit und die restlichen drei beschäftigten sich mit Akquisitionen von Plakaten bzw. gestalteten Verpackungen. Eine ähnlich dichte Ausstellungsfolge speziell dieses Inhalts hat es bisher weder in der Neuen Sammlung noch in anderen Museen gegeben.

Innerhalb der Ausstellungskette gab es zudem eine Reihe von Premieren. So wurde zum ersten Mal das Werk Hans Gugelots, Sep Rufs bzw. Pierre Mendells/Klaus Oberers und Armin Hofmanns ausgestellt und zum ersten Mal Sportgeräte-Design bzw. der Design-Process-Auto. Auch die Arbeiten der Teilnehmer am ersten Bayerischen Staatspreis für Nachwuchs-Designer wurden erstmalig in der Neuen Sammlung demonstriert.[45] Natürlich handelte es sich bei den Ausstellungen der Neuerwerbungen um Erstveröffentlichungen, und das gleiche gilt auch für die der größeren Donationen. Nur drei Ausstellungen wurden übernommen[46], andererseits zahlreiche Ausstellungen der Neuen Sammlung an anderen Orten gezeigt.[47]

Im Rahmen des industrial design erfolgte eine besondere Akzentuierung des System-Design durch die Ausstellungen von Hans Gugelot und Fritz Haller (vgl. S. 272 und 308).[48] Daneben spielte – der Tradition folgend – nach wie vor das Thema Architektur eine Rolle. Moderne Architektur der Schweiz, Sep Ruf, Fritz Haller oder Lehmarchitektur der Dritten Welt zählen zu diesem Bereich. Auch durch diese Ausstellungen wurden die Bildarchive bzw. Sammlungen des Museums ergänzt.

Die angestrebte, eigenständige und unverwechselbare Ausstellungsform konnte 1984/85 nach der Sanierung der Ausstellungsräume uneingeschränkt verwirklicht werden. Sie zielte auf Klarheit, Prägnanz und Helle, auf Detailgenauigkeit und räum-

liche Verspannung des Farb- und Formgefüges. Nur in einer großzügigen, lichten, zugleich aber in sich verhaltenen Raumfolge war dies möglich. Auf die in heutigen Ausstellungen so beliebten Arrangements und farbliche Inszenierungen, auf alles das also, was nicht die auszustellenden Objekte selbst zu leisten vermochten, wurde verzichtet. Vielmehr sollte der Betrachter von dem anschaulichen Befund der Dinge selbst berührt, in räumliche Bezüge und ein spezifisches ästhetisches Niveau eingebunden werden, in Faktoren also, die ihm das konzentrierte Eingehen auf die gezeigte Objektwelt ermöglichten. Der Besucher sollte nicht gefangen genommen oder gar indoktriniert werden, vielmehr war es der Wunsch, ihn als Partner zu wissen.
Diese Form der Ausstellung schien für einen Betrachter adäquat zu sein, der einen geistigen Kontakt, eine Beziehung zu der gezeigten Dingwelt durch eigenes Handeln aufzubauen in der Lage war. Zumindest sollte die Entwicklung einer Beziehung, die Vorbedingung für das Erkennen von Gestalt ist, gefördert, begünstigt und unterstützt werden.
Um dies zu erreichen, galt es, eine Reihe von Regeln zu beachten, die zumeist kontrapunktisch dem gängigen Ausstellungsgebaren entgegengesetzt waren. Alle derben und lauten Sinnenreize wie Film- und Tonbildschauen, Musikuntermalungen, Leim- oder Farborgien grenzte man aus. Die Raumschale des Ausstellungsgutes war rein weiß, hier und da von einigen Schwarzkontrasten durchbrochen. Nur die Formen und Farben des Ausstellungsgutes sollten in den jeweiligen Räumen und Raumfluchten miteinander korrespondieren und ein Geflecht von Bewegungsabläufen, Verzahnungen und gegenseitigen Entsprechungen bewirken. Bei der Stellung oder Anbringung der Objekte erfolgte deshalb ein ständiges Beobachten der gesamten Ausstellungsräume. Immer wieder überprüfte man, ob dieser raumübergreifende Bezug gewahrt war. Deshalb erfolgte stets als erstes die Setzung der axial bestimmenden Akzente; denn die jeweilige Ausstellung sollte nicht als eine Addition von Räumen, sondern als Gesamtzusammenhang begriffen werden, der zwar Raumtiefe suggeriert, zugleich aber unter diesem Eindruck das optische Abtasten der Raumzonen ermöglicht. An der Aufstellung einer Ausstellung wurde infolgedessen ganzheitlich gearbeitet, das heißt, immer in allen Räumen gleichzeitig, mit dem Bemühen, die optische Bewegung zwischen Tiefe und Raumbreite auszugleichen. So ergab sich beispielsweise bei der Ausstellung von italienischem Design im Jahr 1988 nach der Setzung des Tiefenakzents eine ungewöhnliche optische Bewegung, die den Betrachter unter Vernachlässigung der Kabinettzonen ansog. Alle üblichen Mittel, die Kraft dieses unentbehrlichen Akzentes zu reduzieren, wie Wegnahme von Beleuchtung oder teilweise Verfremdung, fruchteten nichts, bis ich mich entschloß, zwei wandstarke Pfeiler in zwei Raumdurchgänge innerhalb der Mittelachse zu stellen. Dadurch wurde die optisch-axiale Bewegung gebremst und aufgelöst.
Neben diesem angestrebten ganzheitlichen Bezug wurde dem Detail besondere Aufmerksamkeit gewidmet. Dazu zählt etwa die Farbe der Gründe von Vitrinen und Stellflächen. Es zeigte sich, daß weißer Filz oder sandfarbener Rupfen mehr als Seide oder die so beliebten Pastelltöne dem Eigenwert der ausgestellten Objekte gerecht zu werden vermochten. Weiterhin wurde es strikt vermieden, auszustellende Möbel unmittelbar mit dem Fußboden zu konfrontieren. Immer wurden sie durch ein anderes Material von diesem abgehoben.[49]
Größte Sorgfalt legte man weiterhin auf die dem jeweiligen Gegenstand am besten entsprechende Sockelung. Bei der starken Fächerung unterschiedlicher Formen und Gegenstände, die sich vom Fahrzeug bis zum ophtalmologischen Instrument, vom Computer bis zum Zahnarztstuhl erstreckte, mußten bei dieser Aufgabe jeweils neue, stark divergierende Ausformungen gefunden werden. Die seit 1985/86 häufig verwendeten Elemente des USM-Haller-Möbelsystems führten zum Teil zu unkonventionellen, den Gegenstand in schönster Weise zur Geltung bringenden Lösungen. Ziel war es dabei, auch dem Sockel eine überschaubare und ästhetisch überzeugende, zugleich sich nicht verselbständigende, sondern dienende Form zu geben.
Das Prinzip der Überschaubarkeit und Offenheit prägte sich zwangsläufig bei allen Anbringungen und auch bei der Einrichtung der Vitrinen aus, in denen nur äußerst sparsam Kunstglasrequisiten Verwendung fanden.

Durch die jeweilige Anordnung der gezeigten Dinge, durch die Transparenz ihres Gehäuses konnten sich Glanz, Farbe, Materialeigenheit und Charakter nach allen Seiten mitteilen.
Zu diesen die Konzentration fördernden Details gehörten auch die Beschriftungen und Informationen. Ihr Material wurde in Art und Farbe dem jeweiligen Träger angeglichen. Glasplatten entsprach bedrucktes Filmmaterial, weiße bzw. schwarze Gründe erhielten entsprechende Beschriftungspapiere. Informationen für den Inhalt einer Vitrine wurden auf der Innenseite des Glaskubus' in Filmmaterial angebracht, so daß der Blick über die Gegenstandsgruppe auf die verbale Erklärung fiel und so die Konzentration auf den Gegenstand nicht abgelenkt wurde.
Aus diesem Zusammenspiel zahlreicher Faktoren ergab sich eine spezifische Atmosphäre, die den Ausstellungen der Neuen Sammlung in den achtziger Jahren ein unverwechselbares Gepräge gab. Dienend wollten sie die Schönheit und die von Thomas von Aquin apostrophierten konstituierenden Faktoren eines gestalthaften Dinges explizieren, die auch das 20. Jahrhundert in reichem Maße hervorzubringen in der Lage ist.
Die seit 1984 beständig steigenden Besucherzahlen zeigten, daß diese Ausstellungsform ein wachsendes Echo fand, konnten doch in manchen Ausstellungen bis 25000 Interessierte gezählt werden[50] bzw. war es möglich, den jährlichen Durchschnittsbesuch der siebziger Jahre zu verdoppeln, ja, partiell zu verdreifachen.
Erst aber im Verein mit den begleitenden Buchpublikationen überschritten die Ausstellungen ihre temporäre Gebundenheit. Diese Buchpublikationen waren nicht nur Kataloge oder Abklatsch der Ausstellungen, sondern Erweiterungen und Ergänzungen und eigenständig genug, um das entsprechende Thema voll zur Anschauung zu bringen.
Über den Schweizer Birkhäuser Verlag wurde mehr als einem Dutzend dieser Bücher der Weg in den internationalen Buchmarkt geöffnet.[51]
Sie waren und sind in ihrem äußeren Habitus von dem jeweils von Pierre Mendell und Klaus Oberer entworfenen visuellen Erscheinungsbild geprägt worden. Mit ihnen konnte ebenso wie durch die Ausstellungen ein eigenständiger, anspruchsvoller Typus von Büchern entwickelt werden. Das gleiche gilt für die Plakate, deren Eigenart in dem 1987 erschienen Buch »Graphic Design Mendell und Oberer« charakterisiert wurde. Ich schloß dort meinen einleitenden Aufsatz, ausgehend von der relativ kleinen Zahl von Entwürfen, mit der Feststellung: »Dennoch ist damit der Neuen Sammlung ein unverwechselbares Erscheinungsbild, eine spezifische Darstellungsform zugewachsen, deren Fehlen im Münchner Kulturleben zweifellos einen Verlust darstellen würde. Die meisten Entwürfe wurden prämiiert und begannen mit Hilfe zahlreicher Ausstellungen im In- und Ausland ein über den unmittelbaren Zweck hinaus fortwirkendes Eigenleben zu führen.«
(Die Ausstellungen von Karikaturen Ernst Maria Langs und Künstlerplakaten werden hier nicht mehr behandelt, jedoch die sie begleitenden Buchpublikationen vgl. S. 333).

Textilien, Silbergeräte, Bücher
Eine Auswahl aus den verborgenen Depots (17.7.–21.9.1980)
Ausstellung 1 der Serie »Zeugnisse«

Seit 1980 gliedern sich die Ausstellungen der Neuen Sammlung nach drei Gesichtspunkten, die jeweils eine Reihe ergeben. An erster Stelle steht eine Folge, die den Namen »Zeugnisse« trägt. Ausstellungen mit dieser Charakterisierung zeigen ausschließlich Objekte des Sammlungsbestandes.
Die zweite Ausstellungsreihe steht unter dem Motto »Beispiele«. In ihr werden Leistungen einzelner Personen, Institute oder Gruppierungen veranschaulicht.
»Blickpunkte« ist der Titel einer dritten Serie. Ihr obliegt es, bestimmte Themen, Tendenzen oder Richtungen sichtbar werden zu lassen. Den drei Ausstellungsreihen »Zeugnisse« – »Beispiele« – »Blickpunkte« wurde ein graphisches Konzept zugeordnet, das von Pierre Mendell entworfen und von Klaus Oberer realisiert wurde. Typisch für dieses Konzept ist die konsequente Verwendung nur eines Motivs für sämtliche Drucksachen einer Ausstellung.
Als erste Ausstellung dieses Konzeptes und als erste der Reihe »Zeugnisse« wurden zwischen 17.7. und 21.9.1980 »Textilien, Silbergeräte, Bücher« gezeigt. Sie sollte auf die in für die Öffentlichkeit unzugänglichen Depots lagernden Bestände der Neuen Sammlung aufmerksam machen. Die Darstellung umschloß 310 Objekte, die auf etwa 350 m^2 Fläche ausgestellt worden waren. In dem begleitenden Katalog mit neuem Format und Satzspiegel (Mendell & Oberer) wurden die Gegenstände zum Teil zum erstenmal erfaßt.
Die Objekte waren chronologisch angeordnet worden und gliederten sich in drei Blöcke: die der Zeit vor dem Ersten Weltkrieg, der zwischen den Kriegen und der nach dem Zweiten Weltkrieg.

Schwerpunkte unter den Textilien bildeten Tapisserien von Obrist, Arp, Picasso oder Lurçat, daneben Webereien des Bauhauses oder der Wiener Werkstätte. Bei Silber dominierten deutsche und nordische Arbeiten, während die Buchkunst, stark international ausgerichtet, ebenso italienische, englischsprachige wie russische Zeugnisse dokumentierte. Alle drei Sparten – besonders die der Edelmetalle – konnten inzwischen nicht nur stark erweitert, sondern durch entscheidende Akzentsetzungen auf ein internationales Niveau gehoben werden.
Als Trägerplatten wurde eine Kombination von raumhohen Vertikalen und Horizontalbändern gewählt. Das begleitende Plakat erhielt das Prädikat: Bestes Plakat Münchens des Jahres 1980.

[Vgl. dazu u.a.]: Bayer. Staatsztg. v. 23.5. u. 26.8.1980 (F. Ficker); tz v. 19./20.7.1980 (S. Fell); Münchner Merkur v. 22.8.1980 (R. Müller-Mehlis); Süddeutsche Ztg. v. 27.8.1980 (G. Knapp); Die Kunst 1980, H.9, 544.

Erstes Plakat der Neuen Sammlung von Pierre Mendell und Klaus Oberer mit Erklärung der zukünftigen Ausstellungsserien. Im gleichen Habitus erschien 1980 auch das Grundsatzprogramm für die Reorganisation des Museums.

Blick durch eine Vitrine mit Silberarbeiten von Kay Bojesen, Henning Koppel, Wilfried Moll, Andreas Moritz u. a. auf einen Ausschnitt des Wandteppichs »Penmarck«, 1958, von Henri-Georges Adam.

Der Sport formt sein Gerät
Reiten, Schießen, Fechten, Klettern
(23.10.–31.12.1980)
Ausstellung 1 der Serie »Blickpunkte«

Litfaßfäule in der Münchner Leopoldstraße mit dem die Ausstellung begleitenden Plakat von Pierre Mendell und Klaus Oberer.

Der Sport, mit unserer Freizeit eng verschwistert, hat sich von einer ehemaligen Randposition ins Zentrum unseres heutigen Lebens geschoben.
Gemäß dieser Bedeutung nimmt auch sein Gerät im Arsenal der uns begleitenden Dinge einen wichtigen Platz ein, der in einem Museum für Gestaltung, wie es Die Neue Sammlung repräsentiert, entsprechend berücksichtigt werden muß.
Erstmals wurde durch diese Ausstellung diesem Gebiet innerhalb Deutschlands ein Fenster geöffnet. Man zeigte Geräte aus den Bereichen Reiten, Schießen, Fechten und Klettern, bei denen die Anforderungen und damit die jeweilige Eigenart ungemein verschieden sind. Während beim Reiten Mensch und Tier in eine harmonische Einheit überführt werden müssen, beim Schießen das unruhige Ich gezügelt werden muß, beim Fechten Mensch gegen Mensch steht, tritt beim Klettern der Mensch gegen die Gewalt der Natur an. Diese sehr verschiedenen Voraussetzungen schlagen sich auch im Gerät der jeweiligen Sportart nieder, das – losgelöst vom Träger – einer eigenartigen Verfremdung unterliegt. Die besten Objekte dieser Ausstellung wurden erworben und bildeten den Grundstock einer neu konstituierten Abteilung von Sportgeräten. Unter den Erwerbungen befanden sich Sportgewehre und -pistolen aus der Schweiz, der UdSSR und Deutschland, Sättel, Zaumzeug, Degen, Floretts, Fechtmasken, Eispickel, Seile, Kletterhaken – auch ein Sulky italienischer Bauart.
Wie die meisten seit 1980 durchgeführten Ausstellungen diente damit auch diese dem Ausbau der Bestände und der Entwicklung des Museums zu einem neuartigen Museumstyp.
Begleitet wurde die Ausstellung von einem Katalog, der das Gerät jeder gezeigten Sportart charakterisierte und mit Zitaten aus der Weltliteratur verband. Das eindrucksvolle visuelle Erscheinungsbild mit der Fechtmaske entwickelten Pierre Mendell und Klaus Oberer.

[Vgl. dazu u. a.]: Abendztg. (München) v. 28.10.1980 (P. M. Bode); City Nr. 3 v. 20.11.1980; Bayer. Staatsztg. v. 28.11.1980; Deutsches Waffenjournal 1980, H. 12, 1700–1702 m. Abb.

Zone aus dem Ausstellungsbereich »Reiten« mit dem auf S. 216 behandelten Holzsulky. Gestuft angebrachte Großfotos explizierten jeweils die Anwendung der Geräte.

Warenplakate
Meisterplakate von der Jahrhundertwende bis heute (25.3.–21.6.1981)
Ausstellung 2 der Serie »Zeugnisse«

Eines der 23 Sammelgebiete der Neuen Sammlung ist dem Plakat gewidmet. Diese Abteilung repräsentiert zugleich die entscheidende Plakatsammlung des bayerischen Staates mit hervorragenden, streng ausgewählten Beispielen.
Die Ausstellung rekrutierte sich fast ausschließlich aus den Beständen des Museums und zielte darauf, das Warenplakat – zumeist gegenüber dem Kulturplakat abgewertet – als wichtige Spezies der Entwicklung des Plakats zu veranschaulichen.
Nach mehrfachen Auswahlprozessen wurden etwa 100 Plakate großer internationaler Entwerfer gezeigt – von Jules Chéret, Maurice Denis, Alfons Mucha oder Pierre Bonard ebenso wie von Lucian Bernhard, Cassandre, Rudi Erdt oder Ludwig Hohlwein.
Trotz der relativ kleinen Zahl konnte ein Überblick über die Entwicklung des Warenplakates von der Jahrhundertwende bis in unsere Tage vermittelt werden. Kriterium war ausschließlich das der Qualität, dem auch gegenüber dem möglichst komplexen Entwicklungsgesichtspunkt der Vorzug gegeben wurde.
Um die Anschaulichkeit zu steigern, wurden in Vitrinen Waren mit ihren Verpackungen gezeigt, die zu den ausgestellten Plakaten Verbindung schlugen und zugleich auf die damals noch kleine Samm-

[Vgl. dazu u.a.]: tz v. 25.3.1981 (H. Brandenberg); Münchner Merkur v. 1.4.1981; Frankfurter Allgem. Ztg. v. 11.5.1981; Abendztg. v. 16./17.5.1981; Bayer. Staatsztg. v. 22.5.1981; Antiquitäten-Ztg. Nr. 10 1981, S. 281; Art/Work v. 29.5.1981, 5; Die Kunst 1981, H. 6, 379/380; Graphik H. 6, 1981, 36–38 (H. Wichmann).

lung gestalteter Warenverpackungen des Museums aufmerksam machten.
Bei der Darstellung verzichtete man – um die Bedeutung der einzelnen Werke zu akzentuieren – auf »Pflasterung«. Das Plakat für diese Ausstellung – eine Art Hommage an den Zylinderhut von Otto Baumberger – wurde als bestes Ganzsäulenlakat ausgezeichnet.

Eingangssituation (linke Seite) mit Plakaten (Hommage à Otto Baumberger) und Ausstellungsbereiche mit Plakaten von Hohlwein, Mucha, Chéret, Steinlen, Bonnard u. a.

Architektur der Schweiz 1970/80 (7.7.–31.8.1981) Ausstellung 1 der Serie »Beispiele«

Die Darstellung war eine der wenigen zwischen 1980 und 1990 nicht im eigenen Hause entwickelten Ausstellungen. Sie stand unter dem Patronat des Bundes Schweizer Architekten, war durch die Stiftung »Pro Helvetia« ermöglicht und von Werner Blaser (Basel) zusammengestellt worden.
In zwei Exemplaren kursierte diese exakt realisierte Ausstellung von Großaufnahmen, Zeichnungen und Modellen mit Erläuterungen durch Europa und Übersee. München war nach Basel ihre zweite Station.
Die Schau bestand aus drei Kompartimenten: einmal aus der Explikation von vier Fallstudien bäuerlich-dörflicher Entwicklungsplanungen, die von den Ingenieurschulen Basel und Winterthur konzipiert worden waren; zum zweiten aus 30 Architektur-Beispielen aus den Gebieten der Deutschschweiz, des Welschlandes und des Tessins; drittens einer Dia-Schau, die von den Eidgenössischen Hochschulen in Zürich und Lausanne entwickelt worden war und deren architektonisches Wirken dokumentierte.
Nach den Worten der Realisatoren versuchte die Ausstellung Antwort auf damals stark diskutierte – nach wie vor Aktualität besitzende – Fragen zu geben, so etwa auf

Der von Werner Blaser verfaßte, in englischer Sprache bei Birkhäuser in Basel erschienene Katalog der Ausstellung. Er war die Grundlage auch der Bildtafeln.

Blick in einen der Ausstellungsräume, noch mit der inzwischen beseitigten Holzrasterdecke. Gezeigt werden hier Architekturen von Giesel, Paillard, Wenger u. a.

Probleme der Stadt- und Dorfplanung, auf Bau und Umwelt, auf Technologie und Maßstäblichkeit im Verhältnis zur Landschaft, auf Sanierungsprobleme etc. Besonders wurde auf ein für die Schweizer Architektur charakteristisches Element hingewiesen: »auf die Präzision bis ins Detail«. Ziel dieser Ausstellung war es zugleich anzuregen, »wieder Architektur der Nützlichkeit und den höchsten geistigen Anspruch natürlicher Aussagekraft zu entwickeln.«
Die Ausstellung wurde in München von dem Schweizer Generalkonsul Dr. Peter Dietschi und dem Autor Werner Blaser eröffnet. Sie war von einer umfangreichen, im Basler Birkhäuser Verlag erschienenen Buchpublikation begleitet.
Das visuelle Erscheinungsbild entwarfen Pierre Mendell und Klaus Oberer. Das Plakat – heute vergriffen – erregte Aufmerksamkeit.

[Vgl. dazu u. a.]: Abendztg. (München) v. 23.7.1981 (P.M. Bode); Münchner Merkur v. 17.8.1981 (R. Müller-Mehlis).

Plakat der Ausstellung von Mendell & Oberer. Wie die meisten zwischen 1980 und 1990 entstandenen Plakate trägt es die inzwischen allgemein bekannte Sentenz: ceterum censeo, hoc museum esse amplicificandum.

Architektur der Vergänglichkeit
Lehmbauten der Dritten Welt
(15.10.1981–17.1.1982)
Ausstellung 2 der Serie »Blickpunkte«

Lehmbauten bieten noch heute mehr als eineinhalb Milliarden Menschen Schutz, Heimat und Überlebensmöglichkeit. Gerade in den kargen Zonen der Erde, die zudem heftigen Klimaschwankungen ausgesetzt sind, stellt der Lehm einen bisher unersetzbaren Baustoff dar, und dies trotz seiner geringen Widerstandskraft gegenüber Wind und Wasser. Aber in diesen Zonen des Mangels gibt es nichts im Überfluß außer Lehmerde, aus der, wie zahlreiche Bauten zeigen, Kultur und Würde geschaffen wurden, ja, eine Architektur, die sich durchaus mit der Steinbauwelt des Abendlandes messen kann.

1983 erschienene Buchausgabe des Kataloges erweitert durch Beiträge von Dietrich Wildung (Lehmbau in Ägypten), Barthel Hrouda (Zur Lehmbauweise im Alten Orient), G.R.H. Wright (Bauen mit Lehm im Jemen), Annemarie Fiedermutz-Laun (Lehmbau in Afrika südlich der Sahara); insgesamt 254 Seiten mit zahlreichen Abbildungen.

Bedingt durch das anfällige Material, ist diese Architektur auch eine weit vergänglichere und gefährdetere, die beständiger Pflege und Erneuerung bedarf. Ihr Fehlen läßt sie oft in wenigen Jahren wieder zu Erde werden. Lehmbauten sind – selbst in ihrer einfachsten Art – Spiegel und Zeugnisse einer dem Abendländer längst abhanden gekommenen Seinsweise, entstammen noch einer Welt der Seßhaftigkeit, die oft unter härtesten Bedingungen einer abweisenden, unerbittlichen Natur abgerungen werden mußte. Diese andere Seinsweise wird heute im Abendland oft schmerzhaft vermißt. Sie dokumentiert ein anderes Verhältnis zu Leben und Dingen.
In dieser Situation kann die psychisch-physische Geschlossenheit der Lehmbauwelt vielleicht besser als früher begriffen werden, nachdem auch sie im Wandel durch abendländische Infiltration begriffen und damit von doppelter Vergänglichkeit bedroht ist.
Die Ausstellung zielte darauf, durch Veranschaulichung und Explikation der Lehmbauwelt zu lernen. Jedoch nicht im Sinne der Postmoderne etwa bestimmte Detailformen zu kopieren und zu klittern, sondern um den noch in Integration stehenden Geist zu übertragen.
Durch Großphotographien bis zu einer Höhe von 225 cm wurden Lehmbauten aus Asien, aus dem Iran und Jemen, aus Afrika – besonders dem Atlasgebiet, der Sahara- und Sahelzone – und aus Amerika (Bauten der Pueblos aus New Mexico) dokumentiert.
In flachen Vitrinen zeigte man daneben Geräte der jeweiligen Kulturgruppen – vor allem Tongefäße, die dominant aus dem Münchner Völkerkundemuseum stammten. Eröffnet wurde die Ausstellung durch die Architektur-Professoren Wienands und Adam, die auch den Impuls für ihre Verwirklichung gegeben hatten.
Eine im Birkhäuser Verlag, Basel, erschienene Publikation ergänzte die stark besuchte Ausstellung, die als besondere Kulturleistung den Stern der Woche (16.–23.10.81, Abendzeitung) erhielt und durch zahlreiche europäische Städte wanderte. Das Plakat des von Mendell & Oberer gestalteten Erscheinungsbildes wurde prämiiert.
1983 erfolgte in der Schweiz eine ergänzte und erweiterte Auflage des gleichnamigen Buches mit 254 Seiten.

[Vgl. dazu u.a.]: Süddeutsche Ztg. v. 17./18.10.1981 (H. Graupner); Trierischer Volksfreund v. 19.10.1981; Schweinfurter Volksztg. v. 20.10.1981; Fränkisches Volksblatt v. 20.10.1981; Abendztg. (München) v. 23.10.1981 (P.M. Bode); Katholische Nachrichten Agentur v. 27.10.1981 (Monika Prangemeier); Deister- u. Weserztg. (Hameln) v. 29.10.1981 (Ingeborg Rohr); Evangelischer Pressedienst v. 4.11.1981 (W. Allgaier); Die Zeit v. 6.11.1981 (H. Schneider); Bayer. Staatsztg. v. 6.11. u. 13.11.1981; tz (München) v. 7./8.11.1981 (Claudia Jaeckel); Kunst u. Handwerk 1981, H. 11/12 (Birgit Magon); Bauwelt v. 4.12.1981; Bayernkurier v. 12.12.1981 (R. Müller-Mehlis); Dabei (Monatsztg. der Texas Instruments) Febr. 1982, S. 7; Salzburger Tagblatt v. 7.5. u. 10.5.1982; Salzburger Nachrichten v. 7.9.1982; Der Neue Tag (Weiden) v. 16.9.1983; Oberpfälzer Nachrichten v. 16.9.1983. [Besprechungen des Buches. 2. Aufl. Vgl.]: Archithese 1983 Nr. 6; Süddeutsche Bauwirtschaft 1983, Nr. 12; Architektur aktuell 17, H. 98, v. 15.12.1983; Münchener Buch-Magazin Dez. 1983/Jan. 1984, Nr. 29; Badener Tagblatt v. 21.1.1984; Westdeutsche Allgemeine v. 28.1.1984; Essener Tagblatt v. 28.1.1984; Wattenscheider Ztg. v. 28.1.1984; Velberter Ztg. v. 28.1.1984; Archithese 1984, Nr. 1; Treffpunkt Bibliothek 1984, Nr. 1; ibau H. 27 v. 3.4.1984; Schweizer Baublatt Nr. 27 v. 3.4.1984; Deutsche Bauztg. 1984, Nr. 5; Nordsee Ztg. v. 13.7.1984; Die Furche v. 3.10.1984; Stadt 1 v. 15.2.1985; Mundus 1985, Nr. 2; arcus ZS für Architektur u. Naturwiss. 1985, Nr. 5 (M. Wulf); Wiss. Literaturanzeiger 1985, Nov.-H.

Neu. Donationen und Neuerwerbungen 1980/81 (11.3.–31.5.1982) Ausstellung 3 der Serie »Zeugnisse«

Zwischen April 1980 und Dezember 1981 gelangten mehr als eineinhalbtausend Neuerwerbungen als Käufe oder Donationen in die Neue Sammlung. Die Erwerbungen verteilten sich proportional auf die verschiedenen Sammlungsgebiete; zugleich wurden neue Abteilungen zumindest in ihren Konturen sichtbar.
Im Vergleich zu den siebziger Jahren erfolgte damit eine starke Steigerung der Erwerbungstätigkeit. Der Grund dafür war in einem neuen Konzept – für einen neuartigen Museumstyp – zu sehen. Die Neue Sammlung solle nicht, wie noch im vergangenen Jahrzehnt geplant, eine »Lehrschau von Industrieformen« dokumentieren, sondern breit ausgerichtet die internationalen Strömungen als Nachfolgeinstitut des Bayerischen Nationalmuseums erfassen.
Voraussetzung dafür war eine zügige, weitgespannte Sammlungspolitik, die den Mut hatte, neben Ergänzungen historisch gewordener Partien die jeweils heutige »Kunst, die sich nützlich macht« zu erwerben.
Die intensive Akzessionstätigkeit diente auch dem Aufbau neuer Abteilungen, die neue Schwerpunkte in unserem Leben belegen. Dazu zählt das Auto, das in einigen Leitformen in einem modernen Museum angewandter Kunst ebenso gezeigt werden muß wie das Feld der Sportgeräte, der Systeme oder das der Sekundärarchitektur.
Die in der Ausstellung gezeigten etwa 300 Objekte skizzierten bereits auch diese Gebiete. So wurden Brunnen und Kandelaber, Rennräder, Sportbögen und -geräte, Möbel und Geräte-Systeme und das erste Automobil (Citroën DS 19) ausgestellt.
Die Eröffnung erfolgte durch Frau Staatssekretärin Dr. Mathilde Berghofer-Weichner (heute Staatsministerin der Justiz). Das begleitende Plakat wurde mehrfach ausgezeichnet.

Blick in einen Raum mit neuerworbenen Sportgeräten. In der Vitrine im Vordergrund oben eine Kendo-Maske (vgl. S. 218/219), unten Porsche-Sporthelm und Teleskop-Skischuh; im Hintergrund Sportbögen, -gewehre, Rollschuhe etc.

[Vgl. dazu u. a.]: Capital 1982, Febr.-H., 204; tz v. 12.3.1982 (S. Fell); Münchner Merkur v. 12.3.1982 (R. Müller-Mehlis); Süddeutsche Ztg. v. 12.3.1982 (Heidrun Graupner); Antiquitäten-Ztg. Nr. 7, 1982, S. 187; Bayern-Kurier v. 20.3.1982; Abendztg. (München) v. 20./21.3.1982; Bayer. Staatsztg. v. 26.3.1982; Die Zeit v. 26.3.1982 (H. Schneider); Kunst u. Handwerk 1982, H. 3, 118–119 m. Abb.; Neue Zürcher Ztg. v. 6.4.1982; Der Spiegel v. 26.4.1982; City (München) 1982, H. 4, 58 m. Abb. (S. Fell); Art & Communication v. 21.5.1982 (Claudia Jaeckel); Graphik 1982, H. 5, 26–27 m. Abb. (H. Wichmann).

Im Raum 3 dieser Ausstellung waren neuerworbene Photographien ausgestellt, mit besonderer Berücksichtigung der Sachphotographie. Wiedergegeben sind Aufnahmen von Manfred Rieker und Man Ray; im Vordergrund ein gußeiserner Münchner Trinkbrunnen von Wilhelm Bertsch der Zeit um 1910 (vgl. S. 206/207).

Raymond Savignac
Werke des französischen Plakatkünstlers aus den Jahren 1948 bis heute (15. 7.–12. 9. 1982)
Ausstellung 2 der Serie »Beispiele«

Die Ausstellung umfaßte auf einer Fläche von knapp 400 Quadratmetern (unter Einbeziehung des Foyers) etwa 150 zum Teil großformatige Plakate Raymond Savignacs, geboren 1907, der 1982 seinen 75. Geburtstag erleben konnte.
Das Jubiläum war aber nur der sekundäre Anlaß zur Ausstellung in München; sie wurde hier vor allem deshalb durchgeführt, weil Savignac im Bereich der Plakatentwicklung oder -wandlung im Laufe unseres Jahrhunderts eine gewichtige und befruchtende Position einnimmt, ist er doch nach Ch. Zagrodski zu denen zu rechnen, die eine Gegenreaktion auf die trokkene Ästhetik der postkubistischen Schule eingeleitet haben, und dies bereits am Ende der vierziger Jahre, als man in Deutschland und natürlich auch in München glaubte, am Stil des Konstruktivismus der zwanziger Jahre wieder genesen zu können. Der entscheidende Grund für

Plakatsäule am Forum der Münchner Universität. Dem Druck des Plakates lag – für Savignac unüblich – eine kleine Farbstiftskizze zugrunde. Im allgemeinen konzipierte der Künstler seine Entwürfe für den Druck in der Größe 1:1.

die Ausstellung war jedoch die hohe Begabung: treffende, sympathische, typische und geistvolle Plakate entworfen zu haben, die zum erstenmal im süddeutschen Raum in einem Überblick gezeigt wurden. Plakat, Einladung und Katalog trugen einen von Savignac konzipierten Entwurf, der zu den besonders qualifizierten innerhalb seines Œuvres geworden ist und mehrfach ausgezeichnet wurde.
Der überwiegende Teil der gezeigten Plakate stammte aus dem Pariser Musée de l'Affiche. In dem Katalog befindet sich auch ein Kapitel »Savignac über Savignac« mit wichtigen Quellen zu seiner Plakatauffassung.
Nach dieser Ausstellung wurde das Museum für eineinhalb Jahre als Ausstellungsinstitut geschlossen, da eine Bausanierung durchgeführt werden mußte. Die Öffentlichkeit wurde durch das Plakat »Geschlossen« davon unterrichtet.

[Vgl. dazu u. a.]: Münchner Merkur v. 17./18. 7. 1982; tz v. 22. 7. 1982; Abendztg. (München) v. 3. 8. 1982; Süddeutsche Ztg. v. 6. 8. 1982 (Vera Botterbusch); Die Welt v. 11. 8. 1982; Bayer. Staatsztg. v. 13. 8. 1982; Weltkunst H. 16 v. 15. 8. 1982 (J. Hauschild); Südost-Presse (Ulm) v. 21. 8. 1982; Graphik 1982, H. 8, S. 24–27 m. Abb. (H. Wichmann).

Dieses Plakat – über die Anschlagflächen Münchens gestreut – erregte breite Aufmerksamkeit und fand sein Echo in der Presse. Hinter der scheinbar leicht hingeworfenen Selbstverständlichkeit steht langes Probieren. Kleckse, Farbabrisse und Pinselarten wurden wiederholt variiert.

Wolfgang von Wersin (1881–1976)
Gestaltung und Produktentwicklung
(7.–30.4.1984)

Ausstellung im Stadtmuseum Linz
In Zusammenarbeit mit dem Linzer Museum
Aufgrund der Bausanierung waren zwischen Herbst 1982 und Frühjahr 1984 keine Ausstellungen in der Neuen Sammlung möglich.
In Kooperation mit dem Stadtmuseum Linz wurde deshalb 1983 die obengenannte Ausstellung durchgeführt. Die Neue Sammlung zeigte dort sämtliche in ihrem Eigentum befindlichen Werke Wolfgang von Wersins, bearbeitete diese für den Katalog und erforschte auf der Basis sorgfältiger Quellenuntersuchungen die Arbeit Wolfgang von Wersins als Leiter der Neuen Sammlung zwischen 1929 und 1934. Die Ergebnisse bilden das Zentrum des Kataloges und sind dort auf den Seiten 28–53 niedergelegt.
Im Verein mit Abhandlungen von Helga Schmoll-Eisenwerth, Georg Wacha, Franz C. Lipp und Fritz Goffitzer entstand damit ein wichtiges Quellenwerk zu Leben und Wirken Wolfgang von Wersins.

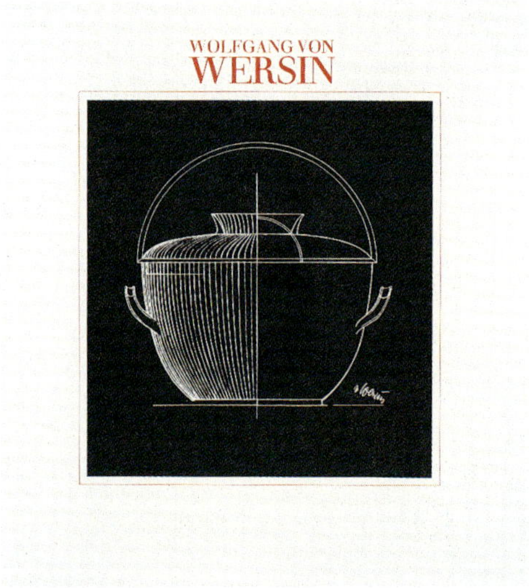

Katalog der Ausstellung, der vom Stadtmuseum Linz herausgegeben wurde. Er dokumentiert, neben den bereits oben genannten Abhandlungen, die wichtigsten Designentwürfe Wersins.

In dem Katalog ist auch diese Teekanne mit Stövchen wiedergegeben. 1988 gelang es, dieses Gerät aus dem Jahr 1914 zu erwerben.

System-Design
Bahnbrecher: Hans Gugelot
1920–1965 (11.4.–3.6.1984)
Ausstellung 3 der Serie »Blickpunkte«

Die Ausstellung wurde vor allem aus drei Gründen durchgeführt. Erstens sollte Hans Gugelot für die Öffentlichkeit – besonders für die nachwachsende Generation – wiederentdeckt werden. Gerade für diese sind viele Dinge, die durch Gugelot erarbeitet wurden, wie die Hamburger U-Bahn als Typus eines modernen Massenverkehrsmittels, die Units-Kombinationen im HiFi-Bereich, Element-Möbelsysteme oder die Farbgebung Schwarz/Silber bei technischen Geräten des persönlichen Gebrauchs, unreflektierte Selbstverständlichkeit geworden.
Zweitens wollte die Ausstellung einen Beitrag zur historischen Aufbereitung der mehr und mehr Beachtung findenden fünfziger Jahren leisten. Und zum dritten galt es vor allem, auf ein bisher kaum beachtetes, jedoch unser Jahrhundert als eigenständiges Säkulum in starkem Maße konstituierendes Phänomen hinzuweisen, auf die sich mehr und mehr ausprägende Systemwelt. Die Ausstellung gliederte sich in sechs Kompartimente. Das erste war der Biographie und dem Frühwerk Hans Gugelots gewidmet. Es folgte ein Saal mit seinen Hauptwerken, mit Ausnahme der für die Braun AG entwickelten Geräte und des Möbelprogramms »m 125«, denen der nächste Raum zugeordnet war. Ihm folgte die Darstellung der »Braun-Konzeptionen« mit den frühen, beispielsetzenden Radio- und Fernsehgeräten. Der fünfte Raum dokumentierte die Lehrtätigkeit Hans Gugelots an der Hochschule für Gestaltung, Ulm, mit Hilfe von Schüler- und Diplom-Arbeiten. Das letzte Ausstellungskompartiment schließlich umschloß Entwürfe und Entwicklungen der »gugelot design gmbh«.
Die Ausstellung war die erste nach der Sanierung des Gebäudes und wurde von Professor Herbert Lindinger (Hannover) unter großem öffentlichen Interesse eröffnet, um später als Wanderausstellung in europäischen Großstädten gezeigt zu werden. Die begleitende, gleichnamige Publikation repräsentiert die erste Monographie Hans Gugelots. Sie erlebte 1987 eine zweite Auflage als dritter Band der Reihe »industrial design – graphic design« (Basel). Wieder wurde das Plakat von Pierre Mendell prämiiert. Verbunden war diese Ausstellung mit der ersten öffentlich vorgestellten Donation, der von Agip (vgl. S.24/25).

[Vgl. dazu u.a.]: Trostberger Tagblatt Nr.71 v. 10./11.4.1984; Abendztg. v. 11.4. u. 14.4.1984; Süddeutsche Ztg. Nr.87 v. 12.4.1984 (Charlotte Nennecke); Münchner Merkur v. 13.4.1984; tz (München) v. 13.4. u. 21.4.1984 (Claudia Jaeckel); Südwestpresse (Ulm) v. 14.4.1984 (B. Meier-Grolman); Bayerische Staatsztg. Nr.16 v. 19.4.1984 (F.v. Fikker); Deggendorfer Ztg. v. 19.4.1984; Alt-Neuöttinger Anzeiger v. 19.4.1984; Bayernwald-Bote v. 19.4.1984; Handelsblatt v. 19.4.1984 (Elke Trappschuh); Osteroder Kreisanzeiger v. 21.4.1984; Wolfsburger Nachrichten v. 21.4.1984; Salzgitter-Ztg. v. 21.4.1984; Braunschweiger-Ztg. v. 21.4.1984; Die Rheinpfalz v. 21.4.1984 (Carl Schuster); Hannoversche Allgemeine v. 24.4.1984; Rottaler Anzeiger v. 25.4.1984 (Hedi Steinmann); Grafenauer Anzeiger v. 25.4.1984 (Hedi Steinmann); Passauer Neue Presse v. 25.4.1984; Aichacher Ztg. v. 26.4.1984 (Helmut J. Bauer); Eichstätter Kurier v. 26.4.1984 (Helmut J. Bauer); Donau-Kurier v. 26.4.1984; Göttinger Tagblatt v. 27.4.1984; Augsburger Allgemeine Ztg. v. 28./29.4.1984, Nr.99 (H. Lehmann): Allgäuer Ztg. v. 28.4.1984; Landsberger Tagblatt v. 28.4.1984; Donauwörther Ztg. v. 28.4.1984; Donau-Ztg. v. 28.4.1984; Mindelheimer Ztg. v. 28.4.1984; Friedberger Allgemeine v. 28.4.1984 (H. Lehmann); Mittelschwäbische Nachrichten v. 28.4.1984; Memminger Ztg. v. 28.4.1984; Schwabmünchen Allgemeine v. 28.4.1984; Illertisser Ztg. v. 28.4.1984; Günzburger Ztg. v. 28.4.1984 (H. Lehmann); Neuburger Rundschau v. 28.4.1984 (H. Lehmann); Pforzheimer Ztg. v. 28.4.1984; Nürnberger Ztg. v. 1.5.1984; Die Zeit v. 11.5.1984 (Helmut Schneider); Die Welt v. 11.5.1984 (Rose-Marie Borngässer); Süddeutsche Ztg. (Beil. Zeitgemäße Technik u. Form) v. 17.5.1984 (R.L. Hilgering); Design-Report 21, Rat für Formgebung, Mai 1984 (Ulrich Kern); Münchner Kunstjournal ... UND, Ausg. April–Juni 1984; Frankfurter Allgemeine Ztg. v. 25.5.1984 (Arianna Giacchi); Weltkunst 54. Jahrg. H.11 v. 1.6.1984 (Joachim Hauschild); form (Zeitschr. für Gestaltung) 1984, Nr.105, 9–15; Die Welt v. 21.11.1987; Südwest Presse (Ulm) v. 12.12.1987 (Kerstin Klamroth); Möbel und Raum 1987, H.6; Archithese 1988, H.1; Basler Allg. Ztg. (Basler Magazin) v. 20.2.1988 (W. Bessenich); Tools 4, 1988, H.1 (Febr.).

Teilbereich des sechsten Ausstellungsraumes, vor allem mit Entwicklungen der 1966 formell gegründeten gugelot design gmbh. Sie war aus der »Entwicklungsgruppe II« an der Hochschule für Gestaltung, Ulm, hervorgewachsen und hatte sich um 1970 zu einem der größten internationalen Designunternehmen entwickelt.

Von der Mechanik zur Elektronik
Olivetti: Konzept und Form
(27.6.–31.7.1984)

Umschlag des Kataloges. Das breit gestreute Plakat trug das gleiche Motiv.

Eine Ausstellung der Neuen Sammlung und des Deutschen Museums München unter der Schirmherrschaft von Oberbürgermeister Georg Kronawitter. Sie fand im Glaspavillon des Deutschen Museums statt und wurde von Otto Mayr, Hans Wichmann und Jürgen Kolbe eröffnet.
Die Ausstellung gliederte sich in zehn Demonstrationsnischen, in denen die dreidimensionalen Objekte jeweils von Text- und Schautafeln umgrenzt waren. Jede dieser Inseln entsprach einem bestimmten Bereich der Gesamtentwicklung des Unternehmens. An besonders markanten Beispielen wurden mechanische und elektronische Problemlösungen miteinander konfrontiert. Im Zentrum der von Hans von Klier gestalteten Schau standen die Bereiche: Rechnen, Schreiben, Umgang mit dem Computer und Ergonomie.
Die Ausstellung wurde von annähernd 26 000 Interessierten besucht. Wieder entwickelte das Büro Mendell & Oberer das visuelle Erscheinungsbild.

[Vgl. dazu u.a.]: Computerwoche v. 22.6.1984; Kultur u. Technik 1984, Nr. 4, 230–232 (H. Wichmann); Design Report 1984, Juli-H.; Süddeutsche Ztg. v. 11.7.1984, Nr. 158, 15.

Kirche heute
Architektur und Gerät
Süddeutscher Raum (2.7.–30.9.1984)
Ausstellung 4 der Serie »Blickpunkte«

Zum erstenmal seit Bestehen der Neuen Sammlung fand innerhalb dieses Museums eine Ausstellung über Sakralbauten und -gerät statt.
Die Ausstellung war topographisch auf den süddeutschen Raum begrenzt und umfaßte Werke, die nach dem Zweiten Weltkrieg, insbesondere in den letzten Jahrzehnten, entstanden waren.
Die in Großaufnahmen gezeigten 23 Kirchenbauten, verbunden mit verbalen Informationen, Grund- oder Aufrissen, bildeten die Raumschale und zugleich die Folie für das in Vitrinen gezeigte Sakralgerät.
Auftakt der Ausstellung bildete ein im Foyer vertikal über einem mächtigen Bronzebecken Heinrich Kirchners kreuzförmig gebreitetes, gesticktes Antependium. In den Sälen gruppierten sich um plastisch-figürliche Werke von Fritz Koenig und Heinrich Kirchner Gold- und Silberschmiedearbeiten von Hans Berchtenbreiter, Andreas Moritz, Blasius Gerg, Hermann Jünger oder Franz Rickert und unterschiedliche Paramente. Eine mächtige, dennoch hauchdünne Feingoldschale von Rita Grosse-Ruyken setzte in den Räumen einen besonderen Akzent. Erich Pfeiffer-Belli schrieb darüber: »Sie verdient allerhöchstes Lob. Nach der Werkbeschreibung wurde sie in mehr als 800 Stunden aus einem Goldstück und zwei darunterliegenden Platinringen bis zur Grenze der Materialleistung geschmiedet. Dieses großartige Gefäß, von dem ein sanftes Leuchten ausgeht, wird hier zum erstenmal gezeigt: ein in seiner sakralen Einfachheit anbetungswürdiges Kunstwerk, fernab von jedem kunstgewerblichen Tenor.«
Die Ausstellung demonstrierte, daß die zweite Hälfte unseres Jahrhunderts durchaus auch im Bereich sakraler künstlerischer Äußerung Leistungen aufzuweisen hat, die sich mit vergangenen Jahrhunderten nicht nur messen können, sondern in ihrer Klarheit den ihnen eingeschriebenen Sinn in besonderer Verdichtung fassen. Es wurde ferner deutlich, daß dort, wo dieses Existentielle des Dinges in seiner Sinnform getroffen werden konnte, es keinen Unterschied mehr zwischen freier und angewandter Kunst geben kann.
Die Ausstellung – im Rahmen des 88. Deutschen Katholikentages durchgeführt – wurde von dem Staatsminister für Unterricht und Kultus, Prof. Dr. Hans Maier, eröffnet und als »wichtiger Akzent im Rahmen des Kulturprogramms des Katholikentages« bezeichnet. Sie wurde ergänzt durch eine gleichnamige Publikation mit Beiträgen mehrerer Autoren, die neben der Dokumentation der meisten ausgestellten Arbeiten auch ein Glossar enthält. Die Ausstellung stand unter dem Zeichen der Albe, die auch das Motiv des Plakats von Pierre Mendell war.

[Vgl. dazu u.a.]: Süddeutsche Ztg. v. 4.7. u. 18./19.8.1984 (E. Pfeiffer-Belli); Bayer. Staatsztg. v. 6.7.1984; Münchner Stadtanzeiger v. 20.7.1984; Impression 1984, Nr. 14, 16–17; Das Münster 1984, H. 4.

Das Leitmotiv der Ausstellung war die Albe im Sinne der Offenbarung Joh. 7, 9–15. Dieses knöchellange Gewand aus weißem Leinen wurde auf Katalog, Einladung und Plakat wiedergegeben, ursprünglich mit zyklamfarbener Schrift. Pierre Mendell hat später das Plakat nochmals überarbeitet und die Schrift nun goldfarben rechts unter den ausgebreiteten Ärmel gesetzt. In dieser Form wurde es auch in seiner Ausstellung (vgl. S. 290–292) gezeigt.

Zweite Fassung des Ausstellungsplakates.

Teilbereich des letzten Ausstellungsraumes mit Arbeiten von Karljosef Schattner, Hermann Jünger, Blasius Gerg, Hans Berchtenbreiter, Franz Rickert u.a.

Polnische Plakate der Nachkriegszeit (7.3.–31.5.1985) Ausstellung 4 der Serie »Zeugnisse«, verbunden mit der Ausstellung »Donation Agip«

Nach der zwischen 1982 und 1984 erfolgten Sanierung des Museums und der damit verbundenen angemessenen Unterbringung seiner Bestände erfolgte zwischen Oktober 1984 und März 1985 auch eine Restaurierung der Ausstellungsräume (vgl. dazu S. 19).
Im Rahmen dieser zweiten Sanierungsmaßnahme erhielt auch ein kapitales Sammlungsobjekt der Sektion »Sekundärarchitektur« seine Aufstellung: ein Hochleistungsschalter (vgl. S. 210/211).
Die neu konzipierten Räume wurden mit einer Ausstellung von polnischen Plakaten eröffnet. Ihre Ordnung war chronologisch. Die größeren Formate begleiteten bandartig die Wände, während die kleineren Formate unter Glas auf aneinandergereihten Kuben gezeigt wurden. Alle Plakate stammten aus eigenen Beständen, wurden vor allem in den letzten Jahren erworben und spiegelten die Entwicklung der Nachkriegszeit mit wichtigen Entwerfernamen. Wie in der Eröffnungsansprache ausgeführt, hat sich »Polen nach dem Zweiten Weltkrieg zu einer herausragenden, eigenständigen Plakatnation entwickelt und damit entscheidend dazu beigetragen, dem Plakat innerhalb der künstlerischen Äußerung unseres Jahrhunderts einen wichtigen Stellenwert einzuräumen. Im Vergleich mit dem internationalen Plakat mitteleuropäisch-westlicher Prägung ist das polnische Plakat im Durchschnitt mehr geistiger Botschaftsträger und weniger Wettbewerbsinstrument. Es erfährt in starkem Maße Förderung der öffentlichen Hand und entsteht dominant im Auftrag der Öffentlichkeit. Sein thematischer Schwerpunkt ist das Veranstaltungsplakat: das Plakat also für Theater, Film, Konzert, Ausstellung oder Zirkus; damit das sogenannte Kulturplakat. An der Ausformung der Typik haben sowohl Gebrauchsgraphiker wie auch freie Künstler gearbeitet. Gegenüber dem westlichen Plakat ist das polnische Plakat verschlüsselter und mutet oft metaphorisch, ja romantisch an. Seine Bildmittel werden meist als frei, locker oder malerisch charakterisiert.« (Hans Wichmann)
Die Ausstellung wurde von dem Vorsitzenden des Kuratoriums der Neuen Sammlung Edwin A. Schricker eröffnet, und das Studio Mendell & Oberer entwarf das visuelle Erscheinungsbild, dessen Plakat mehrfach international ausgezeichnet wurde.

[Vgl. dazu u. a.]: Süddeutsche Ztg. v. 1.3. u. 23.5.1985; Handelsblatt v. 8.3.1985 (Dorothee Müller); tz v. 9./10.3. 1985 (Claudia Jaeckel); Südkurier (Konstanz) v. 11.3.1985 (K. Colberg); Münchner Merkur v. 12.3.1985; AZ v. 12.3.1985 (P. M. Bode); Augsburger Allgemeine v. 13.3.1985 (K. Colberg); Donau-Kurier v. 16.3.1985 (K. Colberg); form 1985, H. 110, 82; Graphik 1985, H. 4, 20–23 (H. Wichmann).

Saal 1 der Ausstellung mit Plakaten von Starowieyski, Erol, Chrul, Cieślewicz u. a. Die Aufnahme zeigt die Verkleidung der Fensterlunetten, so daß ihr Kontur nur von einem Lichtband umflossen ist, und die eingehängten Segel, welche die Raumhöhe kaschieren, zugleich aber ihre Austastung ermöglichen. Durch ihre Einbringung wird die Konzentration auf das Ausstellungsgut begünstigt.

ODEON
NARCISO

**Von Odysseus bis Felix Krull
Gestalten der Weltliteratur in der Buchillustration des 19. und 20. Jahrhunderts (8.8.–6.10.1985)
Ausstellung 3 der Serie »Beispiele«**

Erich Pfeiffer-Belli begann seine Besprechung der Ausstellung in der Süddeutschen Zeitung mit den Worten: »Die großzügig präsentierte Ausstellung aus der Serie ›Beispiele‹ in der Neuen Sammlung mit dem Titel ›Von Odysseus bis Felix Krull …‹ ist ein wahres Eden für alle Bücherfreunde, ein Glücksfall für München«, und er schloß seine Abhandlung mit dem Satz: »Gewiß kann man auch in anderer Betrachtungsweise ›selig‹ werden. Dieses bibliophile Paradies kennt kaum Grenzen, was ja zum Wesen des Paradieses gehört.«
Die Ausstellung wurde von der Kunstbibliothek, Berlin, und dort von Klaus Popitz aus Beständen, die Popitz zum großen Teil zusammengetragen hatte, zusammengestellt. Die gezeigten ca. 350 Bücher gliederten sich in 16 Kapitel von »Antike Götter und Helden« bis zum Thema »Femmes fatales« oder »Arkadien und andere irdische Paradiese«. Jedes Themenfeld war in mehreren Vitrinen zusammen gefaßt worden und wurde von gerahmten Illustrationen an den Wandzonen begleitet.
Einführungstexte erschlossen die jeweiligen Abteilungen. Ein 395 Seiten umfassender Katalog mit Abbildungen jeder gezeigten Illustration ergänzte die von dem Initiator, Klaus Popitz, eröffnete Ausstellung, die – wie er feststellte – in München ihre schönste Aufstellung gefunden hatte.

Einladung, Katalog und Plakat trugen einen Holzschnitt Aristide Maillols (Illustration zu Virgile, Les Eglogues). Auch dieses Erscheinungsbild war von Mendell & Oberer entwickelt worden.

[Vgl. dazu u.a.]: Allgemeine Ztg. (Mainz) v. 9.8.1985; Südkurier (Konstanz) v. 10.8.1985 (K. Colberg), tz v. 10./11.8.1985 (Claudia Jaeckel); Schwäbische Ztg. v. 15.8.1985; Nr. 185 (K. Colberg); Kieler Nachrichten v. 20.8.1985 (K. Colberg); Süddeutsche Ztg. Nr. 191 v. 21.8.1985 (E. Pfeiffer-Belli); Landbote u. Tagblatt von Winterthur u. Umgebung v. 24.8.1985, Nr. 194, S. 25 (K. Colberg); Präsent (Innsbruck) v. 25.8.1985 (K. Colberg); Die Rheinpfalz v. 26.8.1985 (C. Schuster); Bayernkurier v. 31.8.1985 (R. Müller-Mehlis); Börsenblatt v. 3.9.1985 (G. Ramseger); Saarbrücker Ztg. v. 11.9.1985 (G. Ramseger); Graphik visuelles marketing 1984, 10, 22–24.

Dem Plakat liegt eine Holzschnitt-Illustration Aristide Maillols zu den Eklogen Vergils zugrunde. Die Ausgabe – ein Höhepunkt der Buchkunst der zwanziger Jahre – hatte 1926 Harry Graf Kessler in seiner Cranach-Presse ermöglicht. Das Motiv wurde hier seitenverkehrt verwendet.

Es war eine Ausstellung, die zum Lesen und Betrachten anregte. Die Verweildauer der Besucher war infolgedessen im Durchschnitt relativ lang. Interessierte kamen häufig mehrmals. Die Gliederung der Ausstellung erfolgte nach Themengruppen, denen gut lesbare Einführungstexte zugeordnet waren. Die Aufnahme zeigt links das Kapitel »Goethes Faust«, rechts »Aus Shakespeare's Theater« und im Hintergrund »Von den Rittern des Mittelalters«.

In memoriam Sep Ruf
(3.12.1985–23.2.1986)
Ausstellung 4 der Serie »Beispiele«, verbunden mit der Ausstellung »Donation Braun«

Auszüge aus der Ansprache zur Eröffnung von H. Wichmann: »Versucht man die Architektur Sep Rufs zu charakterisieren, also auf ihre Eigenschaften zu befragen, so ist sie von Anbeginn verhalten, überschaubar, konzentriert, zugleich transparent und lapidar. Das sind vielleicht für den einen oder anderen in dem Lärm und dem rasenden Tun unserer Tage nur mehr sekundäre Werte, zumal das Bewegte gegenüber dem Ruhenden, das Repräsentative gegenüber dem Seienden, das Ungewöhnliche gegenüber dem Selbstverständlichen, das Schnellerfaßbare gegenüber dem Zeichenhaften dominieren.
Sicher vereinigen sich die genannten Eigenschaften nicht in allen Bauten Sep Rufs gleichzeitig, aber in den Hauptwerken sind sie gegenwärtig. Sie stellen gerade deshalb eine Position dar, mit der sich auseinanderzusetzen lohnt, zumal sie vielleicht auf die Quelle oder das Fundament, von dem wir ausgehen und auf dem wir stehen müssen, zeichenhaft verweisen.
Rufs Bauten basieren auf dem reduzierten Instrumentarium der zukunftsweisenden Architektur der zwanziger Jahre, die sich von dem geborgten Pomp des Historismus absetzte. Er behielt diese Sprache auch nach dem Zweiten Weltkrieg bei, weil er sich von den vergangenen, so volksnahen Repräsentationen der Macht absetzen mußte, und er hielt auch dann an dieser Aussage und Form fest, als sie nicht mehr Ausdruck einer inneren Wahrheit, sondern als stilistische Attitüde mißverstanden und leider verworfen wurde.
Auffallend ist an dieser Architektur die Negierung jedweden Dekors. Ihre Gestalt erwächst aus der übergreifenden, den Bau konstituierenden Form, die mit einem Minimum an konstruktiv Nötigem verwirklicht wird, weiterhin aus dem Zusammenklang edler Materialien, der an die Stelle von applizierter Verschönerung tritt und dadurch aus sich selbst heraus wirkt, und schließlich auf der Detailbehandlung jedweder funktionalen Aufgabe, die gestalthaft als Teil des Ganzen, dieses mitformend, aufgefaßt wird. So verschränkt sich das Teil mit dem Ganzen untrennbar, wahrhaftig integriert: diese Form wird aber erst zur Gestalt, indem sie sich wiederum einer vorgegebenen größeren Einheit – einer Stadtlandschaft oder einem Landschaftsraum, diese gestalthaft hebend – einbindet.
Die Bauten Sep Rufs werden deshalb in besonders glücklicher und zwangloser Weise den Ansprüchen und Bedingungen von sinnvollem ›neuen Bauen in alter Umgebung‹ gerecht, dies einfach deshalb, weil sie taktvoll auf Vorhandenes und Gegebenes Rücksicht nehmen, ohne sich selbst und die Möglichkeiten unseres Jahrhunderts zu verleugnen.
Bei diesem Einbindungsprozeß ist die körperlichste und gestalthafteste der Künste, die Plastik, Helfer und Vermittlungsglied. Sie leitet hinüber zum Freiraum.
In den vollendetsten Werken Sep Rufs schließlich wird das Gehäuse des Menschen auf wenige lapidare Zeichen reduziert: auf das schirmartige Dach vor allem, das, optisch nur mehr als schmales schwebendes Band im Verein mit der lichten Materie Glas, ergänzt von technischen Mitteln des 20. Jahrhunderts, auf dem Boden Schutz gewährt.«

Kartonierte Ausgabe des Ausstellungskataloges in Russischgrün. Die in Leinen gebundene Ausgabe besitzt eine blauschwarze Färbung (vgl. S. 324). Beide erschienen bei DVA, Stuttgart.

Blick in die Ausstellungsachse vom vierten Ausstellungsraum, der dem Kanzlerbungalow und seiner Kontroverse gewidmet war. Im Hintergrund ein 2,50 m hohes Foto der Maxburg, München.

Die Ausstellung zeigte das Werk Rufs in einem historischen Aufbau mit ausgewählten Beispielen, die durch Großaufnahmen, Pläne, Aufrisse oder Modelle veranschaulicht wurden.
Die Kontroverse um den Kanzlerbungalow wurde daneben durch unterschiedlichste Zeitdokumente (Berichte, Autographen etc.) belegt und erneut vergegenwärtigt.
Professor Kurt Schneider, Mainz, eröffnete die mehrere Jahre auch als Wanderausstellung kursierende Ausstellung, die von einer Buchpublikation der Deutschen Verlagsanstalt, Stuttgart, begleitet wurde.
Das visuelle Erscheinungsbild konzipierten Pierre Mendell und Klaus Oberer.

[Vgl. dazu u.a.]: Süddeutsche Ztg. v. 4.12.1985 (Heidrun Graupner); tz v. 6.12.1985 (Claudia Jaekkel); Bauwelt v. 13.12.1985; Esslinger Ztg. v. 4.5.6.Jan. 1986 (H. Lehmann); Darmstädter Echo v. 10.1.1986 (H. Lehmann); Bayer. Staatszeitung v. 10.1.1986, 3 (F. Hildebrand); Mittelbayerische Ztg. (Regensburg) v. 23.1.1986 (Bärbel Reitter); Das Münster 39, 1986, H.1, 107; Frankfurter Allgemeine Ztg. v. 17.2.1986, Nr.40; S 27 (Mathias Schreiber); Bauen + Siedeln 1986, Nr.2; Baumeister 1986, Nr.2, 15; Kulturchronik. Nachrichten und Berichte aus der Bundesrepublik Deutschland 1986, H.2, 36; St. Galler Tagblatt v. 24.4.1986; Appenzeller Ztg. v. 26.4.1986; Archithese 1986, Nr.5; Deutsches Architekturblatt 1986, Nr.5; Architektur u. Wohnen 1986, Nr.6; Baukultur (Wiesbaden) 1986; Main-Echo (Aschaffenburg) v. 17.7.86; Beton- u. Stahlbeton (Berlin) 1988, Nr.83, H.8 (F. Mair); Der Architekt (Stuttgart) 1988, H.5.

Neu. Donationen und Neuerwerbungen 1982/83 (29.4.–20.7.1986) Ausstellung 5 der Serie »Zeugnisse«, verbunden mit der Ausstellung »Donation Olivetti«

Diese Ausstellung war die zweite unter dem Motto »Neu« und wurde von einer umfangreichen Schenkung Olivettis, die separat ausgestellt worden war, begleitet (vgl. S. 25–27). Sie rekrutierte sich aus Donationen und Erwerbungen der Jahre 1982 und 1983, die sich auf annähernd 3000 Inventareintragungen beliefen. Diese Erwerbungszahl stellt die höchste – wohl nie mehr erreichbare – in der Geschichte der Neuen Sammlung dar und basiert auf einer ungewöhnlichen und intensiven Akzessionstätigkeit. Ermöglicht wurde diese durch eine Bausanierung, die mit einer Schließung als Ausstellungsinstitut verbunden war, so daß alle Kräfte der eigentlichen Museumsarbeit zugewandt werden konnten.

Gezeigt wurden in fünf Räumen und im Foyer mehr als 300 Neuerwerbungen, damit – aufgrund von Raummangel – etwa 10% der 1982/83 erfolgten Akquisitionen. Ebenso wie in der Ausstellung über Neuerwerbungen der Jahre 1980/81 (vgl. S. 266/267) eröffnete das Objektfeld des Hausrats die Raumfolge. Etwa 450 Objekte und -gruppen konnten 1982/83 diesem Sammlungsgebiet zugeführt werden. Sie gehörten allen Jahrzehnten des 20. Jahrhunderts an, verdichteten sich in den dreißiger und sechziger Jahren. Doppelvitrinen mit Glas – Schalen, Vasen, Services – bildeten die achsenbestimmenden Akzente.

Diesem Auftakt folgte ein Raum mit Kinderbüchern und Spielzeug, das zumeist in großzügiger Weise von der Schweizer Firma Naef überlassen worden war.

Dem dritten Raum waren Neuerwerbungen aus Japan zugeordnet. Sie setzten sich aus tradierten Formen, zum Teil in neuartigen Materialien (Kunststoff), industrial design und Plakaten zusammen.

Nach einem Einschub von Olivetti – Corporate-Design – wurde die Ausstellung mit industrial design des 20. Jahrhunderts und klassisch gewordenen Plakaten beschlossen. Den entscheidenden Akzent in diesem Raum setzte ein österreichiches Gitter der Zeit vor dem Ersten Weltkrieg.

Die ausgestellten Objekte stammten aus 18 Ländern und entstanden in einem Zeitraum von etwa 150 Jahren. Dennoch atmeten sie einen Geist und verbanden sich durch ihr hohes Gestaltungsniveau zu einer Familie gleicher kultureller Haltung bei breitgefächerter Internationalität.

Die im Foyer gezeigte »Donation Olivetti« war nach den Donationen »Agip« 1984 und »Braun« 1985 die dritte Veröffentlichung einer besonders reichen Donation an Die Neue Sammlung (vgl. S. 325).

Die Ausstellung wurde von Dr. Klaus Maurice, München/Berlin, und Dr. Renzo Zorzi, Mailand, unter großem Publikumsandrang eröffnet und war von drei Publikationen begleitet. Ein Grundkatalog behandelte die gezeigten Neuerwerbungen, ein weiterer Katalog war ausschließlich der »Donation Olivetti« gewidmet, und ein dritter schließlich erläuterte die Corporate Identity dieses Unternehmens. Letzteres Thema war auch unter dem Motto »Corporate Identity – die neue Profilneurose?« einem Expertengespräch am 6.5.1986 in der Lenbach-Galerie gewidmet, das von Professor Leitherer und Dr. Wichmann eingeleitet wurde.

[Vgl. dazu u. a.]: AZ v. 10./11.5.1986 (P. M. Bode); Handelsblatt v. 11./12.7.1986 (Elke Trappschuh).

Blick vom zweiten in den dritten Raum der Ausstellung – vom Spielzeug zu japanischen Plakaten und elektronischen Produkten. Auf der linken Seite ist die Eingangssituation mit Teilen der parallel gezeigten »Donation Olivetti« wiedergegeben. Besonders interessant war der Formvergleich zwischen den europäischen Olivettigeräten mit den japanischen Produkten – hier hohe Plastizität, dort ausgeprägte Flächigkeit.

Design – Process – Auto
Zum Beispiel BMW
(20.11.1986–8.2.1987)
Ausstellung 5 der Serie »Blickpunkte«

»Innerhalb des riesigen Dingarsenals, das heute den Menschen der Industrienationen zu Händen ist, stellt das Automobil zweifellos eines der komplexesten Gebrauchsobjekte dar.
Da es geformt und gestaltet wird, schien es eigentlich selbstverständlich, daß man ihm in einem Museum für angewandte Kunst Aufmerksamkeit schenkt. Erstaunlicherweise ist dies bisher jedoch kaum der Fall.

H. Wichmann bei der Begrüßung der Gäste während der Eröffnung. Im Hintergrund ein sogenanntes »Tape«, ein aus Klebestreifen bestehender Konturentwurf.

Unsere tradierten Kunstgewerbemuseen stehen selbst am Ende des 20. Jahrhunderts dem Auto ebenso wie dem gesamten Feld des technischen Design reserviert oder sagen wir hilflos gegenüber. Ausnahmen bilden weltweit lediglich das Museum of Modern Art, New York, und Die Neue Sammlung in München.
Inzwischen hat die Neue Sammlung den Grundstock einer Fahrzeugabteilung aufgebaut, und diese Ausstellung strebt danach, den Design-Process, also den langen und komplexen formalgestalterischen Entwicklungsweg von Automobil und Motorrad anschaulich werden zu lassen. Dies ist in der 100jährigen Geschichte des Automobils der erste Versuch seiner Art.
Der Design-Process ist in seinen Grundschritten von internationaler Natur. Hier wird er an BMW-Modellen expliziert.
Kaum eine andere Autofirma hätte darüber hinaus die gewünschte Darstellung der Trias: Automobil – Motorsport – Motorrad, aus der heraus wiederum eine sehr spezifische Corporate Identity als kreativer Ausdruck ableitbar ist, leisten können.
Überraschend war festzustellen, daß die Form des so überaus technischen Gebrauchsgeräts noch dominant manuell gewonnen wird.
Die Ausstellung gliedert sich in drei Blöcke. Der erste ist dem Design-Process-Auto gewidmet. Er erstreckt sich über zwei Räume. Im ersten wird das Äußere, im zweiten das Interieur unter gleichwertiger Gewichtung behandelt.
Die zwei folgenden Räume weisen auf den Motorsport und seinen Einfluß auf die Form des heutigen Automobils hin. Im Zentrum steht hier ein Formel-Eins-Bolide, der eine der letzten Weltmeisterschaften gewann.
Der letzte Raum schließlich gehört dem Design-Process-Motorrad mit den typischen Schritten über Skizze, Modell bis zur fertigen Maschine, aus der sich wiederum – den Process antreibend – Zukunftsperspektiven ableiten.
In dieser Ausstellung werden mehrere Originalfahrzeuge gezeigt. Sie konnten durch den etwa 150 cm breiten Haupteingang nicht eingebracht werden, mußten deshalb mit einem Kranwagen unter schwierigen Manipulationen zu einem Nordfenster in die Ausstellungsräume hineingehoben werden.
Auch dieser Vorgang zeigt, daß das inzwischen allgemein bekannte Wort: Ceterum censeo, hoc museum esse amplificandum, nichts an seiner Berechtigung verloren hat.« (Auszüge aus der Ansprache von Hans Wichmann).
Der Staatsminister für Wirtschaft und Verkehr, Anton Jaumann, eröffnete die Ausstellung, die von einer Buchpublikation begleitet wurde. Sie ergänzte in entscheidender Weise die aufgezeigte Thematik. Das mehrfach ausgezeichnete visuelle Erscheinungsbild entwarf das Studio Mendell & Oberer. Teilbereiche der Ausstellung wurden auch in New York gezeigt.

[Vgl. dazu u. a.]: tz v. 21.11.1986 (Claudia Jaeckel); Motorrad Nr. 25 v. 29.11.1986; Süddeutsche Ztg. v. 12.12.1986; Automobilrevue (Bern) v. 18.12.1986 (H. Lechner); Süddeutsche Ztg. v. 11./12.1.1986 (W. Längsfeld); La Tribune d'Allemagne Nr. 1160 v. 25.1.1987; form 1987, Nr. 117, 96; Bieler Tagblatt v. 3.4.1987; tools 3, 1987, Nr. 6, 32 m. Abb.; ATV 1987, H. 6; Appenzeller Ztg. v. 4.8.1987; Frankfurter Allgemeine Ztg. v. 10.10.1987; Tages-Anzeiger (Zürich) v. 6.12.1988; Design News (Tokio) 1989, Nr. 199, 54.

Design-Process Auto.
Zur Ausstellung, zur Gestaltung der Karosserie.

Bayerischer Staatspreis für Nachwuchs-Designer Ausstellung der eingereichten Entwürfe (25.3.–12.4.1987)

Am 25. März 1987 wurde zum erstenmal der Bayerische Staatspreis für Nachwuchsdesigner im Bayerischen Staatsministerium für Wirtschaft und Verkehr verliehen.

Dieser Preis wird gemäß den Richtlinien der Vergabe »für Absolventen von Designausbildungsstätten der Bundesrepublik Deutschland einschließlich Berlin (West) und für Nachwuchskräfte in gestalteten Handwerksbereichen gestiftet. Mit ihm soll zum Ausdruck gebracht werden, wie wichtig gutes Design und Handwerksform sowie eine qualifizierte Ausbildung für die Wettbewerbsfähigkeit der deutschen, insbesondere auch der mittelständischen Wirtschaft sind.« Der Preis – jedes Jahr vergeben – ist mit drei Auszeichnungen und Prämiierungen verbunden.
Die Neue Sammlung war an der Vorbereitung und Jurierung beteiligt. In ihrem Foyer wurden fast alle eingereichten Arbeiten gezeigt und durch einen Katalog erfaßt. Das visuelle Erscheinungsbild für den Staatspreis gestaltete das Studio Mendell & Oberer, und die Form der Veröffentlichung paßte man dem Grundcharakter der Publikationen der Neuen Sammlung an. Dadurch entstanden Vorgaben auch für die zukünftigen Staatspreise.
Die Preisverleihung wurde durch den Staatsminister für Wirtschaft und Verkehr, Anton Jaumann, vorgenommen, die Pressekonferenz durch Ministerialdirigent Hanns Martin Jepsen des gleichen Ministeriums.
Die Anregung zur Durchführung dieses Bayerischen Staatspreises erfolgte 1985 in der Neuen Sammlung durch Rido Busse.

[Vgl. dazu u. a.]: Süddeutsche Ztg. v. 26.3.1987, 3.4.1987 (Dorothee Müller); Braunschweiger Ztg. v. 7.4.1987; Hannoversche Allgemeine Ztg. 9.4.1987; Alfelder Ztg. v. 30.4.1987; form 1987, H. 118, 74.

Ausschnitt aus der Ausstellung mit Modellen der Teilnehmer. Die nachfolgenden Veranstaltungen fanden aufgrund eines größeren Raumangebots im Deutschen Museum statt.

Graphic Design Mendell und Oberer (30.4.–12.7.1987)
Ausstellung 5 der Serie »Beispiele«, verbunden mit der Ausstellung »Donation Siemens«

Aus der Rede bei der Eröffnung von H. Wichmann:
»Es werden hier heute – so wie dies bereits in den letzten Jahren wiederholt der Fall war – zwei Ausstellungen eröffnet. Einmal eine Ausstellung über Graphic Design, expliziert am Beispiel Mendell und Oberer, zum anderen über Industrial Design, dargestellt an Entwicklungen der Firma Siemens, die im Rahmen einer großen Donation in unser Haus gelangten.
Wir sehen in diesen beiden Äußerungsformen Exponenten einer Einheit, die unter dem Begriff Design zusammengefaßt werden. Bereits unter diesem Aspekt verbinden sich beide Ausstellungen. Weiterhin ergibt sich personal eine verschränkende Berührung, ist doch das Studio Mendell & Oberer auch an der Entwicklung der neuen Corporate Identity von Siemens beteiligt, die auch in diesen Ausstellungen angedeutet wird. Darüber hinaus sind beide ein Zeichen für eine Kooperation mit diesem Museum. So haben Mendell & Oberer seit 1980 das unverwechselbare, international beachtete Erscheinungsbild dieses Hauses geprägt und entworfen und haben damit einen kulturellen Maßstab gesetzt, vielleicht mit dem Sinn, auf welchem Niveau eine Kulturinstitution ihre Aufgabe in der Öffentlichkeit anschaulich machen sollte.
Siemens als Donator wiederum hat sich um Die Neue Sammlung bei ihrer zentralen Aufgabe verdient gemacht, als Förderer und Vermehrer der heute umfangreichen, hier im Hause für München, Deutschland und die Welt bereitgestellten Design-Sammlungen.
Gezeigt werden von den, in den letzten Jahren jeweils in Schüben in unser Museum gelangten, zahlreichen Dedikationen des Hauses Siemens – gewissermaßen pars pro toto – lediglich siebzehn besonders innovative Neuentwicklungen aus sechs Unternehmensbereichen.
Man hat die Objekte in der Ausstellung nicht nur vorgewiesen, sondern auch in ihrer Aufgabenstellung, in ihrer Konzeption und Entwicklung expliziert. Da es sich dominant um Geräte oder Instrumente handelt, die im Rahmen von Systemen fungieren, ist dies für das Verständnis von besonderer Bedeutung.
Die systembestimmten Objekte der ›Donation Siemens‹ verstärken im Verein mit Zeugnissen der Sekundärarchitektur die seit 1980 eingerichteten Sammlungsabteilungen der Neuen Sammlung in vorzüglicher Weise. Sie setzen in diesen nicht nur Akzente, sondern verkörpern durch den in der lunettenartig geschlossenen Stirnseite des Foyers ständig aufgerichteten Hochleistungsschalter ein Wahrzeichen für das Museum.
Diese Schenkung ist innerhalb der Geschichte des Unternehmens Siemens ungewöhnlich und erfolgt an ein Kunstmuseum in dieser Form zum erstenmal; denn bei den dedizierten Objekten handelt es sich um genuine Siemens-Produkte, nicht etwa um Kunstwerke.
Die graphischen Arbeiten von Pierre Mendell und Klaus Oberer spiegeln den gleichen, vom beispielsetzenden Design ausgehenden Anspruch wider wie die gezeigten dreidimensionalen Objekte.
Es ist etwa der Anspruch, daß sich Kulturniederschlag nicht irgendwie und mit kleiner Münze erzielen läßt; denn das Sichtbarmachen von Kultur verlangt einen gewissen Einsatz nicht nur an Ideen und kreativer Befähigung, sondern auch an materiellen Mitteln.
Der Anspruch wird erfüllt durch Reduktion der Mittel, durch Weglassen, durch Konzentration auf das Wesentliche. Dieser immer auch wieder angefochtene, aber durchzuhaltende Prozeß prägt die Arbeiten. Reduktion bedeutet bei der Konzeption das Gegenteil von Erzählung, von ›graphischer Epik‹. Sie zielt vielmehr auf die Kondensierung des Inhalts zum Zeichen, das dennoch gleichsam facettiert, vibrierend, das Thema zu spiegeln vermag. Reduktion bedeutet aber auch die Vereinfachung dieser Zeichen bis hin zu signalartiger Wirkung, ohne den Inhalt und Sinn zu vergröbern. Die Gefahr der Anwendung nur weniger Mittel kann der Anschein von Armut sein. Das wäre die Skylla der Reduktion. Das zeichenhafte Konzentrat muß deshalb das Wesentliche, wohl das Edle, subsumieren.
Die Reduktion der Mittel ist immer mit der Entscheidung für etwas verbunden. Sie grenzt aus. Unter dieser Prämisse wendet sich die Aussage einer Arbeit zwangsläufig mit einer spezifischen, durchgängigen Stimmung an uns. Sie ist bei den Entwürfen Pierre Mendells zumeist hell, dabei sachlich, rasch erfaßbar, aber auch ein wenig hintersinnig; bei den Plakaten anspringend und distanziert zugleich. Eine hohe

GRAG
PHICPH
DESIGN DES
MENDELL MEN
RAG
PHIC PH
N DESIGN DES
LL MENDELL MEN

Graphic Design Mendell und Oberer (30.4.–12.7.1987)
Ausstellung 5 der Serie »Beispiele«, verbunden mit der Ausstellung »Donation Siemens«

formale Präzision mengt sich oft mit vorsichtig, verhalten eingebauten Überraschungseffekten.
Die Reduktion der Mittel gewährt dem Betrachter Spielraum. Sie wird zum Auslöser einer Ideen- oder Vorstellungswelt, bedeutet also nicht nur Zurücknahme graphischer Mittel, sondern vermittelt Grundimpulse, Schlüssel zu Vorstellungsfeldern. Vielleicht liegt darin die Helle, ja, die oft vermittelte Freude begründet, die der aufgeschlossene Betrachter der Arbeiten zu empfinden vermag.
Wirft man noch einen Blick auf die Zusammenarbeit zwischen Mendell & Oberer und der Neuen Sammlung, so entwarfen sie neben kleinen Drucksachen in sieben Jahren 20 Plakate und etwa ebensoviele Bücher und Kataloge. Das ist in einer von Masse und Quantität beherrschten Zeit sicher keine große Zahl. Dennoch hat damit Die Neue Sammlung ein unverwechselbares Erscheinungsbild erhalten.
Die meisten Entwürfe wurden prämiiert und begannen mit Hilfe zahlreicher Ausstellungen im In- und Ausland ein über den unmittelbaren Zweck hinaus fortwirkendes Eigenleben zu führen. Man sieht daran, daß sich Gestalt oder graphisches Niveau selbst in kleiner Zahl bei konsequenter Verfechtung durchzusetzen vermag.«
Die von Dr. Dankwart Rost der Siemens AG eröffnete Ausstellung wurde von zwei Buchpublikationen begleitet.

[Vgl. dazu u.a.]: TM (Schweiz. typograph. Zs.) 1987, Nr.4, 25–29 m.Abb.; Münchner Merkur v. 2./3. 5. 1987 (R.Müller-Mehlis); Süddeutsche Ztg. 4.5. u. 1.7.1987 (Ch.Wiedemann); tz v. 7.5.1987 (Claudia Jaeckel); Handelsblatt v. 9./10.5.1987; Nürnberger Nachrichten v. 12.5.1987 (W.Fenn); Abendztg. v. 13.5.1987 (P.M.Bode); Südd. Ztg. v. 13.5.87 (Zeitgem. Technik + Form); Werben + Verkaufen v. 29.5.1987, Nr.22, 72; Abendztg. v. 30./31.5.1987 (P.M.Bode); Werbung & Kommunikation v. 1.6.1987 (Jutta Götze); NC-Fertigung 1987, H.5, 232/233; tools 3, 1987, Nr.5; Kulturchronik 6, 1987, 42; SD (Sprache Design, Tokio) 1987, Nr. 185, (Juni-H.), 115; Mittelbayer. Ztg. v. 6.7.8.Juni 1987 (Bärbel Reitter); Graphik Design + Technik Juli/Aug. 1987, 16–19 (Yvonne Schwemmer-Scheddin); Domus 1987, Nr.686; Abitare Sept. 1987, Nr.257, 222 m.Abb.; Novum 1987, 9, 70; md 1987, Nr.12, 65; COM 1987, H.3; Buch Journal 1988, Nr.2, 58 (Dörthe Emig).

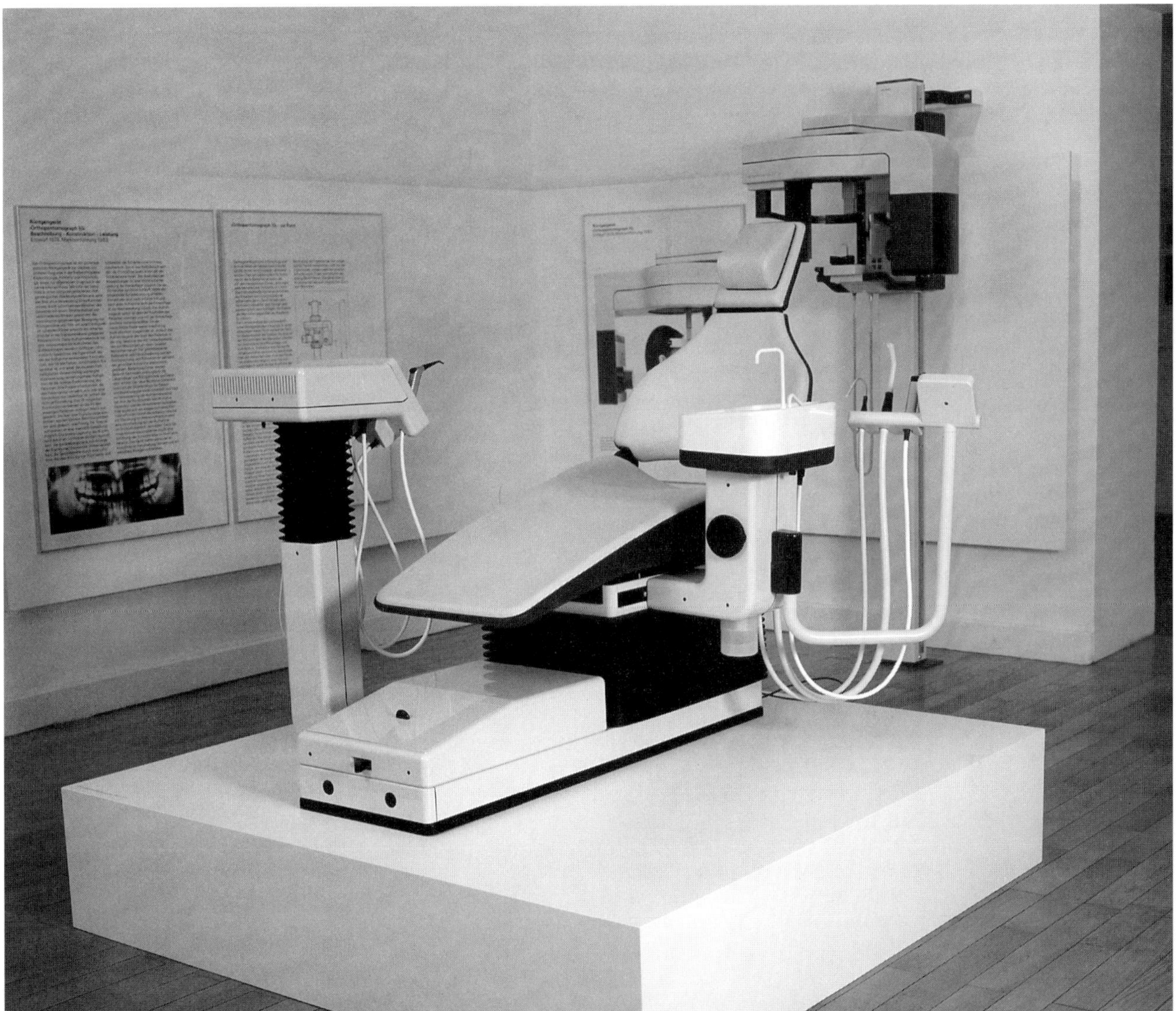

Raumkompartiment der Ausstellung »Donation Siemens«. Im Vordergrund der zahnmedizinische Arbeitsplatz »Sirona M 1«, im Hintergrund das Röntgengerät »Orthopantomograph«. Beide Geräte, 1978 entworfen, erlebten 1983 ihre Markteinführung.

Reiz und Hülle.
Gestaltete Warenverpackungen des 19. und 20. Jahrhunderts (22.11.1987–6.1.1988)
Ausstellung 6 der Serie »Blickpunkte«

Aus der Ansprache bei der Eröffnung von H. Wichmann:
»Im Jahr 1981 wurde in Köln eine Ausstellung gezeigt, die unter dem Motto ›Wie verpacke ich fünf Eier‹ stand. Sie explizierte die traditionelle japanische Verpakkungskunst, wobei ich den Wortteil ›Kunst‹ betonen möchte. Etwas Ähnliches versucht diese Ausstellung für die westliche Welt einzuholen. Sie steht unter dem Primat ästhetischer Qualität. Dieser Anspruch grenzt natürlich auch aus; denn es werden hier keine sozio-ökonomischen, ethnologischen oder ökologischen Aspekte herausgearbeitet. Sie schwingen lediglich mit, sind sie doch aus dem täglichen Leben bekannt. Wie diese Realität jedoch selbst im Alltäglichsten nicht prosaisch, grau oder erbärmlich sein muß, will diese Ausstellung an Verpackungen demonstrieren, einer Objektwelt, von der jeder tangiert wird.
Obwohl die Verpackung mit dem Verbrauch des Inhalts ihren Sinn verliert, ist sie doch häufig zäher und überlebt als sekundäres Element. Die Verpackung trägt dann stellvertretend oft über Jahrzehnte, Jahrhunderte, ja, wie die Pithoi der Griechen zeigen, selbst über Jahrtausende das Angedenken an den Inhalt und an den Menschen weiter. Versammelt man diese Behälter, diese Hüllen in Form von Flaschen, Dosen, Kästchen, Schachteln oder Kassetten und beginnt sie vielleicht nach Warenarten, nach Qualitäten, nach Entstehungszeit oder Materialien zu ordnen, so entfaltet sich wie im Spiel mit Marionetten ein Ausschnitt eigentümlich vielgliedrigen, gelenkigen, dabei von Vergänglichkeit überhauchten Lebens, den nervus rerum symbolhaft offenlegend.
Verpackungen sind infolgedessen Dokumente menschlichen Seins par excellence, deren soziologisch-schichtspezifischer Charakter daneben von sekundärer Natur ist.
Das bedeutet natürlich nicht, daß es nicht wie überall in der Dingwelt gute und schlechte Ausformungen gäbe. Die gestalteten unter ihnen erhalten zusätzlich immateriellen, geistigen Wert. Nur Verpakkungen dieser Art hat das Staatliche Museum für angewandte Kunst in München bewahrt und vor allem seit 1980 zu einer Sammlungsabteilung ausgebaut. Teile davon wurden 1981 in einer Ausstellung des Museums gezeigt und bestärkten Professor Leitherer und Dr. Tauchner, München, sich diesem reizvollen Gebiet als Sammler vermehrt zu widmen. Während sich die Sammelambitionen von Prof. Leitherer besonders Gefäßen aus Glas und Keramik zuwandten, konzentrierte sich Dr. Tauchner vor allem auf Blechverpackungen. Es entstanden jeweils Kollektionen von internationaler Bedeutung. Die gezeigten annähernd 600 Objekte rekrutieren sich aus diesen drei Sammlungen, die des ersten Raums ausschließlich aus der Eugen Leitherers.
In den folgenden Räumen wird ein Überblick über die europäische Verpackungsentwicklung, ausgehend von dem Aufbruch, der im Rahmen des Aufbruchs zum neuen Kunstgewerbe um die Jahrhundertwende gegeben war, vermittelt. Der letzte Raum zeigt sechs visuelle Erscheinungsbilder von Markenprodukten, man würde heute in Fachkreisen von sogenanntem ›corporate identity design‹ sprechen. Es wird dort auch das werbende Umfeld, also Plakate, Inserate, Schilder usw., gezeigt. Das Thema macht es sicher leicht, in ein unkompliziertes Verhältnis zu ihm zu treten. Ich meine damit, daß es keiner fundierten Kunstkenntnisse bedarf, um sich dem Gezeigten zu nähern. Man muß nicht grübeln und ikonographische Hintergründe erwittern, obwohl es sicher reizvoll ist, durch den Namen ›Orplid‹ an Mörike erinnert zu werden oder an historische Ereignisse wie Werkbund-, Sonderbund- oder Pressa-Ausstellung. Der Betrachter kann sich deshalb der Freude an Naivität oder Raffinesse, an graphischer Delikatesse, historischer Replik, Weltoffenheit und -bejahung getrost hingeben ohne gefurchte Stirn und ohne sich etwas zu vergeben. Vielleicht erwächst aus dieser Zwangslosigkeit, die jenseits von Doktrinierung und Ideologisierung steht, ein Gefühl der Helle, das Besucher nach Durchschreiten der Ausstellung akklamierten.
Um es zu erzielen, war eine bestimmte Aufstellung erforderlich. Sie ist äußerst verhalten, ohne Kunstgriffe und -mittelchen. Im Gegensatz zu Schaufensterdekorateur oder Innenraumgestalter habe ich versucht, mit einem Minimum an Mitteln auszukommen – mit einigen Glasscheiben und optisch nicht ins Gewicht fallenden Plexiglasträgern. Die Vitrinen sollten bei axialer Betrachtung eine Art Ladenstraße bilden. Ziel war also, die Dinge selbst spre-

Vitrine mit Glasverpackungen, also mit Flaschen, die zum Zeitpunkt der Ausstellung noch im Besitz von Professor Leitherer waren, heute aber Teil der Bestände der Neuen Sammlung sind. Es handelt sich um eine Kollektion ungemein verschiedener Branntweinflaschen für Maraschino, Whisky, Case-Gin, Calvados usw.

Reiz und Hülle.
Gestaltete Warenverpackungen des 19. und 20. Jahrhunderts (22.11.1987–6.1.1988)
Ausstellung 6 der Serie »Blickpunkte«

chen zu lassen und sie so zu gruppieren, daß sie dieses ohne Anstrengung können. Die Anbringung der Beschriftung begünstigt die Konzentration des Betrachters. Wer sie aufbringt, wird nicht durch ein Stück Geschichte, sondern durch ein sich neu entfaltendes Stück Leben beschenkt werden.«

Eröffnet wurde die Ausstellung durch Professor Dr. Eugen Leitherer, dessen Sammlung inzwischen erworben werden konnte, so daß die begleitende Buchpublikation einen Sammlungskatalog der Sammlungsabteilung Warenverpackungen darstellt. Mit annähernd 20000 Besuchern konnte die bis dahin in der Geschichte der Neuen Sammlung höchste Besuchsziffer erzielt werden.

[Vgl. dazu u.a.]: Stern v. 3.9.1987, Nr.37(R. Doinet); Abendpost (Zürich) Nachtausgabe v. 4.9.1987; Münchner Merkur v. 10.9.1987 (Elna Utermöhle); Schweizer-Bodensee-Ztg. v. 18.9.1987; Ostschweizer Tagblatt v. 18.9.1987; tz v. 23.9.1987, 32 (Claudia Jaeckel); Rorschacher Ztg. v. 23.9.1987; Süddeutsche Ztg. v. 24.9.1987; AZ v. 24.9.1987, 17; Neue Zürcher Ztg. v. 24.9.1987; Der Spiegel v. 28.9.1987, 285; Management + Wissen 1987, Nr.6, 119–125 (Christine Wittenzellner); Weltkunst 1987, H.15, 2038–2041 m.Abb. (J. Hauschild); tools 3, 1987, Nr.8, 16–17 m.Abb. (P. Mollerup); Westfalenblatt (Bielefeld) v. 26.9.1987; AZ v. 1.10.1987, 20 (P. M. Bode); Ruhr-Nachrichten v. 2.10.1987; Gaeubote (Herrenberg) v. 6.10.1987; Waiblinger Kreisztg. v. 6.10.1987; Stuttgarter Nachrichten v. 6.10.1987; Fellbacher Ztg. v. 6.10.1987; Nord-Stuttgarter Rundschau v. 6.10.1987; Backnanger Kreisztg. v. 7.10.1987; Vaihinger Kreisztg. v. 7.10.1987; Marbacher Ztg. v. 8.10.1987; Siegener Ztg. v. 9.10.1987; Industrie (Wochenzeitschrift f. Unternehmer u. Führungskräfte, Wien) v. 14.10.1987; Die Neue Aerztliche v. 20.10.1987; Badische Ztg. v. 27.10.1987; Typographische Monatsblätter 1987, Nr.5 u. Nr.10; Marketing Journal (Hamburg) 1987, Okt. H.5; Berliner Morgenpost v. 1.11.1987; Die Neue v. 10.11.1987; Süddeutsche Ztg. v. 6.11.1987, 65 m.Abb.; Giessener Allgemeine v. 11.11.1987 (H. Lehmann); Darmstädter Echo v. 11. u. 19.11.1987; Südkurier v. 19.11.1987 (H. Lehmann); Limmat Ztg. v. 26.11.1987; Finanz u. Wirtschaft (Zürich) Nov. 1987; Sammler Anzeiger (Effretikon) Nov. 1987; Pack-Report 1987, Nr.11; Verpackungsrundschau 38. Jg., Nov. 1987, 1135; form 1987, Nr.120, 122; Jardin des Modes (Schweizer Ausg.), 1987, Nr.11, 23; Börsenblatt f. den Deutschen Buchhandel 96, v. 1.12.1987, 3266 (Georg Ramseger); Wirtschaftswoche v. 4.12.1987, Nr.50, 73; Frankfurter Allgemeine Ztg. v. 8.12.1987; Gundeldinger Ztg. v. 9.12.1987, Nr.14; Bündener Ztg. (Chur) v. 14.12.1987; Oberlaender Tagblatt (Sargaus) v. 19.12.1987; Sammler Journal 16, 1987, Nr.12 (Dez.); Novum 1987, H.12; Buch-Journal 1987/88, H.4; Gala 1987, Nr.6; Treffpunkt Bibliothek 1987, Nr.4; Main-Echo v. 31.12.87/1.1.1988; Tagesspiegel (Berlin) v. 3.1.1988, 4 (B. Schulz); Nordsee-Ztg. v. 5.1.1988; Die Welt v. 9.1.1988, Nr.7; Freiämter Woche v. 15.1.1988; Fachlit. für Druckindustrie 1988, Nr.1458; Innovation, Trend, Communication, 1988, Nr.1; Das Kunstwerk 1988, Nr.1 (Th. Dreher); Grafik Design + Technik, 1988, Nr.1, 9; Passauer Neue Presse 1988, Nr.2; Freiämter Tagblatt (Wohlen) v. 30.3.1988; NUM Märkte und Meinungen 1988, April, Nr.1; Domus 1988, Nr.694, VI m.Abb.; Present 1988, H.5, 416–417; Markenartikel 1988, Nr.4; Schwaben Echo v. 23.3.1989.

Blech- und Kartonverpackungen der Firma Bahlsen, die zumeist noch vor dem Ersten Weltkrieg entworfen wurden. Neben Konzeptionen von Heinrich Mittag, Julius Diez und Aenne Koken dominieren Entwürfe von Josef Emanuel und Ella Margold, die zum Teil auch mit den Entwurfszeichnungen ausgestellt waren.

Neu. Donationen und Neuerwerbungen 1984/85 (9.2.–16.4.1988) Ausstellung 6 der Serie »Zeugnisse«

Seit 1981 war dies die dritte Ausstellung von Donationen und Neuerwerbungen, die unter dem Titel »Neu« stand.
Die Ausstellungsfläche umfaßte etwa 350 Quadratmeter. Immer hatte der Inhalt der Darstellungen zwei Schwerpunkte: industriel design und Kunsthandwerk, zwischen die Akzente wie etwa Sekundärarchitektur, Sportgeräte, Japan, Photographien oder Spielzeug eingefügt waren, also einzelne Teilbereiche der 23 Sammelfelder des Museums. Diese Ausstellungen von Neuerwerbungen sind für das Staatliche Museum für angewandte Kunst mehr als Ausstellungen irgendeiner anderen Thematik. Sie sind Postulate und Dokumentationen der Neuen Sammlung als Museum, die in erster Linie Sammlung, also Bergungsort einer ästhetisch bestimmten zweckbehafteten Objektwelt ist, nur in zweiter Linie ein Ausstellungsinstitut.

Eine Ganzsäule mit dem für die Ausstellung verbundenen Plakat am Odeonsplatz in München.

Die beharrliche Konzentration auf eine weit ausgreifende, nach vorn gerichtete und zugleich unser Jahrhundert im Auge behaltende Sammeltätigkeit zeitigte Früchte und beachtliche Ergebnisse; denn Die Neue Sammlung als Fortsetzungsinstitut des Bayerischen Nationalmuseums für das 20. und 21. Jahrhundert umschließt heute weltweit die komplexeste und bedeutendste Design-Sammlung.
Von den knapp 2500 Erwerbungen der Jahre 1984/85 konnten aus Raumgründen nur etwa 300 Objekte gezeigt werden. Es waren Serienprodukte und Unikate aus unterschiedlichsten Lebensfeldern.
Die gezeigten Objekte stammten aus fünfzehn Ländern und vier Kontinenten. Im Rahmen der Neuen Sammlung wird damit die weitreichende Internationalität deutlich gemacht, also ein Ziel der Sammlungspolitik ebenso wie ein zweites: die Vielfalt. Gestaltung wird hier nicht nur in kunsthandwerklichen Arbeiten gesehen, sondern ebenso im breiten Bereich des Design, das vom Sportgerät, Sekundärarchitektur über wissenschaftliche Instrumente oder Phonogeräte bis zum Fahrzeug reicht.
Der erste Raum war dieser Objektwelt gewidmet. Im zweiten wurden Photographien und Bücher, im dritten klassisch gewordene Plakate und industrial design des Haushalts gezeigt. Die Räume 4 und 5 schließlich zeigten vor allem Neuerwerbungen des Kunsthandwerks und der Kleinserie: neben Möbeln vor allem Vasen, Schalen, Geschirre, Leuchten oder Gläser.
Die Ausstellung wurde durch den Staatsminister für Wissenschaft und Kunst, Prof. Dr. Wolfgang Wild, unter großer Anteilnahme der Öffentlichkeit eröffnet und war mit der Ausstellung einer Donation des Unternehmens »Omega« verbunden.
Das in Gelb gehaltene visuelle Erscheinungsbild entwarfen auch für diese Ausstellung Pierre Mendell und Klaus Oberer.

[Vgl. dazu u.a.]: Münchner Merkur v. 10.2.1988 (Simone Dattenberger); Tz v. 10.2., 11.2., 12.2., 13./14.2.1988 (Claudia Jaeckel); Süddeutsche Ztg. v. 11.2.1988; Abendztg. v. 13./14.2.1988 (P. M. Bode); Dolomiten v. 20./21.2.1988 (C. Schuster); Rheinpfalz v. 23.2.1988, Nr. 45 (C. Schuster); Bayer. Staatsztg. v. 26.6.1988; Frankfurter Allgemeine Ztg. v. 29.2.1988, 32 (Renate Schostack); tools 4, 1988, Nr. 2, 6: bauforum (Wien) 1988, Nr. 126, 12 (Charlotte Blauensteiner).

Italien: Design 1945 bis heute (26.5.–11.9.1988)
Ausstellung 7 der Serie »Blickpunkte«

Auszüge aus der Ansprache während der Eröffnung von H. Wichmann:
»Diese Ausstellung will keine Schranken niederreißen, keine ›New domestic landscape‹ ausbreiten, keine ›Postulate‹ formulieren; auch nichts bisher vielleicht Unsichtbares sichtbar machen oder gar eine ›Provokation‹ darstellen. Der kundige Hörer hat sogleich gemerkt, daß es sich bei den Schlagworten um Buchtitel handelt, unter denen in den letzten Jahren vornehmlich italienisches Design offeriert wurde.
Die Ausstellung will lediglich eine Reihe bespielhafter italienischer Dinge stellvertretend für das breite Feld von Design aus Italien zeigen. Diese Dinge wurden vor allem in den letzten fünf Jahren den Sammlungen des Staatlichen Museums für angewandte Kunst in München zugeführt, immer unter dem Aspekt: was könnte von italienischem Design vielleicht in späterer Zeit – in einer, zwei oder zehn Generationen – noch Bestand haben. Die ausgestellten Objekte repräsentieren nur einen Bruchteil der in der Neuen Sammlung bewahrten italienischen Designkollektionen.
Die Ausstellung ist chronologisch geordnet und enthält im letzten Drittel eine kleine Zäsur – einen Einschub – unter dem Titel ›Eleganz und Weltoffenheit‹. Darin wird versucht, eine für Italien besonders typische Facette seines Design herauszuarbeiten.
Der Beginn der Ausstellung ist der Nachkriegszeit gewidmet mit einem Hinweis auf die vorgelagerte Ausgangssituation, also auf Objekte, die schon in den dreißiger und beginnenden vierziger Jahren entstanden, wie etwa das von den Gebrüdern Castiglioni 1939/40 entwickelte Radio – eine Zimelie des Design –, das bereits die Richtung andeutet, in die sich Italien bewegen wird; denn dieses Radio stellt formal eine völlig neue Definition des Radios schlechthin dar. Wir müssen uns, glaube ich, besonders vor Augen führen, daß Italien 1945 – unabhängig von allen politischen Wirren – noch durchaus ein Agrarland war; denn fast 45% seiner Bevölkerung arbeiteten in der Landwirtschaft (heute noch 11%). Italien besaß aber immer eine hervorragende handwerkliche Struktur, aus deren Boden auch die freie Kunst, so z.B. die Bronzegüsse Manzùs oder die Keramiken Fontanas, gespeist wurde.
Infolgedessen ist italienisches Design nach dem Krieg kein Strom, sondern eher ein Rinnsal, noch durchaus dominiert von den berühmten kunsthandwerklichen Erzeugnissen, etwa aus Murano, Faenza oder Florenz, in Form von Glas, Silber oder Keramik. Aber in diesen ausgehenden vierziger und fünfziger Jahren entstehen bereits sehr interessante – aus der Designgeschichte nicht wegzudenkende – typisch italienische Konzeptionen. Dazu gehören die Vespa, die Isetta, die Entwicklungen von Nizzoli oder die Kinderbücher Munaris für Mondadori. Die Vielfalt und Zahl dieser Entwürfe wächst stetig in den fünfziger Jahren, um gegen Mitte der sechziger eine internationale Dominanz zu gewinnen. Von diesem Wege berichten vor allem die beiden ersten Räume.
Der kleine zweite Raum deutet aber zugleich den sich in der zweiten Hälfte abzeichnenden Generationsbruch an.
Über diesen Wandel, bei dem eine Avantgarde zu neuen Ufern aufzubrechen gedachte, berichtet ihr Mentor Ettore Sottsass rückblickend: ›Am Ende dieser zehn oder fünfzehn Jahre des Debattierens und der allgemeinen Aufregung glaube ich nun allerdings, daß wir damit nicht sehr weit gekommen sind. Mir scheint, wir sind alle etwas ermüdet.‹
Das waren die siebziger Jahre, in denen natürlich außer konzeptionalem Design auch eigentliches Hard-Design entstand, von dem wir im dritten Raum einiges zeigen. Aufsehen erregten jedoch weltweit die etwas exaltierten Dinge, wie sie 1972 in der New Yorker Ausstellung ›Italy: The New Domestic Landscape‹ gezeigt wurden, die aber zur internationalen Rezeption des italienischen Design beitrugen.
Der vierte Raum zeigt, wie schon zuvor bemerkt, besonders elegante Objekte und die Nahtstelle zur Mode, die vielleicht mit dem Begriff ›bel design‹ belegt werden könnten.
Und der letzte Raum schließlich bringt Beispiele aus den achtziger Jahren. Sie alle verdeutlichen, daß die Diskussion der siebziger Jahre nicht spurlos an ihnen vorübergegangen ist. Jedoch wird im Vergleich zu der Frühzeit des italienischen Design ein Auseinandertreten von Industrial Design und kunstindustriellen Objekten deutlich. Die erstgenannten sind apparat- oder roboterhaft. Ausführlicher sind diese Probleme in dem die Ausstellung begleiten-

Der 1945 von Corradino D'Ascanio entworfene Motorroller »Vespa« als Symbol für die Anfänge des typischen italienischen Design.

Italien: Design 1945 bis heute
(26.5.–11.9.1988)
Ausstellung 7 der Serie »Blickpunkte«

den Buch behandelt, das wohl heute die umfangreichste deutschsprachige Explikation des italienischen Design darstellt.«

Die Ausstellung wurde mit Unterstützung des Italienischen Außenhandelsinstituts und des Italienischen Kulturinstituts verwirklicht und war von einem Expertengespräch, das am 13. Juni 1988 durchgeführt wurde (Teilnehmer u.a. Anna Castelli-Ferrieri, Angelo Cortesi und Alessandro Mendini), begleitet. Pierre Mendell entwarf das visuelle Erscheinungsbild, und der Münchener Generalkonsul Dr. Sergio Valacchi eröffnete unter großem Publikumsandrang (560 Besucher) die Ausstellung. Mit annähernd 25 000 Besuchern war diese Ausstellung in der Geschichte der Neuen Sammlung die am besten besuchte.

Im Gegensatz zu dem Buchumschlag zeigt das Plakat noch die Hände eines mit den Buchstaben DESIGN jonglierenden Anonymus'. Noch mehr wird damit das unkonventionelle, spielerische, phantasievolle Element des italienischen Design charakterisiert.

[Vgl. dazu u.a.]: tz v. 27.5.88 (Claudia Jaeckel); Abendztg. v. 28./29.5.1988 (W. Petzoldt); tz v. 28./29.5.1988; Bild (München) v. 1.6.1988; Südd. Ztg. v. 28./29.5.1988; Design Report 1988, Nr. 6, 45; Photo-Technik International 1988, Nr. 6, 12 (M. Koetzle); Dolomiten (Tagblatt der Südtiroler) Nr. 132 v. 9.6.1988 (C. Schuster); Die Zeit v. 1.7.1988, Nr. 27, 47 (C. Marquardt); werben u. verkaufen Nr. 27 v. 8.7.1988, 60 m. Abb.; dpa v. 11.7.1988; Westfalenblatt v. 15.7.1988; Kleine Ztg. (Wien) v. 15.7.1988; Die Rheinpfalz v. 21.7.1988, Nr. 167 (C. Schuster); de Volkskant (Amsterdam) v. 23.7.1988 (J. Huisman); Vaterland (Luzern) v. 27.7.1988 (Cécile Anderhub); Hamburger Abendblatt v. 29.7.1988; Der kleine Bund v. 30.7.1988; form 1988, Nr. 122, 108 (A. Baselius); Mainpost (Würzburg) v. 6./7.8.1988; Münchner Merkur v. 12.8.1988 (Simone Dattenberger); Schwäbische Ztg. v. 18.8.1988; Bayer. Staatsztg. v. 19.8.1988, 8 m. Abb.; Westfälische Nachrichten (Ausg. Münster) v. 23.8.1988; Nürnberger Nachrichten v. 25.8.1988; Internationale Wirtschaft v. 25.8.1988, Nr. 34, 13; Schöner Wohnen 1988, Nr. 8 (August), 117 m. Abb.; Handelsblatt v. 2./3.9.1988, Nr. 199, (Elke Trappschuh); Mittelbayer. Ztg. (Regensburg) v. 7.9.1988 (Bärbel Reitter); industrie (Wochenzeitschrift für Unternehmen und Führungskräfte) v. 7.9.1988, Nr. 36; Esslinger Ztg. v. 5.10.1988; ideales Heim 1988, Nr. 10 (Okt.); Die Neue Ärztliche v. 3.11.1988, Nr. 212 (Karin Willen); Schweizer Monatshefte 1988, Nr. 11 (Nov.); Zibaldone, Zs f. italienische Kultur der Gegenwart. 1988, Nr. 6 (Nov.), 5–43 m. Abb.; Photo Technik International 1988, Nov./Dez. H. 6 (M. Koetzle); md (moebel interior design) 1988, H. 12, 61; Nike, New Art in Europe 1988, Nr. 24, 51 m. Abb. (Angeliki Ikonomidis); Arca 1989, Nr. 23 (Jan.); Architektur & Wohnen 1989, H. 1 (Feb.); Neue Zürcher Ztg. v. 21.2.1989; Brigitte Nr. 5, v. 22.2.1989; Hochparterre (Glattbrugg) 2, 1989, Nr. 3 (März), 85; Saarbrücker Ztg. v. 1.6.1989; Gazette des Beaux Arts 1989, Sept.-H.

Blick in den ersten Raum der Ausstellung. Im Vordergrund als Auftakt eine Vitrine mit Entwürfen der dreißiger Jahre (Castiglioni, Ponti, Scarpa, Olivetti, Venini etc.). Im Hintergrund Entwicklungen der fünfziger und sechziger Jahre, zu denen die Großaufnahme des Museums Castelvecchio von Carlo Scarpa das Zeitkolorit liefert.

Japanische Plakate. Sechziger Jahre bis heute (26. 10. 1988–15. 1. 1989) Ausstellung 7 der Serie »Beispiele«

Auszüge aus der Ansprache während der Eröffnung von H. Wichmann:

»Die hier gezeigten Arbeiten gelangten in den letzten Jahren dominant als Donationen – oft in liebenswürdiger Weise überbracht und signiert – in unser Haus. Es ist nur ein kleiner Teil der von mir aufgebauten japanischen Plakatsammlung, und dennoch wird für den aufgeschlossenen Betrachter die so phantastisch anmutende, auch fremde und zugleich so anziehende Atmosphäre, in der das japanische Plakat angesiedelt ist, faßbar.

Einige japanische Geräte – ebenfalls aus unseren Beständen – zielen auf zusätzliche Information und Einbettung in einen größeren Zusammenhang.

Fragen wir nach den Eigenschaften des japanischen Plakats, so sind zweifelsohne die mentalen Voraussetzungen von hoher Bedeutung, so etwa die japanische Ästhetik, die Neigung zur Flächenkunst oder die japanische Akribie. Bei den Bildmitteln spielen Schrift und Kalligraphie, daneben die eigenwilligen, schon in den berühmten Farbholzschnitten angewandten Kompositionsprinzipien und die spezifische Farb- und Lichtbehandlung eine große Rolle, darüberhinaus natürlich die Verarbeitung westlicher Anregungen.

Einfühlung, Zurücknahme des Ichs, Erkennen durch Betrachten, Wahrnehmen durch Hören, Kontemplation, alles dies mußte zu einer Form führen, die nicht wie bei dem Europäer durch einen Willensakt gesetzt, sondern auf einem langwierigen Wege zu imagohafter Eindringlichkeit verdichtet wurde, und zwar unter langsamer Löschung der Spuren individueller Hervorbringung, um das Aufgehen in einer höheren Einheit zu erleichtern.

Auf diese Weise entsteht Form nicht als Anspruch und Verdrängung, sondern als Einfügung. Mentale Eigenschaften dieser Art tendieren zur Flächenkunst, weniger zu Skulptur und Plastik; denn selbst bei dreidimensionalen Objekten ist in Japan ›das Umschließen das Bedeutsame, nicht der umschlossene Raum‹. Fläche ist dann in der Architektur die Wand, Fläche das Dach, Fläche ist die Wandung der Lackgefäße, Fläche der Träger der Tuschmalerei und Kalligraphie, Flächenkunst beherrscht die Emailarbeiten und die Kleidung in Form und Muster mit ihren Schablonen, den Katagami, Fläche atmet der Farbholzschnitt. Fläche ist als Grundwesen auch dem Plakat zugeordnet. Es steht somit in einer reichen formalen Tradition und zugleich mit seiner Grundaussage als ›schreiendes Bild‹ in einem harten Kontrast zu den ehemaligen japanischen geistigen und künstlerischen Strebungen. Dadurch ist das japanische Plakat von einem eigenartigen Dualismus erfüllt. Er dehnt sich zwischen anreißender Herausforderung und konzentrierter Stille, zwischen Suggestionskraft und ästhetischem Wohllaut.

Dieses Spannungsverhältnis verleiht dem japanischen Plakat seinen unnachahmlichen Reiz. Die Aussage ist hinterlegt mit Anregungen der eigenen Kunstgeschichte, durchwirkt aber auch von westlichen Impulsen und gründet auf der großartigen japanischen Kalligraphie.

Die Beschäftigung mit dem japanischen Plakat ist für den Kenner eine Quelle der Anregung, ein Öffnen geheimnisvoller Kammern und für jeden Betrachter – auch unabhängig von der Kenntnis des Inhalts – ein Vergnügen durch die hohe Ästhetik sublimierter Bildmittel.

Geordnet ist die Ausstellung chronologisch, das heißt, wir werden von diesen ersten Räumen, in denen die Arbeiten der sechziger und siebziger Jahre gezeigt werden, hin zu der Jetztzeit geführt. Dieser Weg macht deutlich, daß das heutige japanische Plakat zu den raffiniertesten, ästhetisch reizvollsten und auch anspruchsvollsten gehört. Seine Akzeptation, sein akklamierter internationaler Weg bestätigen dies. Im Foyer ist die steile Treppe zur Haupthalle des Muro-ji-Tempels der Präfektur Nara wiedergegeben. Viele Stufen führen zur Stätte transzendentalen Erlebens.«

Pierre Mendell entwarf auch dieses treffsichere visuelle Erscheinungsbild, und der japanische Generalkonsul Kozo Tamura führte die Eröffnung durch.

[Vgl. dazu u. a.]: tz v. 28. 10. 1988 (Claudia Jaeckel); Abendztg. v. 29./30. 10. 1988 (P. M. Bode); werben & verkaufen v. 4. 11. 1988; Nr. 44; Dolomiten v. 9. 11. 1988 (C. Schuster); Luzerner Neueste Nachrichten v. 12. 11. 1988; Münchner Stadtanz. v. 18. 11. 1988 (W. H. Bencker); Trostberger Tagblatt v. 25./26. 11. 1988, Nr. 227 (B. Hohenfels); Süddeutsche Ztg. v. 29. 11. 1988, Nr. 275 (W. Längsfeld); Neue Zürcher Ztg. v. 7. 12. 1988; Frankfurter Allgemeine Ztg. v. 17. 12. 1988; Grafik. Design + Technik 1988, Nr. 4, 65; tools 1988, Dez.-H., 12; Handelsblatt v. 6./7. 1. 1989 (Elke Trappschuh); Berliner Morgenpost v. 8. 1. 1989 (Feuilleton Buch); dpa v. 15. 1. 1989; LZ-

Journal (Deutsche Handelszeitung) Nr. 3 v. 20. 1. 1989, J 16; Neue Allgemeine Ztg. v. 20. 1. 1989; Südwest Presse v. 21. 1. 1989; Nürnberger Nachrichten v. 26. 1. 1989, 23; Fränkisches Volksblatt/Volksztg. v. 28. 1. 1989; Die Neue Ärztliche v. 23. 2. 1989; Stuttgarter Nachrichten v. 21. 2. 1989; Waiblinger Kreisztg. v. 23. 2. 1989; Buch Markt 1989, Nr. 2 (Georg Ramseger); Rheinischer Merkur v. 17. 3. 1989, Nr. 11; Der Kleine Bund (Bern) v. 25. 3. 1989; Schweizer Monatshefte (Zürich) 1989, Märzheft; Gourmet-Journal 1989, H. 3 (März); Der Bund (Bern) v. 25. 3. 1989; Rheintalische Volksztg. (Altstätten) v. 31. 3. 1989; Der Landbote (Winterthur) v. 1. 4. 1989; Lesen (Wien) 1989, H. 23; Österr. Rundfunk (Sendung Bücherspot) am 26. 4. 1989 (13.43 Uhr); Fernseh + Freizeit Magazin (Augsburger Allgemeine) v. 13.–19. 5. 89; Zürich-See-Ztg. v. 3. 6. 1989 (O. Pfenninger).

Ein Raumkompartiment der Ausstellung mit Plakaten von Ohashi, Nagai, Tanaka und Nakashima. Die Plakate wurden Ende 1989/Anfang 1990 auch im Museum für Kunsthandwerk in Frankfurt gezeigt.

Neu. Donationen und Neuerwerbungen 1986/87 (23.2.–24.5.1989) Ausstellung 7 der Serie »Zeugnisse«

Auszüge aus der Ansprache zur Eröffnung von H. Wichmann: »Dies ist seit 1980 die vierte Ausstellung, die unter dem Titel ›Neu‹ steht und Donationen und Neuerwerbungen zeigt. Im Verein mit den Ausstellungen von polnischen und japanischen Plakaten, den Warenverpackungen und italienischem Design haben sich somit acht Ausstellungen unter unterschiedlichen Aspekten ausschließlich mit Akquisitionen der letzten Jahre auseinandergesetzt. Durch sie konnten annähernd 100 000 Menschen mit unserem primären Arbeitsfeld, nämlich mit dem konsequenten, wissenschaftlich fundierten Aufbau einer breit ausgelegten Sammlung von Gebrauchsdingen unseres Jahrhunderts vertraut gemacht werden.
Generell war es zwischen 1980 und heute möglich, der Neuen Sammlung mehr als 10 000 Objekte bzw. Objektgruppen zu integrieren und ihr damit eine völlig neue Qualität zu geben. Sie repräsentiert heute – international bestätigt – nicht nur die wohl bedeutendste Design-Sammlung, sondern ist auch wissenschaftlich und methodologisch zu einem richtungweisenden Institut entwickelt worden.
Die Ausstellung gliedert sich in vier Blöcke. Im ersten Raum werden Unikate bzw. nicht mechanisierte Objekte gezeigt. Der zweite Block im zweiten Raum umfaßt französische Künstlerplakate von hoher Qualität mit großen Namen, die einige Beispiele unserer Buchkunstabteilung umgeben. Im dritten Block und dritten Raum werden Möbel und einige Lampen gezeigt. Der letzte Block umfaßt den vierten und fünften Raum. Er ist dem Bereich Industrial Design gewidmet. Begleitet wird die Ausstellung von einem mehr als 200 Seiten umfassenden Buch, das auch im Basler Birkhäuser-Verlag erschien und eine große Zahl der ausgestellten Objekte dokumentiert.
Das reizvolle Erscheinungsbild der Ausstellung entwarfen wiederum Pierre Mendell und Klaus Oberer. Es zeigt auf, daß erneut zu der Substanz des Museums etwas hinzugekommen ist.«
Die Ausstellung wurde von dem Staatsminister für Wissenschaft und Kunst, Professor Dr. Wolfgang Wild, eröffnet. Etwa 500 Personen nahmen an der Eröffnung teil.

Plakat der vierten Ausstellung von Akquisitionen seit 1980 (Entwurf: Pierre Mendell und Klaus Oberer). Wieder ist vieles zu dem Sammlungsbestand hinzugekommen, visualisiert durch das rote, zum Wort Neu hinzufliegende »U«.

[Vgl. dazu u.a.]: Münchner Merkur v. 24.2.1989 (Simone Dattenberger); Süddeutsche Ztg. v. 24.2.1989 (H. Breyer); AZ v. 28.2.1989 (P. M. Bode); tz v. 1.3.1989 (K. H. Prestele); AZ-Extra v. 10.3.1989 (P. M. Bode); Dolomiten/Tagblatt der Südtiroler v. 11./12.3.1989 (C. Schuster); Mittelbayerische Ztg. v. 15.3.1989 (Bärbel Reitter); Trostberger Tagblatt v. 15./16.3.1989 (J. Goetz); Dingolfinger Anzeiger v. 3.4.1989 (J. Goetz); Straubinger Tagblatt v. 3.4.1989 (J. Goetz); Landauer Ztg. v. 3.4.1989 (J. Goetz); Münchner flair 1989, H. 5, 7.

Die Hauptachse der Ausstellung wurde im Osten von zwei griechischen Vorratsgefäßen aus dem 19. Jahrhundert beherrscht, die auf einer zierlichen Sockelkonstruktion aus Teilen des USM-Haller-Systems aufgestellt worden waren. Dadurch gelangte erst die edle, über 5000 Jahre tradierte Form der Gefäße zur vollen Anschaulichkeit.

System-Design: Fritz Haller
Bauten, Möbel, Forschung
(27.6.–27.8.1989)
Ausstellung 8 der Serie »Beispiele«

Auszüge aus der Ansprache zur Eröffnung von H. Wichmann: »Das uns täglich in den Industrienationen begegnende Baugeschehen spaltet sich, wie ich meine, in eine kleine Gruppe von Renommierbauten, denen eine riesige Masse gebauter Gehäuse von erschreckender Gestaltlosigkeit gegenübersteht. Sie beherrschen das Gesicht der heutigen Siedlungen. Noch nie – so scheint es – war das Fehlen von Standards oder einem Niveau so groß.
Ausstellung und Veröffentlichung über das Werk von Fritz Haller wollen dieser allgemeinen Willkür eine Position entgegensetzen, die von Funktion – also Dienlichkeit, von Konstruktion – also Sinnfälligkeit und von der Ratio – also Vernünftigkeit abgeleitet wird.
Die Beschäftigung mit der Architektur Hallers als Gegenpol zur gängigen, von Beliebigkeit bestimmten Bauwelt ist deshalb wie ein Vorgang geistiger Hygiene, eine Art Reinigungsprozeß, als ein Zurück zur Struktur zu betrachten. Deshalb dienen Buch und Ausstellung nicht etwa der Belehrung, sie vertreten auch keine Ideologie, sie wollen niemanden überzeugen, daß vielleicht eine andere formale Äußerung mit einem anderen geschmacklichen Stimulans ein Heilmittel sein könnte, sondern sie wollen anregen, über Grundsätzliches zu reflektieren. Etwa darüber, ob nicht System-Denken und ein entsprechendes Handeln in Anbetracht der besorgniserregenden menschlichen Population, die bereits mit apokalyptischen Vorwarnungen verbunden ist, ein wichtiger Begegnungsfaktor sein könnte. Vielleicht würde sich auch die Reflexion darüber lohnen, welcher Artung Struktur in der Dingwelt des Menschen sein könnte, ob dieser nicht stärkere Beachtung zukommen muß als ästhetisch bestimmter Oberfläche, läßt sich doch Gestalt nur auf der Basis von Struktur entwikkeln. Weiterhin könnte der aufgeschlossene Betrachter angeregt werden, sich der Bedeutung des Details als konstituierendes Element des Ganzen erneut bewußt zu werden, das zwangsläufig in einer Wechselwirkung mit diesem steht.
Nach ›Schweizer Architektur‹, ›Lehmbau der Dritten Welt‹ und ›In Memoriam Sep Ruf‹ ist dies seit 1980 die vierte Architektur-Ausstellung in diesem Museum. Es wird damit eine in diesem Haus geübte Tradition weitergetragen, aber mit dem Thema ›Haller‹ enger auch an die Sammelpolitik unseres Hauses herangeführt; denn Haller ist Realisator von Bau- und Möbelsystemen, die in unserem Haus bewahrt werden.
Die Ausstellung wurde durch Fritz Haller entwickelt und auch hier durch ihn und seine Mitarbeiter aufgebaut. Sie gliedert sich in drei Kompartimente. In den ersten beiden Räumen werden die vier Stahlbau-Systeme expliziert – drei Bausysteme und das bekannte Möbelsystem USM-Haller, dessen Urheberrecht man jüngst erfolgreich bis zum Bundesgericht zu verteidigen wußte.
In Raum drei folgen dann Aufnahmen und Risse von Bauten, sich auf Tafeln bis in das Foyer fortziehend. Die beiden letzten Räume sind schließlich sechs Forschungsarbeiten Hallers gewidmet. Sie alle richten sich auf die Entwicklung von Systemen, ausgehend von dem ›Problem des Fügens‹. Die weiteren Schritte konzentrieren sich auf komplexe Vernetzungen im Rahmen von Produktionsanlagen, auf Städteplanungen mit ihren Kommunikationssystemen und eine Satelliten-Siedlung im erdnahen Raum.«
Zur Eröffnung, vor etwa 500 Personen, sprachen weiterhin Fritz Haller und Generalkonsul Kurt Welte. Das visuelle Erscheinungsbild konzipierte das Büro Mendell & Oberer.

[Vgl. dazu u. a.]: Münchner Merkur v. 28.6.89 (Simone Datenberger); Münchner Applaus. Theater-Kultur-Magazin 13, 1989, Nr. 7 (Juli), 40–41 m. Abb. (Bärbel Reitter); AIT (Architektur, Innenarchitektur, Techn.Ausbau) 1989, H. 7/8 (Juli/August), 102; Trostberger Tagblatt v. 2./3.8.1989 (J. Goetz); Mittelbayerische Ztg. v. 7.8.1989 (Bärbel Reitter); Schweizer Feuilleton-Dienst v. 15.8.89; AZ v. 12./13.8.1979, 7 (H. Hintermeier); Süddeutsche Ztg. v. 16.8.1989, Nr. 186, 12 (Christoph Wiedemann); Handelsblatt v. 18.8.89 (Elke Trappschuh); Hochparterre Zs für Design, Architektur und Umwelt 2, 1989, Nr. 8/9 (Aug.), 53–55 m. Abb. (Reto Visini); Der Feinschmecker 1989, Nr. 9, 137; Werk u. Zeit 1989, Nr. 4, 24–25 m. Abb. (E. Fahr); Baumeister 1989, Nr. 10; Architektur Aktuell 1989, Oktoberh.; Domus 1990, Nr. 712, Januarh., 10–11 m. Abb.

Eingang zur Ausstellung. Im Foyer befand sich eine Großaufnahme eines mehrgeschossigen Treppenhauses mit starker Tiefenwirkung, begleitet von einem Turm aus USM-Haller-Möbelsystem-Elementen.

DIE NEUE SAMMLUNG
haller

Armin Hofmann
Graphic Design
Werk – Erkundung – Lehre
(26.10.1989–14.1.1990)
Ausstellung 8 der Serie »Blickpunkte«

Auszüge aus der Rede H. Wichmanns während der Eröffnung: »Die Ausstellung vermittelt einen komprimierten Überblick über Werk und Wirken Armin Hofmanns. Gründe für die Realisierung des Unternehmens gerade durch Die Neue Sammlung sind einmal in der bedeutenden Rolle, die Hofmann als Graphic-Designer und Pädagoge einnimmt, zu sehen und zum anderen in der spezifischen Grundhaltung seiner Arbeit, die den Intentionen der »Neuen Sammlung« in besonderem Maße entspricht.

Hofmann wurde 1920 in Winterthur geboren und wuchs in der großen Ära der Schweizer Graphik heran, beeinflußt durch Alfred Willimann, Ernst Keller und Hans Finsler. Schon als Sechsundzwanzigjähriger übernahm er 1946 seine Lehrtätigkeit an der Baseler Gewerbeschule, die er 40 Jahre ausübte und der er ein beispielhaftes, flexibles pädagogisches System unterlegte.

Durch seine Lehrtätigkeit etwa in Ahmedabad, Philadelphia, New Haven oder Brissago sowie durch Buchpublikationen, in denen er seine Maximen niederlegte, wurden seine Überlegungen ausgebreitet und weitergetragen.

Als Pädagoge geht Hofmann nüchtern und wirklichkeitsnahe davon aus, daß den künstlerischen Problemen in unseren Schulen allgemein zu wenig Beachtung geschenkt wird... Auch die Fach- und Hochschulen enthalten, mit Ausnahme der rein künstlerischen Ausbildung, keine Kurse, in denen dem Prozeß des Gestaltens und Neuschöpfens allgemeinbildender Wert zugemessen wird, und er zieht daraus den Schluß, daß sich unter diesen Bedingungen der schöpferische Mensch nicht entwickeln kann, da seine wertvollen Anlagen verkümmern.

Unter dieser Prämisse entwickelt Hofmann seine Methodik der Form der Bildgestaltung, die in eindrucksvoller Weise in seinem gleichnamigen, 1988 in vierter Auflage erschienenen Buch nachzulesen und anschaulich gemacht worden ist. Unter seinem Eindruck schrieb der amerikanische Designer George Nelson: ›Hätten wir nur mehr Lehrer mit der künstlerischen Integrität, der umfassenden Intelligenz und dem tiefen Verantwortungsbewußtsein, wie Armin Hofmann sie aufweist: die Lösung all der schwierigen Probleme der künstlerischen Erziehung und Ausbildung wäre um vieles leichter.‹

Diese pädagogische Befähigung verbindet sich bei Hofmann mit einer eigenständigen, ungemein reichen künstlerischen Aussagekraft. Erst diese selten anzutreffende Doppelbegabung bewirkt seine Ausstrahlung und allumfassende Autorität.

Vor allem ihm hat es wohl die Schweiz zu danken, daß der Begriff Schweizer Graphik als Wertbegriff bis heute einen besonderen Klang besitzt.

Dies war nur dadurch möglich, daß nicht nur vom Erbe der zwanziger und dreißiger Jahre gezehrt wurde, sondern neue Impulse eingebracht und neue Richtpunkte gesetzt wurden. Wolfgang Weingart bezeichnet diese als genial. Genial in der Konsequenz, wie er sparsam Gestaltungsmittel und versteckte Ideen zu lebendiger Ausdrucksstärke verknüpft. Und genial, weil diese versteckten Ideen – am deutlichsten vielleicht in Hofmanns dreidimensionalen Entwürfen – immer auch als Herausforderung auf den Betrachter wirken.

Das Werk Armin Hofmanns ist vielgestaltig. Es umfaßt Plakate, Bühnenbilder, Signets, typographische Arbeiten, Orientierungssysteme, zugleich aber auch dreidimensionale Gestaltungen, zumeist an öffentlichen Gebäuden.
Wir sehen eine wechselseitige Bestätigung darin, Werk und Arbeit des Mentors international ausgerichteter Graphik in vollendeter Form in unseren Räumen zeigen zu können, und hoffen, daß diese Ausstellung dazu beitragen wird, heranwachsende Generationen immer von neuem an die zentralen Bereiche graphischen Gestaltens heranzuführen.«
Die Ausstellung wurde unter großer öffentlicher Anteilnahme, in Anwesenheit des Künstlers, durch den Kulturattaché der Schweizerischen Botschaft Christian Mühlethaler eröffnet. Nach München wurde die Ausstellung auch in anderen europäischen Städten gezeigt.

[Vgl. dazu u.a.]: Basler Ztg. v. 30.10.1989 (Dominik Heitz); Münchner Merkur v. 31.10./1.11.1989 (Helmut Kronthaler); Abendztg. v. 7.11.1989 (Peter M. Bode); Mittelbayerische Ztg. (Regensburg) v. 13.11.1989 (Bärbel Reitter); Bayerische Staatsztg. v. 10.11.1989 (Bärbel Reitter); Gazette Nr. 4 v. Dez. 1989 (Bärbel Reitter); Süddeutsche Ztg. v. 4.12.1989 (Andreas Kühne); Internationale Wirtschaft 1989, Nr. 50; Designers Digest Magazine 1990, Nr. 1, 20 m. Abb.

Neu. Donationen und Neuerwerbungen 1988/89 (27.3.–1.7.1990) Ausstellung 8 der Serie »Zeugnisse«

Mit dieser Ausstellung wurde eine Ausstellungsreihe, die 1982 unter dem Titel »Neu« begonnen wurde, abgeschlossen. Sie umfaßte fünf Ausstellungen, die jeweils im Zweijahresrhythmus über Donationen und Neuerwerbungen der Münchner Neuen Sammlung informierten.
Aus den 2680 Erwerbungen, die 1988/89 erfolgten, zeigte man eine Auswahl von ca. 12% der in diesem Zeitraum dem Sammlungsbestand integrierten Akquisitionen. Aber bereits dieser Ausschnitt gab ein eindrucksvolles Bild der zahlreichen Sammlungsfelder, die sich vom Kunsthandwerk über industrial design bis zur angewandten Graphik spannen, zugleich auch von dem Niveau der Erwerbungen.
Gemäß der Raumanordnung gliederte sich die Ausstellung in fünf Sektionen. In dem ersten Raum wurden Kunsthandwerk und Kunstgewerbe mit außergewöhnlich schönen Objekten demonstriert. Sie würden jedem bedeutenden Kunstgewerbemuseum zur Zierde gereichen. Natürlich waren diese Dinge auf einen Bestand hin gesammelt worden, repräsentierten also – obwohl chronologisch geordnet – keine Kunstgewerbe- oder Designgeschichte, sondern einzelne Neuerwerbungen. Der zweite Raum war dem Feld der Verpackungen zugeordnet. Er erinnerte an die Ausstellung »Reiz und Hülle« (vgl. S. 294–297), konnte doch die damals gezeigte Sammlung Professor Leitherers erworben werden, aus der nun einige Gefäße aus Glas wieder zu sehen waren.

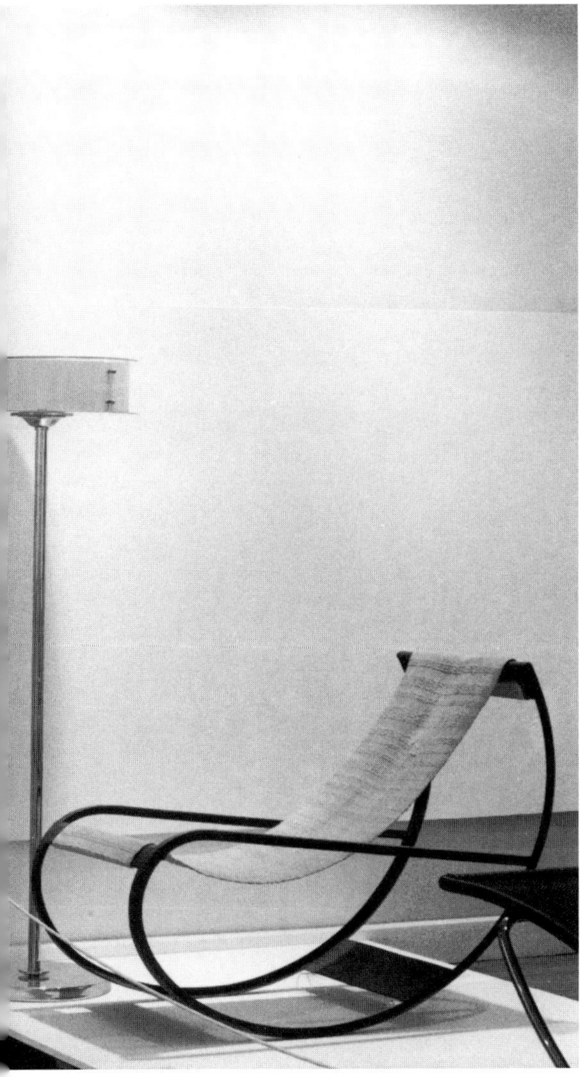

Im dritten Raum wurde eine kleine Auswahl von Möbeln und Textilien bzw. Textilentwürfen und Lampen aus der viele Hundert umfassenden Zahl der Neuerwerbungen demonstriert. Besondere Aufmerksamkeit verdiente hier wohl der zierliche, kostbare Sekretär von Jacques-Emile Ruhlmann.
Die Räume 4 und 5 schließlich zeigten industrial design. Leider konnten die Fahrzeuge und Gondeln nicht im Original gezeigt werden, weil die Türen der Ausstellungsräume nicht einmal dafür breit genug sind. Es handelte sich auch hier nur um eine schmale Auswahl, die ebenso durch andere in den Jahren 1988/89 erworbene industrial-design-Objekte hätte ersetzt werden können.

Umrahmt wurden die dreidimensionalen Objekte von Plakaten Japans, dieser bedeutendsten Plakatnation unserer Tage. Auch damit entstand eine Verbindung zu einer 1988/89 gezeigten Ausstellung aus unseren Beständen (vgl. S. 304–305), die parallel zeitgleich im Frankfurter Kunstgewerbemuseum zu sehen war.
Wiederum gestalteten Pierre Mendell und Klaus Oberer das Erscheinungsbild dieser Ausstellung, deren Eröffnung unter großer öffentlicher Anteilnahme dominant unter dem Eindruck der Erwägungen der Bayerischen Staatsregierung stand, Die Neue Sammlung nach Nürnberg verlagern zu wollen. Hans Wichmann faßte deshalb in seiner Einführungsrede nochmals die wichtigsten Argumente, die gegen diese Absicht sprechen, zusammen und dankte pars pro toto Frau E.-M. Fengler für ihre selbstlose Unterschriftenaktion, die sich wie zahlreiche andere Bemühungen gegen eine Verlagerung wandte. Dr. Heinz Friedrich, Präsident der Bayerischen Akademie der Schönen Künste, stellte in seiner Eröffnungsansprache u. a. folgendes fest: »...Eine Institution wie Die Neue Sammlung erfüllt den Begriff Museum mit einer geradezu aufregenden Aktualität und Originalität. Sie macht Aussagen über Zeit und Gesellschaft, wie sie anschaulicher kein soziologischer Wälzer vermitteln könnte. Bräche man dieses Museum aus dem Angebot der Münchner Museen heraus, so gäbe man ein entscheidendes Informationszentrum über die sich gegenwärtig ereignende Kunstgeschichte auf. Was not tut, ist nicht Preisgabe und auch nicht Verlagerung, sondern angemessene Einbeziehung dieser Institution in eine Münchner Museums-Vision, die dem geistigen Rang der Stadt entspricht...«.

[vgl. dazu u. a.]: Augsburger Allgem. v. 28.3.1990; Nürnberger Nachrichten v. 28.3.1990 (Michael Bekker); Frankfurter Allgem. Ztg. v. 29.3.1990, 11.4.1990 (Renate Schostack); Süddeutsche Ztg. v. 30.3.1990 (Dorothee Müller); Traunreuter Anzeiger v. 30.3.1990; Bayerische Staatsztg. v. 30.3.1990 (Krieger); Münchner Merkur v. 3.4.1990 (Simone Dettenberger); tz v. 3.4.1990 (Karl H. Prestele); AZ v. 7./8.4.1990 (Peter M. Bode); Landshuter Ztg. v. 12.4.1990; Bayernkurier v. 14.4.1990, 16 (R. Müller-Mehlis); Der Spiegel v. 16.4.1990, Nr. 16, 236; Mannheimer Morgen v. 25.4.1990 (Susanna Partsch); Münchner flair 1990, H. 5, 10–12 m. Abb. (Angela Resch); Handelsblatt v. 22. 5. 1990, 27 (R. Müller-Mehlis) – Antiquitäten Ztg. v. 8. 6. 1990, 426–427 (R. Niggl).

Neue Strukturen
Publikationen
Zweigmuseum Weiden

Neue Strukturen, neue Methoden

Die 1980 erfolgte Entscheidung, von nun an den Schwerpunkt der Tätigkeit weg von der Ausstellung, hin zum Aufbau des Museums zu verlagern, brachte zahlreiche Konsequenzen mit sich. Sie betrafen ebenso die Ziele der Sammlungspolitik wie die Konstituierung einer museumstechnischen und wissenschaftlichen Struktur.[52]
Zuerst galt es zu klären, in welcher Richtung dieses angestrebte Museum entwikkelt werden sollte; denn der Charakter des vorgefundenen Sammlungsgutes entsprach weder dem des tradierten Kunstgewerbemuseums noch dem einer wirklichen Design-Sammlung. Vor allem fehlte eine konsequent verfolgte historische Struktur, das heißt, der systematische Aufbau der jeweiligen Sammlungsfelder. Zugleich war die Bestückung mit technisch bestimmtem industrial design äußerst dürftig und entsprach nicht dem Wesen der zweiten Hälfte unseres Jahrhunderts. Dennoch lag in dieser Richtung die einzige Chance einer sinnvollen Entwicklung.
Wie in meinem Buch »Industrial Design. Unikate. Serienerzeugnisse. Die Neue Sammlung. Ein neuer Museumstyp des 20. Jahrhunderts«. München (Prestel: 1985) beschrieben, wurde ab 1980 begonnen, das Museum für angewandte Kunst zu einem neuartigen Museumstyp zu reorganisieren. Neben den tradierten kunstgewerblichen Sammlungsfeldern wie Keramik, Glas, Metall, Textilien, Möbel usw. erfolgte der energische Ausbau des breiten Feldes industrial design im technischen Bereich mit 10 zum Teil neuartigen Gebieten und als dritte Säule eine kräftige Verbreiterung der Graphic-Design-Sammlungen, also der Plakate, Drucksachen, der Buchgestaltung, der corporate identity und der Verpackungen.
Für ihre Bewahrung, Pflege, deskribierende Erfassung und wissenschaftliche Bearbeitung mußte eine völlig neue Struktur entwickelt werden.
Dies erforderte als erstes die Schaffung einer angemessenen Bewahrung des Museumsgutes; denn Die Neue Sammlung besaß bis 1981 nur improvisierte, aus Verschlägen bestehende Unterbringungen. Die Bestände waren zumeist nicht nur unzureichend, sondern konservatorisch unvertretbar, ja, in beschämender und unwürdiger Weise gelagert (vgl. Abb. S. 12/13). Die Sanierung der Neuen Sammlung, die mit einer totalen Verlagerung verbunden wurde, konnte 1982 begonnen und 1984 abgeschlossen werden.
Sie erbrachte eine Verdreifachung der Depotflächen mit einer Ausstattung von Hunderten von Schränken, Regalen, Spezialbehältnissen, verstellbaren Untersätzen für Schwergüter, Rollplattformen, Speziallagerungen usw. Dadurch konnte dem vorhandenen Sammlungsgut und den Tausenden danach eingebrachter Neuerwerbungen eine adäquate Unterbringung gegeben werden, die auch eine angemessene Pflege der Objekte ermöglicht (vgl. Abb. S. 16 und 17).
Nun erst konnte man systematisch zahlreiche Sanierungen und Restaurierungen durchführen, deren spektakulärste (1986) wohl die der Pariser Metrostation »Bolivar« nach Entwurf von Hector Guimard war.
Darüberhinaus wurden neue Arbeitsplätze eingerichtet, ferner für die Bibliothek und Photothek durch Regaleinbauten bzw. Stahlschränke soviel Raum geschaffen, daß sowohl für Zeitschriften, Bücher und Kataloge als auch für Photographien und Karteien eine angemessene, erweiterungsfähige Aufstellung ermöglicht wurde.
Diese überschaubare Ordnung der Sammlung war wiederum die Voraussetzung für wissenschaftliche Grundarbeit, und diese ging mit dem Ausbau einer den angestrebten Aufgaben gerecht werdenden Bibliothek einher. Hier wurden als erstes Hunderte von Zeitschriftenjahrgängen gebunden und dieser Bestand durch zahlreiche neue Organe bereichert. Dem Bücherfundus konnten zwischen 1980 und 1990 rund 3000 Bände zugeführt werden, die vor allem die Bereiche Industrial-, Graphic-Design und Kunsthandwerk verstärkten.
Gleichzeitig erfolgte der Aufbau einer Abteilung von Lexika und Nachschlagewerken und ein breiter Ausbau der besonders für zukünftige Jahrzehnte so wichtigen Firmenkataloge, Künstler- und Designer-Karteien und anderer Materialsammlungen.
Damit wurde auch die Bibliothek ebenso wie der Sammlungsbestand um mehr als 50% vermehrt und zu einem wirksamen und unentbehrlichen Arbeitsmittel. Sie übertrifft heute in den Bereichen Industrial- und Graphic-Design die Leistungsfähigkeit der Bibliothek des Zentralinstitutes für Kunstgeschichte.
Mit Hilfe dieser Bibliothek war es möglich, auch die Inventarisation besser als zuvor

zu fundieren und die neuerworbenen Objekte nicht nur sorgfältiger zu erfassen, sondern auch jeweils mit ihrer Literaturlage zu versehen, das heißt, auch Objekte des Industrial- oder Graphic-Design in die kunsthistorischen Gepflogenheiten einzubinden.
Diese Konditionen für spätere wissenschaftliche Arbeit auf neu entdeckten ästhetischen Objektfeldern erforderten zahlreiche flankierende Maßnahmen. Dazu gehörten die möglichst rasche Erfassung des gesamten Bestandes, also vor allem die Nachinventarisation, zugleich aber die photographische Dokumentation des Bestandes.
Durch die Einrichtung eines improvisierten Photo-Studios konnten – beginnend mit den zweidimensionalen Objekten – mehr als 21 000 Sammlungsgegenstände im eigenen Haus aufgenommen werden und durch Fachphotographen nochmals etwa 4000–5000, so daß heute der überwiegende Teil des Bestandes bildlich erfaßt ist. Diese Aufnahmen, verbunden mit einer deskribierenden Fixierung, mit Daten und zum Teil Literaturzitaten, bilden heute neben der umstrukturierten Bibliothek die zweite unverzichtbare Säule des Museums als Bewahrungsort einer kostbaren Objektwelt; aber diese Karteien und Apparate erbringen über weite Strecken nicht nur die theoretische Aufschlüsselung der jeweiligen Objekte, sondern bedeuten auch – besonders im zweidimensionalen Bereich – deren Schutz gegenüber gefährdender Bewegung und Befingerung. Diese Apparate bilden auch die Ausgangsbasis für eine spätere Übertragung auf technische Systeme mit entsprechender Vernetzung.
Auf der geschaffenen Basis von Ordnung und Strukturierung konnte auch wissenschaftliche Arbeit gedeihen. Sie hat sich vor allem seit 1985 in zahlreichen Buchpublikationen niedergeschlagen, bei denen eine gleichwertige Behandlung von Kunstgewerbe und Design praktiziert wurde, um auf diese Weise letzteres Gebiet an das Museum und die dahinterstehende Kunstwissenschaft heranzuführen.
Faßt man zusammen, so wurde im 9. Jahrzehnt unseres Jahrhunderts dem betagten Institut »Die Neue Sammlung« mit Hilfe dieses Instrumentariums eine bisher nicht vorhandene Struktur eingebunden. Es ist die zwar sensible, zerbrechliche, bei richtiger Handhabung aber auch leistungsfähige Struktur eines modernen Museums. Seinen bisherigen Ausformungen wurden neue Objekt- und damit Forschungsfelder erschlossen. Der angestrebte, durch entsprechende Sammlungsbereiche und Akzessionen neuartige Museumstyp zweckbehafteter Dinge unseres Jahrhunderts erhielt organisatorisch und methodisch ein geistiges Skelett, eine ihm gemäße Abstützung.

Die Bücher und Kataloge

Die dichte Folge von Buchpublikationen basiert auf der Neustrukturierung des Museums und ist das Ergebnis methodisch-wissenschaftlicher Museumsarbeit. Beide Faktoren verzahnen sich zwangsläufig mit einer Phasenverschiebung. Zuerst mußten Fakten erfaßt, die Substanz der Bibliothek verbessert, Karteien angelegt, Objekte, Künstler und Designer verifiziert werden, erst danach war die Verarbeitung, Verknüpfung und Durchdringung des Stoffes möglich.

Voraussetzung für größere Publikationen war zudem die Bereitstellung von Mitteln, lagen doch die Herstellungskosten pro Band der ab 1985 erschienenen Bücher je nach Umfang zwischen 100 000 und etwa 270 000 DM. Ehe Summen dieser Größe beschafft werden konnten, mußte Vertrauen für das Gelingen und den Absatz der Bücher gewonnen werden.

Zwischen Sommer 1980 und Sommer 1990 wurden 33 eigenständige Veröffentlichungen verfaßt, betreut oder angeregt. 14 davon erschienen kartoniert, 19 – ab 1985 stetig – als gebundene Bücher. Diese 19 Buchpublikationen besitzen ein Volumen von annähernd 5000 Seiten. Pro Jahr erschienen ab 1985 drei Bände, davon 13 im Birkhäuser Verlag, Basel, daneben Bände bei Prestel in München und DVA in Stuttgart.

Die zuvor veröffentlichten 10 kartonierten Publikationen, von denen später erweitert auch zwei in Buchform erschienen, waren eine Art Vorreiter und Wegbereiter; ein Erprobungsfeld, auf welche Weise ein Katalog, der beschreibend eine Ausstellung begleitet, in ein Buch zum angesprochenen Thema gewandelt werden kann; denn auch im Bereich der Buchveröffentlichung sollte ein neuartiger Typus herausgebildet werden, der zwar aus Anlaß einer Ausstellung erscheint, sie aber zugleich überschreitet, ergänzt und den dort gegebenen anschaulichen Befund in ein anderes Medium überführt.

Schon den kartonierten Publikationen lag das gleiche von Pierre Mendell und Klaus Oberer entwickelte graphische Erscheinungsbild wie den späteren gebundenen Büchern zugrunde: nämlich ein 2½ spaltiger, abgesenkter Bild- und Satzspiegel, die gleiche Größe und Papierqualität. Als Schrift fand die Univers Verwendung.[53]

Auch die Umschläge entsprachen sich, trugen doch auch die kartonierten Ausgaben

das jeweils von Mendell und Oberer entworfene visuelle Erscheinungsbild der Ausstellung, das auch Plakat und Einladung bestimmte. Der Betrachter wurde durch diese auf die Publikation eingestimmt.
Natürlich wurden Satz- und Bildspiegel im Laufe der Jahre immer geschmeidiger gehandhabt und die Typographie mit verschiedenen Größen ausdrucksvoller und klarer eingesetzt. Vor allem aber wandelte sich der innere Habitus, der dann auch eine adäquate Entsprechung im Äußeren fand.
Die jeweiligen Themen erhielten in den Büchern ein breiteres Volumen, für Explikationen wurden vermehrt Farbabbildungen verwendet, die Dokumentation mit Quellen und Chronologien spielte eine wichtige Rolle, vor allem aber wurde dem Ausbau der Apparate mit Anmerkungen, Glossaren, Vitensammlungen und Bibliographien besondere Sorgfalt zugewendet.
Dieser Anspruch gelangte auch im Äußeren zum Ausdruck. Die Bücher wurden nun fadengeheftet und in Ganzleinen gebunden, erhielten zur Typisierung ein Etikett auf dem geraden Rücken, auf dem Frontdeckel eine Blindprägung und einen Vierfarbenumschlag.
Dieses Erscheinungsbild besaßen die beiden parallel erscheinenden Bandreihen: die Ausstellungsbücher, die zumeist in die bei Birkhäuser herausgegebene Buchreihe »industrial design – graphic design« Eingang fanden, und die Sammlungskataloge. Von diesen erschienen zwischen 1985 und 1990 drei: ein Grundkatalog, ein Sammlungskatalog über die wichtigsten gestalthaften Verpackungen und ein dritter über die Textilien des Museums. Diese Sammlungskataloge besitzen ein Format von DIN A4 und einen dreispaltigen Satzspiegel, der ebenfalls von Pierre Mendell und Klaus Oberer entworfen wurde.
Ziel dieser Veröffentlichungen war es, die Ausstellung mit einer auch nach außen wirkenden, wissenschaftlichen Arbeit des Museums zu verbinden.
Vor allem sollte über das schmale Fenster von Sonderausstellungen hinaus, auf einer zweiten Schiene, die internationale Öffentlichkeit und Forschung mit der Arbeit der Neuen Sammlung bekannt gemacht werden. Sicher spielte bei der mühsamen, anstrengenden, aber partiell auch glücklich machenden Arbeit der Wunsch eine Rolle, Bücher mit einem graphischen Niveau zu bilden und zu formen, die in der Lage sind, das Wesen der in einem Museum bewahrten edlen Dinge zu spiegeln.
Viele Zehntausende dieser Bücher sind in die Bibliotheken und Museen der Welt, vieler Sammler und bibliophil interessierter Menschen gelangt. Zahlreiche Bände wurden prämiiert und haben Hinweise, Anregungen und wohl auch Freude vermittelt. Sie trugen dazu bei, das Gewicht und die Bedeutung der Neuen Sammlung zu dokumentieren.

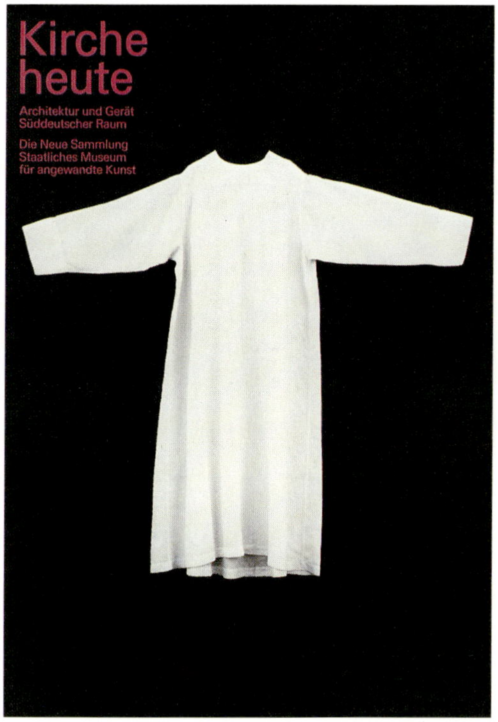

Wichmann Hans (Hrsg.), Kirche heute. Architektur und Gerät. Süddeutscher Raum. München 1984. 108 S. m. zahlreichen teils farbigen Abbildungen und Zeichnungen = Blickpunkte 4.

Die Veröffentlichung behandelt Arbeiten von 30 Architekten, Bildhauern, Goldschmieden und Entwerfern und enthält Abhandlungen von Justus Dahinden (Bauen wir die richtigen Kirchen?), Aloys Goergen (Rothenfels und die Folgen), Günter Rombold (Ethik und Ästhetik. Der Wahrheitsgehalt der Kunst), Hans Wichmann (Kirche heute. Architektur und Gerät). Beschlossen wird das Buch von einem Glossar.
Besprechungen vgl. S. 275.

Wichmann Hans (Hrsg.), Polnische Plakate der Nachkriegszeit.
München 1985. 90 S. m. 104 teils farbigen Abbildungen = Zeugnisse 4.

Die Abbildungen stammen aus den Beständen der Neuen Sammlung, deren Sektion »Polnische Plakate« besonders in den letzten Jahren systematisch erweitert wurde. Durch die Abhandlung »Zum Wesen des polnischen Nachkriegs-Plakats« (Hans Wichmann) wird die Publikation eingeführt. Ihr Aufbau erfolgt alphabetisch nach Künstlernamen. Vorangestellt ist jeweils eine Vita mit Literaturhinweisen. Den jeweiligen Plakaten ist ihre Einbettung in die Literatur beigefügt. Eine Bibliographie beschließt den Katalog.
Besprechungen vgl. S. 278.

Wichmann Hans, In memoriam Sep Ruf. Stuttgart 1985. 240 S. m. 321 Abbildungen und Zeichnungen = Beispiele 4.

Enthält die Abhandlungen: »Zu Eigenschaften der Architektur Sep Rufs« (Hans Wichmann), »Leben und Werk Sep Rufs im Geflecht der Geschichte« (Hans Wichmann), »Sep Ruf – Bauten« (Kurt Schneider), »Sep Ruf und der neue katholische Kirchenbau« (Aloys Goergen), »Nicht gebaute Architektur Sep Rufs« (Florian Hufnagl/Hans Wichmann), weiterhin: Daten zum Leben Sep Rufs, Äußerungen des Architekten, Werkverzeichnis und Bibliographie. Die wichtigsten Bauten werden ausführlich dargestellt. 1986 erschien das Buch auch unter dem Titel »Sep Ruf. Bauten und Projekte« in Leinen gebunden mit Schutzumschlag bei DVA, Stuttgart. Es repräsentiert bei gleichem Satzspiegel in dieser Form den Typus der neuen Buchpublikationen der Neuen Sammlung (farbiger Schutzumschlag, Leineneinband mit Blindprägung, Rückenschild). Besprechungen vgl. S. 283.

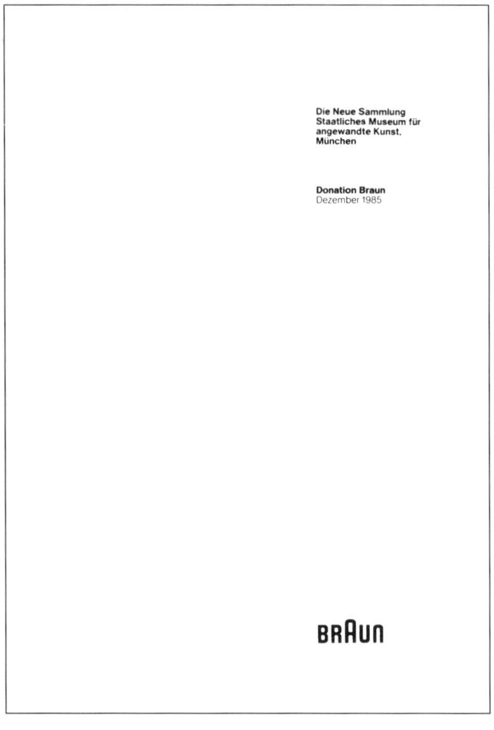

Donation Braun.
Berlin 1985. 28 S. m. Abbildungen.

Zweite eine umfangreiche Donation begleitende Veröffentlichung. Sie verbindet mit Abhandlungen über die Donation Braun und Die Neue Sammlung (Hans Wichmann) Berichte über die Produktbereiche des Unternehmens, einen Überblick über »Geräte, die Geschichte machten« und Maximen, die dem Braun-Design zugrunde liegen. Die Braun-Texte stammen von Dieter Skerutsch.

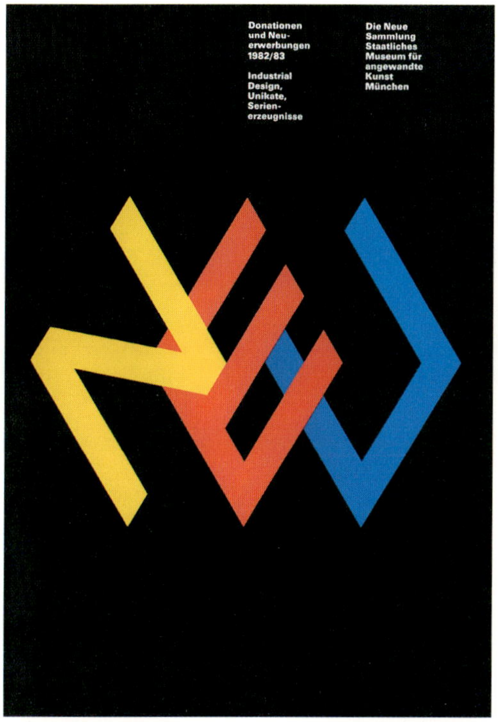

Wichmann Hans, Neu. Donationen und Neuerwerbungen 1982/83.
München 1986. 90 S. m. 142 teils farbigen Abbildungen = Zeugnisse 5.

Zweite der bis 1990 erfolgten fünf Publikationen über Donationen und Neuerwerbungen der Neuen Sammlung mit dem gleichlautenden Titel »Neu«. Von den annähernd 3000 Akzessionen der Jahre 1982/83 werden in dieser Veröffentlichung 278 mit Literaturhinweisen behandelt. Neben einem Verzeichnis der Donatoren enthält der Katalog die Abhandlung »Neuerwerbungen – ihre Konsequenz für die Neue Sammlung« (Hans Wichmann), in der die Sanierung der Depots behandelt wird. Schwerpunkte unter den behandelten und abgebildeten Objekten bilden die Bereiche: nicht technisierte Geräte, Möbel, industrial design und Japan. Besprechungen vgl. S. 284.

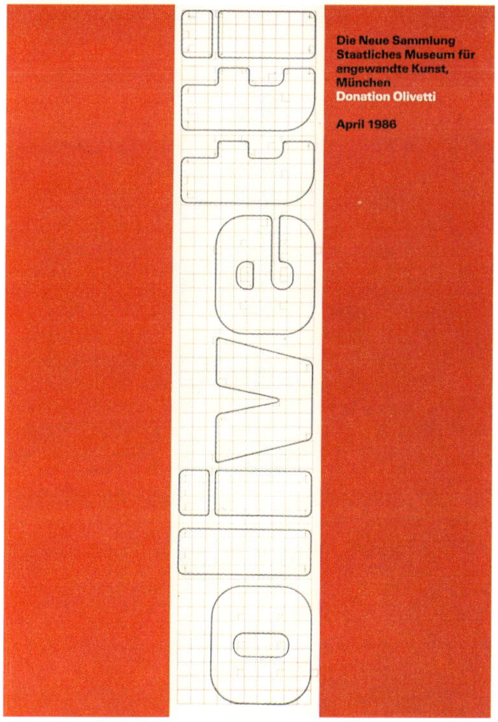

Donation Olivetti.
Frankfurt/M. 1986. 43 S. m. Abbildungen.

Dritte große, mit einer Publikation verbundene Donation an Die Neue Sammlung. Sie enthält Berichte über Die Neue Sammlung und die Donation Olivetti (Hans Wichmann), daneben eine Abhandlung von Renzo Zorzi über die Design-Tendenzen des Unternehmens. Ein Überblick über die Wandlung der Geräteentwicklung unter dem Titel »Von der Mechanik zur Elektronik«, verbunden mit einem Verzeichnis der dedizierten Geräte und der wichtigeren Entwerfer, beschließt die Veröffentlichung.

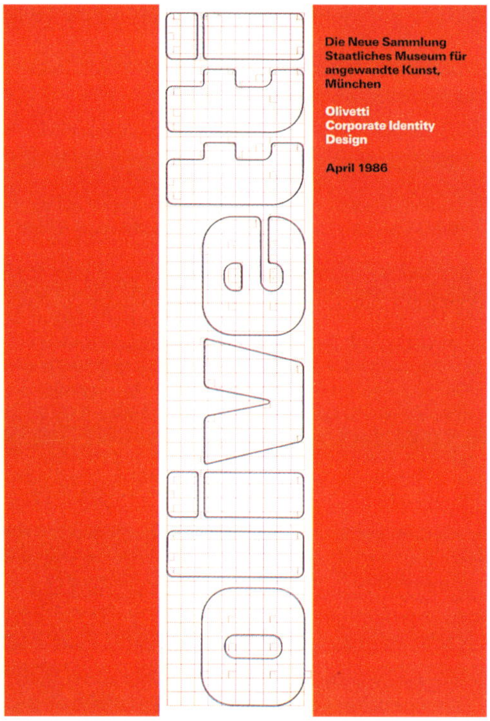

Olivetti, Corporate Identity Design.
Frankfurt/M. 1986. 63 S. m. Abbildungen.

Während der Ausstellung »Neu. Donationen und Neuerwerbungen 1982/83« wurden in einem Raum Teilbereiche der Corporate Identity des Unternehmens Olivetti gezeigt, ein Thema, das auch parallel zur Ausstellung (1986) im Rahmen einer Tagung im Lenbachhaus, München, behandelt wurde. Die Veröffentlichung gibt einen präzisen, eindrucksvollen Überblick der in den »Roten Büchern« niedergelegten, zwischen 1971 und 1978 von Hans von Klier u. a. durchgeführten Fixierung der Corporate Identity des Unternehmens.

Wichmann Hans (Hrsg.), Design-Process-Auto. Zum Beispiel BMW.
München 1986. 203 S. m. 228 meist farbigen Abbildungen (Ln. geb. m. farb. Schutzumschlag)
= Blickpunkte 5.

Buchpublikation, in der nicht das Äußere, also die Karosserie, im Vordergrund steht, sondern der langwierige Design-Process – von der Skizze über das Modell bis hin zum fertigen Fahrzeug. Ergänzt wird der Gestaltungsweg des Automobils durch die Darstellung des Design-Process-Motorrad und durch Hinweise auf Anregungen, welche die Form des Automobils durch den Motorsport erhielt. Erste Abhandlung dieser Thematik mit Beiträgen von Hans Braun, Peter M. Bode, Michael Conrad, Johannes Hirschler, Florian Hufnagl, Claus Luthe, Horst Novak, Henner Werner, Hans Wichmann. Das Buch wird durch ein Glossar und eine Bibliographie beschlossen. Zugleich Bd. 1 der Serie: »industrial design – graphic design«. Basel 1987. Besprechungen vgl. S. 286.

Bayerischer Staatspreis für Nachwuchs-Designer 1987.
München 1987. 40 S. m. Abbildungen.

Veröffentlichung zur erstmaligen Vergabe des Preises durch das Bayerische Staatsministerium für Wirtschaft und Verkehr. Enthält Vorwort und Rede von Staatsminister Anton Jaumann, Bemerkungen zu Sinn und Aufgabe des Preises (Rido Busse), Würdigung der mit Preisen ausgezeichneten Arbeiten (Rido Busse/Peter Nickl), weiterhin Statuten und einen Bericht über Die Neue Sammlung (Hans Wichmann), in der die Arbeiten der Teilnehmer am Wettbewerb ausgestellt wurden. Das Erscheinungsbild des Kataloges ist dem der Veröffentlichungen der Neuen Sammlung angeglichen und bis heute für die Publikationen über den Staatspreis verbindlich geblieben.
Besprechungen vgl. S. 288.

Wichmann Hans (Hrsg.), Mendell & Oberer, Graphic Design.
München 1987. 152 S. m. zahlr. farbigen Abbildungen (Ln. geb. m. farb. Schutzumschlag)
= Beispiele 5.

Buchpublikation mit Beiträgen von Ivan Chermayeff und Hans Wichmann. Wiedergegeben sind die wichtigsten Arbeiten des international bedeutenden Graphic Design-Büros Mendell & Oberer (Signets, Plakate, Buchgestaltungen, visuelle Erscheinungsbilder, Verpackungen, Farbgebungen für Rennwagen, Skulpturen u. a.). Das Buch wurde zugleich in der von Hans Wichmann herausgegebenen Serie: »industrial design – graphic design« als Band 2 veröffentlicht. 1987 ausgezeichnet als eines der »Schönsten Bücher der Bundesrepublik Deutschland«; 1988 Silbermedaille des Art Directors Club, New York.
Besprechungen vgl. S. 292.

Wichmann Hans (Hrsg.), Donation Siemens an Die Neue Sammlung. München 1987. 142 S. m. 158 meist farbigen Abbildungen (Ln. geb. m. Schutzumschlag).

Nach Veröffentlichungen über Donationen von Agip, Braun und Olivetti ist dies die vierte Publikation – diesmal in Buchform – über eine große Schenkung durch das Unternehmen Siemens. Sie enthält Beiträge von Eugen Leitherer, Dieter Rams, Dankwart Rost, Herbert Schultes und Hans Wichmann. An 17 besonders innovativen Beispielen vor allem aus dem Investitionsgüterbereich werden die Kriterien: Objekt, Leistung, Konstruktion und Gestalt expliziert. Die Texte dazu verfaßte vor allem Florian Hufnagl. Weiterhin wird die Corporate Identity des Unternehmens dargestellt.
Besprechungen vgl. S. 292.

Wichmann Hans, Neu. Donationen und Neuerwerbungen 1984/85. München 1988. 130 S. m. 95 schwarz-weißen u. 11 farbigen Abbildungen (Ln. geb. m. farb. Schutzumschlag) = Zeugnisse 6.

Dritte der bis 1990 erfolgten fünf Publikationen über Donationen und Neuerwerbungen der Neuen Sammlung unter dem gleichlautenden Titel »Neu«. Von den 2427 in den Jahren 1984/85 erworbenen Objekten werden 320 in diesem Katalog mit Literaturzitaten behandelt. Wiederum ist der Veröffentlichung ein Verzeichnis der Donatoren eingefügt. Schwerpunkte bilden die Bereiche: industrial design, Photographien, Möbel, Geräte der Wohnung und Beleuchtungskörper. Das Buch erschien auch in Leinen gebunden mit farbigem Schutzumschlag.
Besprechungen vgl. S. 298.

Wichmann Hans, Italien: Design 1945 bis heute.
München 1988. 388 S. m. 125 farbigen u. 220 schwarz-weißen Abbildungen (Ln. geb. m. farb. Schutzumschlag) = Blickpunkte 7.

Buchpublikation mit einführenden Abhandlungen von Vittorio Gregotti und Hans Wichmann. Ein umfangreicher Teil mit Abbildungen, ergänzt durch sorgfältige bibliographische Erläuterungen, dokumentiert die wichtigsten Design-Entwicklungen anhand von Objekten aus Beständen der Neuen Sammlung. Es schließt sich daran ein quellenkundlicher Teil mit 40 Äußerungen italienischer Designer und Produzenten an, ferner eine Vitensammlung italienischer Entwerfer, ein Kompendium mit »Daten und Fakten« zur Kulturlage zwischen 1945 und 1987. Beschlossen wird das Buch durch eine umfangreiche Bibliographie. Zugleich Bd. 4 der Serie: »industrial design – graphic design«, Basel 1988.
Besprechungen vgl. S. 302.

Wichmann Hans, Japanische Plakate. Sechziger Jahre bis heute.
München 1988. 211 S. m. 106 farbigen u. 50 schwarz-weißen Abbildungen (Ln. geb. m. farb. Schutzumschlag) = Beispiele 7.

Mit einem Beitrag von Irmgard Schaarschmidt-Richter. In den Texten werden die historischen Voraussetzungen des heutigen japanischen Plakates ebenso behandelt wie die sozioökonomischen, organisatorischen und mentalen Bedingungen, daneben die Eigenart der Bildmittel. Die in diesem Band wiedergegebenen Plakate stammen ausschließlich aus den Beständen der Neuen Sammlung und repräsentieren Neuerwerbungen seit 1980. Den Entwerfern ist jeweils die Vita, zum Teil in Erstveröffentlichung in Europa, beigeordnet, den Objekten ihr Text und ihre Behandlung im Schrifttum (europäische Sprachen). Eine Bibliographie beschließt das Buch. Zugleich Bd. 5 der Serie: »industrial design – graphic design«, Basel 1988.
Plakat und Buch erhielten 1989 die Gold- und Silber-Medaille des Art Directors Club, New York.
Besprechungen vgl. S. 304/305.

Wichmann Hans, Neu. Donationen und Neuerwerbungen 1986/87. München 1989. 207 S. m. 62 farbigen u. 130 schwarz-weißen Abbildungen (Ln. geb. m. farb. Schutzumschlag) = Zeugnisse 7.

Vierte Veröffentlichung unter dem Titel »Neu« seit 1980, diesmal ausschließlich als gebundene Buchpublikation. Von den in den Jahren 1986/87 mehr als 2000 Neuerwerbungen werden in diesem Band ca. 10% publiziert. Den abgebildeten Objekten ist jeweils ihre Bibliographie zugeordnet. Wiederum enthält die Publikation ein Verzeichnis der Donatoren. Die Gliederung des Stoffes erfolgt nach den Bereichen: Kunstindustrie, Industrial Design, Möbel und Beleuchtungskörper, Künstlerplakate. Diesen Gebieten ist jeweils eine Einführung vorangestellt. Besprechungen vgl. S. 306.

Wichmann Hans (Hrsg.), System-Design: Fritz Haller. Bauten, Möbel, Forschung. Basel 1989. 305 S. m. 78 farbigen u. 525 schwarz-weißen Abbildungen (Ln. geb. m. farb. Schutzumschlag) = Beispiele 8.

Erste Buchpublikation über den Schweizer Systemarchitekten. Er wird als Haupt der sogenannten Solothurner Schule angesehen. Von 1961 beginnend, hat Haller mehrere Stahlbausysteme und das Stahl-Möbel-System »USM Haller« entwickelt. Das Buch behandelt nach einer Einführung von Hans Wichmann jeweils die Systeme mit Anwendungsbeispielen. Es enthält ferner einen breiten Teil der Forschungsarbeiten Hallers, die von komplexen Vernetzungen im Rahmen von Produktionsanlagen über Städteplanungen bis hin zu Satellitensiedlungen im erdnahen Raum reichen. Werkverzeichnis und Bibliographie bereichern die Substanz des Werkes. Zugleich Bd. 6 der Serie: »industrial design – graphic design«, Basel 1989. Besprechungen vgl. S. 308.

Wichmann Hans (Hrsg.), Armin Hofmann. His Work, Quest and Philosophy. Werk, Erkundung, Lehre. Basel 1989. 224 S. m. 11 farbigen u. 187 schwarz-weißen Abbildungen (Ln. geb. m. farb. Schutzumschlag) = Blickpunkte 8.

Grundlegende Veröffentlichung über den bedeutenden Schweizer Graphiker. Das Buch enthält Interpretationen der Arbeit von Ken Hieber, Philadelphia, und Aussagen des Künstlers über sein Plakatschaffen und -werk, seine Arbeiten am Bau, über Kleingraphik, Zeichensprache und sein pädagogisches Wirken. Beschlossen wird das Buch durch eine Bibliographie. Es wurde von Armin Hofmann gestaltet und im Hinblick auf seine zahlreichen amerikanischen Schüler in zwei Sprachen (englisch und deutsch) herausgegeben. Zugleich Band 7 der Serie »industrial design – graphic design«. Besprechungen vgl. S. 311.

Wichmann Hans, Keramiken der Neuen Sammlung im Internationalen Keramik-Museum Weiden. München 1990. 128 S. m. 32 farbigen u. 79 schwarz-weißen Abbildungen (Ln. geb. m. farb. Schutzumschlag und broschiert).

Das von sechs bayerischen Staatssammlungen bestückte Museum steht unter der Leitung der Neuen Sammlung. Es wurde am 5. April 1990 durch Staatsminister Hans Zehetmair eröffnet und verkörpert durch das ihm zugrunde liegende rollierende Prinzip einen neuartigen Museumstyp. Das Buch expliziert diesen Typus, verweist auf die Keramikbestände der Neuen Sammlung und enthält archivalische Beiträge über das Museumsgebäude (Annemarie Krauß) und über die Bausanierung (Wilfried Schneeberger). Den Schwerpunkt des Buches bilden Wiedergaben der in Weiden gezeigten Keramiken der Neuen Sammlung. Sie sind wissenschaftlich mit bibliographischen Angaben behandelt. Beiträge verfaßten für diesen Teil Dr. Corinna Rösner und Dr. Florian Hufnagl. Gleichzeitig erschienen formal gleichgestaltete Bücher über die Beiträge der Prähistorischen Staatssammlung und des Bayerischen Nationalmuseums im Internationalen Keramik-Museum Weiden.

Wichmann Hans, Neu. Donationen und Neuerwerbungen 1988/89. München/Basel 1990. 314 S. m. 98 farbigen und 212 schwarz-weißen Abbildungen (Ln. geb. m. farb. Schutzumschlag) = Zeugnisse 8.

Mit diesem Band wird eine Publikationsreihe, die fünf Veröffentlichungen umfaßt und unter dem gleichen Titel seit 1982 erschien, abgeschlossen. Von den 2680 in den Jahren 1988/89 erfolgten Neuerwerbungen werden hier 310 wiedergegeben. Dieser fünfte Band gliedert sich in vier Blöcke, deren erster kunstindustrielle Objekte aus Keramik, Glas, Metall und Kunststoff behandelt. Ein zweites Kapitel umschließt Industrial Design und ein drittes Möbel, Beleuchtungskörper und Textilien. Abgeschlossen wird das Buch durch Neuerwerbungen im Bereich gestalteter Warenverpackungen. Jedes der behandelten Objekte wurde abgebildet und mit bibliographischen Angaben versehen. Wiederum ist der Veröffentlichung ein Verzeichnis der Donatoren beigefügt.
Besprechungen vgl. S. 312.

Wichmann Hans (Hrsg.), Ernst Maria Lang. Bayern und Ereignisse der Welt. Karikaturen der Süddeutschen Zeitung. München/Basel 1990. 300 S. m. 296 schwarz-weißen Abbildungen (Ln. geb. m. farb. Schutzumschlag) = Zeugnisse 9.

Von den über 3500 Karikaturen Ernst Maria Langs, deren Originale 1988 durch Kauf in Die Neue Sammlung gelangten, wird hier eine beispielhafte Auswahl wiedergegeben. Sie erfolgte in Gemeinsamkeit mit dem Zeichner, trägt damit sein Siegel und strahlt auch darin Authentizität aus. Die Zeichnungen setzen 1947 formal noch tastend ein und enden mit dem Jahr 1989/90 – hier sich verdichtend.
Jede Karikatur wird von einer Darlegung des historischen Hintergrundes begleitet, jedes Jahrzehnt von einem historischen Abriß eingeführt. Das Buch enthält neben Geleitwort und Abhandlungen von Hans Heigert, Hellmuth Karasek und Hans Wichmann Daten zum Leben und Werk Ernst Maria Langs und eine Bibliographie zu seinem Karikaturen-Werk.
Das Buch war von einer Ausstellung begleitet, die jedoch erst bei Auslieferung dieses Buches eröffnet wurde und deshalb nicht mehr behandelt werden konnte. Band 8 der Serie »industrial design – graphic design«.

Wichmann Hans u. Florian Hufnagl, Künstlerplakate. Frankreich/USA. Zweite Hälfte 20. Jahrhundert.
München/Basel 1990. Ca. 280 S. m. ca. 240 farbigen Abbildungen (Ln. geb. m. farbigem Schutzumschlag).

Enthält als ersten Beitrag eine Abhandlung über die Tendenz der modernen Kunst, die tradierten Kunstsparten zu übergreifen, weiterhin einführende Texte zu den Künstlerplakaten Frankreichs und der USA nach 1945.
Die in dem Band vertretenen Künstler sind alphabetisch geordnet. Den wiedergegebenen Plakaten ist ihre Behandlung im Schrifttum beigegeben. Innerhalb der Vita werden vor allem die Arbeitsbereiche angewandter Kunst hervorgehoben; bei den Plakaten die spezifische Stellung innerhalb des künstlerischen Werkes, damit die sich in einem Plakat abzeichnende Verbindung von freier und angewandter Kunst.
Band 10 der Serie: »industrial design – graphic design«. (Das Buch befand sich im Juli 1990 im technischen Herstellungsvorgang.)

Wichmann Hans, Die Realisation eines neuen Museumstyps. Die Neue Sammlung. Bilanz 1980/90.
München/Basel 1990. 348 S. m. 125 farbigen u. 109 schwarz-weißen Abbildungen (Ln. geb. m. farb. Schutzumschlag).

Ausgehend von der 1980 vorgefundenen Lage, werden die Konsequenzen und die in einem Jahrzehnt erzielten Ergebnisse umrissen. Im Zentrum steht dabei die Entscheidung für einen neuen Museumstyp, für ein Design-Museum und damit für eine Museumsarbeit an einer zum Teil neuen Objektwelt. Innerhalb dieser Museumsarbeit erhält die Akquisition Priorität. Sie wird gegenüber den vorangegangenen Jahren verzehnfacht. Diesem Bereich wird deshalb innerhalb des Buches besonderes Gewicht eingeräumt, werden doch 111 bedeutende oder interessante Erwerbungen aus den 23 Sammelgebieten unter Mitwirkung von Florian Hufnagl und Corinna Rösner ausführlich behandelt.
Es folgen im Anschluß ein Kapitel über die 27 in diesem Jahrzehnt durchgeführten Ausstellungen, weiterhin eine Abhandlung über die neuen, wissenschaftlich fundierten Strukturen und Methoden, deren Ergebnis die Veröffentlichung von 33 selbständigen Publikationen war, von denen 19 gebunden in Buchform erschienen, darunter 3 umfangreiche Sammlungskataloge. Beschlossen wird das Buch durch das Kapitel »Der Museumsbau. Rückblick und Perspektiven«. Band 9 der Serie: »industrial design – graphic design«.

Wichmann Hans, Industrial Design. Unikate. Serienerzeugnisse. Die Neue Sammlung. Ein neuer Museumstyp des 20. Jahrhunderts.
München 1985. 526 S. m. ca. 1200 teils farbigen Abbildungen (Ln. geb. m. farb. Schutzumschlag).

Grundkatalog des Museums. Behandelt »Die Geschichte der Neuen Sammlung«, ferner den neuen Museumstyp, zu dem die Sammlung im letzten Jahrzehnt entwickelt wurde. Darüber hinaus werden die 23 Sammelgebiete mit der Abbildung beispielhafter Objekte, denen jeweils ihre Verankerung in der Literatur beigegeben wurde, dargestellt. Ein Block mit Verzeichnissen und Bibliographien, in denen neben 600 Künstlern etwa 8000 Literaturzitate enthalten sind, beschließt das Buch, das als Standardwerk zur »Kunst, die sich nützlich macht«, angesehen wird. Wurde als eines der »Schönsten Bücher der Bundesrepublik« des Jahre 1985 ausgezeichnet.
Besprechungen u.a.: Spiegel 39, Nr. 37 v. 9.9.1985, 186; tz v. 13.9.1985, 2; Graphik visuelles marketing 10, 1985, 8–15; art 10, 1985, 128 (Anja Lösel); Novum 1985, Nr. 11; md (moebel interior design) 1985, Nr. 11, 52–53 m. Abb.; Neue Zürcher Ztg. v. 3.12.1985; AZ v. 13.12.1985, 20 (P. M. Bode); Basler Magazin v. 21.12.1985; Baumeister 1985, Nr. 12, 62–63; Gala (München) 6, 1985; Esslinger Ztg. v. 4./5./6.1.1986 (H. Lehmann); ZS. industrie (Wien) 86 v. 19.2.1986, H. 8, 40; Weltkunst 56 v. 1.3.1986, Nr. 5; 698–699 (J. Hauschild); AIT 1986, H. 4, 140; form 1987, H. 120, 122.

Leitherer Eugen und Hans Wichmann, Reiz und Hülle. Gestaltete Warenverpakkungen des 19. und 20. Jahrhunderts. Basel 1987. 304 S. m. ca. 500 meist farbigen Abbildungen (Ln. geb. m. farb. Schutzumschlag) = Sammlungkat. Bd. 2.

Behandelt die Verpackung unter sozio-ökonomischen (Leitherer) und formal-graphischen Aspekten (Wichmann). Durch die Erwerbung der Sammlung Leitherer 1987/88 ein Sammlungskatalog für die Sektion Verpackungen des Museums, die weltweit die bedeutendste Sammlung eines Museums repräsentiert. Die umfangreichen Bibliographien und Register verleihen dem Band den Charakter eines Nachschlagewerkes. Standardwerk zum Thema. Besprechungen vgl. S. 296.

Wichmann Hans, Von Morris bis Memphis. Textilien der Neuen Sammlung. Ende 19. bis Ende 20. Jahrhundert. Basel 1990. 463 S. m. 746 zumeist farbigen Abbildungen (Ln. geb. m. farb. Schutzumschlag) = Sammlungskat. Bd. 3.

Für ein Museum, das sich professionell mit Gestaltfragen von Serienerzeugnissen auseinandersetzt, führen Textilien zu den historischen Quellbereichen des industrial design. Der Verdeutlichung dieses Tatbestandes ist das erste Kapiel gewidmet, dem sich nach Skizzierung der Textilbestände der Neuen Sammlung eine Abhandlung über Ornamentfragen anschließt. Ihm folgen in chronologischer Ordnung mehr als 600 sorgfältig abgehandelte und wiedergegebene Stoffe, Tapisserien, Teppiche, ausgehend von William Morris bis in unsere Tage, gegliedert in drei große Zeitabschnitte. Ein Exkurs über Textilsysteme schließt sich an. Durch ein Kapitel über japanische Stoffe, die aus Musterbüchern des 19. Jahrhunderts stammen, wird der Bildteil abgerundet. Beiträge verfaßten neben dem Autor: Stephan Eusemann, Ildikó Klein-Bednay und Jack Lenor Larsen. Beschlossen wird das Buch durch einen soliden, breiten Apparat mit Glossar, Viten-Sammlungen, Historien der Werkstätten, Registern und einer umfangreichen Bibliographie.
Es wird mit diesem Band nicht nur ein eindrucksvoller Überblick über den Dekor- und Musterschatz des ausgehenden 19. und 20. Jahrhunderts vorgelegt, sondern zugleich ein Standard- und Nachschlagewerk für die Textilkunst unseres Jahrhunderts.

Keramik-Museum in Weiden
Ein neuer Typ eines Zweigmuseums

Im Rahmen des 1979 vom Kabinett gebilligten Museumsentwicklungsprogramms[54] wurde auch unter Leitung der Neuen Sammlung ein Zweigmuseum in der nordostbayerischen Stadt Weiden errichtet. Es ist in dieser Stadt, die durch die deutsch-deutsche Grenze von ehemals zusammengehörenden Kulturräumen getrennt war, von besonderer Bedeutung. Das Museum soll die im Gebiet der Oberpfälzer und oberfränkischen Porzellanindustrie bestehenden und geplanten Keramikmuseen anderer Träger durch eine sich deutlich davon absetzende Schwerpunktarbeit und Ausstellungsform ergänzen[55].
Innerhalb des »Internationalen Keramik-Museums« werden Keramikobjekte aus verschiedensten Zeitepochen und aus unterschiedlichen Kontinenten gezeigt. An der Konstituierung dieses Museums waren folgende Staatssammlungen beteiligt: Staatliche Sammlung Ägyptischer Kunst, Staatliche Antikensammlungen, Prähistorische Staatssammlung, Staatliches Museum für Völkerkunde, Bayerisches Nationalmuseum und Die Neue Sammlung, Staatliches Museum für angewandte Kunst.
Erste diesem Vorhaben gewidmete Überlegungen reichen in das Jahr 1980 zurück und traten ab 1981 – damals noch vom Bayerischen Nationalmuseum getragen[56] – in ein konkretes Stadium.
In der Direktorenkonferenz[57] vom 15.7.1981 wurde die Errichtung eines Keramik-Museums im »weitesten Sinne«[58] – gespeist von allen Staatssammlungen und Museen, die Keramikbestände besitzen – beschlossen, und am 24.3.1982 erhielt Die Neue Sammlung die Leitung des Projektes übertragen.
Als Bauwerk nahm man dafür die Südtrakte des im Staatsbesitz befindlichen sogenannten »Waldsassener Kastens«, einer ehemaligen Niederlassung des Klosters Waldsassen, in Aussicht[59]. Dieser »Kasten« repräsentiert eine vierflügelige, in den Kernbereichen aus dem 18. Jahrhundert stammende Anlage, deren Reiz in ihrer unverkünstelten Direktheit liegt. Die zum Teil gewölbten und von gedrungenen, kräftigen Granitsäulen getragenen Räume besitzen vorzügliche Proportionen und überraschen durch Klarheit und in ihren Fluchtungen durch Großzügigkeit. Zum Hof hin werden die doppelgeschossigen, von mächtigen Dächern überkrönten Trakte von raumsuggerierenden Gängen begleitet.
Für das Bauwerk bedeutete die neue Nutzungsform Aufwertung und ideale Zweckbestimmung und für die Stadt Weiden Verstärkung der historischen Substanz und Herausbildung eines besonderen kulturellen Akzents.
Zwischen 1983 und 1985 erfolgte dann die Planung des Museums, ein Prozeß, der am 8.3.1985 mit einem Vertragsabschluß zwischen der Stadt Weiden und dem Bayerischen Staatsministerium für Unterricht und Kultus abgeschlossen wurde[60]. In enger Zusammenarbeit zwischen der Neuen Sammlung und dem Weidener Architekturbüro SHL[61], getragen von W. Schneeberger, entstanden in den Folgejahren die Planungen auch für die Bausanierung und die Gestaltung des Vorhabens, die zwischen 1987 und 1989 realisiert wurden.
Wie ein Phönix aus der Asche schälte sich aus der verwahrlosten, abgewirtschafteten Bausubstanz, die nur als Rohbau belassen werden konnte, durch behutsame Beseitigung von Verstellung und Auskernung der wichtigen historischen Details ein Museumsbau heraus, der sowohl denkmalpflegerischen und konservatorischen als auch museums- und sicherheitstechnischen Gesichtspunkten gerecht wird.
Durch die edlen Böden – im Parterre Solnhofener Platten, im ersten Geschoß Eichenparkett, das im Refektorium akzentuiert wird –, durch einheitliche weiße Farbgebung, weiterhin durch vorzügliche, formal neu entwickelte Treppen und Türen entstanden großzügige Raumfolgen und ein beispielhafter Zusammenklang von heutigen Lösungen und historischer Substanz[62].
Diesem Charakter der Raumschale entsprechen auch die Elemente der Einrichtung: Ganzglasvitrinen, gleicher Art wie sie auch im Getty-Museum von Malibu[63] Verwendung fanden, bestimmen die Räume, ohne sie zu dominieren, indirekte Beleuchtung mit Flutern nach Entwurf von Gianfranco Frattini[64] und ein subtiles Strahler-Beleuchtungssystem, weiterhin USM-Haller-Möbel[65] und ein Edelstahl-Stuhl-Banksystem von Hans-Ullrich Bitsch[66] ergänzen die Einrichtung, die von Informations- und Bildträgern mit schmalen Aluminiumrahmen begleitet wird. Ihre Zurückhaltung bewirkt, daß nur die ausgestellten Objekte selbst zur Geltung gelangen.

Aber all diese Voraussetzungen hätten auch in anderen Zweigmuseen eingebracht werden können. Damit allein wäre Weiden noch nicht als ein neuer Typus eines Zweigmuseums anzusprechen gewesen. Um diesen herauszubilden, mußten neuartige Grundprogramme entwickelt werden, die sich aus den Erfahrungen, die mit Dutzenden von bereits eröffneten Zweigmuseen gewonnen werden konnten, speisten. Diese Erfahrung besagte, daß Zweigmuseen wohl anfänglich bei der Bevölkerung Interesse finden, dies aber erlahmt, wenn nicht zusätzlich Anreize in Form von Sonderausstellungen oder anderen Veranstaltungen geboten werden. Deshalb entschloß man sich, in Weiden kein statisches Museum zu konstituieren[67], sondern realisierte eine Kombination von permanenter und wechselnder Ausstellung von Keramik aus unterschiedlichsten Bereichen. Bei der Eröffnung im Frühjahr 1990 waren deshalb vier Staatssammlungen neben Privatsammlungen[68] vertreten, die nach etwa zwei Jahren in Teilbereichen von den zwei anderen Staatlichen Museen

– mit neuer Eröffnung – abgelöst werden. Darüberhinaus wurden für die zum Atrium hin gelegenen, großzügigen Gänge ebenfalls wechselnde Ausstellungen vor allem zweidimensionaler Objekte, also etwa von Plakaten, Photographien oder Architekturdarstellungen, vorgesehen. Ein Anfang wurde mit einer Plakatausstellung gemacht.[69] Begleitet werden die ausgestellten Keramikobjekte der Neuen Sammlung, des Bayerischen Nationalmuseums (Sammlung Prof. Dr. von Barsewisch) und der Prähistorischen Staatssammlung durch eigenständige, jeweils mehr als 100 Seiten umfassende Publikationen (vgl. Abb. S. 331), die zusammen eine eindrucksvolle Buch-Reihe über das »Internationale Keramik-Museum« ergeben. Besonders zu begrüßen ist, daß durch die Errichtung des Zweigmuseums in Weiden die Keramikbestände des Bayerischen Nationalmuseums mit Hilfe der »Weiß-Blau-Sammlung« Professor von Barsewischs in schönster Weise ergänzt werden konnten.[70]

Der Museumsbau
Rückblick und Perspektiven

Zweifellos ist Bayern ein vielfältiges, von Fülle geprägtes und facettenreiches Land. Seine Gesichter sind je nach Landesteilen anders: eigenständig, charakteristisch. Bayern ist Landshut und Regensburg, Bamberg und Augsburg, ist Wettersteingebirge und Arber, Lech und Donau, aber vor allem München als seine Haupt- und ehemalige Residenzstadt. München wiederum ist Sitz von Ministerien und Zukunftsindustrien, der Ort der Biergärten und des Oktoberfestes, es wird beschenkt durch den Wildfluß Isar und die vorgelagerten Seen; aber alle diese Farben und Tupfer verleihen ihm nicht das Flair einer Weltstadt. Dieses Signum schenkten ihm weitgehend seine Kunstschätze, seine Museen.

Zu ihnen pilgern jahrein jahraus Millionen von Menschen. Wir danken vor allem Ludwig I. bis heute, gewissermaßen von seiner Liebe für die Erhabenheit des Nutzlosen zehrend, einen Teil des Ruhmes unserer Stadt und auch der dadurch erwachsenden Einnahmen.

Wir, die Nachgeborenen am Ende des 20. Jahrhunderts, nähren uns also nach wie vor von fürstlichen Gaben; denn der Volksstaat Bayern hat in München, seit ihm die königliche Hand entzogen wurde, nur mehr Museen und Sammlungen hervorgebracht, die dominant im Schattenreich des Fastverborgenen vegetieren und deren Schicksal um der Bürger und der internationalen Öffentlichkeit willen zu beklagen ist. Mit Ausnahme der Prähistorischen Staatssammlung hat keine der kunsthistorischen Neugründungen nach 1910 ein eigenständiges Heim erhalten. Hin- und hergeschoben, eingeschnürt von Raummangel, fristet ein Drittel der zwölf Staatssammlungen, die dem Kultusministerium unterstehen, als Untermieter ihr Dasein, ohne ihre so wichtige demokratische Aufgabe zur Volksbildung gemäß ihrer Möglichkeiten erfüllen zu können.

Lediglich 1960 raffte sich die damalige Staatsregierung unter Hans Ehard und verstärkt 1966 unter Alfons Goppel auf, einen Ersatz für die zerstörte Neue Pinakothek zu schaffen.[71] Sie wurde 1981 eingeweiht. Das war der einzige Kraftakt des bayerischen Nachkriegsstaates, um an dem Weltruhm seiner Kunstschätze fortzuflechten. Parteipolitisches Gezänk, Halbherzigkeit, Unverstand, ein an Legislaturperioden orientiertes, vordergründiges Zweckdenken haben in der zweiten Hälfte unseres Jahrhunderts den Ausbau einer sinnvollen und den königlichen Vorgaben einigermaßen gerecht werdenden Museumsstruktur in der Landeshauptstadt verhindert. »Lothringer Straße«, »Alabamahalle«[72] oder das anheimelnde »spätgotische« Stadtmuseum bieten dafür keinen Ersatz.

Natürlich haben unsere Volksvertreter aller Couleur dennoch hart auf dem Felde der Kunst und der Museen gearbeitet, kam doch von ihnen immer von neuem der Ruf »Kunst aufs Land«, und ihm folgend wurden Dutzende von Zweigmuseen in allen bayerischen Regionen eingerichtet, von denen manche gar einen Besuch von 2000 Betrachtern im Jahr aufweisen. Dies war und ist vielleicht eine Art Wiedergutmachung der Säkularisation mit auch sinnvollen Perspektiven, brachte aber eine völlige Vernachlässigung Münchens mit sich. Unter dem Aspekt parteipolitisch-provinziellen Nutzens hatte man weitgehend das Problem der internationalen Wettbewerbsfähigkeit der Metropole vergessen. Wenn man sich verdeutlicht, daß zum Wiederaufbau der Neuen Pinakothek zwei Jahrzehnte benötigt wurden, kann man sich vorstellen, daß der Niedergang Münchens als Museumsstadt damit vollzogen wurde. Vor allem sollte man sich klar darüber sein, daß die Landeshauptstadt nicht mit Trostpflastern in Form von Kunstpavillons[73] an ihre Tradition anknüpfen kann, sondern nur durch Museen, die ihren großen Vorgängern ebenbürtig sind.

Frankfurt, Köln, Stuttgart und zahlreiche andere deutsche Städte[74], ja selbst die Stadt Hamm, haben auf diesem Sektor größeren Weitblick gezeigt. Französische Präsidenten sahen hier klarer[75], und auch andere Bundesländer haben – wie mir scheint – die Weichen für die Zukunft zu einem früheren Zeitpunkt günstiger gestellt; denn Kultur, Kunst, Museen werden dauerhafte Anziehungspunkte bleiben und im Wettstreit der europäischen Metropolen im Endeffekt über Hotelbetten triumphieren. An ihnen wird das Niveau einer Stadt gemessen, und Städte mit Niveau werden im Wettstreit obsiegen. Dies bestätigt auch die von der Turiner »Agnelli Stiftung« 1989 veröffentlichte Studie über die Zukunftsaussichten der europäischen Ballungsräume, nach der München nur mehr in dritter Kategorie rangieren wird[76]. Die bayerische Landeshauptstadt bedarf deshalb eines Ausbaus ihrer Museen. Wie nun könnte die Verbesserung der Museumsstruktur aussehen?

München umschließt seine tradierten, aus fürstlicher Stiftung hervorgegangenen Museen wie Münzsammlung, Graphische Sammlung, Armeemuseum, Völkerkundemuseum, Glyptothek, Pinakotheken und Nationalmuseum. Die letzteren drei sind die Flaggschiffe. Ihnen muß stetige Sanierung und jeweilige Anpassung ermöglicht werden. Aber ob die Alte Pinakothek einen Brueghel oder Honthorst mehr oder weniger ihr Eigen nennt, vermehrt kaum das Ansehen dieses zu den sieben großen Galerien der Welt gehörenden Gemäldemuseums. Das gleiche gilt für die anderen beiden großen Staatssammlungen. Selbst die Erwerbung eines weiteren Kouros würde den Ruhm der Glyptothek nicht steigern, und auch der Besitz eines zweiten Augsburger Silberschatzes vermehrt das Gewicht des Bayerischen Nationalmuseums kaum mehr. Diese drei großen Museen ruhen mit ihren Werken sicher in sich selbst, sind zwar ausbaufähig, aber grundsätzlich im internationalen Bewußtsein kaum steigerungsfähig. Von den drei anderen tradierten Museen, von denen das Armeemuseum bereits außerhalb Münchens, in Ingolstadt, angesiedelt ist, sind zwei sogenannte Kabinett-Museen[77], die ihr Gut aus konservatorischen und strukturellen Gründen nicht beständig zeigen können. Das Völkerkundemuseum als alte königliche Gründung ist darüber hinaus mit seinem vorzüglichen Bestand durchaus im öffentlichen Bewußtsein präsent[78]. Es benötigt zu seiner Entfaltung vor allem die in seinem Bau bisher zweckentfremdeten Räume.

Wie steht es nun mit den sechs anderen, jüngeren, partiell auf alte Wurzeln zurückreichenden, dennoch erst nach dem Ersten Weltkrieg neu zusammengefügten oder nach Zerstörung neu aufgebauten Museen? Da ist als erstes das Museum für Abgüsse klassischer Bildwerke zu nennen,

ein Appendix des archäologischen Lehrstuhls[79]. Es wird aufgrund seiner Materie nie internationale Museumsbedeutung erlangen können, ist vielmehr ein vorzügliches pädagogisches Instrument. Das 1910 konstituierte Theatermuseum[80] dagegen ist ein Spezialmuseum hochinteressanter Provenienz, dem man mehr Raum und ein eigenes Haus wünschen möchte, um damit innerhalb Münchens einen ausgeprägten neuen Farbtupfer setzen zu können.
Die Prähistorische Staatsammlung[81], die ein eigenes, jedoch zu erweiterndes Haus besitzt, steht zweifellos auf dem Sprunge, ein internationales Gewicht zu erlangen, während die Staatliche Sammlung Ägyptischer Kunst zwar Ergänzungen[82] des internationalen Feldes schaffen, aber nie ein internationales Gewicht erbringen kann. Wer nur einmal durch die Ägyptische Abteilung des Louvre oder des Victoria & Albert Museums gewandert ist, wer die dortige erstklassige Fülle begriffen und wahrgenommen hat, muß dies bei der vorgegebenen Marktlage bestätigen.

So bleiben unter den sechs jüngeren Museen bzw. Sammlungen noch zwei Institutionen: die Staatsgalerie moderner Kunst und Die Neue Sammlung. Erstere reicht bis 1919 zurück. Sie wies vor 1945 jedoch nur einen geringen Bestand auf, der vor allem unter Kurt Martin und Erich Steingräber ab den ausgehenden sechziger Jahren großzügig ausgebaut und erweitert wurde. Die Schwerpunkte der Staatsgalerie moderner Kunst liegen vor allem im Bereich der deutschen Kunst des 20. Jahrhunderts, in einem wichtigen italienischen Beitrag, der wohl einer der besten außerhalb Italiens ist, weiterhin in Belegen internationaler Strömungen wie Kubismus oder surrealistischer Kunst. 14 Werke Picassos geben dieser Sammlung, die neben den Galerien in Berlin, Köln, Düsseldorf und Hannover zu den großen deutschen Sammlungen moderner Kunst zählt, Gewicht[83]. Vergleicht man diesen Bestand mit dem bedeutender Weltgalerien moderner Kunst, etwa mit denen der USA, hier insbesondere mit dem des Museum of Modern Art, New York, so kann München zweifelsohne damit nicht konkurrieren. Die großartigen Donationen – besonders die der Emigranten – sind heute uneinholbar. Aber natürlich gehört die Staatsgalerie moderner Kunst zu den nach vorn gerichteten, ein neues Gebäude zu Recht beanspruchenden Museen, ebenso wie Die Neue Sammlung, deren verfolgte Ziele unter gesellschaftlichen, ästhetischen und ökonomischen Gesichtspunkten wohl die aktuellsten sind und bleiben werden, treffen sie doch mitten in das existentielle Leben[84].
Erstmalig verbindet sich in einem Museum Ästhetik und Ökonomie ohne abwertenden Bezug, vielmehr organisch, selbstverständlich. Vor allem besitzt, wie dieses Buch und das letzte Jahrzehnt zeigen, Die Neue Sammlung einen hohen Grad von Entwicklungsfähigkeit, weil sich ihr Bestand ständig aus den jüngsten Neuentwicklungen rekrutieren läßt. Ein Bau für ein Museum dieses neuartigen Typus würde ebenso wie der für das Deutsche Museum (1903 ff.) besonders die Jugend der Welt durch seine Vielseitigkeit, durch seine Aktualität, durch sein Reagieren auf Zeitprobleme anziehen.

Aber es wäre anzustreben, die Objekte der Kunst, die sich nützlich macht, nicht isoliert gegenüber der freien Kunst, also gegenüber moderner Malerei und Plastik, auszustellen. Beide Sparten, freie und angewandte Kunst unseres Jahrhunderts, sollten ähnlich wie im New Yorker Museum of Modern Art unter einem Dach gezeigt werden, um so die gesamte Breite der künstlerischen Leistung unseres Jahrhunderts zu demonstrieren. Damit hätte München die Chance, die unselige Spartentrennung zugunsten einer Gesamtschau zu durchbrechen und zugleich einen neuen Schwerpunkt, der sich mit gleichem Gewicht an die großen Museen Ludwigs I. anreihen könnte, zu setzen.
Der die bayerische Museumspolitik in rationaler Weise abwägende bayerische Kultusminister Hans Maier hatte diese potentiellen Möglichkeiten erkannt und bereits in den beginnenden achtziger Jahren den Auftrag erteilt, Raumprogramme für einen Bau dieser Art zu entwickeln, der in zentraler Lage Münchens, am Marstallplatz, vorgesehen war. Im Jahr 1984 wurde die Kombination von der Neuen Sammlung und der Staatsgalerie moderner Kunst intensiv erörtert mit dem Ziel, 1986 einen Wettbewerb für das gemeinsame Vorhaben auszuschreiben. Am 9.11.1984 einigten sich die Vertreter der Staatsgalerie moderner Kunst und der Neuen Sammlung auf ein gemeinsames Raumprogramm für den in Aussicht genommenen Neubau, der aus zwei Ober- und zwei Tiefgeschossen bestehen sollte, mit einer Nutzfläche von ca. 15 000 Quadratmetern. Ende Juli 1985 beauftragte der Ministerrat die Oberste Baubehörde, das Raumprogramm zu überprüfen. In diesem Zusammenhang fanden zahlreiche Gespräche mit Fachbehörden und der Stadt München statt, die letztlich ein positives Votum durch die Oberste Baubehörde ergaben. Daraufhin beschloß der Ministerrat am 19.11.1985, einen Neubau für Die Neue Sammlung in Gemeinsamkeit mit der Staatsgalerie moderner Kunst auf dem nördlichen Marstallgelände zu errichten und hierfür alsbald einen Architekturwettbewerb auszuschreiben. Die Mittel dafür in Höhe einer knappen Million wurden im Haushalt 1986/87 eingestellt[85].
Soweit schien alles ungewöhnlich folgerichtig verlaufen zu sein, aber schon im Jahre 1986 zeigte sich, wie gering diese museumspolitische Perspektive abgestützt war. Staatsminister Maier trat im Herbst des Jahres zurück. Sein Ministerium wurde zerteilt, und als neuer Minister begann ab Oktober Wolfgang Wild zu fungieren. Dieser Vorgang paßte in die glanz- und perspektivelose Spät-Strauß-Ära. Natürlich preßten sich andere Mächte in das entstehende kulturpolitische Vakuum. Zugleich begann die Diskussion um die Errichtung eines Baus für die Staatskanzlei, auf deren Planungsareal unglücklicherweise auch der Bauplatz Marstallplatz Nord lag. Das Marstallgelände wurde zu einer Art Manipuliermasse und die so schwer zusammengezwungene Allianz auseinandergerissen und durch unterschiedliche Interessenlagen zerrieben.
Die im Museumsbereich so glücklose, sich schon im Mai 1989 beschließende erste Phase des neu geschaffenen Ministeriums für Kunst und Wissenschaft, die mit einem Scheitern der Projekte Buchheim, Königsplatz, zugleich mit der Einschläferung der Pläne Marstallplatz verknüpft

war, erbrachte jedoch am 25. Februar 1989 noch einen Knalleffekt. Die Bayerische Staatsregierung beauftragte aufgrund eines Ministerratsbeschlusses die Oberste Baubehörde, eine »Machbarkeitsstudie« für den Neubau der Staatsgalerie moderner Kunst in München zu erstellen. Als »denkbarer Standort sollte das Haus der Kunst und dessen Umgriff am Englischen Garten« geprüft werden[86].

In der Not, vielleicht doch noch für München ein Staatsmuseum zu errichten, scheute man sich nicht, mit dem Hinterhof eines international verfemten Nazigebäudes vorliebzunehmen.

Gleichzeitig gab man bekannt, daß die Verlagerung der Neuen Sammlung nach Nürnberg erwogen würde. Ein Stöhnen ging aufgrund dieser fachlich nicht abgestützten Überlegungen durch die Presse, Schlagzeilen wie »Ausverkauf der Kunst«, »Schildbürgerstreich«, »München im Kunstschlaf«, »Stiefkind München«, »Fehlentscheidung«, »Skandal ohne Ende« oder »Münchens neue Mittelmäßigkeit« waren die Reaktionen. Durch massive Proteste der Fachwelt und der Öffentlichkeit war es jedoch möglich, diese erstaunlichen Überlegungen in den Orkus ihrer Herkunft zu verbannen; denn am 24. April 1990 gab Staatsminister Hans Zehetmair bekannt, das Areal der ehemaligen Türkenkaserne im Herzen von München nicht für die Erweiterung der Technischen Universität verwenden zu wollen, sondern der Kunst zu widmen[87]. Das bedeutet, daß dort auch die Kernbereiche der Neuen Sammlung, als weltweit bedeutendstes Museum seiner Art, ihren gemäßen Platz finden werden. Würde dieser Plan realisiert, so wäre dies nicht nur eine glückliche Entscheidung für die Kunst in Bayern, sondern generell für die städtebauliche Entwicklung Münchens.

Aber nicht der Ort allein, sondern die Inhalte für die Darstellung der modernen Kunst sind entscheidend. Deshalb ist nach wie vor auch auf dem Gelände der ehemaligen Türkenkaserne dafür zu plädieren, Die Neue Sammlung und die Staatsgalerie moderner Kunst in einem Verbund zu sehen; denn Phänomene, Strömungen und Tendenzen der künstlerischen Aussage der modernen Kunst sind – ausgehend von der Jahrhundertwende über Bauhaus bis hin zu Memphis – ohne partielle Verzahnung von freier und angewandter Kunst nicht mehr sinnvoll interpretierbar.

Das in New York demonstrierte Modell im Museum of Modern Art[88] ist nach wie vor beispielhaft und könnte in München eine durchaus variierte Nachfolge finden, ja, eine neue Ausformung, die exemplarischen Charakter für die künftige museale Darstellung moderner Kunst haben könnte.

Diese Design-Sammlungen wären darüberhinaus im Rahmen einer möglichen, sich stärker ausprägenden Design-Politik des bayerischen Staates in der Lage, eine wichtige Rolle zu spielen. Im Zuge des immer engeren europäischen Zusammenschlusses ist Design-Politik für Städte, die Metropolen bleiben wollen, unerläßlich.

Die internationalen Kontakte in diesem durchaus elementar-existentiellen Bereich werden sich in Zukunft sicher – europäisch betrachtet – ver-

mehrt zwischen den Metropolen abspielen. Sie laufen – wie schon heute zu beobachten – an München, damit an Bayern vorbei.
München hat auf diesem Feld nur eine Institution von Einmaligkeit und internationalem Gewicht in die Waagschale zu werfen, dies ist Die Neue Sammlung, um die sie andere Staaten und Bundesländer beneiden. Um sie und ihren Neubau könnten sich auch zukünftige Design-Aktivitäten ranken. Damit hätte Bayern einen Bezugspunkt, der Kunst, Wirtschaft und Gesellschaft in wahrhaft künftigem Sinne konkurrenzlos vereinigen könnte.
Und noch ein Gesichtspunkt scheint von Bedeutung: in der Pressekonferenz am 25.4.1990, in der durch den Ministerpräsidenten Streibl die Planung bekanntgegeben wurde, auf dem Gelände der ehemaligen Türkenkaserne Bauten für moderne Kunst errichten zu wollen, wurde auch angedeutet, daß sowohl in München als auch in Nürnberg gleichzeitig Bestände der Neuen Sammlung gezeigt werden könnten. Das bedeutet, daß ein verstärkt rollierendes Prinzip[89] für ein modernes Design-Museum durchaus auch auf zwei Häuser übertragen werden könnte. Der Wechsel in Abteilungen eines Hauses würde zu Neuaufbauten und damit neuen Aspekten in dem zweiten Hause führen. In dieser sich ergänzenden und verändernden Bestückung zweier im Verbund arbeitender Häuser liegt zweifelsohne der Sinn einer zukünftigen Museumsstrategie[90]. Sie ist die des 21. Jahrhunderts, leistet weit mehr und entspricht in besserer Weise dem angestiegenen Informationsbedürfnis als die bisher in Museen geübte. Entscheidend für die Zukunft der bayerischen Museumspolitik wird somit nicht allein der Ort, sondern der Inhalt und das »Wie« sein. Der glücklichen topographischen Lösung sollte die adäquate große inhaltliche Lösung entsprechen.

Anmerkungen

1 Vgl. zur Geschichte: Wichmann Hans, Industrial Design. Unikate. Serienerzeugnisse. Die Neue Sammlung. Ein neuer Museumstyp des 20. Jahrhunderts. München 1985. 523 S. m. Abb. Hier insbesondere 18 ff.

2 Die Bemerkungen zur Lage beruhen auf einem 15seitigen Memorandum, das am 25. Mai 1981 dem Bayerischen Staatsministerium für Unterricht und Kultus unterbreitet wurde.

3 Gründungsbeschließung des Kultusministeriums vom 21. 5. 1925.

4 Vgl. Wichmann Hans, [Kat. Ausst.] Neu. Donationen und Neuerwerbungen 1982/83. Die Neue Sammlung. München 1986, 6.

5 Feststellung auf der Basis der Inventare der Neuen Sammlung der Jahre 1925–1979 und des Inventars des Münchner Bandes.

6 Vgl. Wichmann Anm. 1, S. 53 ff.

7 Vgl. Anm 2, S. 4 – Weiterhin die programmatische, anläßlich der Übernahme der Neuen Sammlung durch Hans Wichmann herausgegebene Schrift: Die Neue Sammlung. Zeugnisse, Beispiele, Blickpunkte. München 1980, Bl. 3 – Wichmann Hans, Die Neue Sammlung – Staatliches Museum für angewandte Kunst. In: Bayerischer Museumstag. München 1981, 39 ff.

8 Erst 1985 erfolgte mit dem Ankauf der Jugendstilsammlung von Prof. Siegfried Wichmann der Versuch, die Lücke partiell zu schließen.

9 Vgl. u. a.: Günther von Pechmann im 2. Jahresbericht für die Jahre 1926/27 vom 31. 3. 1927 – Wichmann Hans, [Kat. Ausst.] Neu. Donationen und Neuerwerbungen 1982/83. Die Neue Sammlung. München 1986, 8 – Wichmann Anm. 1, S. 33 ff

10 Zwischen 1955 und 1958 Mitarbeiter der Neuen Sammlung, 1958 bis 1964 Direktor derselben.

11 Der Verfasser dieses Buches war 1959 wissenschaftlicher Mitarbeiter Ecksteins an der Neuen Sammlung.

12 Vgl. Wichmann Anm. 1, S. 64.

13 Vgl. Anm. 2, S. 5/6.

14 Unterlagen darüber in der Neuen Sammlung.

15 Vgl. Anm. 1, S. 85 ff.

16 Vgl. Anm. 2, S. 7 ff.

17 Hans Eckstein forderte die Konstituierung einer »Lehrschau guter Produktform«. Vgl. Die Neue Sammlung. München [1964], 7.

18 Vgl. Anm. 2, S. 7.

19 Vgl. Wichmann Hans, Die Neue Sammlung. Zeugnisse, Beispiele, Blickpunkte. München [1980].

20 Vgl. Geleitwort von Staatsminister Hans Maier in: Wichmann Anm. 1.

21 Beide bewahrt im Staatsministerium für Wissenschaft und Kunst.

22 Wichmann Hans, [Kat. Ausst.] Neu. Donationen und Neuerwerbungen 1980/81. Die Neue Sammlung. München 1982, 9 ff.

23 Vgl. Programm Anm. 19.

24 Vgl. Wichmann Anm. 4, S. 9.

25 Erst 1990 erhielt Die Neue Sammlung für ihre 23 Sammelgebiete einen zweiten Konservator zugewiesen.

26 Vgl. »Jahresbericht 1984« vom 18. 1. 1985, 2–4.

27 Vgl. Wichmann Anm. 4, S. 9, 12 u. 13.

28 Vgl. Wichmann Hans, [Kat. Ausst.] Polnische Plakate der Nachkriegszeit. Die Neue Sammlung. München 1985, 2–3. Mit dieser Ausstellung wurden die neugestalteten Ausstellungsräume eröffnet. Auf S. 2 des Kataloges ist ein Verzeichnis der Donatoren, die den Umbau der Ausstellungsräume ermöglichten, niedergelegt.

29 Es handelt sich um Objekte und Objektgruppen, die innerhalb der jeweiligen Jahresinventare sorgfältig verzeichnet wurden. Von ihnen konnten etwa 3800 veröffentlicht werden.

30 Vgl. Wichmann Hans, [Kat. Ausst.] Neu. Donationen und Neuerwerbungen 1986/87. München 1989, 8.

31 Vgl. Wichmann Anm. 1.

32 Vgl. Wichmann Hans, Perspektiven für ein neues Museum. In: [Kat. Ausst.] Neu. Donationen und Neuerwerbungen 1980/81. Die Neue Sammlung. München 1982, 9–12.

33 1981 wurden 1298 Objekte erworben, 1982 1442, 1983 1428, 1984 1424. Im Jahr 1989 erfolgte nochmals eine Steigerung auf 1600 Akquisitionen.

34 Vgl. auch die jeweiligen Tätigkeitsberichte der Jahre 1981–1984, bewahrt im Staatsministerium für Wissenschaft und Kunst und in der Neuen Sammlung. Auch die Kuratoriumsmitglieder erhielten jeweils die Berichte.

35 In den fünf Katalogen bzw. Begleitbüchern der unter dem Titel »Neu« erfolgten Ausstellungen sind jeweils Listen von den Donatoren abgedruckt.

36 Insgesamt hat Die Neue Sammlung 23 Sammelgebiete.

37 Vgl. Wichmann Hans, [Kat. Ausst.] Neu. Donationen und Neuerwerbungen 1986/87. Die Neue Sammlung. München 1989, 8–9.

38 Vgl. Donation Agip. München 1984. 20 S. m. Abb.

39 Vgl. Donation Braun. Berlin 1985. 28 S. m. Abb.

40 Vgl. Donation Olivetti. Frankfurt/M. 1986. 63 S. m. Abb.

41 Vgl. Donation Siemens an Die Neue Sammlung. München 1987. 142 S. m. Abb.

42 Objekte dieser Schenkungen wurden in der Ausstellung »Neu. Donationen und Neuerwerbungen 1988/89« in München 1990 gezeigt.

43 Vgl. Wichmann Anm. 1, insbesondere S. 64 ff.

44 Vgl. Programm Anm. 19 und Memorandum vom 25. Mai 1981, 14, Anm. 2.

45 Dafür wurde auch durch Pierre Mendell auf Veranlassung der Neuen Sammlung das bis heute verbindliche Erscheinungsbild entwickelt.

46 Architecture 70/80 in Switzerland (1981); Von Odysseus bis Felix Krull. Gestalten der Weltliteratur in der Buchillustration des 19. und 20. Jahrhunderts (1985); System-Design: Fritz Haller (1989).

47 Zwischen 1980 und 1989 wurden insgesamt 136 Ausstellungen der Neuen Sammlung in verschiedenen Kontinenten gezeigt.

48 Die Ausstellung »System-Design: Bahnbrecher Hans Gugelot« erfolgte 1984, die zum Thema »System-Design: Fritz Haller« 1989.

49 Mit einer Ausnahme: Fritz Haller wünschte bei seiner Ausstellung einen unmittelbaren Kontakt mit dem Boden, um die Inbesitznahme der ausgestellten Möbel durch die Besucher zu erleichtern.

50 Den stärksten Besuch erlebte die Ausstellung »Italien: Design 1945 bis heute«.

51 In Gemeinsamkeit mit dem Birkhäuser Verlag, Basel, Berlin, Boston, wurde ab 1986 die Buchreihe »industrial design – graphic design« herausgegeben, in der bis Anfang 1990 sieben Bände veröffentlicht werden konnten.

52 Vgl. Tätigkeitsberichte der Jahre 1980–1982 und Memorandum Anm. 2.

53 Vgl. Wichmann Hans, Die Neue Sammlung. Zeugnisse, Beispiele, Blickpunkte. München [1980].

54 Vgl. u. a.: Neue Museen in Bayern. Eine Zwischenbilanz des Bayerischen Museumsentwicklungsprogramms. Hrsgg. v. Bayerischen Staatsministerium für Unterricht und Kultus. München 1985. 56 S. m. Abb.

55 U. a.: Deutsches Industrie-Porzellanmuseum, Hohenberg; Porzellanmuseum der W. Gabelschen Porzellanfabrik, Rödental; Sammlung der Firma Roesten, Rodach; Stadtmuseum, Amberg; Oberpfälz. Steingut in Mittenau; Werkarchiv Rosenthal, Selb; Stiftlandsmuseum, Waldsassen.

56 Vgl. frühe Korrespondenz der Jahre 1981/82, bewahrt in der Neuen Sammlung.

57 Lenkungsgremium der Bayerischen Staatsmuseen und Sammlungen (insgesamt 12), die unmittelbar dem Bayerischen Staatsministerium für Wissenschaft und Kunst unterstehen.

58 Die Staatliche Sammlung Ägyptischer Kunst (Prof. Wildung) schlägt vor: »Keramik in weitestem Sinn des Begriffs... Die einzelnen Museen könnten dabei in geschlossenen Raumeinheiten sogar noch als selbständige Institutionen erkennbar bleiben...«

59 Vgl. Krauß Annemarie, »Der Waldsassener Kasten«... Zu seiner Geschichte. In: Wichmann Hans, Keramiken der Neuen Sammlung im Internationalen Keramik-Museum Weiden. München 1990, 116–119 m. Abb.

60 Der Vertrag wurde von Kultusminister Prof. Dr. Hans Maier und Oberbürgermeister Hans Schröpf am 8. 3. 1985 unterzeichnet.

61 Architektenbüro SHL, Weiden, bestehend aus den Architekten Schneeberger, Hückmann, Lehner.

62 Vgl. Schneeberger Wilfried, Zum Bau und seiner Sanierung. In: Wichmann Hans, Keramiken der Neuen Sammlung im Internationalen Keramik-Museum Weiden. München 1990, 122–127 m. Abb.

63 Der amerikanische Ölmagnat Jean Paul Getty (15. 12. 1892 Minneapolis–6. 6. 1976 London) begann Anfang der 1930er Jahre Kunstgegenstände zu sammeln, wobei seine Schwerpunkte auf dem Erwerb griechischer und römischer Antiken (Vasen, Terrakotten und Bronzearbeiten) sowie französischer Möbel und europäischer Malerei lagen. 1954 eröffnete er in Los Angeles in einem ehemaligen Ranch House ein öffentliches Museum, das seinen Namen trug. Zwischen 1970 und 1974 errichtete der Architekt Stephen Garret in Malibu, Californien, eine Rekonstruktion der ehemaligen Villa dei Papiri in Herculaneum, die als architektonische Hülle für das neue, erweiterte Getty-Museum dient. Nach dem Tode des Milliardärs wurde 1983 der J. Paul Getty Trust ins Leben gerufen, der das finanzielle Erbe zu Gunsten des Getty Museums verwaltet. Lit. u. a.: [Kat. Mus.] The J. Paul Getty Museum. Handbook of the Collections. Malibu 1966.

64 Entworfen 1979 von G. Frattini, hergestellt von Artemide/Italien. Vgl. u. a.: Iliprandi Giancarlo u. Pierluigi Molinari, Italian Industrial Designers. Fagagna (Udine) 1975, 102 m. Abb. = Omnibook 2.

65 Vgl. Wichmann Hans (Hrsg.), System-Design: Fritz Haller. Bauten, Möbel, Forschung. München 1989, 153–163 m. Abb.

66 Vgl. Wichmann Hans, [Kat. Ausst.] Neu. Donationen und Neuerwerbungen 1986/87. Die Neue Sammlung. München 1989, 154 m. Abb. [dort weit. Lit.].

67 Die Entscheidung dafür fiel in einer Unterredung der beteiligten Staatssammlungen und Museen innerhalb des Staatsministeriums für Wissenschaft und Kunst am 6. 2. 1989.

68 Sammlung von Prof. Dr. Bernhard von Barsewisch.

69 Plakate aus den Beständen der Neuen Sammlung.

70 Vgl. Barsewisch Bernhard v., Unterglasurblaue Malerei: Keramos (Düsseldorf) 1988, H. 121 (Juli), 3–201 m. Abb. – Barsewisch Bernhard v. u. Arnulf Stößel, Keramiken des Bayerischen Nationalmuseums im Internationalen Keramik-Museum Weiden. München 1990. 108 S. m. Abb.

71 Vgl. Sepp Michael, Die Neue Pinakothek in München: Ideenwettbewerb 1966/67. In: Festgabe zur Eröffnung der Neuen Pinakothek in München am 28. März 1981. München 1981, 57 – Wichmann Hans, Sep Ruf. Bauten und Projekte. Stuttgart 1986, 178–179 m. Abb. [Projekt zur Neubebauung des Pinakothekenviertels, München 1960/61].

72 Kulturelle Einrichtungen der Stadtverwaltung Münchens.

73 An Stelle der Nazi-Tempelruinen am Eingang des Königsplatzes plante man in den ausgehenden achtziger Jahren Glaspavillons für ägyptische und prähistorische Kunstwerke. Um diese Anlagen wird auch im Jahr 1990 noch »gekämpft«.

74 Vgl. dazu u. a. die Museumsbauten von Hans Hollein (Mönchengladbach, Salzburg), Richard Meier (Frankfurt/M.), James Frazer Stirling (Stuttgart), Oswald Mathias Ungers (Köln).

75 Man betrachte etwa das Centre National d'Art et de Culture Georges Pompidou (Piano, Rogers), Umbau des Gare d'Orsay (Aulenti), Erweiterung des Louvre und Errichtung einer gläsernen Pyramide in der Mitte des Hofes (Pei).

76 Vgl. Süddeutsche Ztg. v. 24. 4. 1989, 10.

77 Staatliche Graphische Sammlung (Gründung

1758) und Staatliche Münzsammlung (entstanden aus der herzoglich bayerischen Sammlung Albrechts V., der zwischen 1550 und 1579 regierte).

78 Das Staatliche Museum für Völkerkunde wurde 1868 durch König Ludwig II. gegründet.

79 Geht zurück auf eine 1869 gegründete Einrichtung, die bis 1944 in den nördlichen Hofgartenarkaden untergebracht war. Zerstörung 1944. Geringe Restbestände wurden im Rahmen des Archäologischen Instituts, Meiserstr. 10, angesiedelt. Vermehrter Ausbau ab 1976.

80 Deutsches Theatermuseum, früher Clara-Ziegler-Stiftung. Hervorgewachsen aus einer Stiftung der Hofschauspielerin Clara Ziegler (1844–1909) und bis 1944 im Haus der Stifterin (Königinstr.) untergebracht. Seit 1953 im Galeriegebäude am Hofgarten.

81 Hervorgewachsen aus der Akademie der Wissenschaften, dann Abteilung des Bayerischen Nationalmuseums, späteres Domizil in der Alten Akademie Neuhauserstr. Nach dem Krieg wiederum im Nationalmuseum untergebracht. 1974 erhielt die Sammlung nach 90jährigen Provisorien ein eigenständiges Haus.

82 Erst in den 60er Jahren werden die in verschiedenen Sammlungen bewahrten ägyptischen Objekte zusammengeführt und 1970 in der Residenz aufgestellt; Eröffnung 1972.

83 Vgl. dazu: Staatsgalerie moderner Keramik. Ein Rundgang durch die Sammlung. München 1987 (Einleitung von Erich Steingräber).

84 Vgl. zur Geschichte: Wichmann Hans, Industrial Design. Unikate. Serienerzeugnisse. Die Neue Sammlung. Ein neuer Museumstyp des 20. Jahrhunderts. München 1985. 523 S. m. Abb.

85 Vgl. dazu die Tätigkeitsberichte 1984–1987 der Neuen Sammlung, bewahrt in der Neuen Sammlung und dem Bayerischen Staatsministerium für Wissenschaft und Kunst.

86 Vgl. u. a.: Baumeister 5, Mai 1989 (Kommentar zum Bauplatz: »Da gäbe es sicher viel besser geeignete«.) – Vgl. ferner: Abendztg. v. 16. 3. 1989 (»Sammler Buchheim attackiert die Bayerische Regierung«) – Buchheim Lothar-Günther, Die neue Verfemung des Expressionismus: TransAtlantik 1990, H. 1, 12–24 m. Abb.

87 Vgl. u. a.: Süddeutsche Ztg. v. 25. 4. 1990, 17.

88 Vgl. The Museum of Modern Art, New York. The History and the Collection. New York 1984.

89 Dieses rollierende Prinzip wurde bereits 1985 für das zukünftige Design-Museum Münchens vorgeschlagen (vgl. Wichmann Hans, Industrial Design. Unikate. Serienerzeugnisse. Die Neue Sammlung. Ein neuer Museumstyp des 20. Jahrhunderts. München 1985, 90–91) und in einer variierten Form 1990 in dem Zweigmuseum Weiden praktiziert (vgl. Wichmann Hans, Keramiken der Neuen Sammlung im Internationalen Keramik-Museum Weiden. München 1990, 10).

90 Diese Strategie entspricht den avantgardistischen Perspektiven, etwa denen des New Yorker Guggenheim Museums, hier auf internationale Ebene transponiert (vgl. Waechter-Böhm Liesbeth, Die Causa Guggenheim. In: Kunst Intern 1990, Nr. 4, 24–25).